高含硫气藏开采实验新技术

胡 勇 常宏岗 李 杰 陈京元 等编著

石 油 工 业 出 版 社

内 容 提 要

本书首次全面展示了高含硫气藏开采实验评价技术的最新进展和最新技术成果，主要包括高含硫气藏相态特征实验评价、高含硫气井钻完井实验评价、高含硫气井采气实验评价、高含硫天然气腐蚀防护实验评价、高含硫天然气净化实验评价及高含硫天然气安全环保检测监测实验评价六大特色配套技术，具有较高指导性和实用性。

本书可供从事高含硫气藏开发的广大工程和技术人员、管理人员、相关院校师生参考和借鉴。

图书在版编目（CIP）数据

高含硫气藏开采实验新技术／胡勇等编著.
—北京：石油工业出版社，2019.1
ISBN 978-7-5183-3084-3

Ⅰ.①高… Ⅱ.①胡… Ⅲ.①含硫气体-气田开发-实验技术 Ⅳ.①TE375-33

中国版本图书馆 CIP 数据核字（2018）第 277041 号

出版发行：石油工业出版社
（北京安定门外安华里 2 区 1 号　100011）
网　　址：www.petropub.com
编辑部：（010）64210387
图书营销中心：（010）64523633
经　　销：全国新华书店
印　　刷：北京中石油彩色印刷有限责任公司

2019 年 1 月第 1 版　2019 年 1 月第 1 次印刷
787×1092 毫米　开本：1/16　印张：22.75
字数：580 千字

定价：158.00 元
（如出现印装质量问题，我社图书营销中心负责调换）
版权所有，翻印必究

《高含硫气藏开采实验新技术》编委会

主　　任：胡　勇

副 主 任：常宏岗　李　杰　陈京元

编　　委：熊　钢　屈珊珊　王　丽　韩慧芬　李　国
　　　　　吴　华　何登华　林　冬　郭　肖　张地洪
　　　　　郑友志　王志敏　刘志德　孔　波　刘　可
　　　　　李文君　丁　钊　王星媛　王　宇　霍绍全
　　　　　张素娟　涂陈媛　焦艳军　王　良　谭　健
　　　　　蔡绍中　刘宗社　王垒超　蒋泽银　贺秋云
　　　　　王　磊　张　勇　原　励　王兴睿　熊春平

序

2000年以来，中国天然气工业快速发展，天然气消费量逐年递增，其在中国能源消费结构中的比例已由2000年的2.2%上升到2017年的6.6%。国家高度重视天然气发展，近五年来先后密集出台了《关于石油天然气体制改革的若干意见》等20项政策或文件，全力使天然气成为中国的主体能源之一，并使其成为有效保障国民经济发展、国家能源安全和助推新时代高质量发展的重要基石。

高含硫气藏是中国天然气资源的重要组成部分，资源量大，开采潜力大。开采高含硫气藏不仅可以生产出大量的清洁能源，还能将其中的有毒有害硫化物转化为高纯度工业原料，实现资源综合利用与绿色发展。经过几代人的不懈努力，中国在高含硫气藏开采技术上取得了显著进步，不仅保障了对国内系列大型高含硫气田的安全、清洁和高效开采，还有力支撑了中亚、中东等海外地区高含硫气田开发，取得了显著的社会效益和经济效益。

实验技术的发展对于高含硫气藏开采技术的丰富和完善具有重要的基础作用。利用仪器设备实现特定过程的发生或重现并在可控条件下观察研究影响高含硫气藏开采的各种因素，能够深化对各生产环节的现象和规律的认识，进而推动相关技术的发展和工程化应用。

由国家能源高含硫气藏开采研发中心组织编写的《高含硫气藏开采实验新技术》，全面总结了近年来国内支撑高含硫气藏开采的实验新技术，涉及气藏工程、钻完井、采气、防腐、净化和安全环保等多个技术方向，具有很好的科学性、基础性、实用性和可操作性。本书是国内第一本全面论述高含硫天然气藏开采基础实验的专著，该书的出版对于从事高含硫气藏开采的实验人员、研究人员和工程技术人员具有很好的指导作用，同时也可为石油高校师生提供学习和借鉴的样本，是一本难得的工具书和参考书。

中国工程院院士 李鹤林

前　言

中国高含硫天然气资源丰富，主要分布在四川盆地川东北地区和渤海湾盆地，尤以四川盆地为主，开发潜力巨大。高含硫气藏大多赋存于海相碳酸盐岩储层，具有埋藏深、地质条件复杂、高温高压、高含硫化氢和二氧化碳的特点，开发难度大。加强对高含硫气藏开采基础实验方法的研究，对于安全、清洁、高效开发高含硫气藏具有十分重要的意义。

本书重点介绍了近年来高含硫气藏开采中实验评价技术的最新进展。进入21世纪后，在跟踪国内外高含硫气藏开采实验方法基础上，依托国家能源高含硫气藏开采研发中心和中国石油天然气集团有限公司（以下简称中国石油）高含硫气藏开采先导试验基地，通过高含硫气藏开采室内及中试实验技术的不懈攻关，在高含硫气藏相态特征实验评价、高含硫气井钻完井实验评价、高含硫气井采气实验评价、高含硫天然气腐蚀防护实验评价、高含硫天然气净化实验评价及高含硫天然气安全环保检测监测实验评价等方面，形成和完善了高含硫气藏开发基础实验评价的六大特色配套技术，为高含硫气藏开发提供了有效和可行的基础实验评价技术手段。该书首次全面展示了这些最新技术成果，旨在为从事高含硫气藏开发工作的广大工程技术人员、管理人员提供参考和借鉴。同时，目前关于高含硫气藏室内和中试实验技术类专著较少，也希望该书能为相关院校师生在高含硫气藏开发的学习和实践中起到帮助作用。

本书由胡勇、常宏岗、李杰、陈京元等编著。全书共分七章，参加编写的人员还有：第一章熊钢、屈珊珊、涂陈媛；第二章王丽、郭肖、张地洪、丁钊、张勇；第三章韩慧芬、郑友志、王星媛、王良、蒋泽银；第四章李国、王志敏、王宇、谭健、贺秋云、原励；第五章吴华、刘志德、霍绍全、蔡绍中；第六章何登华、孔波、刘可、张素娟、刘宗社；第七章林冬、李文君、焦艳军、王垒超、王磊、王兴睿、熊春平。全书由胡勇、常宏岗、李杰、陈京元策划并统稿，胡勇定稿。

在本书编写过程中，国家能源高含硫气藏开采研发中心和中国石油天然气集团有限公司高含硫气藏开采先导试验基地各分实验室有关技术人员参与了编撰的辅助工作；在成稿过程中，还得到中国石油科技管理部、中国石油西南油气田分公司、西南石油大学等单位的有关领导、专家和技术人员的指导和帮助，在此一并表示衷心感谢。

由于油气行业实验技术发展日新月异，高含硫气藏开采实验技术在针对性和实用性等方面还有许多内容有待进一步提高和完善，同时鉴于编著者水平有限，书中不足之处在所难免，敬请读者批评指正。

目　　录

第一章　概述 … (1)
第一节　国内外高含硫气藏开采概况 … (1)
第二节　高含硫气藏开采实验技术现状 … (6)
第三节　高含硫气藏开采实验技术的发展与挑战 … (14)
第四节　国家能源高含硫气藏开采研发中心概况 … (20)

第二章　高含硫气藏相态特征实验评价技术 … (23)
第一节　高含硫气藏相态实验分析技术 … (23)
第二节　高温高压下高含硫气藏硫溶解度实验分析技术 … (41)
第三节　硫沉积实验评价技术 … (49)
第四节　高含硫气井井口高压流体取样技术 … (63)

第三章　高含硫气井钻完井实验评价技术 … (69)
第一节　高含硫气井钻井液实验评价技术 … (69)
第二节　高含硫气井固井实验评价技术 … (79)
第三节　高含硫气井储层改造实验评价技术 … (97)

第四章　高含硫气井采气实验评价技术 … (132)
第一节　高含硫气井井下工具实验评价技术 … (132)
第二节　采气工艺实验模拟技术 … (158)
第三节　高含硫气井泡沫排水性能实验评价技术 … (177)

第五章　高含硫天然气腐蚀防护实验评价技术 … (191)
第一节　高含硫特殊环境下的腐蚀实验评价技术 … (191)
第二节　材料实验评价技术 … (210)
第三节　缓蚀剂实验评价技术 … (237)
第四节　腐蚀防护中间放大现场试验技术 … (247)

第六章　高含硫天然气净化实验评价技术 … (258)
第一节　脱硫脱碳溶剂及硫回收催化剂性能实验评价技术 … (258)
第二节　醇胺溶剂实验分析技术 … (269)
第三节　硫黄回收及尾气处理催化剂实验分析技术 … (280)
第四节　天然气净化中间放大现场试验技术 … (288)

第七章　高含硫天然气安全环保监测检测评价技术 … (302)
第一节　高含硫天然气泄漏扩散评价技术 … (302)
第二节　高含硫管道及压力容器缺陷检测评价技术 … (308)
第三节　高含硫气田开发中植被生态环境监测实验评价技术 … (324)
第四节　高含硫气田开发地下水监测技术 … (338)
第五节　高含硫气田水中硫化物处理实验评价技术 … (346)

第一章 概　　述

随着世界经济的发展，全球能源结构也在发生着变化，即以煤为主要能源改为以石油、天然气为主要能源。天然气作为一种清洁高效的化石能源，其主要成分为低分子烷烃。高含硫天然气即是指 H_2S 含量较高天然气。对于高含硫气田的定义，国内外不尽相同，如美国和加拿大将 H_2S 含量大于 5.0% 的气田称为高含硫气田。在中国，根据 GB/T 26979—2011《天然气藏分类》的规定将 H_2S 含量在 2.0%~10.0% 的称为高含硫气田；根据 SY/T 5225—2012《石油天然气钻井开发、储运防火防爆安全生产技术规程》的规定将 H_2S 含量高于 5.0% 的称为高含硫气田。

全球高含硫天然气资源分布广泛。欧洲、北美洲和亚洲均有大面积高含硫气田分布，其中俄罗斯和加拿大是高含硫天然气资源较为丰富的国家，其次为美国、法国、中国和中东地区。中国高含硫气藏资源主要分布在四川盆地和渤海湾盆地，尤以四川盆地为主，其开发潜力巨大。中国的高含硫气藏大多赋存于海相碳酸盐岩储层，具有埋藏深、地质条件复杂、高温高压、高含 H_2S 和 CO_2 的特点，开发这类气田将面临系列挑战，在气田开发工程建设和安全清洁生产保障上存在诸多技术难题。围绕高含硫气藏的开采，国内相关单位于 20 世纪 60 年代就开始技术攻关和开发生产实践，逐步发展和完善了中国高含硫气藏开发配套的技术系列和标准规范体系。2000 年以来，中国石油围绕四川盆地川东北地区罗家寨、龙岗等高含硫气田以及海外阿姆河右岸高含硫气藏的开发，在技术研发平台建设、技术攻关、生产实践等方面开展了大量的工作，取得了长足的发展。2010 年建成了国内首个具有国际先进水平的中国石油高含硫气藏开采先导试验基地，2013 年又组建了国家能源高含硫气藏开采研发中心（以下简称研发中心），进一步发展和完善了中国高含硫气藏开发配套的实验技术系列和标准规范体系，全面支撑了国内和海外高含硫气藏的安全、清洁、高效开发。

第一节　国内外高含硫气藏开采概况

高含硫天然气在全球资源储量巨大，是天然气资源的重要组成部分。目前全球已发现 400 多个具有工业价值的高含 H_2S 和 CO_2 气田（藏），主要分布在北美、欧洲和中东地区。仅北美以外地区 H_2S 含量大于 10% 的天然气储量就已超过 $9.8 \times 10^{12} m^3$。加拿大有众多高含 H_2S 气田，在开发方面拥有丰富经验，在已开发的 28 个含硫气田中，H_2S 含量超过 10% 的就有 12 个。其中，位于加拿大的卡罗林（Caroline）气田，储量 $650 \times 10^8 m^3$，H_2S 含量高达 35%。位于法国西南部的拉克（Lacq）气田是法国主要的高含硫气田，探明地质储量 $0.32 \times 10^8 m^3$。俄罗斯作为世界上天然气资源最丰富的国家，阿斯特拉罕（Astrakhan）气田可采储量 $2.6 \times 10^{12} m^3$，H_2S 含量在 16.03%~28.30% 之间，CO_2 含量也较高。中国高含硫天然气资源丰富，主要分布在渤海湾盆地陆相地层的赵兰庄气田和四川盆地海相地层的普光、渡口河、罗家寨、中坝、威远、卧龙河等气田，H_2S 含量一般为 5%~92%。

一、国外高含硫气藏开发概况

国外典型的高含硫气田（藏）基本情况列于表1-1。国外高含硫气田规模开发始于20世纪50年代，加拿大和法国最先成功规模开发高含硫气藏，随后美国、德国和俄罗斯等国家相继成功规模开发了一些代表性的高含硫气田，这些气田包括加拿大的卡布南（Kaybob South）气田和卡罗林（Caroline）气田、法国的拉克（Lacq）气田、俄罗斯的奥伦堡（Orenburg）气田和阿斯特拉罕（Astrakhan）气田、美国的惠特尼谷卡特溪（Whitney Canyon-Carter Greek）气田等。加拿大有众多高含硫气田，在开发方面拥有丰富经验，在已开发的28个含硫气田中，H_2S含量超过10%的就有12个。这些高含硫气藏的安全开发，逐步建立了世界高含硫气藏开发技术系列及标准规范体系管理体系，基本反映了世界高含硫气藏开发水平和现状，为其他国家高含硫气藏的安全开发利用奠定了基础，推动了世界天然气工业技术的发展。

表1-1 国外典型的高含硫气田

国家	地区	H_2S（%）	S（g/m³）	CO_2（%）	T（℃）	p（MPa）
加拿大	Bearberry	84~91	72~89	—	116~120	37~38
	Panther River	69~75	16	—	79	26
	East Crossfield	36	—	12	93	—
	Kaybob South	18	—	3.4	114	32
美国	Black Creek	78	11	20	196	95
	Thomasville	28~46	—	2~9	185~196	122~154
	BEC	21	—	40	138	24
法国	Lacq	16	—	9	130	63.9
德国	South Oldenburg	1~25	0~4	6~15	125~142	41~47
	Deutschland	0~25	0~5	4~45	126	55
	Zechstein	15~20	0~2	20~50	120~135	—
俄罗斯	Astrakhan	25	—	15	—	—

（一）法国拉克气田

拉克气田是法国主要的高含硫气田之一，是20世纪50年代法国开发的第一个大气田，气田位于法国西南部阿奎坦（Aquitaine）盆地的南部，波尔多市以南160km处。

气田为一背斜构造，北缓南陡，含气面积120km²，地质储量3226×10⁸m³。气藏平均井深3800m，最深井达5000m。储层为一组巨厚的碳酸盐岩，分上下两部分，上部是下白垩统尼欧克姆阶石灰岩，厚200~300m，孔隙度5%~6%，岩心渗透率0.1~12mD，是主要产气层段。储集空间以空隙为主，储层裂缝较发育，在纵横向上呈网状分布，是主要的渗流通道。气层原始地层压力66.1MPa，地层温度140℃。天然气组分中甲烷占69%，乙烷占3%，H_2S占15.6%，CO_2占9.3%，其他组分占3.18%（孙玉平等，2016）。拉克气田是一个典型的深层高压、无边底水的高含硫气藏。

拉克气田1951年被发现，1957年正式投入开发，至今已经过了60多年，其开发历程可划分为四个阶段。（1）试采阶段（1952—1957年），主要对三口井进行试采，检验井底及井口设备的抗硫防腐性能，并获取气藏动态参数，评价气井产能。（2）产能建设阶段（1957—1964年），采用一套开发层系、不规则井网、平均井距1500m，共部署开发井26口。气田日产量由$82×10^4m^3$上升至$2156×10^4m^3$，平均单井产量$80×10^4m^3/d$，采气速度2.4%。（3）稳产阶段（1964—1983年），陆续在构造高点钻加密井10口，气田日产量保持在$(1906~2361)×10^4m^3$，平均单井产量$(50~65)×10^4m^3/d$，采气速度2.6%，稳产了19年，稳产期末可采储量采出程度达到65%。（4）产量递减阶段（1983年至今），1994年气田日产气量递减为$405×10^4m^3$，气田累计产气量$2258×10^8m^3$，地质储量采出程度为70%。纵观该气田的开发历程，由于开发技术政策合理、开采措施得当，取得了良好的效果。

（二）加拿大卡罗林气田

加拿大天然气资源十分丰富，是世界第三大天然气生产国。阿尔伯塔省是加拿大最主要的天然气生产基地，年产气量占全国产量80%以上，其中含H_2S和CO_2天然气产量占全省年产气量的30%左右。

卡罗林气田位于阿尔伯塔盆地西南倾东翼，是一个层状气田。气田含气面积$133.5km^2$，地质储量$651×10^8m^3$，凝析油储量$3977×10^4m^3$，气藏埋深3597~3841m，气藏高度326m，有效厚度39.6m。储层平均孔隙度10.1%，平均空气渗透率100mD，平均含水饱和度小于10%。原始地层压力36.6MPa，地层温度102℃。天然气中H_2S含量35%，CO_2含量7%。

卡罗林气田1986年被发现，1993年正式投产。主要采用衰竭方式开发，依靠溶解气驱，在气藏北端为弱水驱。共部署开发井15口，开发井距1700m左右，采用负压射孔后酸洗完井，单井产量$(37.6~210.9)×10^4m^3/d$，气田初始产量$531×10^4m^3/d$。截至2000年底，气田累计产气$266.45×10^8m^3$，采出程度41%，估计最终天然气可采储量为$510×10^8m^3$。估计最终天然气采收率为77%，最终凝析油采收率为70%。

（三）俄罗斯阿斯特拉罕气田

俄罗斯是世界上天然气最丰富的国家。目前俄罗斯已发现油气田2200个以上，天然气产量长期保持在$6000×10^8m^3/a$左右，是世界上最大的天然气生产和出口国，占世界天然气总产量的23%，其中奥伦堡和阿斯特拉罕两个大型气田属于高含硫气田。

阿斯特拉罕气田位于俄罗斯和哈萨克斯坦交界处的里海盆地西南部，含气面积$1630km^2$，天然气可采储量$2.6×10^{12}m^3$，凝析油可采储量$1.36×10^8m^3$，气藏平均埋深3915m，气藏平均有效厚度10~76m。储层平均孔隙度9.9%，平均空气渗透率2.3mD，平均含水饱和度小于18%。原始地层压力62.6MPa，压力系数1.63，地层温度106℃。阿斯特拉罕为高含凝析油高酸性天然气田，其中凝析油含量$417kg/cm^3$；H_2S含量为16.03%~28.30%，平均为26%；CO_2含量为10.69%~18.66%，平均为16%；除H_2S外还有元素硫及硫醇等有机硫化化合物（朱毅秀等，2014）。

阿斯特拉罕气田1976年被发现，在随后的勘探开发建设中，为了解决地层异常高压和极端恶劣的腐蚀环境等影响因素对气田开发工程的影响，1984—1985年开展了试采工作，并于1986年投入正式开发（胡文瑞等，2008）。截至1993年底，该气田累计部署勘探井和评价井37口，开发井113口，单井最高产量$40×10^4m^3/d$；气田最高产量$3712.44×10^4m^3/d$、凝析油产量$31.954×10^4m^3/d$（1988年）。截至2015年底累计产气量达$2400×10^8m^3$，凝析油产量达$4.85×10^8bbl$❶（两者都约占最终可开采储量的十分之一）。

---

❶ $1bbl=158.9873dm^3$。

（四）土库曼斯坦阿姆河右岸气田

土库曼斯坦石油天然气资源丰富，据官方公布的资料，其石油和天然气的远景储量为 $208×10^8t$ 和 $24.6×10^{12}m^3$，居世界前列，其中天然气储备列世界第五。石油和天然气工业为土库曼斯坦的支柱产业。阿姆河右岸气田是土库曼斯坦主要产气区之一。

阿姆河右岸气藏分布在上侏罗统石灰岩中，埋藏深度介于 $2500\sim4200m$。地层温度为 $94\sim129℃$，地温梯度约 $2.9℃/100m$，属正常温度系统。原始地层压力为 $22.75\sim67.27MPa$，中部、东南部气田压力系数为 $1.50\sim1.91$。甲烷含量为 $85.06\%\sim91.66\%$，平均为 89.23%，凝析油含量一般小于 $50g/m^3$。非烃含量平均为 5.18%。H_2S 含量介于 $0.0004\%\sim3.8\%$（$0.006\sim58g/m^3$），总体上西北部气田含量较高。

阿姆河右岸区块在土库曼斯坦东部，位于阿姆河右岸与乌兹别克斯坦边境之间，面积约 $1.8×10^4km^2$。根据生物礁发育特征，可分为以堤礁为主勘探开发程度较高的 A 区和以点礁（或点状环礁）为主勘探程度较低的 B 区。其中 A 区生物堤礁带属于中—高渗透、底水、中含 CO_2、中—高含硫气藏，B 区点礁和逆掩断裂带属于低—中渗透、底水、高压—超高压、断块、中含 CO_2、低含硫气藏。A 区块面积约 $1350km^2$，勘探开发程度较高，含有 5 个气田，其中萨曼杰佩气田是阿姆河右岸区块中最大的气田，1964 年发现，1986—1992 年部分投入开发，1993 年气田封存。B 区块面积约 $17270km^2$，勘探开发程度较低，已发现 16 个气田，还需进一步详探。

阿姆河右岸天然气勘探开发项目是中土两国在能源领域合作的重大项目，也是中国石油迄今为止最大规模的境外天然气勘探开发合作项目。阿姆河右岸天然气项目现有生产井 101 口，天然气年处理能力 $170×10^8m^3$，凝析油年产 $50×10^4t$。

二、国内高含硫气藏开发概况

中国高含硫天然气资源也十分丰富，累计探明高含硫天然气储量逾万亿立方米，其中四川盆地占 90% 以上，包括罗家寨、渡口河、铁山坡、龙岗、普光、元坝等气田。中国典型的高含硫气田的基本情况列于表 1-2。

表 1-2　中国典型的高含硫气田（藏）

序号	气田名称	储量（10^8m^3）	H_2S 含量（%）	CO_2 含量（%）
1	中坝	186.30	6.75~13.30	2.90~10.00
2	卧龙河	408.86	5.00~7.80	1.30~1.50
3	渡口河	359.00	9.79~17.10	6.40~8.30
4	铁山坡	373.97	14.37	—
5	罗家寨	797.36	6.70~16.65	5.80~9.10
6	龙岗	720.33	2.03~4.35	1.18~3.95
7	普光	3812.59	15.20	8.60
8	元坝	1834.20	2.51~6.65	1.63~11.31

20 世纪 60 年代以来，中国在四川盆地的威远震旦系高含硫气藏进行了开发实践。随后陆续成功开发了卧龙河、中坝雷三等高含硫气藏，积累了高含硫气田开发经验，并发展了开发配套技术，为后续高含硫气藏的开发奠定了一定基础。

2000年以后，随着四川盆地川东北地区罗家寨、渡口河、铁山坡、龙岗、普光、元坝等高含硫气藏的相继发现，国内高含硫气藏的勘探开发进入了发展的快速期。国内中国石油、中国石化等石油公司和相关大学、科研院所相继开展了针对高含硫气藏的开发技术、标准规范和HSE管理体系等方面的研究，并开展了高含硫气藏开发实践。经过不断地研究和实践，逐步完善了高含硫气藏开发配套技术和标准规范体系，缩小了与国外的差距。2007年以来，陆续成功规模开发了龙岗、普光、元坝、罗家寨等大型高含硫气田。特别是2009年国内四川龙岗、普光高含硫气田以及中国石油海外首个大型高含硫气田——土库曼斯坦阿姆河右岸气田相继成功投产，标志中国高含硫气藏开发技术取得了突破，高含硫气藏开发水平得到显著提升，具备了开发国内和海外高含硫气藏的能力和实力。

（一）普光气田

普光气田位于四川省达州市宣汉县普光镇，在地质上属于四川含油气沉积盆地，是超深、高含硫、高压、复杂山地气田。普光气田是中国目前发现的最大规模海相整装高含硫气田之一，属于特大气藏。为有效开发利用高含硫天然气资源，国务院将"川气东送"工程列为"十一五"期间国家重大工程，将普光气田作为该工程的主供气源。

普光气田是四川盆地最大的整装海相气田之一，截至2013年底，已累计探明天然气地质储量$4122×10^8m^3$，其中普光主体$2783×10^8m^3$、大湾区块$1282×10^8m^3$、周边$57×10^8m^3$。该气田主要目的层埋深为4700~6000m，储层平均孔隙度7.8%，渗透率变化较大（马永生，2007）。

普光气田2001年被发现，2005年12月，普光气田第一口开发井开钻，至2011年5月，完成普光主体和大湾46口新钻开发井钻井任务，每口井均钻遇优质气层，累计进尺$28.4×10^4m$。该主体2008年6月开始投产作业，2012年5月完成普光主体和大湾50口开发井投产作业任务（何生厚 等，2010）。2009年正式投产以后，普光气田产量逐年上升，2013年天然气产量再创历史新高，全年生产混合气$106.7×10^8m^3$，同比增长5.8%，外输商品气$75.6×10^8m^3$，同比增长6.6%。

（二）罗家寨气田

罗家寨气田位于四川省宣汉县和重庆市开县境内，是四川盆地东北部五宝场坳陷南侧温泉井构造带北翼上一个狭长的潜伏构造圈闭，产气层为下三叠统飞仙关组。气田含气面积$76.9km^2$，2002年探明天然气储量为$581×10^8m^3$，可采储量$435×10^8m^3$，气藏埋深3215~4570m，气藏厚度37.7m。储层平均孔隙度7%，平均基质渗透率20mD。地层压力40.5~43.4MPa，压力系数1.09~1.28。天然气中H_2S含量7.13%~10.4%，CO_2含量5.13%~10.41%（冉隆辉 等，2005）。

罗家寨气田于2000年发现，2002年探明，2004年根据第一批开发井的实施效果，完成了"罗家寨飞仙关鲕滩气藏开发实施方案"编制，2016年全面投产。截至2015年12月29日，罗家寨气田已钻获气井6口，井口日产能$980×10^4m^3$；29km的集输气管道、宣汉净化厂3套高含硫天然气净化装置已完全具备投产运行的条件。2016年5月，中国石油西南油气田分公司川东北天然气项目宣汉净化厂第三列装置日前投产。至此，罗家寨高含硫气田天然气日处理能力达到$900×10^4m^3$，年生产能力达到$30×10^8m^3$，标志着川东北天然气项目罗家寨高含硫气田开发建设工程全面投产（汪宸成 等，2016）。

（三）龙岗礁滩大型高含硫气藏

2006年10月发现龙岗礁滩气藏，首次实现了四川盆地在6000m埋深取得勘探重大突破。龙岗礁滩气藏包括飞仙关组鲕滩和长兴组生物礁两套储层，高产井产量超过$100×10^4m^3/d$。

飞仙关组和长兴组 H_2S 含量超过 $30g/m^3$，最高达到 $130.3g/m^3$。龙岗礁滩储层非均质性强，气水关系和压力系统复杂。针对龙岗礁滩气藏这类超深强非均质气水关系异常复杂的高含硫气藏，在气藏开发过程中面临诸多技术难点：国内首个超深（6000m）大型高含硫气藏开发，无技术和经验可供借鉴；碳酸盐岩强非均质岩性气藏的储层和流体分布预测难度大；多产层高温（150℃）深井产水工况下钻完井及采气工艺技术要求高；气田产水对集输和防腐提出了更高要求；山地人口稠密地区高含硫气田开发 HSE 保障技术要求高。

针对龙岗礁滩气藏的开发难点，充分利用已经形成的高含硫气藏开发技术，如多压力系统复杂礁滩气藏描述地质建模技术、高含硫气藏特殊渗流机理实验评价技术、气井产能评价非稳态测试分析技术等，仅用 18 个月优质建成年产 $20×10^8m^3$ 规模的试采工程，一次投产成功，开创国内大型高含硫气田开发的先例。截至 2016 年 12 月底，龙岗礁滩气藏现已安全平稳生产 2700d，累计生产天然气超过 $80×10^8m^3$。

第二节 高含硫气藏开采实验技术现状

天然气实验技术是气田开发的重要基础支撑，高含硫气田由于其特殊的气藏地质特征和安全清洁高效开发需要，实验技术比一般的气田更复杂、更重要，攻关研究难度也更大，需要投入的资金也更多。国外高含硫天然气实验技术发展至今已有半个多世纪，经过不断的改进和创新，美国、加拿大、俄罗斯和法国等国家在气藏工程、采气工程、地面集输和天然气净化等领域，逐步形成了一套较完善的实验技术系列，建立了一系列独具特色的实验方法，为高含硫气藏的安全开发和利用提供了有效支撑。

一、气藏工程

在气藏工程方面，欧美等国家已成功开发了一批高含硫气藏，建立了一套相对较为完善的开发技术及管理体系，从降低成本提高效益和增加可采储量两个基本点出发，从提高单井产量向集成化油气藏经营、单学科孤军奋战向多学科协同工作、单项技术应用向集成技术解决问题三方向发展，应用集成化的成熟技术和高新技术，积累了一定的开采经验。而中国尽管在高含硫气藏开发技术上取得了一定的进步，但与国际先进水平相比，无论在气藏整体开发或单项技术的研究应用以及实验技术、软件开发和装备研制上仍存在一定的差距。

高含硫气藏由于 H_2S 的腐蚀性和剧毒性以及硫沉积现象，在开发过程中面临的技术难点较多。高含硫气藏的复杂相态变化一直是困扰国内外学者的技术难题，如何有效地评价目前含硫气藏开发效果，为合理高效安全开发含硫气藏提供理论指导和依据成为亟待解决的问题。近几年，高含硫天然气的理论研究、相态实验以及硫沉积渗流实验成为学者们的研究热点。国内虽已开展了高温高压酸性气藏气—液—固多相共存体系复杂相态行为的实验和理论研究，建立了基于热力学和动力学的硫沉积预测模型，提出硫析出和沉积的判断准则。但研究进度滞后于当前开发形势的需要，虽然在高含硫天然气热力学性质研究、元素硫在高含硫天然气中的溶解度、高含硫气藏开采过程中元素硫析出对地层的损害等方面都有所涉猎，但具体的成果报道不多。对于高含硫井口取样技术，硫在含硫气体中的熔点，有水气藏衰竭式开采 H_2S 含量的变化实验研究更少。总的来说，存在以下几方面不足：（1）仅能从 PVT 筒中观察流体相态特征和相态变化规律，量化的物模技术和数模技术尚处于初级阶段；（2）气、液、固多相耦合的复杂流动经典的渗流规律应对酸性气藏存在较大的局限性；（3）借鉴的欧美等国家建立的气体泄漏扩散模型,并不适应国内高含硫地区的地理环境和气候环境的特点;(4)高含硫气田勘探开发的相关标准分散、交叉,极不完善,缺乏高含硫气田开发的标准系列。

然而国外在高含硫的天然气相态特征、元素硫在高含硫天然气中的溶解度、高含硫天然气藏开采过程中元素硫析出对地层的损害等方面进行了大量的研究,取得了一定的研究成果,具体表现在如下几个方面:(1)利用扫描电镜拍摄了油藏岩心硫沉积实验过程中硫在岩心中各个位置沉积情况,辅以计算机软件确定孔隙吼道的分布情况,描述了因硫沉积对地层造成伤害的程度;(2)建立了裂缝性含硫气藏硫沉积预测解析模型;(3)基于地层硫沉积的特征,建立了无阻流量与地层系数的经验公式,研究硫沉积对地层产能的影响。从研究情况来说,加拿大、俄罗斯尤为突出,但遗憾的是,实验研究并未公开具体的实验方法及操作过程,可借鉴的并不多。

二、钻井工程

在钻井工程方面,由于在高含硫气藏钻井过程中,常钻遇高含硫地层,H_2S 侵入钻井液中,会对钻井液造成污染,导致钻井液性能突变。当井筒内 H_2S 含量过高,会对钻具产生腐蚀作用,缩短钻具使用寿命、降低钻具使用强度和韧性,造成井下事故发生。为防止地层中 H_2S 对钻井液及钻具的污染和腐蚀,现阶段主要通过在钻井液中添加除硫剂作为除硫防硫手段,在一定程度上去除钻井液中 H_2S 的含量,避免井下事故发生。近年来,国内外针对高含硫地层主要采用物理方法和化学方法对钻井液中 H_2S 进行处理,其中物理方法包括物理吸收法、分子筛法、膜分离法和微波法。相比物理除硫法,化学除硫法具有操作灵活、简单、费用低等特点,是中国目前常采用的钻井防硫除硫手段。化学除硫法包括铜类除硫剂、铁类除硫剂、锌类除硫剂及三嗪类除硫剂。铜类化合物除硫剂主要为碳酸铜,通过铜离子与 H_2S 反应生成硫化铜沉淀,硫化铜的化学性质稳定,即使在高温高压作用下仍保持其固定形态而不会重新释放出 H_2S,但是碳酸铜会对金属产生腐蚀,不能作为长期使用的除硫剂。铁类除硫剂包括海绵铁、四氧化三铁和葡萄糖酸亚铁等。海绵铁是一种经过特殊工艺处理后具有多孔巨大比表面积的物质。海绵铁、四氧化三铁及葡萄糖酸亚铁的除硫机理为通过与 H_2S 反应生沉淀来清除钻井液中的 H_2S。铁类除硫剂容易受温度、压力及 pH 值得影响。锌类除硫剂主要为氧化锌和碱式碳酸锌,氧化锌主要通过与 H_2S 反应生成硫化锌沉淀达到除硫防硫效果,且氧化锌具有一定的吸附能力,但由于其本身的比表面积小、孔隙率低的缺陷影响了本身对 H_2S 的吸附效率,因此普通用氧化锌的除硫效率较低。碱式碳酸锌是碳酸锌和氢氧化锌的复合物,其与 H_2S 的反应效率较高,且氢氧化锌能在钻具表面形成缓蚀防腐层,但碱式碳酸锌对钻井液流变性具有一定的影响,在现场实际使用过程中须对钻井液性能进行一定的调配。三嗪类除硫剂是近几年研究较为热门的一种新型除硫剂,相比醛类、醇胺类除硫剂,其具有毒性小、除硫效率高的特点。三嗪类除硫剂主要通过与 H_2S 螯合作用产生除硫效果,但三嗪类除硫剂的抗温能力不佳,pH 值对其反应活性影响较大。目前,常规用 H_2S 检测技术包括仪器检测方法和化学检测方法。其中仪器测定方法包括便携式气体检测仪法及固定式 H_2S 检测仪法。仪器式测定方法具有灵敏、快速的优点,但仅能检测 H_2S 气体,因此主要在钻井过程中作为 H_2S 气体初测或预警使用,不能对钻井液中 H_2S 污染含量进行检测。化学检测方法包括标准碘量法、分光光度法、快速测定管法、醋酸铅试纸法、电位滴定法等。由于分光光度法、快速测定管法及电位滴定法需要相关仪器设备,便携性较差或仪器费用昂贵，因此井场常用的钻井液 H_2S 检测方法为碘量法及醋酸铅试纸法，其中醋酸铅法作为快速检测法，碘量法作为定量检测法。

三、固井工程

在固井工程方面，钻井液与水泥浆接触污染及含硫气井技术套管环空带压问题直接会影响固井质量，而水泥浆性能的质量是影响固井质量好坏的主要因素。因此，对气井固井过程中，水泥浆性能的跟踪评价和对水泥环后期完整性评价对于气井的安全开发是极其重要的。针对固井难题，国内外学者开展了大量的研究工作，已在固井施工水泥浆浆体、固井后期水泥石等方面形成了一系列的评价技术。目前，解决固井水泥浆和钻井液接触污染常用的做法是在钻井液和水泥浆之间加注抗污染隔离液，水泥浆常规性能的评价已经比较成熟，而水泥浆与钻井液的相容性评价主要考虑隔离液对水泥浆稠化时间的影响，未考虑三相（四相）污染稠化试验，无法指导施工摩阻计算，而且现有的污染试验方法主要是先测试钻井液处理剂与水泥浆的混合流体的流变性能，之后对流变性能较差的混合流体比例，做高温高压稠化时间试验，但是流变性较差但高温高压稠化时间试验过关并不能保证固井施工的安全，因为在常压下流变性较差，可能引起混合流体在入井过程中就发生憋泵，影响施工安全。水泥环在工程作业中发生的力学损坏和水泥浆性能的质量是影响水泥环气窜的主要因素。因此，在气井固井过程中，水泥浆性能的跟踪评价和对水泥环后期力学完整性评价对于气井的安全开发是极其重要的。国内外大量的专家、学者对固井水泥石力学测试评价技术进行研究。国外采用加围压的三轴应力方式和不加围压的单轴抗压方式，测试不同体系的水泥石变形特征，用拉伸试验测得水泥石弹性模量与压缩试验测得弹性模量差。国内的研究包括：莫继春、李杨等提出测试动态弹性模量、水泥石破碎吸收能和水泥石动态断裂韧性3个参数作为评价水泥石抗射孔破坏的力学参数（2004）；李早元等用三轴岩石力学测试系统测试了水泥石的力学变形行为，以模拟水泥石在实际井况条件下的变形行为（2007）；步玉环等通过水泥石的声波试验和三轴力学试验，对动静态弹性模量和泊松比的相关性进行了研究（2010）。不同的研究者采用不同的方法，测试不同的水泥石力学参数，没有一个统一的行业标准。水泥石的弹性力学性能评价主要从杨氏模量来判定，未考虑井下实际工况中力学的交替变化。水泥石的气窜性能评价在国内外从不同的角度有不同的方法，不同的方法得出的结果都不一致，没有统一的方法。

四、储层改造

在储层改造方面，四川盆地高含硫气藏主要是碳酸盐岩气藏，酸压是碳酸盐岩储层改造的重要手段，低渗透碳酸盐岩储层通常在高于岩石破裂压力下将酸注入地层，在地层内形成裂缝，通过酸液对裂缝壁面物质的不均匀溶蚀形成高导流能力的裂缝来提高油气井产量。酸压施工效果受许多因素的影响和控制，而最主要的两个因素是酸蚀裂缝长度和酸蚀导流能力。酸压裂缝导流能力与酸蚀后裂缝表面的粗糙程度有关，其主要影响因素有酸岩反应动力学参数、储层特性、储层硬度和裂缝闭合应力。动力学参数主要影响岩石的溶蚀速度；储层特性决定了裂缝刻蚀的非均匀性；储层硬度和裂缝闭合应力是影响导流能力的力学因素。在酸岩反应动力学研究中，目前国内外酸岩反应模拟试验研究方法主要有两类：一类是静态反应模拟试验；二类是动态反应模拟试验，主要包括流动反应模拟试验、平行板模拟试验和旋转岩盘模拟试验。应用较多的室内实验方法有两种。一种是平行板酸岩反应模拟实验（蒋

卫东 等，1998；李力，2000；姜浒 等，2009），该裂缝流动模拟实验方法形成了一套技术标准——SY/T 6526—2002《盐酸与碳酸盐岩动态反应速率测定方法》，该方法利用酸液与岩心反应后残酸浓度变化来计算酸岩反应动态速率，适用于黏度较低、反应速率相对较快的普通盐酸与碳酸盐岩动态反应速率的测定和普通盐酸性能的评价。另一种是旋转圆盘酸岩反应模拟实验（任书泉 等，1983；张继周 等，2003），该方法在适应性和经济性上具有独特的优势，可准确地模拟地层温度、压力、酸液流态和同离子效应并分析其对酸岩反应的影响，可模拟不同模式下的酸岩反应，尤其是酸岩表面反应，可以较简便地求取酸岩反应速度常数、反应级数、反应活化能、H^+ 有效传质系数等参数，加之还能进行表面反应动力学实验研究，因而在酸岩反应机理研究中一直得到广泛的应用（李沁 等，2012）。室内酸蚀裂缝导流能力的测定已有多种实验方法，早年酸蚀裂缝导流能力的测试岩心端面大多采用的是光滑的端面，为了更真实地反映地层酸压中的真实情况，近几年对测试岩板的酸刻蚀面进行了改进，很多研究学者不再采用光滑的岩心或者岩板面来研究酸蚀裂缝导流能力，而是采用直接沿加工好的岩板或者岩心进行劈裂，形成不光滑的接触面来模拟酸压裂形成不规则裂缝。对于体积酸压裂缝的导流能力测试，在不规则岩心端面的基础上，还要进行一定量的错位滑移（赵立强 等，2017）。通常，酸刻蚀岩板都以酸蚀裂缝导流能力值进行表征，对酸刻蚀岩板表面形态特征研究较少。谢和平从理论的角度推导了裂缝剖面的分形维数计算模型。解慧等人利用三维激光轮廓仪对酸蚀裂缝表面进行扫描并获取了表面云点数据，利用成像软件对云点数据进行了数字化3D成像，并基于此研究了裂缝在闭合压力作用下的缝宽变化。白翔利用三维数字化分析方法，用表征参数首次提出了酸蚀裂缝刻蚀类型的数字化分类方法，并揭示了不同刻蚀形态对酸蚀裂缝导流能力的影响规律（许峰 等，2001）。

五、采气工程

在采气工程方面，井下节流技术起步较早，早在20世纪40年代就有国外就提出了在自喷井中采用井底油嘴来消除油井的激动间歇或减缓激动间歇程度的思路，但由于更换井底油嘴和改变嘴子尺寸需要起下油管，比较麻烦，该方法未能得到及时的普及和应用。直至20世纪末，井下节流技术才以其较突出的优势重新引起了油气开采人员的重视，有关该项技术的研究也相继展开，并取得了一定的成果。国内从20世纪80年代开始井下节流技术研究，西南油气田于90年代初期研制的Ⅱ型油嘴在投捞和密封上做了重大改进，大大提高了井下油嘴的投捞成功率。目前，西南油气田现已形成了低压气井（节流压差不大于35MPa）水合物防治的成熟技术，依靠井下活动节流嘴，来实现井筒节流降压，以充分利用地温加热，使节流后气流温度能恢复到节流前温度，不会在井筒内形成水合物堵塞。该项工艺已在四川、胜利、中原、青海、新疆和长庆等地区的多口气井成功应用，并在低压气井中得以推广。气田中期、后期有水气藏开发中，气举技术得到了广泛的应用，而气举阀是气举技术中的核心工具。目前针对高含硫气举阀评价的实验技术，主要包括：水静压老化实验、气举阀开启压力调试、探针测距实验、高温气举阀开启压力测试、温度敏感性评价实验，已经基本能满足气田气举工艺的要求。随着气举技术的发展，为避免在检阀作业时起下管柱，发展了投捞式气举技术。该技术的难点在于是否能够成功的实施气举工具的投捞。国外公司在20世纪60—70年代开始研究投捞式气举工具，BST、Cameo、Weatherford等公司研制了适用于小套管井的偏心式气举筒、投捞式气举阀及配套打捞工具。国内自20世纪80年代开始引进投捞式气举工艺技术，成功研制出了多种偏心式投捞气举工具，现场应用取得了一定进展。

而投捞式气举技术方面的实验评价，除了要开展气举阀本身的评价实验以外，还需要开展井下投捞的模拟实验评价，目前主要是利用模拟实验井去建立一个井下环境模拟工具的坐封与打捞，能够在一定程度上判断工具的性能，并对其入井前的性能做一个初步判断。采气工艺模拟评价实验技术方面，国内外大量专家都是采用在地面建立一种可视化的模拟井筒进行模拟天然气开采过程中的气、液流动状态；或者钻探一口模拟实验井并配套系列供水、气设备模拟天然气开采过程。目前，对于直井的携液机理已经基本形成一套理论。Olufemi 研制了垂直井连续携液实验装置，建立了新的连续携液临界气流量计算模型。德克萨斯州大学在可视化 PVC 管中开展了气井连续携液实验，实验通过测试井底液位是否上升来判断该流动状态是否为连续携液。李颖川等利用可视化有机玻璃管建立实验回路，模拟气井连续携液过程。高棉等建立了可视化 L 形管气液两相流实验装置，对各携液模型进行了评价，在液滴模型的基础上对阻力系数和韦伯数进行了修正，并增加角度相关项提出了气藏水平井的携液实验修正模型。目前，高温高压井下工具实验评价主要采用全尺寸模拟试验井、室内试验装置两种方式。（1）全尺寸模拟试验井，是以实际井身结构建造试验井，并在试验井中按实际工况、位置安放、下入试验工具及测试系统进行相关的性能或工艺试验。全尺寸模拟试验井以直井为多，少见斜井，尚未有建成在用的水平试验井。整个系统的结构较简单，辅助系统较少。测得的数据针对性强，准确性高。但是，由于全尺寸试验井建造和维护成本很高，试验井的工艺技术和装备的试验针对性很强，只能模拟特定的工况，所能进行的试验项目范围较窄。根据国内外大量调研和国内各油田实地考察结果表明，进行钻采工具技术研究的机构和单位大都配套有用途各异、不同井身结构、深度和功能的试验井。钻采工具技术的研究着重在试验其抗拉、压、扭及温度等的机械性能，而采油、采气工艺技术研究的主要对象是井筒内流体的流动形态及规律，是从井底到井口的全过程。（2）室内试验装置。试验井模拟装置是通过人工手段模拟各种井下工况，而不必建成实际结构的油气井。其特点是：相对于全尺寸试验井，其建设和维护成本较低；在试验中可根据需要便捷的改变工况参数来模拟不同的工况；测试系统的安放和数据的采集方便；总体结构和辅助系统较复杂，试验数据有必要进行校正和处理。由于技术和试验装备的发展，试验井模拟装置的可模拟的井下工况参数的范围在不断扩大，测试数据的精度不断提高。试验井模拟装置目前正趋于替代全尺寸试验井而得到国内外各油气公司和科研院所的应用。

六、地面集输

在地面集输方面，防腐依然是关系地面集输系统安全和正常运行的重要措施。引起地面集输管线及设备腐蚀的因素众多，除了 H_2S 之外，还可能存在 CO_2、Cl^-、S、有机硫等。高含硫气田从设计开始，就要从工艺、选材、腐蚀监测与控制等方面采取相应措施，制定科学而适用的防腐方案，防止钢制管道和设备的内腐蚀。金属在干燥的 H_2S 气体中不发生腐蚀或者开裂，通过采取适当的工艺设备脱除天然气中的水分、实现气液分输是控制管线和设备的腐蚀的有效途径，例如在高含硫气井井口设置水套炉。提高管道和设备在高酸性环境下自身的抗腐蚀能力是控制腐蚀的最直接途径。在高含硫环境下，材料易发生的破坏因素主要有两大类：一类为电化学反应过程阳极铁溶解导致金属材料的均匀腐蚀和局部腐蚀；另一类为电化学反应过程阴极析出的氢原子在 H_2S 催化下导致金属材料产生两种不同类型的开裂，即硫化物应力开裂（SSC）和氢致开裂现象（HIC）。生产实践表明，其中硫化物应力开裂是最主要的腐蚀破坏因素。对于第一类电化学腐蚀，可通过有效控制电化学反应来加以控制。而对于第二类腐蚀（SSC 和 HIC），应注意在材料选择过程中重点加以控制。综合国内外的实践、实验资料后认为，输送高酸性湿天然气的钢管材料应优先选择强度低，韧性好，抗 SSC、HIC 的低碳钢或屈服强度低于 360MPa 的低合金钢。根据相关标准规定，用于酸性环境下的材料主要包括两大类：一类为铁基金属材料，包括碳素钢和低合金钢、奥氏体不锈钢及马氏体不锈钢；另一类为非铁基金属材料，包括镍基合金、钴基合金及钛合金等。从目前国内外大多数含硫气田使用情况看，采用碳素钢或低合金钢并结合相应的防腐工艺措施的方案，是能够满足含硫气田集输工程需要的；同时，该类型钢质管道价格低廉得多，成本仅为不锈钢和镍基合金的几分之一，因而得到了广泛应用。但在条件恶劣的场合，也可使用耐蚀合金管材的防腐方案。但耐蚀合金价格昂贵，其使用受到经济开发的制约。此外，应严格控制施工及加工质量，（1）高含硫天然气输送管道焊接前应进行焊接工艺评定和焊缝的抗 SSC 和 HIC 评定试验；（2）焊接应按相关工艺规程的要求进行焊前预热和焊后热处理；（3）环向焊缝均应采用 100%X 射线和 100%超声波探伤检查；（4）经热处理后，母材、热影响区和焊缝都应进行硬度检查。

通过加注缓蚀剂进行腐蚀控制，具有成本低、见效快、操作简单等特点，是集输系统中最常用的防护措施之一。缓蚀剂按电化学分为阳极型、阴极型和混合型；按化学组成可分为无机和有机两大类；按对电极反应的作用形式分为界面缓蚀作用型、电解质缓蚀作用型、膜缓蚀作用型和钝化缓蚀作用型；按使用形式分为油溶性、水溶性和挥发性缓蚀剂；按缓蚀剂成膜的种类可分为氧化型、吸附型、沉淀型和反应转化型。缓蚀剂的加注技术包括连续加注、批处理加注和预膜加注等。

此外，可以通过腐蚀监测和腐蚀评价来确定管线和设备的腐蚀情况进而制定有效地防止措施。常用腐蚀监测方法有失重腐蚀挂片、电化学实时监测（包括线性极化探针和电阻探针）、测试短节法、缓蚀剂残余浓度分析法、其他化学分析方法、FSM 指纹分析法等。其中最可靠、最直接的还是失重挂片法；电阻法（ER）和线性极化电阻法（LPR）用于测量内部腐蚀速率是准确而有效的，但在现场腐蚀监测方案中，最好使用两种或两种以上的监测组合。目前在国内的一些气田也开始应用电感法、FSM 指纹分析法。腐蚀检测既可以采用超声波测厚仪定期、定点检测管道的壁厚，也可定期对管道进行智能清管，以检测、分析管道的腐蚀状况。

目前，国内科研机构围绕高含硫气藏开发进行了腐蚀行为评价、腐蚀控制和控制效果监测/检测的深入研究，取得了长足的进步，腐蚀行为评价体系日趋完善，腐蚀控制措施趋于多元化，控制效果监测/检测体系化。近年来，高含硫气田腐蚀控制技术的新进展主要集中在高含硫气田开发的防腐工艺设计、抗硫材料的应用与工艺设计的完善与集成、缓蚀剂防腐及配套工艺技术、表面涂层和喷涂防腐技术等方面。

七、天然气净化

在天然气净化方面，目前全世界都主要以常规天然气净化处理工艺为主，高含硫天然气处理的实验技术按照工艺过程来分类，主要包括原料气预处理、脱硫脱碳、净化气脱水、硫黄回收和尾气处理四类。

天然气原料气的预处理实验技术，主要是由于天然气开采过程中一般都含有固体杂质（岩屑、金属腐蚀产物）、液体杂质（水、凝析油）和气体杂质（H_2S、有机硫、CO_2 和水汽），还有可能因开采工艺需要混入的发泡剂、防冻剂等化学药剂等，实验技术预处理的目的就是杂质过滤与分离，减少对后续净化工艺的影响。目前主要采用的实验技术有：重力沉降、离心分离、碰撞分离和过滤分离等技术。重力沉降技术只能除去直径大于 100μm 的液滴，如分离更小的液滴，需要设备投资和运行成本太高。离心分离技术是实现大量液体、大直径液体和大于 50μm 的气固分离。碰撞分离技术是实现气体中小液滴聚集再靠重力沉降分离。过滤分离技术是用于分离直径在 0.2~40μm 的微粒。目前实验技术主要采用的是过滤分解技术，以活性炭和机械过滤为主，基本可以去除原料气中的大部分影响下游工艺的杂质等。

天然气脱硫脱碳实验技术是实验室开展高含硫天然气净化研发的主体技术，可将其分为化学反应（含化学物理）类、物理分离类及生化类等。化学反应类：包括胺法技术、热钾碱技术（宜用于脱除 CO_2、直接转化技术、非再生性技术等。胺法脱硫实验技术是根据原料气气质的差异，现常采用 MDEA 技术、其他醇胺（如 DEA）组合的混合胺技术，适用于各类天然气气质的净化，是目前最成熟和研究较为深入的技术，也是国内外工业应用最为广泛的技术。物理类：包括适用于天然气中酸气分压高且重烃含量低的工况的物理溶剂技术、适用于已脱除 H_2S 的天然气进一步脱除的硫醇分子筛技术、适用于高酸气浓度的天然气处理的膜分离技术、低温分离技术等。生化类：主要是生物脱硫技术，是一种在常温常压下利用需氧、厌氧菌去除含硫化合物的一种新技术。该实验技术具有净化水平高、装置设备简单、运行费用低、环境友好、操作弹性好等优点。

净化气脱水实验技术包括：分离和过滤、冷凝分离、吸附法、吸收法、直接转化法和综合法等。应用最多的是三甘醇（TEG）脱水、分子筛脱水、低温脱水三种技术。三甘醇脱水属于溶剂吸收法的范畴，目前是天然气行业中应用最广泛的脱水技术。该技术稳定性好、易再生、脱水后天然气露点至少可以降低−55℃。

硫黄回收和尾气处理实验技术主要包含酸气的硫回收处理和尾气达标排放。中国经过多年的发展与改进，目前已经开发出效果优良硫黄回收以及尾气处理技术工艺。另外，组织生产、设计以及研究部门通过不断引进国外先进技术、进行联合技术攻关等方式，形成了国内外先进的硫黄回收成套技术。现阶段的硫黄回收和尾气处理实验技术向自动化以及集成化的方向发展。硫黄回收实验技术主要包括传统、超级、低温和超优克劳斯等技术。尾气处理实验技术是通过各种途径降低尾气中含硫化合物，实现达标排放的技术，包含直接法、还原法和氧化法三大类技术。

八、安全环保

在安全环保方面，高含硫气藏开发过程中可能遇到含硫天然气泄漏、含硫天然气对容器的腐蚀造成的油气外泄、含硫天然气对生态环境的影响及含硫废水的排放等安全环保问题，很多国家已形成了一套切实有效的 HSE 管理体系和基础实验技术，而国内高含硫气田 HSE 管理起步晚，经过学者的不断研究攻关，现已形成了含硫天然气泄漏扩散、高含硫管道及压力容器缺陷检测、H_2S 对植被生态环境影响监测、高含硫气田开发地下水监测现场试验评价、高含硫气田水中硫化物处理等基础实验技术，能够支撑高含硫气田的清洁开发。

九、高含硫天然气泄漏扩散评价

在高含硫天然气泄漏扩散评价技术方面，含硫天然气泄漏扩散行为已经过一定的试验和研究，国内外研究者提出了多种描述泄漏和扩散过程的模型。气体泄漏方面通常采用理论计算的方法，首先判断气体在泄漏口处的流动状态，进而计算气体泄漏速率。在气体扩散方面所使用的模型较多，根据复杂程度通常有依赖经验的唯象模型、较复杂的浅层模型、较准确的三维流体力学模型等。

十、管道及压力容器缺陷检测

在高含硫管道及压力容器缺陷检测技术方面，目前对管道多采用智能清管器检测、对压力容器多采用停机打开检测。智能清管器检测是目前公认的高效管道检测技术。由于收到管径、压力等条件的限制，该技术目前还无法在大量管径低于153mm的高含硫集输气管道上运用，比如美国有多达70%的油气管道都不能运行内检测器，只能采用试压等其他方式。由于试压这种需要停输的检测方式经济损失较大，因而国内外一直致力于研发一种可靠的、不需停输的检测评价技术。美国腐蚀工程师协会（NACE）大力推动直接评价技术研发，形成了内腐蚀直接评价技术体系。2010年以来，中国石油西南油气田分公司开始开展内腐蚀直接评价技术的研究与应用，目前已应用了1215km含硫管道的检测评价，总结形成了集输气管道的内部缺陷检测流程。压力容器外壁缺陷一般比较容易发现和定量，而内壁缺陷则很隐蔽，造成很大的隐患。以往对压力容器内壁缺陷检测，需要停产吹扫后，打开人孔进入容器内部进行检测。这不仅要承受停产带来的经济损失，还要面临检测作业的高危风险。近三年来，中国石油西南油气田分公司通过研究，对比分析了7种检测技术的优缺点，并开展了1299台压力容器的应用试验，建立了非停机状态内部缺陷检测评价流程。

十一、植被生态环境影响监测

在高含硫气田对植被生态环境影响监测技术方面，人们审视愈发复杂化的环境问题，希望找到新的思路和方法了解和解决环境问题。为了更好地保护生态环境，必须对环境中的演化趋势、特点及存在的问题建立一套高效的动态监测与控制体系。在目前环境监测中，单一的理化指标和生物监测仅针对局部剖析，环境监测发展更需要着眼于"整体综合"的生态环境监测技术，对人类活动造成的环境影响进行测定。利用遥感技术、生态图技术建立地理信息系统，并结合区域生态调查和生态统计等手段监测高含硫气田开发对生态环境带来的影响[18]。目前国外也有专家提出可以通过生态监测获取关于各个生态系统受干扰（特指人类活动干扰）程度、承受影响的能力、发展趋势等信息，为生态环境监测提出了不同的发展方向。

十二、地下水监测

在高含硫气田地下水监测技术方面，国内外相关地下水监测技术主要针对省、市、县级控制监测井的布设，在区域控制监测网布设的水文地质勘查技术、监测井布设原则等方面取得了长足的进步，形成了区域控制地下水监测网监测技术。目前，缺乏针对高含硫气田开发等具体建设项目地下水监测井布设、监测因子、监测频率等方面的研究。

十三、气田废水处理

在高含硫气田废水处理实验技术方面，硫化物去除通常采用传统的沉淀、吸收、氧化、生物法等工艺方法，以及不同处理工艺耦合使用，同时伴随产生的副产物还需深度处理，以实现其的无害化和资源化利用。

第三节 高含硫气藏开采实验技术的发展与挑战

中国高含硫气藏的开发经过半个多世纪的技术攻关研究和生产实践，特别是近些年来国内龙岗、普光等大型高含硫气藏和海外阿姆河右岸高含硫气藏的成功开发，标志着中国在高含硫气藏开发配套的技术系列形成、标准规范体系建立及基础实验方法/技术方面取得重要的进展和长足的进步。但是，相比于国外完善的开发技术系列及配套的实验技术以及实现高含硫气藏更加安全、清洁和高效开发的实际需求，仍然面临认识深化、实验技术的水平提升，实验方法的可靠性、快速性，实验数据精度的提高，如何实现实验数据的自动化采集等诸多挑战。特别是国家新的安全法和环保法的发布实施，对高含硫气田安全清洁生产提出了更高的要求。而安全、清洁、高效是贯穿高含硫气藏开发的主线，快速、准确、自动化则是今后高含硫气藏开采实验技术发展的方向，进一步保障高含硫气藏更加安全、更加清洁生产和提高开发效益与发水平。

一、气藏工程

在气藏工程方面，安全、清洁、高效是贯穿高含硫气藏开发的主线，保障高含硫气藏更加安全、更加清洁生产和提高开发效益与开发水平是今后中国高含硫气藏开发实验技术发展的主要方向。从气藏工程方面来看，要深化提高高含硫气藏采收率的理论和技术，包括完善高酸性气藏共存体系流体相态理论、深化储层元素硫沉积及伤害机理实验评价和动态分析技术、复杂强非均质高含硫有水气藏整体治水优化技术等。其中，高含硫气体的相态实验研究是研究的基础。由于 H_2S 和游离态水的存在，给高含硫相态实验等研究带来了诸多困难，如何在恰当的时机取得有代表性样品、如何确定硫醇和硫醚有机硫化物的存在对相态的影响程度以及在研究有水气藏衰竭开采过程中地层水的准确配样量是下一步发展的方向，主要包含了以下内容：（1）硫沉积机理、影响因素、沉积规律、预测和防治技术；（2）水合物形成机理、影响因素、生成规律、预测和防治技术；（3）确定计算高含硫气藏储量、气井产量、气体渗流方程所需的物性参数，如气体偏差系数、拟临界性质、体积系数、黏度能，还有因硫沉积所引起的孔隙度、渗透率变化等。

国内高含硫气藏以碳酸盐岩气藏为主，目前还没有一套系统的高含硫气藏开采实验技术体系，在高含硫气藏储层预测、产能评价、钻井、采气工艺、地面技术处理工艺、腐蚀监测、自动控制及安全风险控制等方面面临许多的技术难题。新发现的高含硫气藏埋藏更深，温度和压力更高，储集类型多样，气水关系复杂，开发难度更大，对钻井、安全风险控制、材料、工具和工艺等均提出了更高的要求。已开发的高含硫气藏面临普遍产水、井筒和地面堵塞等问题，需要进一步加强对气藏精细描述以及完善排水、治水、解堵等配套技术。因此，高含硫气藏在气藏工程方面主要存在着以下的挑战：（1）高含硫气井的产能评价技术；（2）高含硫气藏流体相态安全测试与相态分析技术；（3）硫沉积的预测技术及解堵技术；（4）考虑硫沉积的数值模拟技术；（5）气藏地层压力较高，富含 H_2S 对钻井井控安全构成严重威胁，对井下钻具、工具造成的腐蚀；（6）油气水活跃，固井难度大；（7）气井油套管金属腐蚀严重，给安全生产造成的严重威胁；（8）对于 CO_2、H_2S 的腐蚀机理还缺乏定量认识和比较具体的防范措施等方面。

二、钻完井

在钻完井方面，常规用钻井液硫化物检测方法仍不够快速、精准。其中，分析化学操作步骤繁杂，人为误差较多，且化学分析法与仪器分析法相比不具有"一次性"读取数值能力，因此，如何降低检测手段的操作繁杂及检测速度是目前钻井液硫化物检测的研究热点。目前，除硫剂的评价技术包括除硫剂对钻井液性能影响、除硫效率评价及腐蚀性评价，除硫效率评价技术包括静态法及动态法。但是，除硫剂除硫效果实验评价技术目前没有标准化的仪器设备，且无法对高温高压状态下钻井液中除硫剂与硫化物的作用情况进行动态模拟。而腐蚀性评价常难以对高温高压状态下腐蚀效果进行测评，并且所采用的评价材质为一定尺寸的薄钢板，与现场实际所用钻具的材质及尺寸上有一定差别，因此评定结果准确性有所差异。

在固井方面，固井水泥评价技术的发展方向及趋势主要有以下几个方面。（1）固井水泥体积收缩评价方法技术的发展。研究表明，水泥浆体体积的减少主要发生在过渡时间结束以后，即发生在终凝以后。水泥浆体的收缩伴随着水泥石孔隙率的增大，对于水泥石的渗透率（抗腐蚀能力）和抗压强度、胶结强度等性能均有不良的影响。模拟计算表明，水泥环界面存在 0.01mm 的微间隙时就可发生气窜；当微间隙为 0.02mm 时，在 CBL 测井中可能出现较大的振幅；微间隙为 0.05~0.07mm 时，则导致固井质量不合格。所以科学准确的评价水泥体积收缩性能不仅有利于优选固井水泥体系，而且有利于提高固井质量和水泥环封隔能力。（2）固井水泥韧性评价方法。水泥韧性是指水泥石抵抗在某一方向上产生裂纹和阻止裂纹扩张的能力。油气井在开发过程中都涉及井筒内压力的交变而导致的水泥环长期封隔问题，如试压前后、持续钻进、关井与生产等过程中力学的交替变化。水泥石的韧性是保评价井下水泥环长期封隔效果的主要性能参数，在短期固井质量（24~72h 胶结测井）评价中难以体现其特性。但是受评价技术和标准、固井材料性能和 CBL/VDL 测井方法等因素限制，这一重要性能指标难以准确评价。这种情况在页岩气井、定向井和水平井中更为突出。在小间隙、薄隔层和软地层固井中，水泥环也易受外力（射孔或后续增产措施）破裂而削弱封隔能力。（3）固井水泥石防气窜性能及固井质量综合评价技术。井下水泥环的主要功能是支撑和保护套管，满足油气井开采阶段长期层间封隔的技术要求。固井水泥石防气窜性能和固井质量是油气井井筒密封完整性的重要保证。固井水泥石防气窜性能和固井质量评价结果与诸多因素相关，包括地层特性、钻井液性能、井眼条件、水泥浆体系、固井工艺措施、施工设备状况、测井方法（CBL、VDL、SBT 或其他方法）、测井时间（候凝时间、延时测井）和层间封隔标准等，这些因素导致了固井水泥石防气窜性能和固井质量评价结果差异较大，难以准确地指导、评价油气井井筒密封完整性影响因素及影响程度。在现有技术的基础上，重视以固井质量为中心、固井安全为基础的固井工程是提高油气井井筒密封完整性的重要措施之一。需要建立施工作业的安全性、短期（24~72h）测井质量、井下水泥环的长期层间封隔效果相结合的综合评价考核要求。综上所述，如何统一固井水泥石的防气窜性能评价方面的认识，如何才能更好地评价水泥浆或水泥石的各项性能指标等方面面临很大挑战，而如何快速精准地测出钻井液中的硫化物及如何更好地模拟高含硫气井井下实际工况进行有效的固井质量和除硫效果评价则是今后钻完井实验技术需要继续努力攻关的方向。

三、储层改造

在储层改造方面，储层改造技术的发展方向及趋势主要有以下几个方面。（1）高黏酸液酸岩反应速率测试技术。随着石油工业技术中酸液体系的发展，碳酸盐岩气藏增产改造中为了获取更长的酸液作用距离，越来越多的高黏度酸液体系及缓速酸液体系投入到复杂油气储层改造应用中。这些酸液体系与复杂岩石反应的主要特点是酸岩反应速率慢。平行板酸岩反应模拟实验及相应测试标准无法模拟高黏度酸液在地层裂缝中的真实酸液流态、未考虑到流场的不同对酸刻蚀的影响。同时，采用标准中方法进行高黏液酸岩反应速率测试时由于酸岩反应速率小，不易观察到残酸浓度变化，测试误差较大，无法准确求取高黏酸液酸岩反应速率。且复杂油气储层获取岩心困难，取心成功率低，常常无法满足现行的技术标准所需的岩样规格（152.40mm×50.8mm×25.4mm），且岩心量少，无法开展大规模地酸岩反应实验研究工作。采用旋转岩盘测试高黏酸液体系酸岩反应时由于液体状态差异较大产生滑脱导致实验误差较大，无法模拟高黏度酸液在地层裂缝中的真实酸液流态、未考虑到流场的不同对酸刻蚀的影响。（2）体积压裂酸蚀裂缝导流能力测试及酸蚀裂缝的表面形态特征定量描述技术。体积酸压使次生裂缝发生滑移错位形成复杂缝网，对于体积酸压裂缝的导流能力测试，在不规则岩心端面的基础上，还要进行一定量的错位滑移。对于碳酸盐岩气藏，由于岩性致密坚硬，在室内通过劈裂岩板再错位形成复杂人工裂缝进行导流能力测试的难度较大。同时，研究酸蚀裂缝的开裂度值及分布规律、表面粗糙度乃至两表面间的接触面积及它们对裂缝流动的影响大小，岩石裂缝力学、流动性质及与其表面微观形态的定量关系均需要深入的探究和认识。如何建立高黏酸液酸岩反应速度测试方法，研究高黏酸液酸岩反应动力学行为，如何有效地评价体积酸压酸蚀裂缝导流能力及表征酸蚀裂缝形态是目前困扰深层高温碳酸盐岩高含硫气藏开采实验技术的主要难题，而如何建立一套与黏度参数相关的酸岩反应测试装置及摸索出不规则裂缝形态对导流能力，从而如何建立一套不规则岩心表面的酸蚀裂缝导流能力测试方法则是急需攻关的实验技术方向。

四、采气工程

在采气工程方面，井下节流工艺及评价实验技术虽然经过长时间的发展，但仍需要在下述几方面开展科技攻关并提高井下节流工艺技术的应用范围及可靠性。（1）高压大产量气井的井下节流工艺及评价实验技术。井下节流技术的优势在于可以取代地面节流及水套炉等设备实现节流降压，达到低压使用天然气的目的。但在大产量及高压气井中对井下节流器的性能要求更高，包括喷嘴的耐冲蚀性、密封件的可靠性、工具整体的可靠性、投捞稳定性等方面。目前成熟的井下节流器主要在70MPa等级以下、低含H_2S的环境中使用；在高压力等级、高含H_2S、凝析油的环境中的井下节流技术仍然不成熟。(2)节流管柱各压力节点的压力、温度分布情况、计算方法及模拟实验技术研究。井下节流技术的核心在于使用多大的油嘴，下入深度及位置，确定这些参数的基本条件是弄清楚天然气在整个管柱不同节点位置的压力、温度分布情况。目前是基于各种理论模型得出的计算结果，并应用于节流器设计，但这些模型都还不能完全反映真实的情况，还需要进一步开展系列模拟实验，验证、修复并最终形成新的计算模型。（3）后期出砂、结垢对井下节流器的影响模拟实验技术研究。目前，井下节流器主要是采用钢丝作业的方式实现其投捞，但经常遭遇无法抓住打捞颈、抓住后无法起出等问题，给节流器的投放与打捞增加困难。造成这些困难的原因主要是地层出砂、腐蚀结垢，为进一步摸清这些因素对井下节流器的影响，需要开展系列模拟实验，并根据实验的结果去改进井下节流器，并达到提高投捞成功率的目的。（4）可调试智能井下节流器研究及配套实验技术。气井中所使用的节流器绝大部分都是纯机械式的节流器，在面向智能完井模式时,机械式节流器在气井生产中主要有两大劣势:第一是传统的节流器无法实时获取节流器前后压力、温度等相关生产资料;第二是传统的井下节流器无法实时调节节流器嘴径的大小,必须通过关井和采取绳索作业更换不同尺寸的油嘴来实现不同等级的节流功能。因此,现场十分需要在不关井作业的情况下能实时调节节流器的嘴径大小,从而满足生产调整的需求,以达到提升井下节流技术的水平。为研发可调试智能井下节流器,需要根据其功能,配套相应的实验评价技术与装置,使其成熟并最终实现现场推广应用。高抗硫气举阀评价实验高压、酸压改造过程中平衡压力高,对工具承压提出更高要求。高压含硫气藏出水后,现有气举阀已不能完全满足深井气举的要求。高压含硫气井生产管柱大多带有永久式封隔器,环空注有保护液。现有气举阀最大充氮压力25MPa,限制了环空保护液高气举阀充氮压力,可减少布阀数量,提高管柱可靠性,因此现已开展35MPa气举阀的研制,然而目前的低压气举阀调试装置及实验评价方法不能满足高压气举阀研制的需求,需要进一步开展如下方面研究:(1)高压气举阀实验装置研制;(2)高压气举阀实验评价方法研究;(3)高含硫高压气举阀工具及相应的实验评价技术。采气工艺模拟评价实验技术其根本的目的是模拟天然气开采过程及采气工具的各项入井性能。由于是受室内、地面等因素的限制,目前的模拟技术离真实的开采情况还有一定的差距主要体现在以下三个方面。(1)大斜度井、水平井的井身结构难以模拟,目前国内在采气工艺的研究方面主要是钻探模拟实验井,但这些实验井基本都是直井,没有大斜度井与水平井。如何建立大斜度井与水平井的模拟实验装置,并达到模拟现场工艺技术的目的,还需要进一步研究。(2)井下温度、压力、产气量难以完全模拟,对工艺与工具的实验研究需要配套一定的温度、压力与产量,而这些参数在室内工艺与工具实验中难以完全模拟。(3)可视化与温度、压力等因素共存的实验条件创造,目前对于实验条件的创造,基本能满足温度与压力条件,但要在可视化的条件下创造一个环境,特别是对于工具、工艺在可视化的情况下进行模拟,目前还难以实现。

五、井下工具

在高温高压井下工具方面,高温高压井下工具实验评价需要在高温高压条件下实现加载、上提下放、旋转等功能,同时,在完成功能动作后还需要在井下长时间稳定工作,以评价其可靠性。目前国内实验装置静密封条件下最高温度200℃、最大压力200MPa,动密封条件下最高温度150℃,最大压力60MPa,无法满足目前高温高压井下工具试验要求。国内目前缺少在高压、高温条件下长时间稳定工作的动密封装置。国外以哈里伯顿、斯伦贝谢为代表的公司能够基本达到要求的技术指标,然而,这些实验平台均属于这些公司的技术关键,难以进行技术合作。此外,目前国内高温高压实验装置普遍采用导热油作为加热介质,这存在安全环保方面的隐患。而采用更加安全环保的空气加热方式,对系统设备要求高,实现难度大,目前国内还没有成熟的应用经验。因此,高温高压井下工具试验装置系统的发展趋势就是建立更为安全环保、更为稳定可靠、自动化程度更高、工作参数更优越的具有自主知识产权的高温高压井下封隔器实验评价装置,这也是面临的主要挑战。

六、地面集输

在地面集输方面,高含硫气田腐蚀行为和腐蚀控制技术与效果评价两方面面临挑战。目前,国内外在H_2S腐蚀和开裂领域的工作的重点主要集中如下几个方面:(1)从外部腐蚀环境入手,根据实际需求进行H_2S腐蚀和开裂规律研究,通过材料适用性评价实验指导选材和腐蚀控制，并从材料表面状态及环境介质因素等多方面研究了氢致开裂行为，为全面揭示 H_2S 开裂机制提供了有益的帮助。但随着高含硫气田的开发，由于 H_2S 的溶解度随温度和压力变化显著，高 H_2S 分压条件下的相态平衡更为复杂，现有研究已无法满足工业实践的需求，缺乏与现场工况更为接近的高 H_2S 分压下的腐蚀和开裂工作。（2）从材料自身耐蚀性入手，侧重钢及耐蚀合金组织成分对开裂敏感性的影响，力图提高钢铁材料抗 HIC 和 SSC 能力，并利用已经较为成熟的氢脆机理解释氢进入金属后的扩散、富集与裂纹形成机制，但对于 H_2S 促进氢进入金属的具体机制，还远未得到清晰的认识，而这恰恰是预测和预防 HIC 的重要一环。该问题研究的相对滞后给 H_2S 湿气管道 HIC 的早期预测带来极大困难，无法为解决目前大量存在的 H_2S 湿气输送管道的安全隐患提供科学指导。

由于高含硫气田地面集输系统防腐是一项困难工作，现有的防腐技术主要从材质上入手，通过科学合理的材料选择，优化地面集输系统管道设备的防腐性能。如，使用耐蚀合金钢、非金属材料来提高地面集输系统管道设备的防腐能力，但是此类材料的价值较高，加之非金属材料易破坏，在高含硫气田地面集输系统中的应用受到一定限制。为此，应尽快研制出适应高含硫气田开发条件的地面集输工艺技术。在此技术上，还要加强管道设备材料工作性能检测评估工作。例如根据 ISO 3183-3 规定，检测评价高 H_2S 分压的输送管、压力容器钢的工作性能，特别是抗 HIC 性能，合理确定腐蚀裕量，这是目前高含硫气田地面集输系统防腐的最新方法，但是仅仅做仍然不够，需要对腐蚀裕量确定进行更深入研究。对于耐蚀合金双金属复合管的使用在国内的经验还非常少，特别是中高强度材料（X60/L415）对相关双金属复合管焊接技术和腐蚀评价的研究也极少，需要开展高酸性气田地面工程用内衬镍基复合管材料的焊接技术研究，为高酸性气田开发的可行性提供必要的技术保证。在缓蚀剂应用技术方面，加强对缓蚀剂性能和加注工艺的研究分析，合理确定含 H_2S 集输管线的缓蚀剂以及相应的加注工艺技术，明确加注工艺要求和缓蚀剂最低保护浓度，制定规范的缓蚀剂现场应用程序和管理规程，为高含硫气田开发提供技术保障，确保地面集输管道设备运行安全，提高开发生产效能，实现高含硫气田开发效益最大化。对目前的高酸性气田标准进行修订，将已经成熟的技术设计导则、指南等，结合工程实践升到行业或者国家标准，填补高酸性气田地面工程设计标准体系的空白，指导国内及海外高酸性气田的科学"安全"高效开发。同时应充分利用现代材料科学技术、电子信息技术、智能化的发展和技术进步，来提高腐蚀控制效果、降低腐蚀控制措施投入、简化优化腐蚀监测/检测评价方法。在天然气净化方面，含硫天然气田开发面临原料气气质愈加复杂、净化气要求大幅提升，而硫黄回收及尾气处理又要排放标准更加严格等难题，如何开发出新型的脱硫剂评价实验技术，如何建立出硫黄回收等温反应实验技术、微量硫组分配制实验技术、过程气硫蒸气加入实验技术，如何建立一套脱硫溶液变质产物的分析方法等方面面临挑战，而建立一套快速、准确、自动化程度高的净化分析检测技术，提高净化分析技术水平和效率，既是天然气净化生产的需求，也是天然气净化实验技术的发展方向。

七、安全环保

在安全环保方面，高含硫气田开发安全环保检测监测技术正朝着准确高效、信息化、自动化的方向发展，跨学科、跨领域的技术融合将大大提高实验水平。如何利用大数据、云计算等先进技术来实现安全数据的统计与分析，使实验数据处理更加便捷，实验结论更加科学可靠，乃是今后的发展趋势。

八、高含硫天然气泄漏扩散

在高含硫天然气泄漏扩散评价技术方面，研究主要集中于泄漏模型和扩散模型两个方面。泄漏模型发展较为成熟，泄漏过程的模拟可使用理论模型较为便捷地计算。在环境复杂且需要较高精度的情况下，三维流体力学模拟是一个重要的研究方向。扩散模型经过国内外学者近些年的研究，一些适用性较强的模型得到了大量的应用。目前扩散模型正朝着更加准确、更加经济的方向发展，根据不同的应用场景综合考虑精度要求、计算资源消耗等条件优选适用的模型。随着计算技术的进步，三维流体力学模型将逐渐占据主流。

九、管道及压力容器缺陷检测

在高含硫管道及压力容器缺陷检测技术方面，面临的主要问题是如何提高检出率和检测效率。一方面，含硫介质导致的缺陷形式多样，部分缺陷很小（表现为针孔腐蚀），受目前的检测技术限制，这类缺陷往往难以检出；另一方面，各种检测技术由于原理的不同，能够有效检测的缺陷也各有不同，但也不能各种技术都上导致检测效率低下。在检出率方面，需要研究更有效的检测技术。在检测效率方面，虽然中国石油西南油气田分公司通过应用研究形成了效率较高的检测流程和方案，但目前还仅仅用在较小的范围内，其适用性还需要通过广泛地应用进行验证和提升。

十、植被生态环境影响监测

在高含硫气田对植被生态环境影响监测技术方面，新型生态环境监测技术在高含硫气田开发中的应用依然存在一定的困难。现有的生态环境监测技术主要依赖于微观角度的生态监测，只注重高含硫天然气对植被和土壤环境的影响，缺乏对于整个生态体系影响的监测手段。单项影响指标（高含硫天然气）的影响宏观监测较为困难，开放区域内宏观生态环境中影响因素较多，短时间内难以确定高含硫气体释放造成的单因子影响状况。"3S"（地理信息系统、遥感技术、全球卫星定位技术）是未来生态环境监测的核心技术，其在高含硫气田开发中的推广应用也需要时间和不断探索，使其更切合与气田开发生产中。

十一、地下水监测

在高含硫气田地下水监测技术方面，高含硫气田开发下水监测井布设定量化研究与监测项目确定两方面面临挑战。由于地下水类型的多样性和地下水污染的隐蔽性，如何根据具体站场水文地质条件，结合地下水污染模拟预测，给出定量化的地下水监测井布设数量、布设深度是地下水监测技术急需解决的难题。由于高含硫气田开发水质的复杂性，如何识别高含硫气田对地下水污染的特征组分，兼顾代表性和经济性建立一套针对高含硫气田开发地下水监测项目及监测频率则是急需攻关的技术方向。

十二、气田废水处理

在高含硫气田废水处理实验技术方面，主要集中在高级氧化技术方向，如超临界氧化技术、湿式氧化技术、臭氧氧化技术、光催化氧化技术等，以充分发挥氧化法处理高效、硫单质状态可控、副产物少等优势。其面临挑战如下：（1）沉淀吸收法操作简便，应用范围广，但面临沉淀药剂使用量较大，尾气吸收副产物难处理设备耐腐蚀性、密封性要求较高的问题；(2) 吹脱法处理高效，对设备要求高，塔内部衬里需耐高温、耐腐蚀；(3) 氧化法难点在于如何有效控制硫离子的氧化价态，提高单质硫生成效率，其次，需进一步开发更加高效低廉的催化剂，形成配套的氧化除硫技术装备，优化综合处理成本等。

第四节　国家能源高含硫气藏开采研发中心概况

国家能源高含硫气藏开采研发中心是国家能源局批准设立的第四批国家能源研发中心之一，是国内首个以高含硫气藏开采为对象的基础研发平台。该中心以中国石油西南油气田分公司以近几十年来开发高含硫气藏形成的气藏工程、完井工程、采气工程、腐蚀与防护、天然气净化、安全环保等核心技术为主体，结合相关单位工程技术和高校基础研究优势，在已建成的中国石油天然气集团有限公司高含硫气藏开采先导试验基地的基础上，进一步扩展打造的国家能源创新平台。

2013年2月，国家能源局正式下文批准设立国家能源高含硫气藏开采研发中心，它依托中国石油西南油气田分公司，联合中国石油川庆钻探工程有限公司和西南石油大学共同建设，于2013年11月正式授牌。研发中心设立了综合管理部、气藏工程技术研究所、钻完井工程技术研究所、采气工程技术研究所、腐蚀防护技术研究所、天然气净化技术研究所、安全环保技术研究所、硫沉积评价技术研究所、腐蚀防护现场试验基地、天然气净化现场试验基地和井控应急救援中心（图1-1）。它的建成对高含硫气藏开采关键技术突破，实现高含硫气藏规模化开采和产业化发展，强化对国家重大能源战略支撑，符合国民经济发展规划和

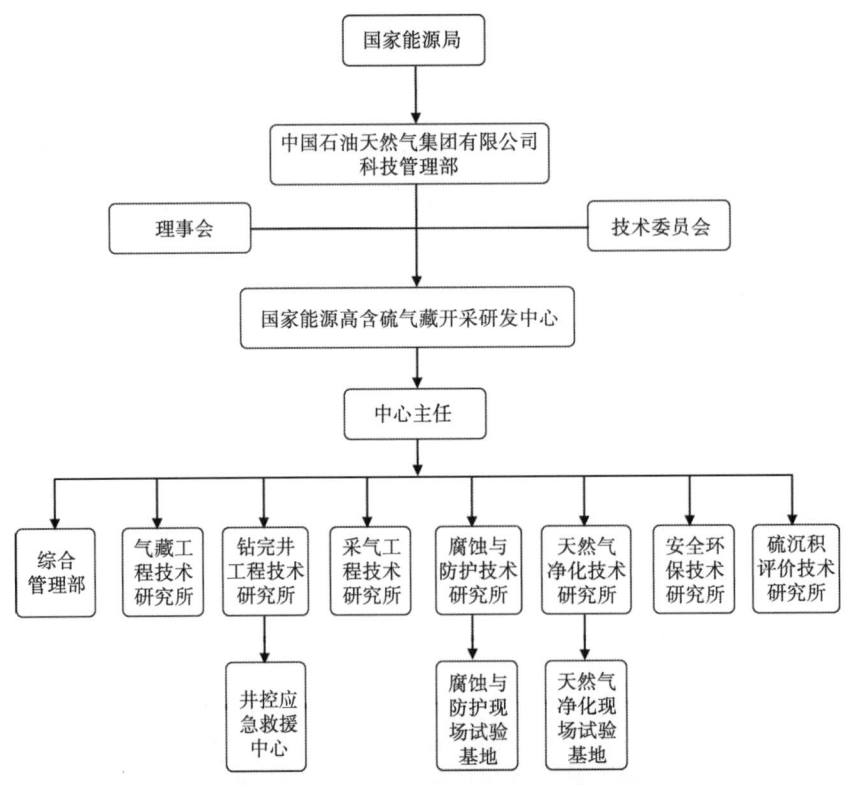

图1-1　国家能源高含硫气藏开采研发中心组织机构图

国家能源产业政策，对于优化国家能源消费结构、促进节能减排，实现绿色、循环、低碳发展和推进生态文明建设意义重大。

研发中心牵头单位是中国石油西南油气田分公司（以下简称西南油气田分公司），它在20世纪50年代即开始了四川盆地天然气规模化开采，是中国高含硫气藏开采的先驱，一直引领国内高含硫气藏开采的技术发展方向。在50多年的高含硫气藏开采历程中，西南油气田分公司对高含硫气藏开发经历了H_2S含量从$50g/m^3$以下到$100g/m^3$之上、埋深从2000m到6000m、储量规模从小到大的技术发展变迁，经历了中等埋深中小型高含硫气藏开发探索、技术集成和超深大型高含硫气藏开发技术升级配套三个阶段，通过自主攻关和国际技术合作，先后解决了中深中小型、超深大型高含硫气藏开发的主要技术难题，成功开采了卧龙河嘉陵江、中坝雷三、磨溪嘉陵江等17个高含硫气田，高含硫生产气井共计330口。针对高含硫气田开发生产中面临的诸多复杂情况和疑难问题，在长期探索研究基础上建立了适宜的技术和管理体系，经受了生产实践的检验。

依托研发平台和技术团队，围绕制约高含硫气藏安全清洁高效开采的关键瓶颈技术，西南油气田分公司开展了"四川龙岗地区大型碳酸盐岩气田勘探开发示范工程"等一批国家级和中国石油集团公司级重大项目攻关，结合"产、学、研"一体的科技创新平台，在高含硫气田安全清洁开发技术领域取得了一系列重要技术成果，实现了开采技术工程化和产业化应用，助推龙岗及阿姆河两大试验区以及龙王庙气藏快速上产。（1）支撑龙岗气田开发国家示范工程顺利实施，龙岗礁滩气藏的发现，标志四川盆地首次在6000m埋深取得勘探重大突破。净化厂一次投产成功，开创国内大型高含硫气田开发的先例，已累计产出天然气超过$80×10^8m^3$。（2）助推龙王庙气藏开发快速上产，30口开发井钻试工作全部完成，均获得高产工业气流，平均测试产量$150×10^4m^3/d$。投产41口井，已完成41口井配套产能建设$3350×10^4m^3/d$，累计产气量超过$160×10^8m^3$。截至2016年底，已建成$110×10^8m^3$产能规模。（3）保障阿姆河气田安全高效开发，全面应用已形成的高含硫气藏开发配套技术，实现了快速建成达产，向国内输送天然气超过$390×10^8m^3$，有效保障了国家能源安全。

研发中心建设期间，获得国家级科技成果奖励1项，省部级奖励8项，获得授权专利9件（发明专利5件，实用新型专利4件），申请专利44件（发明专利27件，实用新型专利17件），获国家软件著作权3项，起草制订国际标准1项、国际标准技术报告1项、国家标准3项、行业标准6项，出版专著4本，发表论文64篇，推动了相关领域国家标准和行业标准的制修订，逐步打造为技术领先、装备一流的科学研究和现场试验基地，完善具有行业领先水平、结构合理、全开放式的创新团队的建设，构建了长效的"产、学、研"合作机制，促进了科研成果的转化与应用，对高含硫攻关技术的引领和高含硫气田的生产的支撑作用越发突显，有力地支撑了土库曼斯坦阿姆河气田和南约洛坦气田，中国石化普光气田，中国石油龙岗气田、灯影组气藏、罗家寨气藏和龙王庙组气藏等国内外高含硫气田的安全、清洁、高效开发。

参 考 文 献

步玉环，郭辛阳，李娟，等，2010. 水泥石动静态机械性能相关关系试验研究［J］. 石油钻探技术，38（2）:51-54.
何生厚，曹耀峰，2010. 普光高酸性气田开发［M］. 北京：中国石化出版社.
胡文瑞，马新华，李景明，等，2008. 俄罗斯气田开发经验对我们的启示［J］. 天然气工业，28（2）：1-6.

姜浒，陈勉，张广清，等，2009. 碳酸盐岩储层加砂酸压支撑裂缝短期导流能力试验 [J]. 中国石油大学学报, 33（4）：89-92.

蒋卫东，汪绪刚，蒋建方，等，1998. 酸蚀裂缝导流能力模拟实验研究 [J]. 钻采工艺, 21（6）：33-36.

李力，2000. 用人工模拟裂缝装置研究盐酸/白云岩反应速率的影响因素 [J]. 钻采工艺, 23（1）：29-31.

李沁，伊向艺，卢渊，等，2012. 高粘度酸液在人工裂缝中流态规律研究 [J]. 石油与天然气化工, 41（5）：512-515.

李早元，郭小阳，韩林，等，2007. 油井水泥石在围压作用下的力学形变行为 [J]. 天然气工业, 27（9）：62-64.

马永生，2007. 四川盆地普光超大型气田的形成机制 [J]. 石油学报, 28（2）：9-21.

莫继春，李杨，卢东红，等，2004. 霍布金森水泥石动态力学性能与射孔验窜试验装置 [J]. 钻井液与完井液, 21（6）：8-11.

冉隆辉，陈更生，徐仁芳，2005. 四川盆地罗家寨大型气田的发现和探明 [J]. 海相油气地质, 2005, 10（1）：43-47.

任书泉，李联奎，袁子光，等，1983. 旋转岩盘实验仪的研制和应用 [J]. 石油钻采工艺, 5：69-75.

孙玉平，陆家亮，万玉金，等，2016. 法国拉克、麦隆气田对安岳气田龙王庙组气藏开发的启示 [J]. 天然气工业, 36（11）：37-45.

汪宸成，黄开伟，余萌，2016. 川东北罗家寨高含硫气田全面建成投产 [J]. 国外测井技术, 3：53.

许峰，曾大林，2001. 地球信息技术在水土保持生态环境监测中的应用 [J]. 中国水土保持, 8：32-33.

张继周，蒋晓敏，韩晓强，等，2003. RDA100高温高压动态腐蚀测定仪在酸岩反应研究中的应用 [J]. 新疆石油科技, 13（4）：39-42.

赵立强，高俞佳，袁学芳，等，2017. 高温碳酸盐岩储层酸蚀裂缝导流能力研究 [J]. 油气藏评价与开发, 1：20-26.

朱毅秀，杨程宇，单俊峰，等，2014. 阿斯特拉罕穹隆油气地质特征及勘探潜力分析 [J]. 特种油气藏, 21（4）：26-30, 152.

第二章 高含硫气藏相态特征实验评价技术

含硫气藏分类按国家标准 GB/T 26979《天然气藏分类》执行。高含硫气藏指天然气中 H_2S 体积含量为 2.0%~10.0%（即质量含量为 30.0~150.0g/m³）的气藏；特高含硫气藏指天然气中 H_2S 体积含量为 10.0%~50.0%（即质量含量为 150.0~770.0g/m³）的气藏。

高含硫气藏由于重力差异分离现象，在气藏构造位置高的地方，含 H_2S 和 CO_2 及重烃成分较低，这就决定了高含硫气藏构造位置不同，其相态特征存在着一定的差异性。在原始地层条件下，虽然原始地层流体仍处于平衡状态，但是随着定容开采的进行，地层压力不断降低以及井筒效应的产生，高含硫天然气会发生一系列复杂的相态变化。这时可能会有单质硫析出，多硫化物分解发生。单质硫的出现，将会堵塞孔隙喉道、井筒及地面集输设施，对储层造成一定的损害，严重影响气井的产能，给气藏的开发带来严重影响。所以取得气藏有代表性的气样作为高含硫气藏相态特征分析实验研究显得尤为重要，真实反映气藏的相态特征，能为后续高含硫气藏开采过程中元素硫析出对地层的损害、元素硫的析出而引起的流体渗流规律的改变以及元素硫在孔隙喉道沉积而导致的堵塞机理研究打下坚实的基础。

第一节 高含硫气藏相态实验分析技术

化学分析表明，不同地区、不同类型的含硫天然气藏，所含天然气的组分有很多差异，大致可分为三类。

（1）烃类组分。烃类组分是含硫天然气的主要成分，大多数含硫气藏的烃类含量在 60%~90% 之间，其中又是以低相对分子质量的烷烃为主要成分，也常含有少量烯烃、炔烃、环烷烃和芳香烃。

（2）酸性组分。天然气酸性组分包括含硫组分和 CO_2。其中，含硫组分又可分为无机硫化物和有机硫化物。前者主要指 H_2S，后者包括硫醇（主要是甲硫醇 CH_3SH 和乙硫醇 C_2H_5SH）、硫醚（主要是甲硫醚 CH_3SCH_3 和乙硫醚 $C_2H_5SC_2H_5$）、二硫化合物（如二甲基二硫化合物 $CH_3S_2CH_3$）、硫氧化碳（COS）、二硫化碳（CS_2）、硫酚（C_6H_5SH）等有机硫化物。

（3）其他组分。这些组分包括：微量的一氧化碳、氧、氮、氢、氦、氩以及水蒸气等，常见组分主要物理化学性质见表 2-1。

表 2-1 含硫天然气中常见组分主要物理化学性质

组分名称	分子式	相对分子量	临界温度（K）	临界压力（MPa）	沸点[℃（标况）]	偏心因子
甲烷	CH_4	16.043	190.55	4.604	−161.52	0.0126
乙烷	C_2H_6	30.070	305.43	4.880	−88.58	0.0978
丙烷	C_3H_8	44.097	369.82	4.249	−42.07	0.1541
正丁烷	nC_4H_{10}	58.124	425.16	3.797	−0.49	0.2015

续表

组分名称	分子式	相对分子量	临界温度（K）	临界压力（MPa）	沸点[℃（标况）]	偏心因子
异丁烷	iC_4H_{10}	58.124	408.13	3.648	−11.81	0.1840
正戊烷	nC_5H_{12}	72.151	469.6	3.369	36.06	0.2524
异戊烷	iC_5H_{12}	72.151	460.39	3.391	27.84	0.2286
正己烷	nC_6H_{14}	86.178	507.4	3.012	68.74	0.2998
正庚烷	nC_7H_{16}	100.205	540.2	2.736	98.42	0.3494
氦	He	4.003	5.2	0.277	−268.93	0
氮	N_2	28.013	126.1	3.399	−195.80	0.0372
氧	O_2	31.977	154.7	5.081	−182.962	0.0200
氢	H_2	2.016	33.2	0.297	−252.87	−0.219
二氧化碳	CO_2	44.010	304.19	7.382	−78.51	0.2667
一氧化碳	CO	28.010	132.92	3.499	−191.49	0.0442
硫化氢	H_2S	34.076	373.5	9.005	−60.31	0.0920
水蒸气	H_2O	18.015	647.3	22.118	100.00	0.3434

在高含硫气藏地层条件下，烃类混合物的性质决定于其化学成分、温度和压力。这些性质影响到气藏勘探开发的各个方面。高含硫气藏由于 H_2S 的存在，改变了烃类混合体系的临界性质，形成了高含硫气藏的独有相态特征，如热力学性质有别于其他类型气藏，饱和含水量和硫熔点发生变化，H_2S 和硫醇的存在对相态的影响，有水气藏衰竭式开采 H_2S 含量变化等一系列特征。

一、高含硫天然气热力学性质实验技术

天然气热力学参数包括偏差系数、体积系数、压缩系数、热膨胀系数和密度。这些参数都可从实验中获得，在此基础上，利用引进的进口相态软件，调节富组分相关参数，可模拟得出高含硫天然气相图，从而得出高含硫天然气的临界温度、临界压力、最大凝析温度、最大凝析压力。

（一）高含硫气藏流体偏差系数实验测定

为了更好地开发高含硫气藏就必须对酸性气体的性质有比较清楚的认识，在表征酸性气体的所有参数中，气体的偏差因子是一个比较重要的参数。因此，精确确定该参数是一项比较重要的工作。对于酸气而言，其偏差因子的计算方法与一般的常规气藏有一些差别，目前还没有比较准确的计算方法，从可查阅的文献来看，现有计算方法分为状态方程法和经验公式法两大类。直接的方法是实验测定法。

1. 实验原理和依据

保持气体分离过程中体系的总组成恒定不变，将处于地层条件下的单相地层流体瞬间闪蒸到大气条件，测量其体积与气量的变化，其实验依据是 GB/T 26981—2011《油气藏流体物性分析方法》。

2. 实验装置

1）实验装置功能及配置

该实验装置能研究一定温度和压力条件下地层流体（原油、凝析油、天然气、地层水）

的相态特征及油气变化情况,能够清晰准确观测露点、泡点,实时自动探测凝析液微弱体积变化并能精确计量凝析液体积;在同一烘箱内配有颗粒分析系统,能检测石蜡、沥青质等颗粒形成条件、颗粒分布状况、颗粒尺寸以及颗粒析出量。其工作条件是压力150MPa、温度200℃,材质为哈氏合金,主要由烘箱、转向机构、PVT釜、磁力搅拌器、内置自动高压泵、视频系统、控制面板、用于数据采集、监测和报告的PVT软件、颗粒分析系统等几大部分构成。同时还有高温高压配样器、高温高压自动注气泵、自动转样泵、自动气量计、电磁黏度计、密度计、分子量仪、冷阱、气相色谱仪等辅助装置。装置如图2-1所示。

图2-1 含硫气藏相态实验装置图

实验主要在PVT釜中进行。PVT釜观察窗由两块相对的透明蓝宝石窗口组成,PVT釜上的温度探头和压力传感器监测流体样品的温度和压力,气体体积由自动跟踪的数码摄像装置记录。

2)实验仪器易腐蚀部位

(1)管线。实验过程中,离不开用金属管线进行样品传输,为了减少高含硫气样对管线的腐蚀,应使管线不长期憋压,尽量使高含硫气样滞留在管线中的时间较短。

(2)接头、阀门、蓝宝石观察窗。从实验经验来看,酸性气体对蓝宝石观察窗几乎没有腐蚀。由于高含硫天然气易在接头、阀门处发生节流,易使该处由于单质硫、硫醇、硫醚的析出发生阻塞。单质硫的析出,会加重接头、阀门节流处的腐蚀,所以每次实验完毕后,需及时对仪器进行全方位清洗。

(3) O形圈、阀针、垫片以及锥形活塞。这部分在实验过程中腐蚀最为严重,这些部件在釜中的具体位置如图2-2所示。实验时,当高含硫气样转入PVT釜时,与釜中玻璃筒O形圈、玻璃筒垫片、O形圈、锥形活塞上端面、锥形活塞环面以及锥形活塞O形圈直接接触,易造成这些部件的严重腐蚀,O形圈会变大且有鼓泡和出现裂纹现象,如图2-3所示;垫片大部分变黑,玻璃筒上部的垫片和锥形活塞的垫片均有软化松动现象,且与密封盒发生粘连。这些部件都不能二次使用,每一次新的实验前都必须及时更换。

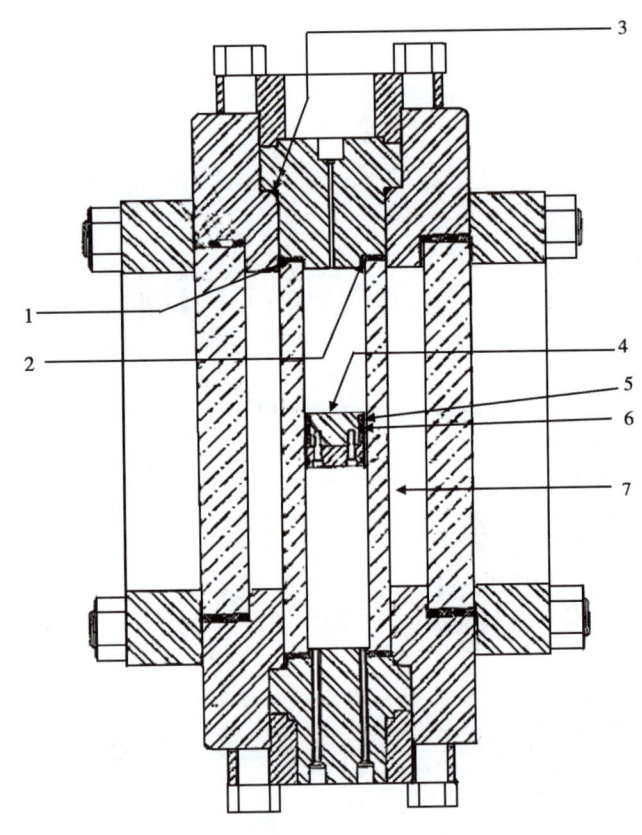

图2-2 相态室剖面图
1—玻璃筒O形圈;2—玻璃筒垫片;3—O形圈;4—锥形活塞上端面;5—锥形活塞环面;6—锥形活塞O形圈;7—玻璃筒

图2-3 腐蚀前后的O形圈对比图

3. 单次闪蒸实验方法步骤和要点

将现场取得的高压气样在保持压力的情况下，直接转入 PVT 釜，在实验温度和压力下稳定 4h 后，把一定体积的气体闪蒸到大气条件，测出放出的气体在大气条件下的温度和体积，再利用状态方程得出气样在实验条件下的偏差系数。

1) 实验步骤

（1）样品室清洗和试压检查。

（2）分析样品稳定在地层条件 4h 以上。

（3）按图 2-4 接好流程。

（4）记录分析气样在实验条件下初始体积并读取当时气量计所显示的气压和室温，设初始气量计体积为 0。

（5）打开样品室顶阀，保持压力，缓缓放出约 30cm³ 高压气样，并控制好气量计活塞上行速度。

（6）记下气量计读数和样品室中剩余气样的体积。

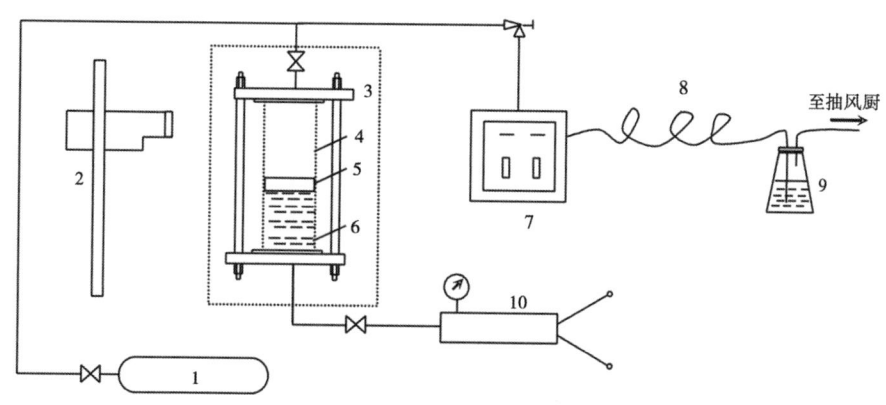

图 2-4　偏差系数测定流程图

1—样品瓶；2—CCD 图像；3—空气浴；4—相态分析室；5—活塞；
6—驱替液；7—气量计；8—放空软管；9—脱硫管；10—驱替泵

2) 要点

（1）实验时，实验室必须通风良好，防毒面具必须配备齐全，正压式空气呼吸器充满气并放在实验可视的地方，以保证实验过程的安全。

（2）进入气量计中的气体不能直接排入空气当中，必须在排气出口处连接脱硫管，脱硫管置于通风橱中，内装脱硫剂，让脱硫剂与 H_2S 充分反应后排于空气中。气量计在排完气后必须用氮气置换吹扫，吹扫气也先通入脱硫管再排入大气。

（3）当高含硫气样闪蒸进入气量计时，会发生气量时大时小、断断续续，或气量越来越小，稍开阀门气量猛然增大，以致阀针很难控制的现象，给实验精度和实验安全带来影响。发生这个原因是高含硫天然气中含有硫醇和醇醚，在高温高压条件下，硫醇和硫醚以气相的形式溶于气体中，闪蒸降压后，硫醇和硫醚从气相中析出来，常温常压下，硫醇呈液态且黏度较高，以一层黏稠液方式覆盖在阀针周围，阻止了气流的流出。当发生这种现象时，为避免气流过大对气量计造成损坏，不能继续开大阀门，而是先关闭阀门，然后再慢慢开启，控制流量大小，直到流量达到正常水平。

（4）对于以环空液靠玻璃筒来平衡样品压力的仪器，分析测试时，还应注意升降压的速度问题，升降压速率不能过快，使玻璃筒内外压差过大而使玻璃筒破损，造成实验中途而废。

（5）实验完成后，拆卸清洗 PVT 釜之前，应先排放尽釜内含硫气样后，再用氮气置换吹扫 5 次后，方能拆卸清洗 PVT 釜，以免含硫气样散发在实验室内，使实验室空气受到污染。

4. 结果分析及应用

单次闪蒸偏差系数计算公式：

$$Z_f = p_f V_f T_a / (p_a V_g T_f) \tag{2-1}$$

式中　Z_f——地层条件下偏差系数无量纲；
　　　p_f——地层条件下压力，MPa；
　　　V_f——地层条件下样品体积，mL；
　　　T_a——室温，K；
　　　p_a——大气压，MPa；
　　　V_g——气量计在室温大气条件下的体积读数，mL；
　　　T_f——地层条件下温度，K。

（二）高含硫气藏流体其他热力学性质实验测定

本实验的目的是为了获得各分级压力下高含硫气体偏差系数、体积系数、压缩系数和密度等参数。

1. 实验原理

在恒定温度下，测定恒定质量的地层流体的压力与体积的关系，又称 PV 关系实验。实验装置和实验流程如图 2-1 和图 2-4 所示。

2. 实验方法步骤

（1）如图 2-4 所示连接好驱替泵和相态分析室。

（2）将单次闪蒸所剩余气样（适量）稳定在地层条件 4h 后，记录其体积；

（3）在地层温度下逐级降压，每级降压 2MPa，一直降到 PVT 釜中活塞运行下限为止。每级降压稳定 10min 后，记录样品体积。

（4）降温到下一级温度，重复步骤（2）和步骤（3）测定各分级压力的 P—V 关系，一般从常温到地层温度差分选择五个不同温度进行 P—V 关系测定。

3. 结果分析及应用

通过对实验数据加工处理，可得出高含硫天然气的各热力学参数，这些参数目前广泛应用于各高含硫气藏储量计算中。

1）不同温度下各分级压力偏差系数计算

不同温度下各分级压力偏差系数式：

$$Z_i = (Z_f p_f V_i T_f) / (p_i V_f T_i) \tag{2-2}$$

式中　Z_i——i 级压力下天然气偏差系数；
　　　p_i——各分级压力，MPa；
　　　T_i——i 级温度，K；
　　　V_i——i 级压力下样品的体积，mL。

实验结果如图 2-5 所示。

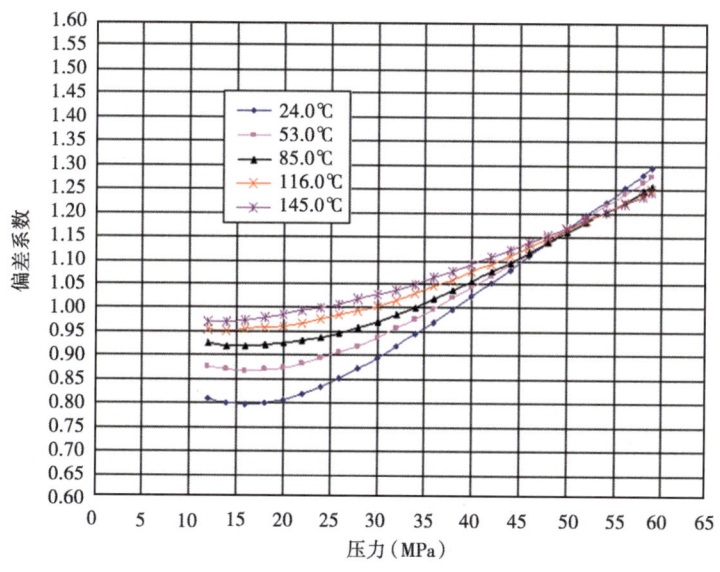

图 2-5　高含硫气样在不同温度和压力下的偏差因子

2）不同温度下各分级压力体积系数计算

天然气的体积系数是指天然气在地层条件下所占体积与其在地面条件下的体积之比。它描述了当其气体质量不变时，由于地下到地面压力、温度的改变所引起的体积膨胀大小。其计算式为

$$B_i = (101.325 Z_i T_i)/(293.15 p_i) \tag{2-3}$$

式中　B_i——i 级压力下天然气体积系数，m^3/m^3（标准状况）。

实验结果如图 2-6 所示。

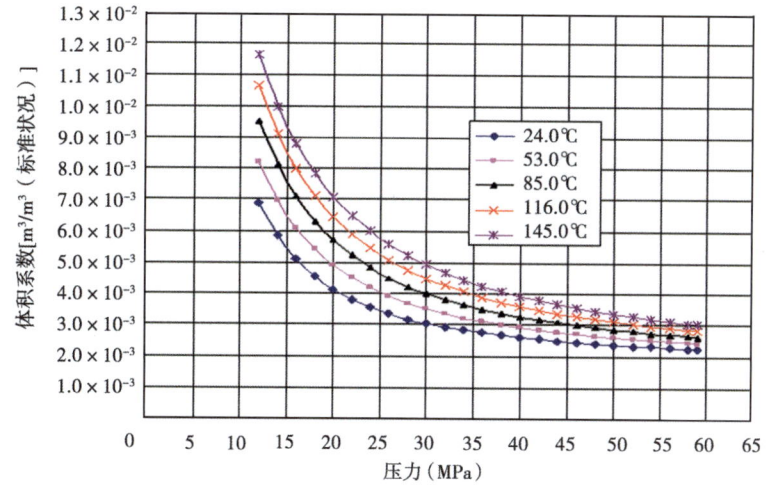

图 2-6　不同温度下体积系数与压力关系曲线

3）不同温度下各分级压力压缩系数计算

压缩系数是指在等温条件下，天然气随压力变化的体积变化率，主要用于气藏工程的计算。其计算式为

$$C_i = 100 \times (V_{i-1} - V_i)/[(p_i - p_{i-1}) \times V_i] \tag{2-4}$$

式中　C_i——i级压力下天然气压缩系数，MPa^{-1}；

V_{i-1}——相同温度i级上一级压力下样品的体积，mL；

p_{i-1}——i级上一级压力，MPa。

实验结果如图2-7所示。

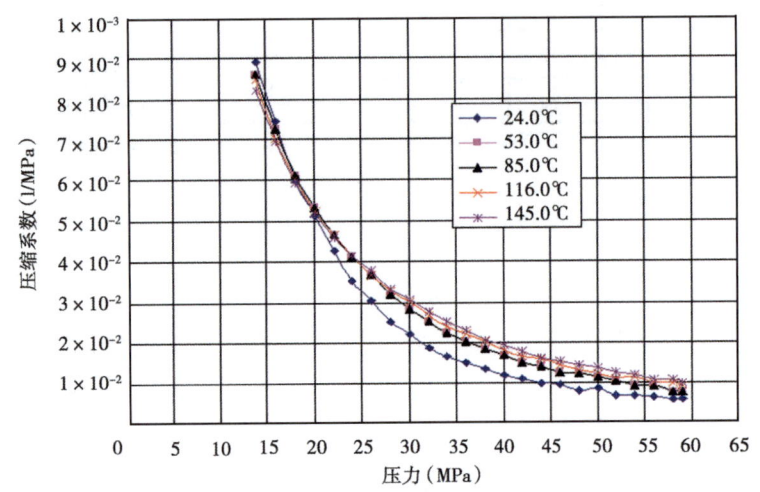

图2-7　不同温度下压缩系数与压力关系曲线

4）不同温度下各分级压力密度计算

天然气的密度是指单位体积天然气的质量。一般来说，温度越高，密度越小；压力越高，密度越大。其计算式为

$$\rho_i = 273.15 M_g p_i/(101.325 \times 22.4 \times Z_i \times T_i) \tag{2-5}$$

式中　ρ_i——i级压力下天然气密度，g/cm^3；

M_g——高含硫气样分子质量，g/mol。

实验结果如图2-8所示。

5）不同温度下各分级压力热膨胀系数计算

热膨胀系数是指地层流体在相同压力不同温度区间的单位压力下的体积变化率。其计算式为

$$\alpha_i = 100 \times \Delta V_i/[(T_{i-1} - T_i) \times V_i] \tag{2-6}$$

式中　α_i——i级压力下天然气热膨胀系数，$℃^{-1}$；

ΔV_i——相同压力下i与$i-1$不同温度样品体积差，mL；

T_{i-1}——i级上一级温度，K。

实验结果如图2-9所示。

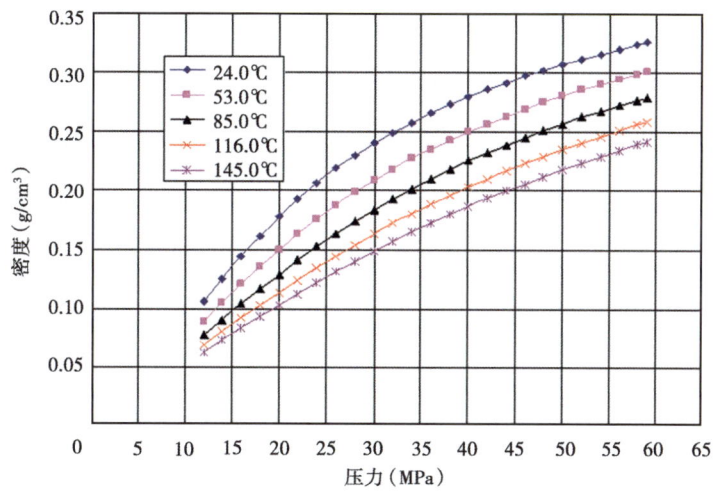

图 2-8　不同温度下密度与压力关系曲线

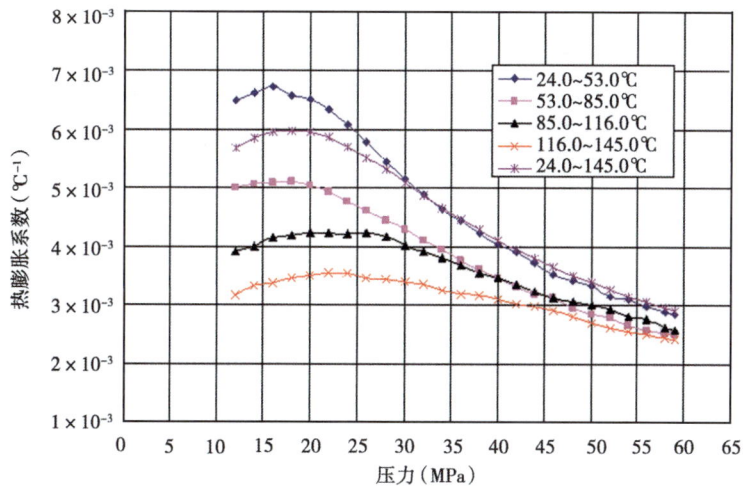

图 2-9　不同温度区间热膨胀系数与压力关系曲线

(三) 高含硫气藏相图特征

多组分体系的相图比纯化合物的相图更为复杂，一般来说复杂程度与组成体系的组分结构差异和分子大小有关，由于富含 H_2S 的天然气中除含轻质烃类分子以外，还含有硫醇和硫醚等有机硫化合物以及单质的固态硫，因而相图特征显得更为复杂。

实验所用样品为试采井在测试期间取得的高含硫气样，其组分组成见表 2-2，有机硫含量情况见表 2-3。实验按照 GB/T 26981—2011《油气藏流体物性分析方法》进行。

1. 实验方法

高含硫天然气中由于存在硫醇、硫醚和重烃，在地层温度恒质膨胀降压过程中，可能发现相态室玻璃筒壁上有少量的液体析出现象，如果出现这种现象，证明流体在地层条件下存在露点。为真实反映所取样品的相态特征，需按以下实验步骤准确确定高含硫气样的露点，实验装置和实验流程如图 2-1 和图 2-4 所示。

表 2-2 实验样品的组分组成

组分	高含硫气样1 (%)	高含硫气样2 (%)	高含硫气样3 (%)
He	0.02	0.02	0.020
H_2	0.01	0.02	0.004
CO_2	5.32	6.98	6.280
H_2S	8.34	11.30	8.340
N_2	0.40	1.06	0.300
C_1	85.83	81.51	84.970
C_2	0.08	0.04	0.070
C_3	0	0.01	0.010
iC_4	0	0	0
nC_4	0	0	0
iC_5	0	0	0
nC_5	0	0	0
nC_6	0	0	0
C_{7+}	0	0	0

表 2-3 实验样品有机硫分析数据

样品	高含硫气样1	高含硫气样2	高含硫气样3
硫氧化碳 COS（mg/m^3）	93.5	209.2	208.5
甲硫醇（mg/m^3）	4.3	25.1	15.2
乙硫醇（mg/m^3）	0.8	0.7	0.4
二硫化碳（mg/m^3）	<0.1	0.2	0.4
乙丙硫醇（mg/m^3）	<0.1	0.2	<0.1
正丙硫醇（mg/m^3）	<0.1	<0.1	0.2
其他（mg/m^3）	<0.1	<0.1	<0.1

（1）实验前必须进行仪器试漏检查，以确保实验的安全。

（2）进样以前，事先把仪器的温度升高到地层温度，实验时，尽量维持取样瓶中的压力进行转样，避免组分丢失，以确保相态的真实性。

（3）转样完毕后，样品保持在地层条件稳定 4h 后，开始进行露点测定。为了精确确定露点压力，采用逐次缩小压力的办法，先把压力提高半级（地层压力与发现有液体析出压力之差），摇样 20min，静止 10min 左右，观察是否还有液体，若有则再升压 1/4 级；若消失，则再降压 1/4 级，直到液滴出现与消失之间的压力差小于 0.1MPa，取这两个压力值的平均值作为露点压力。

（4）其他温度下的露点测定照此方法进行，为了便于相态模拟，露点测定至少选择三个点。

（5）对于在地层条件下无露点的样品，必须准确测定气体的偏差因子或低温度下的露点，以作为相态模拟的依据。

2. 实验现象

通过对以上三个样品分析发现，虽然高含硫气样 1 与高含硫气样 3 的组分组成相似（在低压条件下），但是高含硫气样 3 与高含硫气样 1 和高含硫气样 2 的相态截然不同。高含硫气样 3 在各个不同温度下，无论升压或降压，都没有液相生成，整个过程都维持在单相状态，而高含硫气样 1 和高含硫气样 2 在降压过程中出现液体析出现象。起初，在高压下，气体为单相，随着压力逐渐降低，相态室玻璃筒壁逐渐变得模糊不清，这时，在 CCD 屏幕上可观察到有许多黑色颗粒状物质随气流四处不定向漂浮，证明有新相从气相中析出来。继续降压，模糊的玻璃筒壁开始出现薄雾状液体，沿着附着在筒壁的硫粉的四周扩散开来，紧接着，筒壁上出现针眼状小液滴，随着压力的降低，小液滴越来越多，继而互相聚合，液滴越来越大，最后产生向下流动现象，整个过程如图 2-10 所示。向下流动的液滴与玻璃筒壁上附着的硫粉混杂在一起，相互间并没有发生明显的溶解现象，如图 2-11 所示。同时，在降压过程中，用 CCD 图像系统还可观察到气相中有白色小颗粒出现，该白色小颗粒随压力变化并不像液滴析出那样变化明显，但与液滴一样，升压后白色小颗粒会逐渐消失，白色小颗粒出现现象如图 2-12 所示。为了进一步观察析出的液体状况，实验完毕后，取出 PVT 釜中的玻璃筒，发现锥形活塞上端面和锥形活塞的侧面布满了蛛丝状黏稠液体，液体的黏度较大，晃动玻璃筒，液体流动较为缓慢，此现象如图 2-13 和图 2-14 所示。

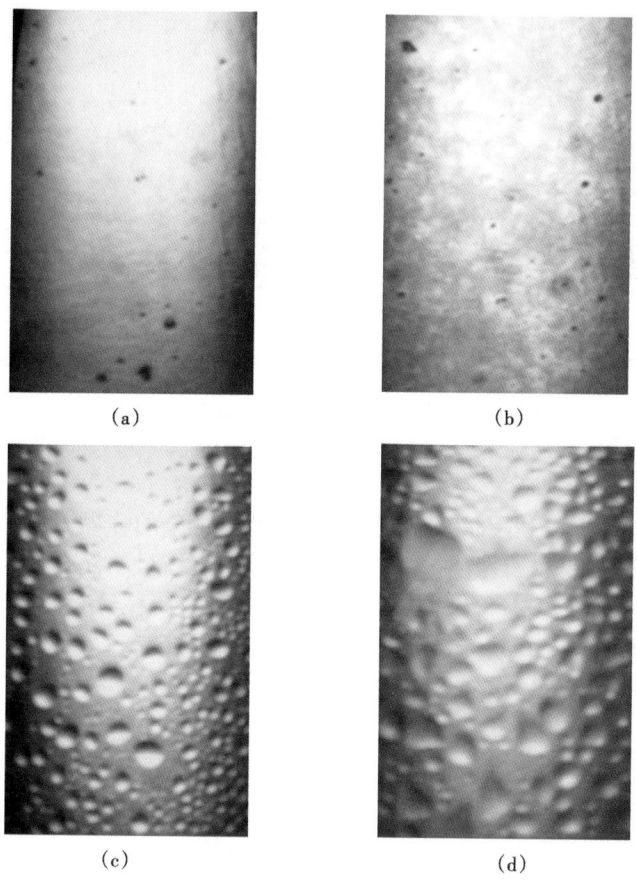

图 2-10　高含硫气样 2 降压过程液体析出状况

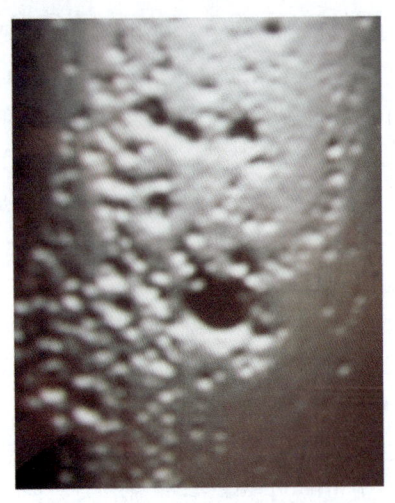
图 2-11 气样 2 析出液与硫共存状态

图 2-12 气样 1 实验中出现的白色小颗粒

图 2-13 锥形活塞上液体析出状况

图 2-14 锥形活塞上锥面析出液体状况

3. 实验结果分析应用

根据以上的实验结果,利用相态软件,通过调节富组分的临界参数、偏心因子或重组分的分子质量,使相态软件模拟计算结果与实验结果接近,衡量的标准是:对于在实验条件下有凝析液析出的流体,如高含硫气样 1 和高含硫气样 2,模拟计算结果必须与测试露点接近;而对于在实验条件下没有凝析液析出的流体,如高含硫气样 3 则以实验得出的偏差系数作为依据。照这样方法,可得出各含硫气样相图,如图 2-15 和图 2-16 所示。

从表 2-2 实验样品的组分组成和表 2-3 实验样品有机硫分析数据来看,三个样的组成以及有机硫含量几乎没大的差别,但从图 2-15 和图 2-16 可以看出:高含硫气样 1 与高含硫气样 3 的流体相态截然不同,在 0℃以上,高含硫气样 3 的流体在任何压力下,除了有固态硫析出的可能性以外,始终为单相特征,不会有液相析出;而高含硫气样 1 则不然,在压降的过程中,除了有固态硫析出的可能性以外,当压力降到露点压力以下时,会有液相出现。虽然高含硫气样 1 与高含硫气样 2 在实验温度下都有液体析出现象,但与高含硫气样 1

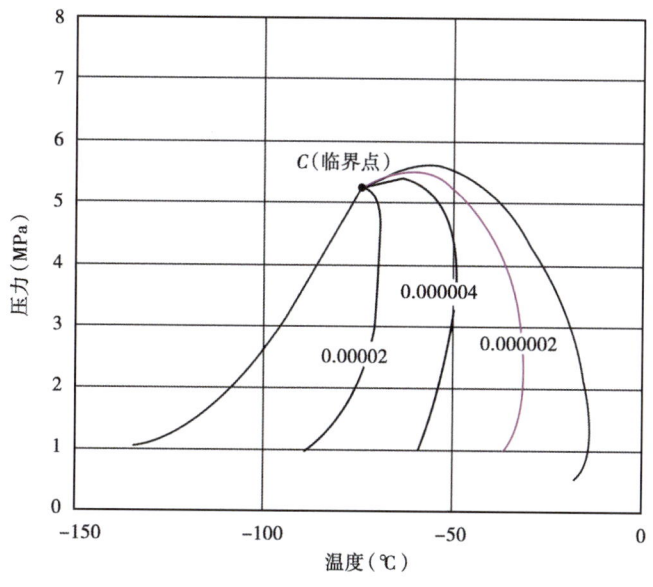

图 2-15 高含硫气样 3 拟合相图

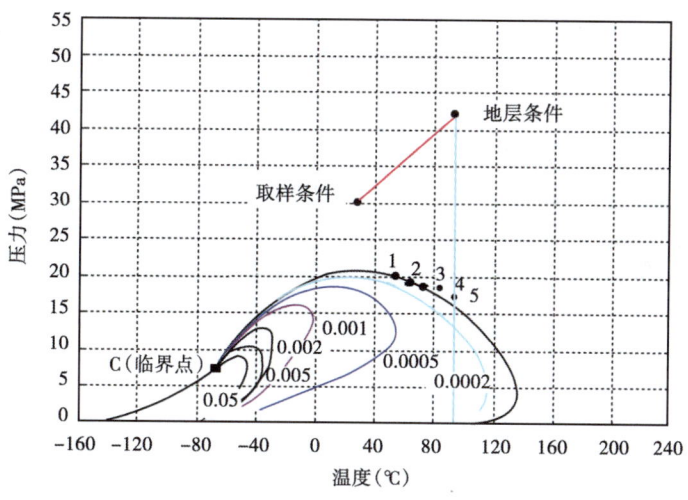

图 2-16 高含硫气样 1 拟合相图

不同的是：高含硫气样 2 在地层条件下，并没有液体析出现象，当温度降到地层温度以下时，才有液体析出。这三个样的相态差别这么大，需从以下两个方面做进一步探讨。

1）需对析出液作有机硫分析和全烷烃分析

由于在钻井完井过程中会使用油基钻井液，油基钻井液中有柴油成分，难免在钻井过程对近井地带地层造成伤害，使柴油溶于近井地带高含硫流体中，因而，需对析出液作有机硫分析和全烷烃分析。分析结果显示：样品 2 析出的液体组分主要为烷烃，分布范围为 C_9—C_{27}，为典型轻质柴油特征；而样品 1 有机硫成分偏多。针对这一现象说明，高含硫试采气样如相图出现异常现象，需进一步对该井生产期间气样加以追踪分析，以便获得该井的真实成分的相图结构。

2）高含硫天然气中高温高压下硫醇和硫醚等有机硫含量的多少值得探讨

一般来说，色谱分析气样一般采用低压排水取气法在现场获得，取样压力一般为 2.0MPa 左右。在地层流体流经井筒到地表，再降压到 2.0MPa 左右的过程中，由于温度和压力发生了变化，溶于气中的重组分一定会凝析出来，必然造成重组分的丢失，因而低压条件下检测出的三个高含硫气样中硫醇和硫醚等有机硫含量没有明显区别。但这些数据只代表低压取样样品中有机硫含量情况，高压情况下，流体中有机硫含量如何？需对含硫气样在高压状况下进行硫醇和硫醚有机硫分析才能找出答案，从低压情况下气样中含有硫醇和硫醚这一现象来看，高压时气样中一定含有硫醇和硫醚，但硫醇和硫醚含量不同，必然造成相态不一样，这也是三个高含硫气样相态差别这么大的根本原因。

二、高含硫天然气硫熔点实验技术

单质硫在酸性天然气中，既可以以固态又可以以液态的形式存在。高含硫气样从地层经井筒到达井口，由于温度和压力的变化，硫熔点也相应发生变化，准确测定单质硫在高含硫气样中的熔点，对高含硫气藏开发生产很有帮助，如果单质硫在地层条件下以固态的物理形式存在，这说明在原始条件下地层中的单质硫是以固态的形式存在于岩石孔隙中。随着开采的进行，气藏压力降低，单质硫、多硫化氢与酸性混合气体建立的平衡关系被打破，析出的单质硫会以固态颗粒的形式堵塞孔隙吼道，对地层造成损害。

（一）实验原理

硫在不同 H_2S 含量的天然气中熔点随温度压力变化而变化，硫在 CO_2 或 CH_4 气体中，熔点随压力升高而升高；而在 H_2S 或 CH_4—H_2S 混合物介质中，起初硫熔点随压力的升高而下降，到达最低点后又随压力升高而呈线性上升趋势，但最低值始终随介质中 H_2S 含量增加而降低，因此，H_2S 含量高的气藏中，硫的熔点较低，当地层温度高于硫的熔点时，悬浮于气流中的液态硫微滴越容易发生固化。当固化开始时，微滴将催化其周围的液滴元素硫，以很快的沉积速度聚集固化。这种现象可以用相态理论加以解释，可以看作是瞬间相态变化引起的元素硫沉积。所以，有些气井尽管早期采气没有发生元素硫沉积，但当相变开始后，由于固化作用发生效应，气井很快就会发生被元素硫堵死现象。

根据硫熔点和压力间的关系，可以大致预测在井内温度和压力条件下，硫是固态还是液态形式存在。但要准确确定含硫气样中硫的熔点，需进行含硫气样硫熔点实验测定。

（二）实验方法

实验装置和实验流程如图 2-1 和图 2-4 所示。

（1）实验前先把少量分析纯硫粉放入相态室玻璃筒某一个易可视位置，以便于 CCD 图像系统的观察。

（2）安装好相态室，在常温下，将现场取得的高含硫气样直接转入相态室中，注意转样速度不能过快，避免硫粉在玻璃筒中的位置发生改变。

（3）保持一定压力，以 5min 升温 1.0℃ 的速率升温加热，当温度达到 100℃ 时，以 30min 升温 1.0℃ 的速率升温。

（4）用 CCD 图像系统观察记录硫粉物理状态的变化情况，当状态轻微发生变化时，停止升温，观察硫状态是否继续发生变化，如硫粉状态变化缓慢，则该温度为硫在当时压力下的熔点。

（5）若硫粉状态变化较快，将温度降低 5.0℃，待硫粉重新固化后开始以 30min 升温

0.5℃的速率升温,以步骤 4 的方法重新确定硫在含硫气样的熔点。

(三) 实验结果分析

在升温的过程中,如发现附着在玻璃筒上的硫粉有减少的趋势,这说明有部分硫粉溶解于酸性气体之中,并随温度的升高,溶解作用越来越强。当温度升高到熔点时,硫开始熔解,熔化的硫慢慢地向玻璃筒壁四周扩散,此时,颗粒状硫中部已发生软化,但还未完全熔解,从 CCD 系统中可观察到硫颗粒边缘颜色从原来的黑色变成了白色,但中间部分颜色仍为黑色,发生了图 2-17 所示的现象。当温度稍高于熔点温度,随着时间的推移,发现硫继续熔化,最后完全熔解,发生沿着玻璃筒壁向下流动现象,如同图 2-18 所示那样,整个过程硫并不发生升华现象。当硫变成液相后,把温度降到室温然后再升温到原来温度,发现只有一部分硫熔解,这说明在地层条件下,有新物质生成,且该物质的熔点比硫高。

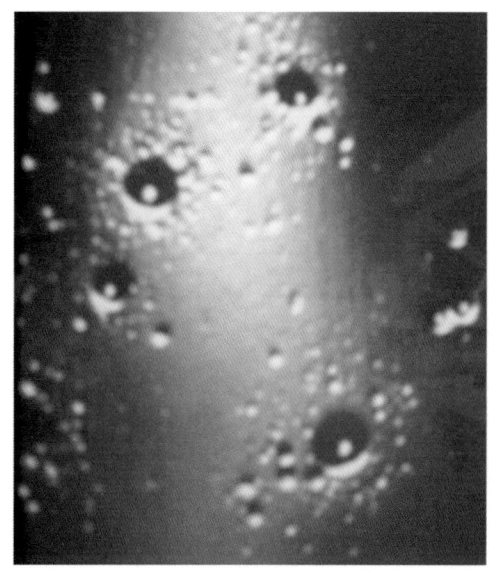 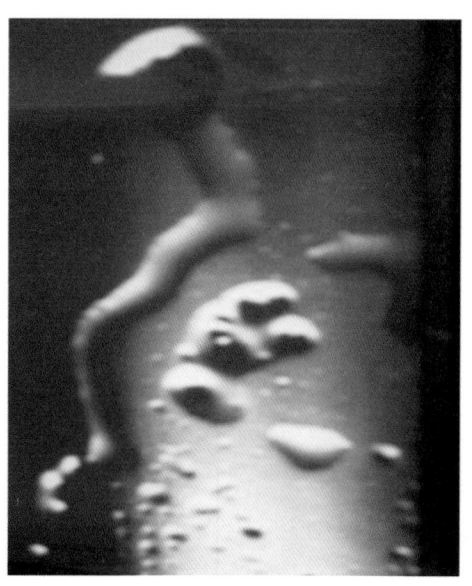

图 2-17　硫开始熔化时的状态　　　　　　图 2-18　硫在酸气中固液转化状态

三、高含硫天然气水含量实验技术

随着开发技术的提高,越来越多的含硫气藏投入开发。在酸性天然气处理和加工以及管道设计中离不开酸性气体水含量计算。天然气中或多或少含有水蒸气,在一定条件下,水蒸气会达到饱和状态,当含量超过饱和状态时,会从天然气中凝析出来,形成游离态水,由于高含硫气样中 H_2S、CO_2 等非烃气体含量较高,携带水蒸气的能力较强,研究高含硫气样中饱和水含量的变化规律,测定天然气饱和含水量非常必要。

(一) 实验原理

将一定温度压力条件下的含水天然气瞬间闪蒸到大气条件,闪蒸气体通过内装干燥剂的干燥管,通过计量干燥管前后质量的变化以及闪蒸气体的体积来得出该条件下的含硫天然气含水量值。

(二) 实验方法

实验装置如图 2-1 所示。

(1) 按图2-4闪蒸实验方法连接流程图。流程中增加一个干燥管，内装 $CaCO_3$ 干燥剂，事先对干燥管称重。相态室出口端与干燥管进气端相连，连接管线需用保温带维持温度，干燥管出气端用单相阀与气量计连接。

(2) 抽空相态室，加入10mL地层水在相态室内。

(3) 将一定量的高含硫气体转入相态室中，边加温边搅拌样品，在实验温度搅拌2h后，停止搅拌，在实验条件下稳定样品5h。

(4) 保持实验压力，打开相态室出口阀，控制流速，保持流速在10mL/min闪蒸气体5L后，关闭相态室出口阀。

(5) 称干燥管质量，记录闪蒸气体的体积、大气压、室温、样品在地层条件下的体积。

（三）实验结果分析

实验条件下含水饱和度计算式为

$$W_{H_2O} = (345.642\Delta W T_a)/(p_a V_g) \tag{2-7}$$

式中　W_{H_2O}——含硫天然气中水含量，g/m^3（标准状况）；

ΔW——干燥管实验前后质量差，g。

把不同实验条件得出的实验数据归纳整理结果如图2-19所示。

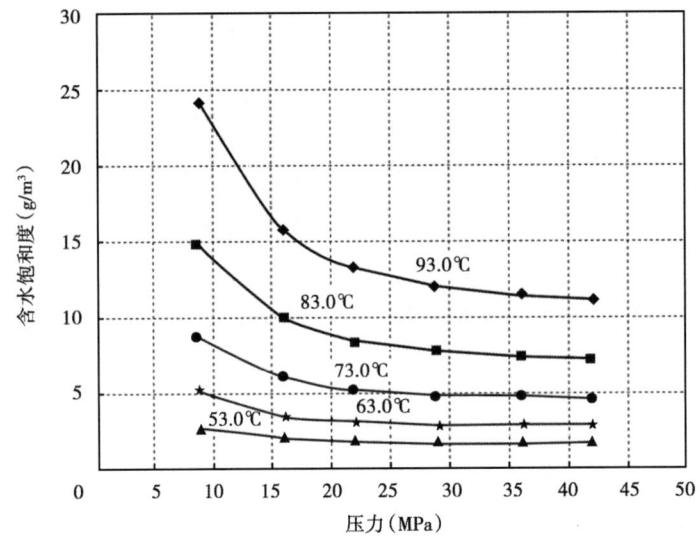

图2-19　不同温度压力下的含水饱和度与压力关系图

从图2-19中可以看出，在压力一定时，含水饱和度随温度的升高而升高，温度越高，含水饱和度变化越明显；而温度一定时，随压力的增大含水饱和度随之减少，压力越低，含水饱和度变化越明显。

高含硫气井从井口到地层随井深的变化，温度和压力也随之变化，某一深度对应一温度和压力，再利用图2-19结果采用差分法得出相应温度压力下的饱和含水量，从而得出相应井深对应的含水量值，结果如图2-20所示，说明从井口到地层，含水饱和度不断增大，曲线的斜率逐渐升高，这预示着酸性天然气从地层流经井筒到井口的过程中，明显有凝析水析出来，这种现象可为酸性气藏试井解释提供依据。

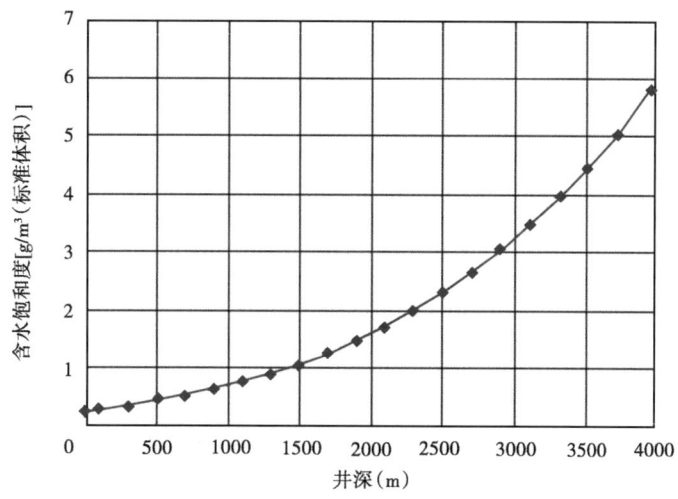

图 2-20 含水饱和度随井深的变化情况

四、高含硫天然气开采过程中硫化氢含量变化测定实验技术

目前在四川发现并已经开发的较高含硫气藏有卧龙河的嘉陵江气藏、中坝的雷三气藏、罗家寨飞仙关气藏以及磨溪的灯影组气藏、龙王庙气藏。这些气藏在构造特征、储层特征和气藏类型等方面均不同。但所有气藏中，天然气中均含有较高浓度的 H_2S，同时也含有 CO_2。预测开采过程中 H_2S 含量变化，能为下游管道输送、脱硫设计提供重要参数。

对卧龙河气田、磨溪气田以及中坝气田开采过程中的 H_2S、CO_2、CH_4 组分进行统计，得出数据见表 2-4。

表 2-4 卧龙河等几个含硫气藏开采过程中主要组成含量变化

气藏名称	组分含量（%）			H_2S 平均值 [%（体积分数）]	H_2S 含量变异系数 [%（体积分数）]
	H_2S	CO_2	CH_4		
卧龙河嘉陵江	3.10~7.70	0.16~0.66	90~94	4.79	7.17
中坝雷三	3.94~10.11	3.10~5.72	86~90	6.58	4.57
磨溪雷一	1.30~2.22	0.10~1.06	96~98	1.78	6.72

注：变异系数为标准方差与算术平均值之商。

从以上几个含硫气藏来看，中坝雷三气藏 H_2S 含量最高，其次依次是卧龙河嘉陵江气藏、磨溪雷一气藏。各含硫气井 H_2S 含量随着开采的进行，其浓度相应发生一定变化。即使是同一层位的不同气井，其 H_2S 含量也存在差异。

根据现有已开发的含硫气藏的实际情况，尽管 H_2S 的浓度、天然气井产量、温度、压力以及产水量不同，但是当天然气中 H_2S 体积百分数大于 1.6% 时，随着开采时间的增长，大多数气井 H_2S 浓度的变异系数约为 7%。生产若干年的平均值与生产初期的 H_2S 含量相比，有时比较接近，有时高，有时又低于平均值。但总的趋势随着地层压力下降，H_2S 含量略微上升。

根据已开发气藏的生产情况，各井 H_2S 含量变化与产量没有显著关系。但随着开采时间的增长，产量和油压均逐渐降低，H_2S 含量相应发生一定变化。但 H_2S 含量的变化与开采时间或井口压力、产水情况等也没有显著关联。即使采取二次、三次多项式，对 H_2S 含量与开采年份或井口压力、产水量进行关联，得出的相关性都较差，很难用一个数学模型或者经验关系式来表示在开采过程中 H_2S 含量变化规律。另外，有一种观点认为在气藏开发初期和水活跃的地带里，流体和地层水脱气可导致天然气中 H_2S 含量的增加，是否这样，需要建立一种实验方法进行验证。

（一）实验原理

根据产层含水量情况，将一定量的地层水和含硫气样配置成地层流体（气水混合），以地层条件下流体体积作为定容体积，通过定容衰竭实验来模拟高含硫气藏在衰竭式开采过程中流体组成的变化。

（二）实验方法步骤

本实验以有水气藏为研究对象，实验前，需取得地层水样及对应井的含硫气样，并收集井的地质资料和气、水生产情况。

实验装置如图 2-1 所示。

（1）按图 2-4 闪蒸实验方法连接流程图，相态室出口端与一分离瓶相连，分离瓶出气端与气量计相连。

（2）根据产层含水情况，在相态室加入一定量的地层水和含硫气样。

（3）升温搅拌，在地层温度压力条件下搅拌 2h，平衡静置 10min。

（4）保持地层压力，以平稳的速度从相态室出口阀释放所有气体，气体直接通入脱硫管，最后通入大气。

（5）加入步骤 2 同样量的气体于相态室中，按步骤 3~4 的方法重复转样 5 次，让地层水充分与气样平衡，使地层水溶解气的组分组成与地层几乎保持一致。

（6）保持地层压力，闪蒸少量的气体用于 H_2S 含量测定，H_2S 含量测定采用碘量法，碘量测试方法参考国标 GB/T 11060.1—2010。

（7）记录相态室中样品（气和水）体积，将此体积作为定容体积，按照每 5 MPa 一级降低 PVT 筒中压力，搅拌 1h，平衡静置 10min。

（8）保持分级压力恒压放出多于定容体积的天然气，释放的天然气收集在气量计中；翻转相态室放出一定量的地层水，放出地层水的量根据生产气水比而定，溶解气同样收集在气量计中。

（9）气量计中气体混匀后，用碘量法测定 H_2S 含量，剩余气体经脱硫管排入大气中。

（10）重复步骤（8）和步骤（9），每一级压力需控制好管线中气体的流速，流速应几乎保持一致，直到废弃压力为 5MPa。

（三）实验结果分析

实验中采用的样品是高含硫气样 2，该气样具体组成见表 2-4，气样中酸气含量较高，其中 H_2S 摩尔含量为 11.3%，CO_2 摩尔含量为 6.98%，几乎不含重烃成分。实验结果见表 2-5 和图 2-21。

从实验结果可以看出随着压力的降低，H_2S 含量有所增加，但是增加的幅度不是很大，每一级压力之间的质量浓度相差约 1~3.1g/m³，摩尔浓度相差约 0.02%~0.03%；开采初期和晚期 H_2S 含量变化相对要大一些；降压初期变异系数达到 10.26，中间阶段变化不大，降压后期波动又比较大。

表 2-5 定容衰竭过程 H_2S 含量变化

压力（MPa）	摩尔百分数（%）	质量浓度（g/m³）
40	12.34	178.646
35	12.51	179.854
30	12.71	183.035
25	12.74	183.233
20	12.76	184.610
15	12.86	185.744
10	12.90	186.131
5	12.98	187.285

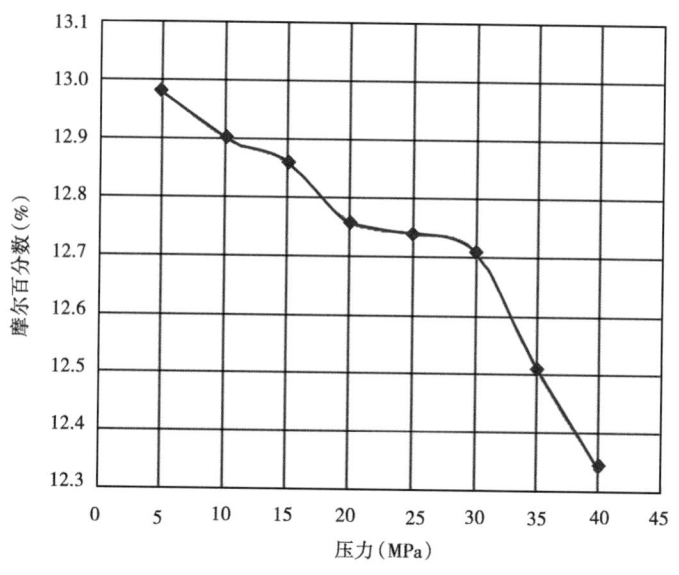

图 2-21 定容衰竭开采过程中 H_2S 含量变化

第二节 高温高压下高含硫气藏硫溶解度实验分析技术

高含硫气体中硫化氢、二氧化碳等组分对元素硫有显著的物理化学溶解作用，使得高含硫气体具有携带硫的能力。元素硫的溶解与沉积是高含硫气体有别于常规气体的一个最大区别，也是高含硫气体中一项重要的研究内容。由于富含硫化氢和二氧化碳等酸性气体，元素硫能以多种形式存在于高含硫气体中。

硫在硫化氢中的溶解是指在一定的条件下，硫单质能分散在高含硫气体中，使整个混合物呈现单一气相。硫的溶解包括化学溶解和物理溶解两种方式（Hyne，1968，1983）。

（1）化学溶解。

研究表明，在高含硫气藏中，元素硫在地层条件下将与 H_2S 反应生成多硫化氢，见式（2-8）。

$$H_2S + S_x \xrightleftharpoons[]{\text{一定压力和温度}} H_2S_{x+1} \qquad (2-8)$$

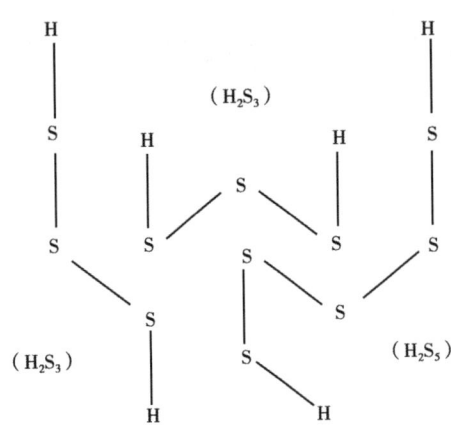

图 2-22 硫的化学溶解结构式

化学反应是一可逆反应,适用于高温高压地层。当地层温度和压力升高时,化学反应平衡向生成多硫化氢的右方进行,元素硫被结合成多硫化氢形式,多硫化氢的结构式如图 2-22 所示;反之,当地层温度和压力降低时,则化学反应平衡向左进行,此时多硫化氢分解,从而生成更多的硫化氢和元素硫。当气相中溶解的元素硫达到其临界饱和度时,继续降低地层温度和压力,则元素硫就会沉积下来。

(2) 物理溶解。

在临界温度以上的高压下,高含硫气体虽然不呈液态,但其密度与液相轻烃没有多大差别。经高压压缩的高含硫气体对元素硫存在显著的物理溶解作用,其物理溶解后形成的结构式如图 2-23 所示。

物理溶解与化学溶解的主要区别是没有新的产物生成,当元素硫溶解在高含硫天然气中时,元素硫以气相存在。

一般来说,元素硫在高含硫气体中溶解度是物理溶解和化学溶解共同作用的结果。在高温高含硫气体中,化学溶解占主要地位(Hyne 等,1980),而在低温低含硫气中,物理溶解占主要地位。这是因为在高温高浓度含硫气体中,化学溶解平衡向多硫化氢方向进行,使得化学溶解的量更大,生成多硫化氢的量也更多。定性判定是物理溶解还是化学溶解为主可参如图 2-24所示。

元素硫存在四种相:正交硫(R)、单斜硫(M)、液态硫和硫蒸气。因为单组分体系最多只能三相共存,因此在硫的相图中可能存在着四个三相点。元素硫各相之间可以相互转化,其转化关系见元素硫的 p—T 相图(图 2-25)。

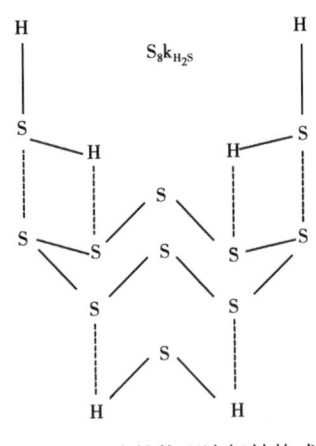

图 2-23 硫的物理溶解结构式

在图 2-25 中具有四个三相点,实线是稳定平衡态,虚线是介稳平衡态。如果将正交硫迅速加热或者将液态硫迅速冷却,便可能出现正交硫与液态硫之间的平衡状态。如果将正交硫缓慢加热或者将液态硫缓慢冷却,便得不到正交硫与液态硫之间的两相共存,而是正交硫与单斜硫或液态硫与单斜硫之间的两相平衡。这是因为如果将正交硫迅速加热到 O_1O_3O' 区,则仍为正交硫,但在该温度下久置便能转变成单斜硫。如果将液态硫迅速冷却到 O_1O_2O' 区,则仍为液态硫,但若使液态硫在该温度下久置便能转变成单斜硫。

图 2-25 中各线的转化关系为

bO_3:正交硫 $\underset{凝华}{\overset{升华}{\rightleftharpoons}}$ 气态硫;

O_3O_2:单斜硫 $\underset{凝华}{\overset{升华}{\rightleftharpoons}}$ 气态硫;

O_2a:液态硫 $\underset{液化}{\overset{汽化}{\rightleftharpoons}}$ 气态硫;

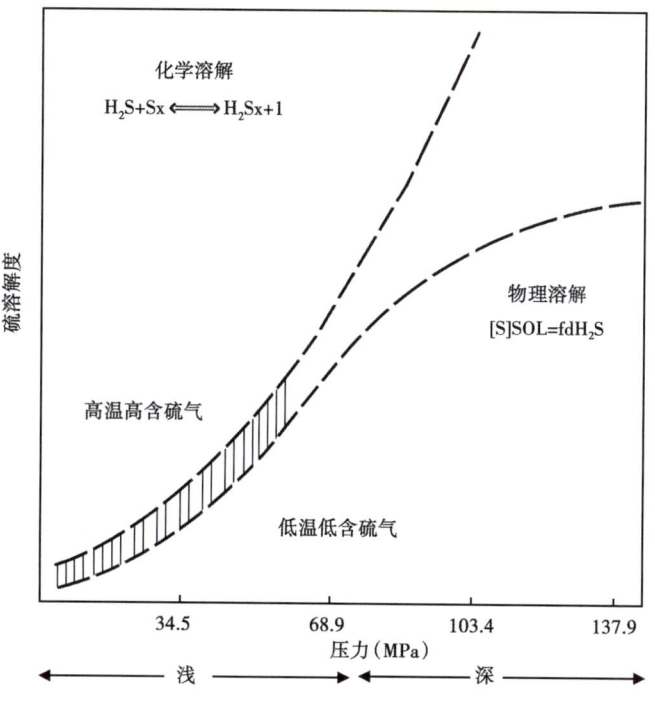

图 2-24 硫在高含硫气体中的溶解机理

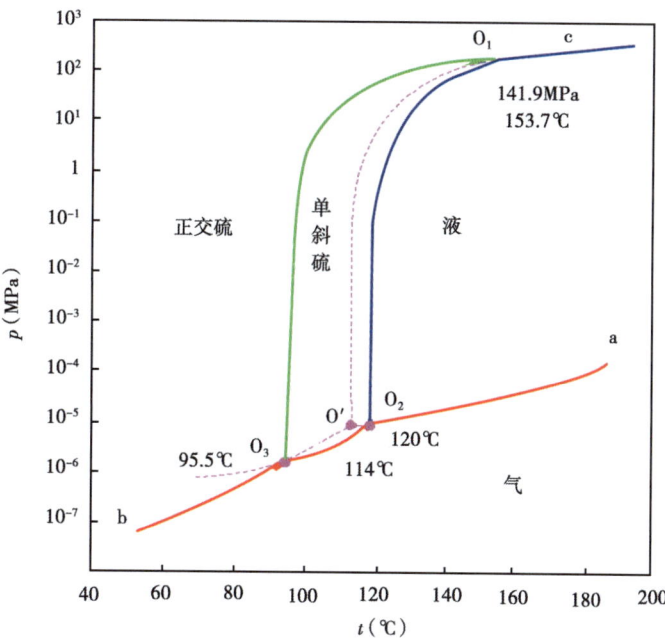

图 2-25 元素硫的 p—T 相图

O_1c：正交硫 $\underset{\text{凝固}}{\overset{\text{熔化}}{\rightleftharpoons}}$ 液态硫；

O_1O_2：单斜硫 $\underset{\text{凝固}}{\overset{\text{熔化}}{\rightleftharpoons}}$ 液态硫；

43

O_1O_3：正交硫 $\rightleftharpoons$ 单斜硫。

a 是硫的临界点，在临界温度以上时，硫只能以气态存在。

硫属于氧族元素，俗称硫黄。单质硫可以固相、液相和气相等状态存在，硫所处的状态取决于它的温度、压力、密度、组成等状态参数。硫在固态条件下一般为黄色晶态物质，摩尔质量为32.06g/mol，无味，无臭，其密度比水大，难溶于水，微溶于酒精，易溶于 CS_2。在游离状态下，硫在不同温度范围内能形成几种同素异形体。从室温到大约95.5℃温度范围内，以菱形的正交晶体形式存在，即形成晶态硫也叫 α 硫；当温度继续增加直到熔点118.9℃，则以单斜晶体存在，即形成单斜硫，也叫 β 硫；将加热至接近沸点的液态硫迅速冷却可得到单斜硫。单斜硫在室温下，可慢慢转化成正交硫，也称"橡胶"硫（王松汉，2002）。

当元素硫呈液态时，常是八个硫原子环绕在一起，形成环状结构，其结构式如图2-26所示。当温度达到157℃时，环状结构破裂，形成上百万个甚至更多硫原子结成的长链，此时的元素硫呈暗红褐色。在一个大气压和温度在444.6℃（沸点）时硫将被汽化，气态的元素硫以不同的分子类型存在，主要以 S_2、S_4、S_6 和 S_8 形式存在。当温度恰好在沸点以上时，S_8 的分子占绝对优势，当温度继续上升，S_8 分子浓度和其他分子一样迅速降低。虽然气相、液相和固相中硫原子的个数是不同的，为了简化起见，下文中不加特殊说明，则都将元素硫考虑为 S_8 存在。

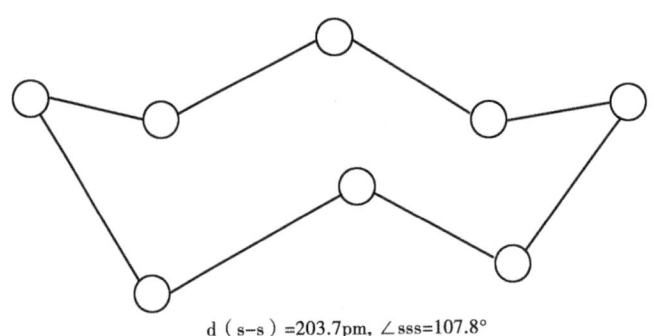

d（s-s）=203.7pm, ∠sss=107.8°

图2-26 S_8 的环状结构图

由于在固、液、气不同状态下，硫呈现出不同的分子结构，因此随温度变化表现出不同的物理性质，其不同的存在状态和对应的物理性质见表2-6。

表2-6 硫的存在状态和物理性质

状态	颜色	摩尔质量	密度（g/cm³）	熔点（℃）	常沸点（℃）	在水中溶解度	标准生成焓（kJ/mol）	标准生成自由焓（kJ/mol）	摩尔定压热容
菱形（固体）	黄	32.1	2.1	113	—	不溶解	0	32	23
单斜（固体）	黄	32.1	2	119	445	不溶解	0.3	33	24
气体	—	—	—	—	—	—	279	168	24
8个硫原子组成	—	256	—	—	—	—	102	431	156

一、饱和状态元素硫溶解度分析实验技术

在地层温度、条件下，硫溶解在酸性气体中。在含硫气藏开采过程中，随着气体的采出，地层压力及近井地带温度的降低使硫在气相中的溶解度不断减小。当温度压力降至硫在气相中的临界饱和度状态后，温度压力的继续降低便会导致硫从气相中析出、沉积。这个临界饱和状态时元素硫的溶解度即为饱和状态元素硫溶解度。

为了研究元素硫在含硫气藏中的溶解情况，自主研发设计了国内第一台元素硫溶解度测定实验仪。该实验仪以真实气体为气源，通过实验准确测定酸性气体中元素硫的含量。它既可以测定饱和状态下的元素硫溶解度，也可以直接测定高温高压条件下酸性气体的含硫量。

（一）实验原理

元素硫与H_2S结合生成多硫化氢是硫直接溶解于酸性气体的主要途径，即在适当条件下的天然气中存在着式（2-8）的反应平衡。由于该反应是吸热反应（从左到右），因此在更高温度和压力条件下，平衡将向硫化氢方向移动，使得单体硫能更多地存在于天然气中。当天然气中含H_2S量越大，则可以获得更有效的对单体硫的溶解。反之，若降低温度或压力则反应逆向进行，元素硫将从天然气中析出。因此，利用以上反应原理，在忽略其他影响因素的条件下，在高含硫气体中加入过量的硫粉，使实验气体中的单质硫达到饱和状态，再降低实验气体的压力和温度，计量气体体积V_g，用二硫化碳溶液吸附出气体中的单质硫，称量析出的元素硫质量m_s，利用状态方程式（2-9）可以计算出一定温度、压力条件下元素硫的饱和溶解度。

$$pV = ZnRT \tag{2-9}$$

式中　p——气体所处的压力，MPa；

　　　V——在压力p下的气体体积，cm^3；

　　　Z——压缩因子；

　　　T——绝对温度，K；

　　　n——气体的物质的量，mol；

　　　R——通用气体常数。

（二）实验设备

元素硫溶解度测定实验仪的流程图如图2-27所示。

（三）实验关键环节

元素硫溶解度测定实验仪由六个部分组成。

(1) 配样系统：将取得的高含硫样品转入配样器中，加入硫粉使样品达到饱和状态。

(2) 回压控制系统：将配样器中的高压气样平衡降压至常压。

(3) 冷凝萃取系统：降至常压的气体通过吸附罐中的二硫化碳溶液，吸附出气体中的单质硫。

(4) 流量计量控制系统：计量常压气体体积，根据流量计出口端流量控制回压大小，以稳定流量。

(5) 尾气回收系统：处理实验尾气，避免有毒气体的排放。

(6) 二硫化碳回注系统：用二硫化碳溶液清洗流程，以保证单质硫的准确计量。循环回收再利用二硫化碳，避免二硫化碳对环境的污染。

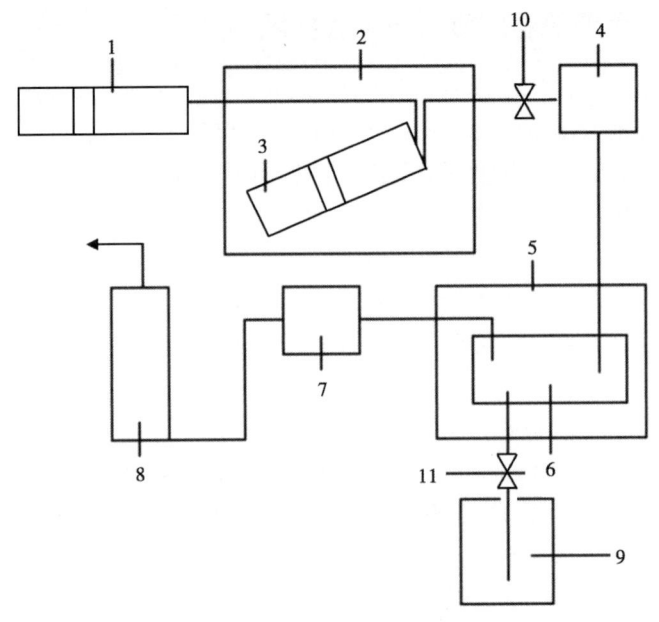

图 2-27 元素硫溶解度测定实验仪实验流程图
1—取样钢瓶；2—高温箱；3—配样器；4—回压阀；5—低温冷凝箱；6—吸附罐；
7—流量计；8—尾气吸收罐；9—回收罐；10，11—阀门

（四）实验方法与步骤

按实验流程接好仪器，在配样器中加入过量的硫粉，抽真空。将取样器中的样品转入配样器中，升温升压至实验温度、压力，并摇摆24h以上。待样品与硫粉充分混合后，通过回压阀将实验气体平衡降压至常压，并通过吸附罐中的二硫化碳溶液吸附出气样中的单质硫。气体通过流量计计量后，通过尾气回收装置排放至大气中。用二硫化碳溶液清洗实验流程，并收集吸附罐中的二硫化碳，通过萃取得到单质硫。

改变实验温度和实验压力，可以得到不同温度、压力条件下的一系列硫溶解度数据。

（五）结果分析

Chrastil 提出了一个简单的关系式来预测高压下流体中元素硫的溶解度，将元素硫溶解度与系统压力温度关联起来，且具有较高的精度。Chrastil 溶解度模型如下：

$$C_r = \rho^k (A/T + B) \tag{2-10}$$

式中　C_r——硫的溶解度，kg/m^3；

　　　ρ——气体密度，kg/m^3；

　　　T——温度，K；

　　　k，A，B——三个常数。

Chrastil 经验公式可以预测特定组分下气体中元素硫的溶解度，气体组分不同，参数 k，A 和 B 会出现相应的变化。杨学锋对 Chrastil 公式进行了误差分析，发现直接沿用 Roberts 经验公式得到的硫溶解度误差较大，而重新拟合得到的 Chrastil 经验关联式误差较小，因此通过 Chrastil 公式拟合实例井实测硫溶解度数据，得到适合特定高含硫气藏的硫溶解度预测公式。

通过实验，改变温度、压力，得到多组 $\ln C_r$ 和 $\ln p$ 的比值回归拟合，得到参数 k。得到参数 k 以后，则可进一步回归拟合得到另外两个参数 A 和 B 的大小。

得到 k，A，B 的值后，代入 Chrastil 经验公式，可以得到适合于该样品的硫溶解度公式，用该公式预测硫溶解度，再与实测值进行对比，可以计算出计算值与实测值之间的相对误差，以验证该模型对该井硫溶解度预测的适用性。

二、非饱和状态元素硫溶解度分析实验技术

元素硫溶解度测定实验仪也可以直接测定高温高压条件下酸性气体的含硫量。

在现场取样时，取得的气体样品中元素硫可能并为达到饱和状态，利用实验仪器，直接测定真实气体中元素硫的含量，得到样品中元素硫溶解度数据。

（一）实验原理

利用式（2-8）的反应原理，在忽略其他影响因素的条件下，通过降低高含硫气体的压力和温度，计量气体体积，用二硫化碳溶液吸附出气体中的单质硫，称量析出的元素硫质量，利用状态方程式（2-9）可以计算出一定温度、压力条件下元素硫的溶解度。

（二）实验设备

测定非饱和状态元素硫溶解度的实验仪的流程图如图 2-27 所示。

（三）实验方法

按实验流程接好仪器，将取样器中的样品转入配样器中，升温升压至实验温度、压力。通过回压阀将实验气体平衡降压至常压，并通过吸附罐中的二硫化碳溶液吸附出气样中的单质硫。气体通过流量计计量体积后，通过尾气回收装置排放至大气中。用二硫化碳溶液清洗实验流程，并收集吸附罐中的二硫化碳，通过萃取得到单质硫。用天平称量出单质硫的质量，利用状态方程式（2-9）就可以得到一定温度、压力条件下的元素硫溶解度。

三、二硫化碳吸附萃取回收实验技术

为了解决实验过程中二硫化碳易挥发、易燃、易爆等特性带来的问题，避免因二硫化碳的挥发给环境和实验人员造成的伤害，特别在元素硫溶解度测定实验仪中加入了二硫化碳吸附萃取装置，并对实验过程中的二硫化碳进行环保回收和再利用，尽可能多的减少二硫化碳对环境和人员的损害，保证元素硫吸收和计量的准确。

（一）实验原理

由于单质硫有多种存在的形式，主要有 S_2、S_4、S_6 及最常见的环状结构 S_8，他们都是由这些分子构成的，属于分子晶体，是非极性的分子，根据相似相容原理，非极性物质易溶于非极性的溶液，而二硫化碳是分子晶体，分子内虽然是极性共价键，但是由于两边的极性共价键对称抵消，整个二硫化碳分子实际上是非极性分子，所以硫单质易溶于二硫化碳，因而我们选用二硫化碳作为单质硫的溶解剂和吸附剂。但是，二硫化碳本身是有毒有害，易挥发，极度易燃，具刺激性的液体，对人体和环境有极大的伤害，因此，如何用二硫化碳的优势完成单质硫溶解和析出，并有效防止其对人体和环境造成伤害，是硫溶解度分析实验技术中的关键环节。针对以上问题，形成了二硫化碳吸附萃取回收实验技术。

（二）实验设备

二硫化碳萃取回收技术试验装置流程如图 2-28 所示。

二硫化碳萃取回收实验技术中主要有三个关键环节。

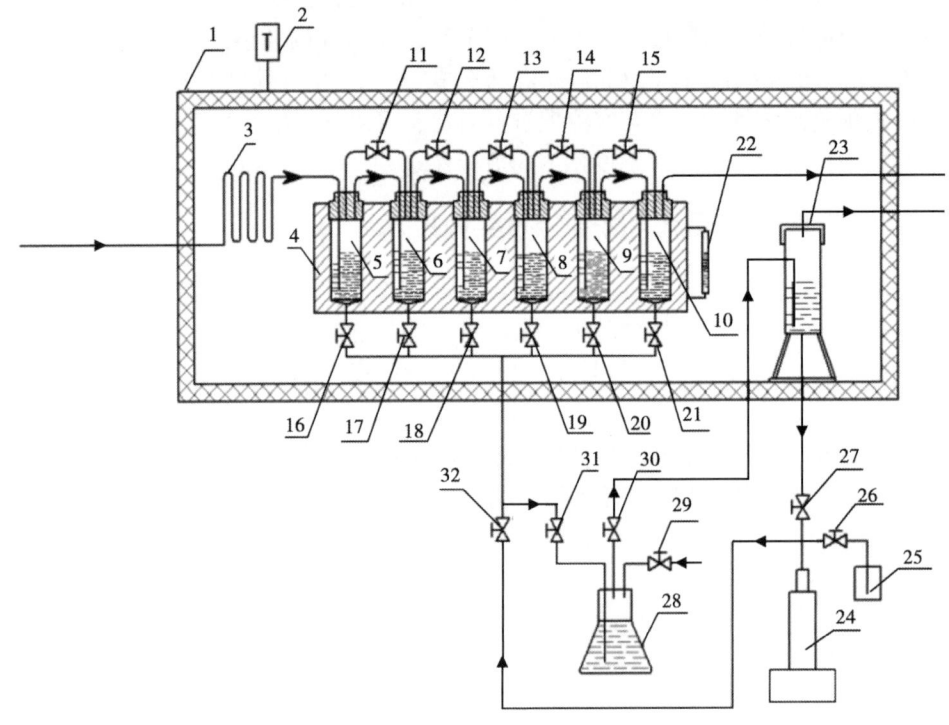

图 2-28 二硫化碳萃取回收技术试验装置流程

1—低温箱；2—温度传感器；3—冷凝盘管；4—冷凝罐；5，6，7，8，9，10—吸附罐；11，12，13，14，15—放空阀；16，17，18，19，20，21—二硫化碳进液阀门；22—液位计；23—二硫化碳气液分离器；24—自动泵；25—二硫化碳回收罐；26，27—阀门；28—二硫化碳容器；29，30，31，32—阀门

1. 吸附罐

（1）为避免降压后气体温度对二硫化碳的影响，减少二硫化碳的挥发，提高气体计量精度，在吸附罐前设计了一截盘管，以降低实验气体的温度。

（2）吸附罐管体采用抗压、耐腐蚀的材料，避免气流量突然增加对罐体的冲击及二硫化碳对罐体的腐蚀。

（3）为了保证二硫化碳对气体中单质硫的充分吸附，使用了六个吸附罐。为了方便实验中二硫化碳的补充和实验后二硫化碳的收集，六个罐体之间能相互连通，补充液体时六个罐体的液面是同时上升的。

（4）考虑到实际操作的方便性和操作的安全性，吸附罐采用整体挖洞的形式，在一块整料上挖出六个互相连通的罐体，罐体顶端也采用哈氏合金材质的密封，安装和清洗时可单独拆开。

（5）为了尽可能减少二硫化碳蒸气对后端流量计的腐蚀和影响，提高气液分离的效率，提高硫溶解度计量的准确度，在萃取罐的上端增加了一个伞形气液分离装置，避免液体进入后端管线。

（6）为减少温度变化对气体体积变化的影响，在萃取罐出口后增加一段盘管。

2. 二硫化碳回注

为保证二硫化碳在试验过程中全封闭，采用专门的二硫化碳回注泵进行二硫化碳的注入、补充。为减少二硫化碳在空气中暴露的时间，设计了一个二硫化碳回收装置。

3. 二硫化碳回收再利用

在对收集到的二硫化碳溶液进行加热挥发过程中，用一个冷凝回收装置，将二硫化碳蒸气进行冷凝回收。由于二硫化碳蒸气的密度比空气大，因此在加热时，用氮气"推动"二硫化碳蒸气向冷凝回收罐方向移动。

（三）实验方法

实验时，先打开放空阀和进液阀，利用二硫化碳回注泵将二硫化碳溶液注入吸附罐中，通过液位计观测溶液高度，液位到液位计 4/5 左右停止注液。注入完成后，关闭放空阀和进液阀。

二硫化碳吸附萃取实验结束后，打开放空阀、进液阀和排液阀，收集吸附了单质硫的二硫化碳溶液，并加热收集的二硫化碳溶液。用氮气将二硫化碳蒸气收集到冷凝罐中，待下次实验使用，残余气体排放至尾气回收系统中。

第三节　硫沉积实验评价技术

高含硫气藏开采过程中地层、井筒及地面管线因流体相变易发生硫沉积。元素硫沉积带来了地层堵塞、生产管线堵塞和毁坏、设备表面污染、腐蚀等诸多问题。含硫气田采气难度随元素硫沉积量的增加而加大。地层硫沉积不可逆，硫沉积将严重影响气井后期产能。开展高含硫气藏硫沉积储层伤害物理模拟实验不仅可以认识高含硫气藏在气体开采过程中硫沉积机理、硫颗粒的运移沉积规律，而且可以认识硫沉积对地层造成的伤害程度，将高含硫气藏开发方案设计提供重要依据。

一、固态硫储层伤害实验技术

（一）硫析出和沉积的物理化学机理

高含硫气藏开采过程中，随地层压力和温度不断下降，当气体中元素硫含量达到饱和时，元素硫将以单体形式从载硫气体中析出，若结晶体微粒直径大于孔喉直径或是气体携带结晶体的能力低于元素硫结晶体的析出量，则会发生元素硫物理沉积现象（Tang 等，2011），如图 2—29 所示。另外，在原始地层温度压力条件下，单质硫与硫化氢能发生可逆化学反应

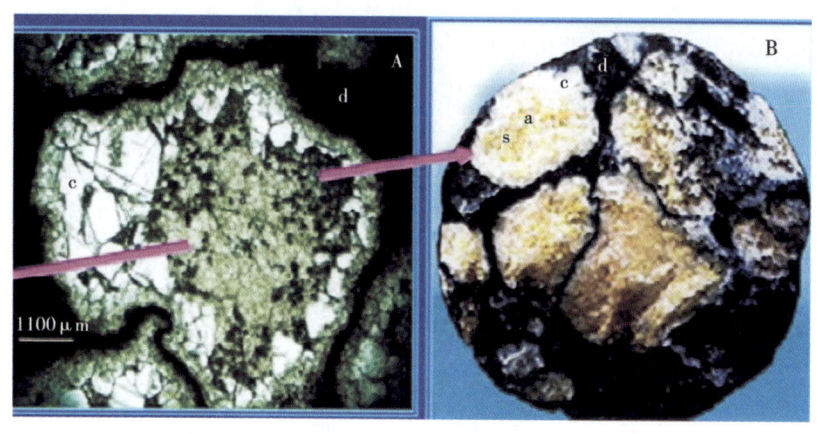

图 2—29　岩心硫沉积
a—石膏；c—方解石；s—固态硫；d—白云石

生成多硫化氢（$H_2S+S_x \rightleftharpoons H_2S_{x+1}$），气藏投产以前，反应处于平衡状态；气藏投产以后，随着气体的产出，地层压力不断降低，平衡被打破，反应向生成硫化氢和硫的方向移动，即不断地有硫和硫化氢以化学方式析出。

析出的硫在多孔介质中可能是液态或固态，如图2-30所示。如果地层温度大于119℃时，元素硫就会以液态的形式析出，在地层中形成气—液态硫两相渗流。由于液态硫具有较大的密度和黏度，不会以相同的速度随着气流运移，在地层中占据了一定的孔隙空间，特别是在近井地带，硫的析出量较大，会对气体的渗流造成严重的影响。固态硫析出沉积会改变多孔介质的孔隙结构，引起孔隙度和渗透率的降低，即造成地层伤害。

图2-30　固硫和液硫形态

高含硫气藏开采过程中地层、井筒及地面管线因流体相变易发生硫沉积，如图2-31所示。元素硫沉积带来了地层堵塞、生产管线堵塞和毁坏、设备表面污染、腐蚀等诸多问题。含硫气田采气难度随元素硫沉积量的增加而加大。地层硫沉积不可逆，硫沉积将严重影响气井后期产能。

华北油田的赵兰庄气藏，在1976年试采时因对高含硫气藏开发认识不足，储集层发生严重的硫沉积而被迫关井，至今尚未投产；四川盆地高峰场、龙门等气田不同程度出现硫沉积，硫与H_2S、CO_2共同作用会严重地腐蚀和阻塞井筒、井口设备及地面管线，影响天然气井的安全生产；德国17个含硫气藏硫沉积的实例，硫沉积不仅导致地层堵塞，气井渗流能力下降、生产管线堵塞、设备表面污染、腐蚀等诸多问题，而且随硫沉积量的增加其采气难度和安全风险增大；加拿大Waterton气田，由于硫沉积的影响，产量在短短6d内就从$32\times10^4 m^3/d$降到$20\times10^4 m^3/d$；壳牌加拿大公司所属落基山脉地区Foothills含硫气田单质硫，即使含硫量低于$2g/m^3$的气井，不出数月也会发生"硫堵"，致使生产无法正常进行。

国外已有井筒硫沉积的报道（杜志敏，2006）。例如，在美国密西西比州Smakover石灰岩地层中发现的一口气井，井底压力99MPa，温度198℃，气体组成为H_2S占78%、CO_2占20%、N_2+CH_4占2%。此气井投产后由于井筒硫堵塞很快就被迫停产。又如加拿大阿尔伯达省的Bearbarry气田，因为气体中析出的元素硫含量达到$72\sim87g/m^3$，而又无法携带出井筒，造成了气井堵塞停产（表2-7）。

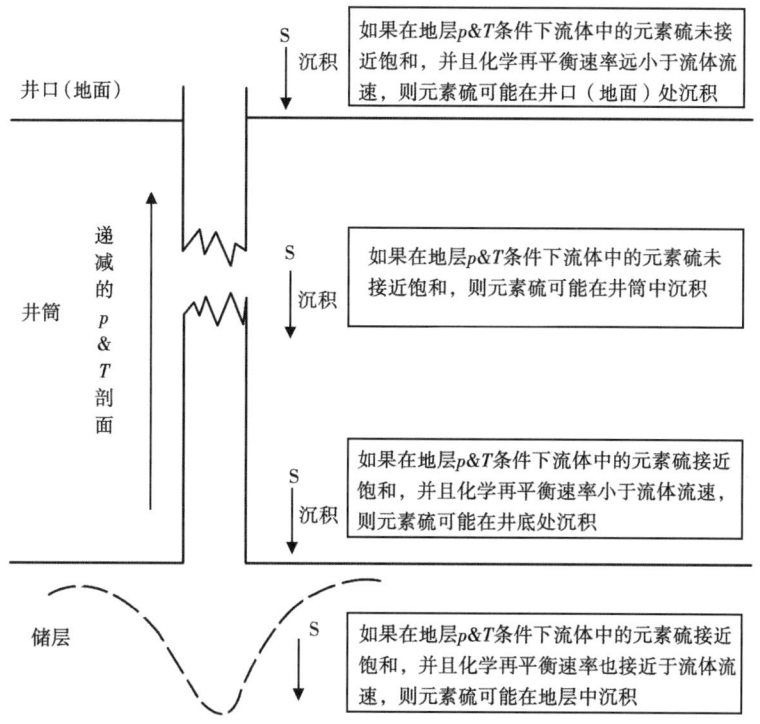

图 2-31 不同条件下元素硫可能沉积的位置（据 Hyne，1983，有修改）

表 2-7 国内外高含硫气井开采过程中的井筒硫沉积实例

气田位置		H$_2$S (%)	井底温度 (℃)	井底压力 (MPa)	备 注
西德	Buchhorst	4.8	133.8	41.3	初期井底有液态硫流动
加拿大	Devonian	10.4	102.2	42.04	干气，在井筒 4115~4267m 处产生硫沉积
	Crossfield	34.4	79.4	25.3	在有凝析液存在情况下沉积
	Leduc	53.5	110.0	32.85	干气，在井筒 3352.8m 处沉积
美国	Josephine	78	198.9	98.42	估计气体携带硫量 120g/m³，沉积量为 32g/m³
	Murray Franklin	98	23.0~260.0	126.54	井底有液态硫

（二）实验步骤及注程

1. 实验样品准备

（1）在同一口井的同一井段，选取岩样直径一致、端面平整、溶孔小且不明显，无裂缝的一段岩心。

（2）在每组样品中选取一块进行扫描电镜、能谱分析和 X 衍射矿物成分分析。

（3）其余样品测定孔隙度并称取质量后，待用。

2. 实验流程准备

（1）连接实验流程。实验用岩心夹持器根据需要进行替换。

（2）试围压：在岩心夹持器中装入钢岩心，以 10MPa、15MPa、20MPa……的间隔逐步施加围压，每一压力点稳定 5min，直至达到 45MPa，稳压 30min 无泄漏即为合格。

(3) 将岩样装入岩心夹持器，施加一定的围压和回压，在设定的实验温度和压力下，用氮气进行全流程试漏。如无泄漏，则稳压 10min 后进行岩样渗透率测定。

3. 实验步骤

(1) 保持实验温度不变，通入高含硫气体置换流程中的氮气。

(2) 逐步降低回压，开始衰竭实验。在设定的压力点（如 38MPa、35MPa、33MPa、30MPa、25MPa、20MPa、15MPa、10MPa 等）进行渗透率测定，直至出口压力降至废弃压力，此时测定岩样渗透率。整个衰竭实验过程中，要保持相同的实验压差和密封压差。

(3) 保持实验温度不变，通入与废弃压力相同压力的氮气，稳定 10min 后进行渗透率测定。

(4) 停止加温，待岩心夹持器冷却后，取出岩样称取质量并在气体渗透率仪上进行渗透率测定。

(5) 将岩样进行扫描电镜和能谱分析。

以天东 5-1 井井口气样作为研究对象，让气体通过飞仙关组龙岗 2 井岩心进行衰竭实验，观察岩心中元素硫的沉积情况，从而研究元素硫在岩心中的沉积对岩心的伤害程度。

(三) 实验结果

根据元素硫岩心沉积实验测定方法，在取得天东 5-1 井井口样后，选取龙岗 2 井的第 25 号岩样，首先进行烘干，并称量烘干后的岩心质量和测定渗透率。然后将该岩样装入岩心夹持器中，在实验温度 26℃ 和初始压力 19MPa 下，保持驱替压力在 2MPa 下进行衰竭实验。实验过程中保持环压为 12MPa 不变。由于驱替压力给定的过小，使得初始流速较慢。为了提高气体流动速度，将驱替压力增到 12.8MPa。由于整个实验都处于衰竭过程，则驱替压力从 12.8MPa 不断降低到 10MPa，一直衰竭 15d 后停止衰竭。然后取出岩心进行烘干，再测量烘干后的岩心质量和岩心渗透率，并与实验前获得的岩心质量和渗透率进行对比，其对比结果见表 2-8。

表 2-8 硫岩心沉积实验前后岩心渗透率对比

项目	岩心质量（g）	渗透率（mD）	孔隙度	岩石压缩系数（MPa^{-1}）
实验前	48.372	0.726	0.085	8.9×10^{-4}
实验后	48.386	0.608	0.078	7.2×10^{-4}
增量	0.0139	0.118	0.007	1.7×10^{-4}
变化幅度（%）	0.0287	16.253	8.235	19.1

在实验前后，岩心质量由 48.3720g 增加到 48.3859g，而岩心渗透率从实验前的 0.726mD 降低到 0.608mD，可见在实验衰竭过程中存在外来物质沉淀，引起岩心质量增加，也引起了岩心堵塞，降低了岩心渗透率。

为了准确确定高含硫气体通过岩心后岩心中的沉积物，对该岩样进行能谱和电镜扫描分析。由于 25 号岩样已经进行了高含硫气体的衰竭过程，只能选取与 25 号岩样物性相似的没有进行过高含硫气体衰竭过的 37 号岩样进行对比分析（表 2-9）。

从对比结果可知，氧元素组成降低，质量分数由 58.53% 降为 13.5%。而硫元素组成升高，质量分数由 0.9% 增长到 86.5%，因此通过能谱分析得知岩心中的沉积物是包含硫元素的物质。

表 2-9　硫岩心沉积实验前后能谱分析结果对比

岩心编号	元素	元素浓度	强度校正	质量分数（%）	质量分数 sigma	原子百分比（%）
37 号	O K	31.98	0.551	58.53	0.35	74.26
	Mg K	9.60	0.6663	14.53	0.18	12.13
	S K	0.80	0.9021	0.90	0.06	0.57
	Ca K	25.01	1.0082	25.03	0.24	12.68
	Fe K	0.81	0.8097	1.01	0.10	0.37
	总量			100		
25 号	O K	1.13	0.3727	13.50	1.29	23.82
	S K	21.55	1.1046	86.50	1.29	76.18
	总量			100		

为了研究包含硫元素的固体物质在岩心孔隙中的微观分布特征，对 25 号岩样进行了能谱图识别，其能谱图如图 2-32 所示。

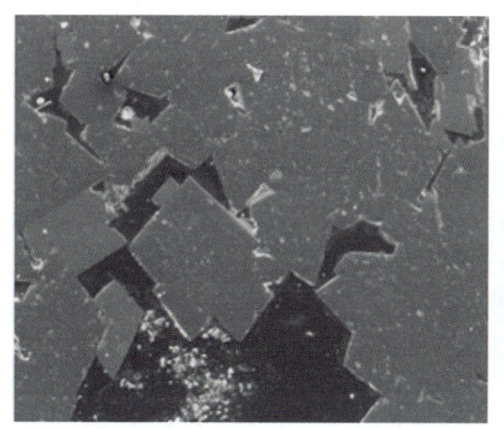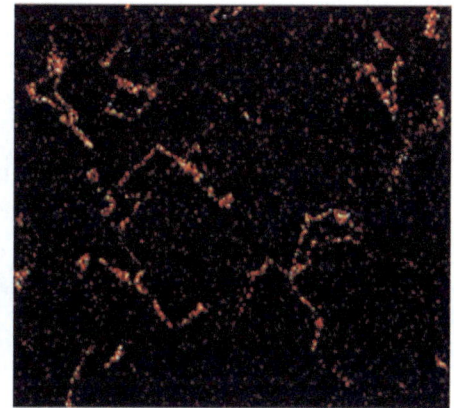

图 2-32　25 号岩心高含硫衰竭实验后的能谱图

从能谱分析图谱可以看出，包含硫元素的物质主要沉积在岩石孔隙壁上，且越靠近壁面，沉积的越多，而在孔隙中间，其沉积的比例较小。

为了深入研究元素硫沉积后的具体形态，随后又对该块岩样薄片进行了电子显微镜扫描，分别进行了 180 倍和 400 倍放大后观察（图 2-33），可以看出，溶孔内沉积的硫元素在孔隙壁上呈膜状分布。当沉积在多孔介质中的硫的量累计达到一定程度时，部分小孔道可能会被完全堵塞，致使渗透率大幅降低，从而导致气井产量在进入递减期后递减速度加快，或在短期内停产。由于包含硫元素的固体物质在岩石孔隙表面是以膜状分布的，其形态与沥青的形态较为相似。

二、液态硫储层伤害实验技术

（一）液态硫沉积机理

高含硫气藏开发过程中，随着地层压力的不断降低，当压力降低到一个临界值时，元素硫会开始析出，如果地层温度大于 119℃时，元素硫就会以液态的形式析出，在地层中形成

 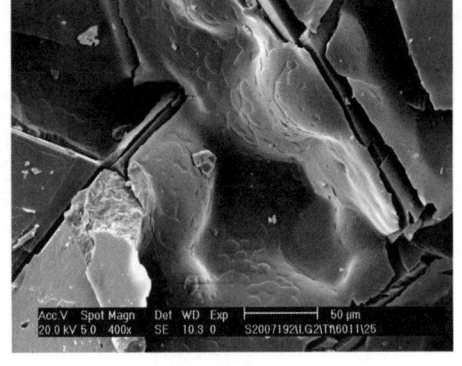

(a) 180倍放大　　　　　　　　　　　　(b) 400倍放大

图 2-33　元素硫沉积后岩心电镜分析图

气—液态硫两相渗流。由于液态硫具有较大的密度和黏度,不会以相同的速度随着气流运移,在地层中占据了一定的孔隙空间,特别是在近井地带,硫的析出量较大,会对气体的渗流造成严重的影响。液态硫虽然在孔隙流动中不会完全堵塞孔道,但液态硫与孔隙壁面接触时可能发生吸附现象而滞留一部分在地层孔隙中。

(二) 实验步骤

(1) 岩心选取与物性分析。

(2) 液硫的制备:将硫粉装满中间容器,利用电加热丝对中间容器进行加热,将粉末状硫粉制备成液态硫,由于粉末状硫粉变成液态硫后体积变小,故当粉末状硫粉变成液态硫后,继续将硫粉加入中间容器制备液态硫,直到制备出充足的液态硫。

(3) 岩心饱和液硫:待装液硫的中间容器冷却后,将其移至恒温箱,同时将岩心夹持器也置于恒温箱内,有液硫经过的地方均置于恒温箱内,回压阀部分利用加热丝对其加热,防止液硫冷却堵塞管路;将恒温箱内部温度升至150℃,回压阀以及相关管路的电加热丝温度亦升至150℃,然后将中间容器中的液硫驱替至岩心中,使其岩心充分饱和液态硫。

(4) 驱替液硫实验:模拟真实地层束缚液态硫条件,保持高温高压条件,不断地使用含 H_2S—CO_2 混合气驱替岩心中液态硫。保证整个液硫驱替过程中不会出现固化而堵塞管线及岩心样本。

(5) 调整好出口液硫、气体积计量系统,开始气驱液硫,记录各个时刻的驱替压力、产液硫量及产气量,计算不同液硫饱和度下气相有效渗透率。

(三) 实验结果

选取元坝高含硫气藏 4 块岩心开展液硫储层伤害渗透率变化研究。实验条件为内压 13MPa、围压 20MPa、回压 11MPa、温度 150℃。实验过程如上所述。岩心 29、岩心 27-2、岩心 224-4、岩心 27-3 不同含硫饱和度下的气相渗透率见表 2-10、表 2-11 和图 2-34。

表 2-10　实验数据

岩心编号	长度 (cm)	截面积 (cm²)	温度 (℃)	围压 (MPa)	上游压力 (MPa)	下游压力 (MPa)	有效应力 (MPa)	渗透率 (mD)
224-4	4.51	4.92	18.75	3.49	0.32	0.1	3.27	0.465

表 2-11 岩心 224-4 不同含硫饱和度下的气相渗透率

含硫饱和度	温度（℃）	压差（MPa）	围压（MPa）	气相渗透率（mD）
0	18.75	0.22	3.49	0.465
0.05	150	2	20	0.2179
0.10	150	2	20	0.1843
0.15	150	2	20	0.1542
0.20	150	2	20	0.1276
0.25	150	2	20	0.1045
0.30	150	2	20	0.0848
0.35	150	2	20	0.0687
0.40	150	2	20	0.0560
0.45	150	2	20	0.0468
0.50	150	2	20	0.0410
0.55	150	2	20	0.0388
0.60	150	2	20	0.0380
0.65	150	2	20	0.0367
0.70	150	2	20	0.0359
固态硫	18.50	0.25	3.5	0.0169

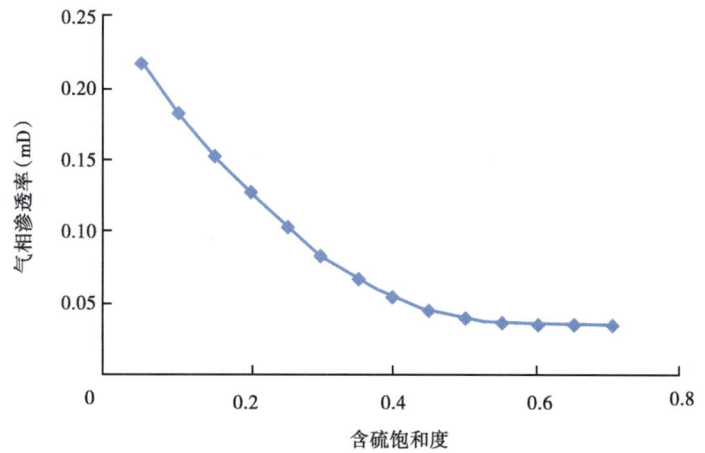

图 2-34 岩心 224-4 不同含硫饱和度气相渗透率曲线

从以上曲线可以看出，随着含液态硫饱和度的增加，渗透率不断降低。液硫饱和度在 0.3 之前，渗透率伤害程度较为明显。但是当液硫饱和度大于 0.3~0.5 之后，气相渗透率变化趋于缓慢。

三、液硫吸附实验技术

（一）液态硫吸附机理

液态硫虽然在孔隙流动中不会完全堵塞孔道，但液态硫与孔隙壁面接触时可能发生吸附现象而滞留一部分在地层孔隙中。液态硫的吸附是其在孔隙介质中沉积的主要表现形式，液体在固体表面的吸附，取决于溶液和岩石表面的性质，使得固体表面对液体的吸附表现出选择性，即固体的极性部分易吸附极性物质，非极性部分易吸附非极性物质，液体在固体表面的吸附会出现边界层特征，这是因为固体表面力场的诱导作用对液体分子的吸附和吸附层本身分子活动的影响，元素硫属于非极性分子，易容于非极性溶液中，而岩石骨架极性物组成，根据吸附选择性原理：在岩石孔隙中，孔隙壁面对非极性的液态硫吸附较小。

液态硫到底是游离态还是吸附态国内外还没有专门的实验研究。同时，目前的吸附仪大多用于测试气体吸附，无法对液硫进行研究。另外，国内外的液硫吸附实验及相关文献特别缺乏。本次采用油气藏地质及开发工程国家重点实验室的高温高压高含硫气藏气—液硫相对渗透率曲线测试装置，本次实验主要将硫粉放入中间容器中加温制备成液硫，选取两种不同物性的储层岩心，测定不同温度（初步定在110℃和160℃）和压力（20~75MPa）下的液态硫在岩心中的吸附能力，研究储层物性、温度、压力对液硫吸附能力的影响。

（二）实验步骤

（1）岩心的选取与处理：制备直径为2.50cm或3.80cm的岩心，其长度不小于直径的1.5倍，按照相应的标准将岩心样本进行抽提、清洗、烘干处理，处理后测量所述岩心样本的长度、直径、岩心孔隙度、渗透率。

（2）液硫的制备和不同H_2S含量的混合天然气的制备：将硫粉装满中间容器，利用电加热丝对中间容器进行加热，将粉末状硫粉制备成液态硫，由于粉末状硫粉变成液态硫后体积变小，故当粉末状硫粉变成液态硫后，继续将硫粉加入中间容器制备液态硫，直到制备出充足的液态硫；利用气体配样器配置不同H_2S含量的混合天然气，利用气体增压泵将其注入气体中间容器。

（3）岩心饱和液硫：待装液硫的中间容器冷却后，将其移至恒温箱，同时将岩心夹持器也置于恒温箱内，有液硫经过的地方均置于恒温箱内，回压阀部分利用加热丝对其加热，防止液硫冷却堵塞管路；将恒温箱内部温度升至150℃，回压阀以及相关管路的电加热丝温度亦升至150℃，然后将中间容器中的液硫驱替至岩心中，使其岩心充分饱和液态硫。

（4）模拟真实地层束缚液态硫条件，保持高温高压条件，保证整个液硫驱替过程中不会出现固化而堵塞管线及岩心样本。不断地使用含H_2S—CO_2混合气驱替岩心中液态硫，置换出液态硫，直至耐高温高压气液分离器液体出口端不出液态硫为止，驱替过程结束。

（5）取出岩心，并称重，其质量差即为该温度、压力条件下的液硫吸附量。

（三）实验结果

选取元坝高含硫气藏岩心开展液硫吸附试验，实验条件为内压13MPa、围压20MPa、回压11MPa、温度150℃。在液硫饱和前干岩心质量为54.3196g，然后不断地使用含H_2S—CO_2混合气驱替岩心中液态硫，随机选取液硫驱替过程中对岩心称重质量为56.1205g，此时岩心中液硫质量为1.8009g。继续驱替直至耐高温高压气液分离器液体出口端不出液态硫为止，对岩心称重质量为55.1507g，吸附的液硫质量为0.8311g。由此可见，在地层条件下一旦硫析出，在开采过程中，硫吸附较为严重（表2-12）。

表 2-12 实验数据

液硫饱和前岩心质量（g）	液硫驱替过程中岩心质量（g）	驱替不出液硫时硫饱岩心质量（g）	岩心质量变化量（g）
54.3196	56.1205	55.1507	0.8311

再选取元坝高含硫气藏元坝29和元坝292开展液硫吸附试验，实验条件为内压50MPa、围压75MPa、回压48MPa、温度150℃。不断地使用含H_2S—CO_2混合气驱替岩心中液态硫，直至耐高温高压气液分离器液体出口端不出液态硫为止，然后称重，其质量差即为该温度、压力条件下的液硫吸附量。

岩心质量变化见表2-13。

表 2-13 实验数据

编号	岩心物性变化	长度（cm）	截面积（cm²）	温度（℃）	围压（MPa）	孔压（MPa）	孔隙度（%）	孔隙体积（cm³）	质量（g）	岩心质量变化量（g）	液硫吸附量（mol/g）
元坝29	饱和液硫前	4.48	5.00	17.58	3.15	1.71	6.41	1.44	54.3196	2.3686	0.0014
	驱替结束	4.51	4.99	24.58	3.11	1.76	4.11	0.92	56.6882		
元坝292	饱和液硫前	5.64	4.98	22.67	3.22	1.76	12.42	3.49	62.8919	7.2519	0.0036
	驱替结束	5.65	4.99	25.63	3.21	1.72	3.32	0.94	70.1438		

定义岩心吸附液硫量为（岩心增重的质量/硫的摩尔质量）/液硫伤害前岩心的质量。

元坝29岩心在液硫伤害后其孔隙体积减少了0.52cm³，常温常压下固态硫的密度为2g/cm³，岩心增重2.3686g，液硫吸附量0.0014mol/g。元坝292岩心在液硫伤害后其孔隙体积减少了2.55cm³，常温常压下固态硫的密度为2g/cm³，岩心增重7.2519g，液硫吸附量0.0036mol/g。

四、气—液硫两相渗流实验技术

（一）实验设备

为了更好地研究地层条件下的油气水渗流规律，研制了高温高压油气水相渗实验装置（图2-35、图2-36），该设备能在最高温度150℃，最高压力100MPa条件下工作，设备主要配置和技术指标描述如下。

设备配置主要包括驱替系统、增压系统、储液系统、岩心夹持器、围压控制系统、环境模拟系统、油水出口计量系统、气液自动计量系统、回压装置、压力计量系统以及控制软件和数据处理软件共11个系统。

该设备的主要性能和技术指标：

（1）采用稳态法和非稳态法测试；
（2）驱替压力：100MPa；
（3）流量：0.0001~25mL/min；
（4）围压：120MPa；
（5）出口回压：100MPa；
（6）工作温度：150℃；

(7) 电源：交流 220V/20A、380V/20A；

(8) 净重：800kg；

(9) 功率：600W。

图 2-35　实验设备实物图

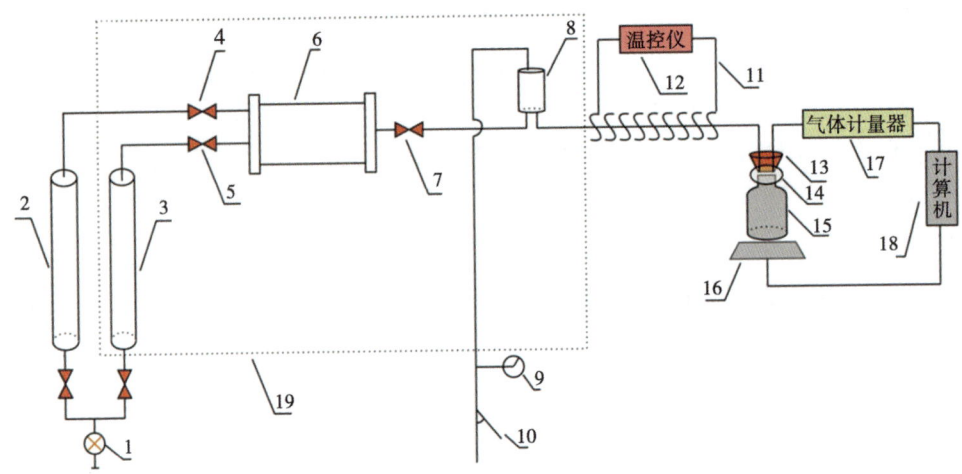

图 2-36　实验流程示意图

1—驱替泵；2—硫粉存放器；3—中间容器；4—气源控制阀；5—液硫控制阀；6—岩心夹持器；7—控制阀；8—回压阀；9—压力表；10—回压控制器；11—绝缘电加热丝；12—温度控制仪；13—橡皮塞；14—橡胶软管；15—容量瓶；16—精细天平；17—气体计量器；18—计算机；19—烘箱

高温高压高含硫气藏气—液硫相对渗透率曲线测试装置包括驱替系统、地层条件模拟系统、回压系统、数据采集系统和数据测试系统。

驱替系统包括含硫天然气样品罐、氮气罐、气体增压泵、气样中间容器、第一恒速恒压泵、液硫中间容器、水样中间容器、第二恒速恒压泵和过滤器。

地层条件模拟系统包括岩心夹持器、自动围压追踪泵和恒温箱。

回压系统包括回压控制阀和回压泵。

数据测试系统包括高精度磁悬浮天平、耐高温高压气液分离器、锥形瓶、冷凝浴、气体流量计和尾气中和池。

数据采集系统包括多个压力传感器、温度传感器、恒温箱温度控制仪、气体流量计、磁悬浮天平传感器、数据采集板和计算机。

(二)实验步骤

(1)岩心的选取与处理。制备直径为2.50cm或3.80cm的岩心,其长度不小于直径的1.5倍,按照相应的标准将岩心样本进行抽提、清洗、烘干处理,处理后测量所述岩心样本的长度、直径、岩心孔隙度、渗透率。

(2)液硫的制备和不同H_2S含量的混合天然气的制备。将硫粉装满中间容器,利用电加热丝对中间容器进行加热,将粉末状硫粉制备成液态硫,由于粉末状硫粉变成液态硫后体积变小,故当粉末状硫粉变成液态硫后,继续将硫粉加入中间容器制备液态硫,直到制备出充足的液态硫;利用气体配样器配置不同H_2S含量的混合天然气,利用气体增压泵将其注入气体中间容器。

(3)岩心饱和液硫。待装液硫的中间容器冷却后,将其移至恒温箱,同时将岩心夹持器也置于恒温箱内,有液硫经过的地方均置于恒温箱内,回压阀部分利用加热丝对其加热,防止液硫冷却堵塞管路;将恒温箱内部温度升至150℃,回压阀以及相关管路的电加热丝温度亦升至150℃,然后将中间容器中的液硫驱替至岩心中,使其岩心充分饱和液态硫。

(4)模拟真实地层束缚液态硫条件,保持高温高压条件,保证整个液硫驱替过程中不会出现固化而堵塞管线及岩心样本。不断地使用含$H_2S—CO_2$混合气驱替岩心中液态硫,置换出液态硫,直至耐高温高压气液分离器液体出口端不出液态硫为止,驱替过程结束。

(5)确定束缚液硫下气相渗透率的条件,采用恒速恒压泵进行恒压驱替,待岩心夹持器两端进出口的压差和出口流量稳定后,定时测定出口气流量,计算束缚液硫下气相渗透率。

(6)含$H_2S—CO_2$混合气—液硫按设定比例注入的相渗测试,将高含硫天然气与液硫以设定的比例注入岩心夹持器,将液硫与气体进行气液分离,通过气体流量计气体流量,利用精度为万分之一的天平测出不同时刻的液硫质量,计算出相应的液硫量。

(7)记录累积产出液硫量V_{si}和气量V_{gi},并进行地层条件修正记录两种流体不同注入比例岩心两端的进出口压力p_1、p_2或压差Δp及岩石夹持器的出口压力条件下的累积产出液硫量V_{si}和气量V_{gi}。

(三)数据计算

1. 气相有效渗透率K_g

$$K_g = \frac{2p_a Q_g \mu_g L}{A_g(p_1^2 - p_2^2)} \times 10^2 \tag{2-11}$$

式中 K_g——气相有效渗透率,mD;

A_g——岩心样本的截面积,cm^2;

p_a——大气压力,MPa;

L——岩心样本的长度,cm;

Q_g——地层压力、温度下的高含硫天然气流量,cm^3/s;

p_1——岩心夹持器入口端的压力,MPa;

p_2——岩心夹持器出口端的压力，MPa；

μ_g——地层条件下高含硫天然气黏度，mPa·s。

2. 液相有效渗透率 K_S

$$K_S = \frac{Q_S \mu_S L}{A_g(p_1 - p_2)} \times 10^2 \quad (2-12)$$

式中　　K_S——液相有效渗透率，mD；

μ_S——地层条件下液硫黏度，mPa·s；

Q_S——地层压力、温度下的液硫流量，cm³/s。

3. 气相相对渗透率 K_{rg}

$$K_{rg} = \frac{K_g}{K_S(S_{wi})} \quad (2-13)$$

式中　　K_{rg}——气相相对渗透率，mD；

S_{wi}——岩心样本束缚水饱和度，%。

4. 液硫相相对渗透率 K_{rS}

$$K_{rS} = \frac{K_S}{K_S(S_{wi})} \quad (2-14)$$

5. 岩心样本出口端面含液硫饱和度 S_S

$$S_S = \frac{V'_{Si} - V_{S0}}{V_P} \quad (2-15)$$

式中　　V_{S0}——初始计量容器液硫的体积，cm³；

V_P——岩心样本孔隙体积，cm³。

6. 岩心样本出口端面含气饱和度 S_g

$$S_g = 1 - S_{wi} - S_S \quad (2-16)$$

气—液硫相渗测试实验中，每次注入给定比例的高含硫天然气和液硫时，每种流体的注入量至少为岩心样本孔隙体积的3倍，且待岩心夹持器的两端压力稳定后，再记录实验数据。

7. 高含硫天然气地层条件偏差系数 Z

通过 Dranchuk-Abu-Kassem 经验公式计算法得到（郭肖，2014），其计算公式为

$$Z = 1 + \left(A_1 + \frac{A_2}{T_{pr}} + \frac{A_3}{T_{pr}^3}\right)\rho_r + \left(A_4 + \frac{A_5}{T_{pr}}\right)\rho_r^2 + \left(\frac{A_5 A_6}{T_{pr}}\right)\rho_r^5$$
$$+ \frac{A_7}{T_{pr}^3}\rho_r^2(1 + A_8\rho_r^2)\exp(-A_8\rho_r^2) \quad (2-17)$$

其中，系数 A_1 至 A_{11} 的取值为：$A_1 = 0.3265$，$A_2 = -1.07$，$A_3 = -0.5339$，$A_4 = 0.01569$，$A_5 = -0.05165$，$A_6 = 0.5475$，$A_7 = -0.7361$，$A_8 = 0.1844$，$A_9 = 0.1056$，$A_{10} = 0.6134$，$A_{11} = 0.721$。

当 T_{pr} 的取值范围为 $1.0 \leq T_{pr} \leq 3$ 时，p_{pr} 的取值范围为 $0.2 \leq p_{pr} \leq 30$；当 T_{pr} 的取值范围为 $0.7 \leq T_{pr} \leq 1.0$ 时，p_{pr} 的取值范围为 $p_{pr} < 1.0$。

8. 地层条件下液硫黏度 μ_S

通过液态硫黏度经验公式计算得到（郭肖，2014），其计算公式为

$$\mu_S = \begin{cases} 0.45271 - 2.0357 \times 10^{-3}T + 2.3208 \times 10^{-6}T^2, & 392.1K < T \leqslant 433.2K \\ 392350 - 2660.9T + 6.0061T^2 - 4.5115 \times 10^{-3}T^3, & 433.2K < T \leqslant 463.2K \\ \dfrac{108.03}{(1+e^{0.0816(T-476.08)})^{0.512}} + 0.9423, & T > 463.2K \end{cases} \quad (2-18)$$

式中 μ_S——液态硫黏度，mPa·s；

T——温度，K。

9. 地层条件下高含硫天然气黏度 μ_g

通过 Dempsey 经验公式法计算得到，其计算公式为

$$\ln\left(\dfrac{\mu_g T_r}{\mu_1}\right) = A_0 + A_1 p_r + A_2 p_r^2 + A_3 p_r^3 + T_r(A_4 + A_5 p_r + A_6 p_r^2 + A_7 p_r^3) \\ + T_r^2(A_8 + A_9 p_r + A_{10} p_r^2 + A_{11} p_r^3) + T_r^3(A_{12} + A_{13} p + A_{14} p_r^2 + A_{15} p_r^3) \quad (2-19)$$

$$\mu_1 = (1.709 \times 10^{-5} - 2.062 \times 10^{-6}\gamma_g)(1.8T + 32) + 8.188 \times 10^{-3} \\ - 6.15 \times 10^{-3}\lg(\gamma_g) \quad (2-20)$$

其中，参数 A_0 至 A_{15} 的取值为：$A_0 = -2.4621182$，$A_1 = -2.97054714$，$A_2 = -0.286264054$，$A_3 = 0.00805430522$，$A_4 = -2.80860949$，$A_5 = -3.49803305$，$A_6 = -0.36037302$，$A_7 = -0.0104432413$，$A_8 = -0.793385684$，$A_9 = 1.39643306$，$A_{10} = -0.149144925$，$A_{11} = -0.00441015512$，$A_{12} = -0.0839387178$，$A_{13} = -0.186408846$，$A_{14} = -0.0203367881$，$A_{15} = -0.000609579263$。

式中 μ_1——在1个大气压和给定温度下单组分气体黏度，mPa·s；

μ_g——地层高含硫天然气黏度，mPa·s；

γ_g——高含硫天然气的相对密度。

(四) 实验结果

实验所用岩心基本参数见表 2-14 和表 2-15，根据上述实验流程以及数据处理后，得到实验结果如图 2-37 和图 2-38 所示。

表 2-14　岩心 YB-29 基础数据表

岩心长度（cm）	4.48	岩心直径（cm）	2.49
孔隙度（%）	0.641	渗透率（mD）	2.42
液硫黏度（mPa·s）	1.06	气体黏度（mPa·s）	0.0179
测试温度（℃）	150	测试压力（MPa）	60

表 2-15　岩心 YB-27 基础数据表

岩心长度（cm）	4.95	岩心直径（cm）	2.511
孔隙度（%）	0.452	渗透率（mD）	2.23
液硫黏度（mPa·s）	1.06	气体黏度（mPa·s）	0.0179
测试温度（℃）	150	测试压力（MPa）	60

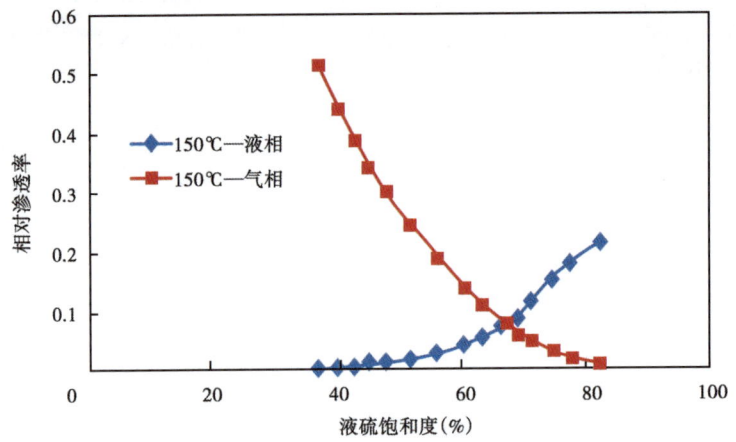

图2-37 YB-29号岩心气—液硫相对渗透率曲线图

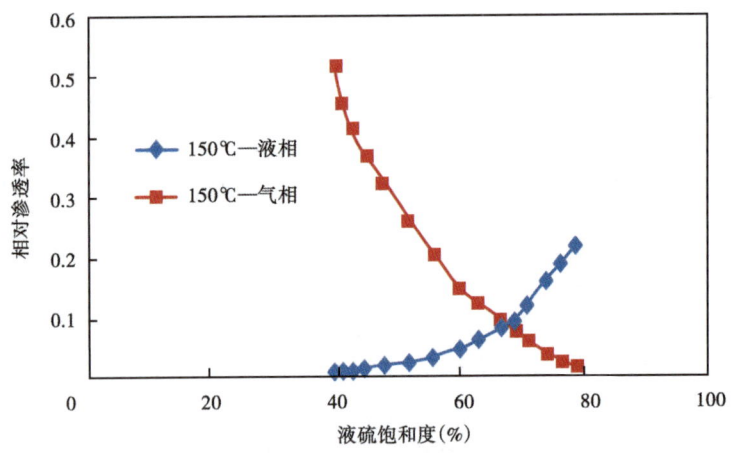

图2-38 YB-27号岩心气—液硫相对渗透率曲线图

由图2-37和图2-38可以看出，两组气—液硫相对渗透率曲线走势大体相同，均为下凹型曲线。在液硫饱和度较低时，气相相对渗透率下降速度较快，液硫相对渗透率上升缓慢。液硫饱和度大于等渗点后，液硫相对渗透率变大速率加快，气相相对渗透率减小趋势变得缓慢。

（五）温度对气—液硫相对渗透率的影响

重复上述实验操作流程，在一定的压力条件下，设定温度为130℃、140℃、150℃，模拟不同地层温度条件。对比同一岩心YB-27气—液硫相对渗透率在不同温度条件下的变化规律，分析温度对相对渗透率的影响，实验结果如图2-39所示。

由图2-39可以看出，温度对液硫相对渗透率几乎没有影响，对气相相对渗透率影响较大，气—液硫相对渗透率曲线有以下变化规律。

（1）整个气—液硫相渗实验过程，随着温度的升高，液硫相对渗透率曲线的变化趋势几乎一致，相对渗透率几乎没有变化，变化值可以忽略不计。

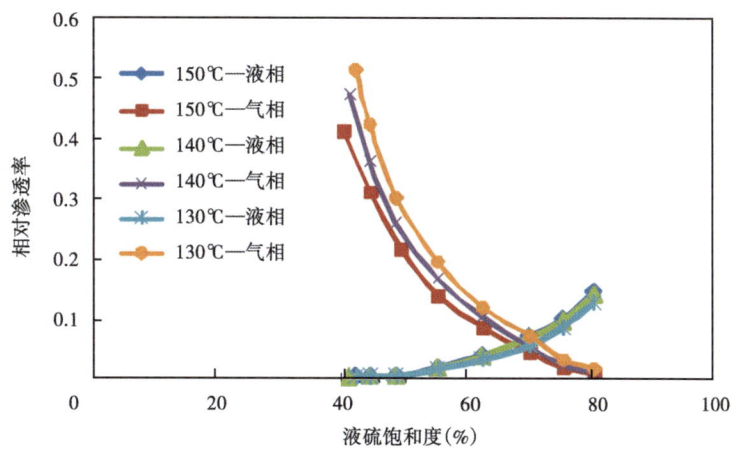

图 2-39　不同温度条件下气—液硫相对渗透率曲线

（2）随温度的升高，等渗点逐渐左移，等渗点含液硫饱和度对应相对渗透率逐渐减小。

（3）随温度的升高，两相渗流区域逐渐几乎不变，气相相对渗透率逐渐下降。

可以从以下两个方面来解释为何温度变化会引起气—液硫相对渗透率出现上述变化。

（1）气体性质的变化，在一定压力条件下，气体的黏度随着温度的升高而增大，气体在孔隙介质中的渗流能力降低，从而导致气体流量减少。

（2）岩石结构的变化，高温高压条件下气—液硫相渗实验过程中，在热应力的作用下，岩石部分颗粒膨胀裂开，颗粒间的黏土矿物发生膨胀挤压了原有的孔隙空间改变了原有渗流通道从而降低了岩心的两相渗流能力。

由上述所知，在驱替过程中气相相对渗透率受温度的影响很大，是不能忽略的因素。温度是决定析出的硫在孔隙中的形态的主要因素，但其对液硫的相对渗透率影响较小。

第四节　高含硫气井井口高压流体取样技术

由于高含硫气藏取样必然涉及流体温度和压力的变化，所以在取样过程中如何取得有代表性气样，如何确保取样人员的生命安全，避免有毒气体 H_2S 对人体带来的伤害，防止意外事件发生，这就是高含硫气藏取样的重点和难点。

要解决高含硫气藏取样代表性问题，首先要考虑两个方面的问题，一是取样时影响气质变化的因素（包括温度压力的变化对样品的影响、气井井筒积液的影响、测试时间的影响、产气量的影响等）；二是酸性气体对取样钢瓶的腐蚀程度是否造成取样样品组分失真失去代表性。

一、取样设备

取样设备包括取样阀门、管线、钢瓶、可燃气体报警仪、正压式空气呼吸器等。

（一）设备与试剂

取样管线、阀门、钢瓶要求耐腐蚀、耐酸碱、抗盐蚀，额定工作压力与高压样品压力差大于样品压力5%为宜，取样时根据样品实际压力优先选择差值较小的取样管线、阀门、钢瓶类型。

1. 取样管线

材质钛合金，管径 3mm，长度 2~6m，额定工作压力 100MPa、140MPa 两种类型。

2. 阀门

材质钛合金，额定工作压力 70MPa、100MPa、140MPa 三种类型。

3. 取样钢瓶

材质钛合金，额定工作压力 70MPa、100MPa、140MPa 三种类型，有效体积 500cm^3、1000cm^3 两种类型，内置干燥剂袋。

4. 高压计量泵

容量 100~500cm^3，最小刻度分辨率精度不低于 0.01cm^3，额定工作压力 100MPa。

5. 真空泵

抽气速率 0.5L/s，相对真空度 -0.09 MPa。

6. 正压式空气呼吸器

检验合格，充压到 30MPa 压力。

7. 四合一可燃气体报警仪

正压式空气呼吸器使用前需定期校验，经校验合格后才能使用。

8. 试剂

蒸馏水，纯度不小于 99.99%。

9. 急救包

内有急救药品、创可贴、医用胶布等。

（二）钢瓶试压

（1）钢瓶拆卸、清洗、安装。

（2）试压压力以取样位置压力为准，如果未知取样压力大小，以钢瓶的额定压力的 90% 作为试压压力。

（3）试压压力为取样压力 1.05 倍；在相同室温条件下稳定 2h 压力变化不超过取样压力 0.001 倍为试压合格。

（4）钢瓶试压合格后，用计量泵将一定量的蒸馏水驱替取样钢瓶活塞至样品室顶端，直到起压 1.0MPa 为止。

（5）取样钢瓶样品室抽真空至 200Pa 后，继续抽 10min 关闭样品阀。

二、取样方法

要安全可靠地取得能够代表地层实际天然气的样品，掌握行之有效的取样方法至关重要。

（一）取样制度

高含硫气藏取样是一种高危工作，为了确保取样安全，需对取样设备、干燥剂、取样人员、取样时机和人员防护建立一套行之有效的制度。

1. 取样钢瓶选取

取样钢瓶选取除了材质要求外，还需考虑钢瓶的取样登记情况，未盛过 H_2S 的取样筒和盛过 H_2S 的取样筒对 H_2S 含量的影响不同，从表 2-16 和表 2-17 就可得出这一结论。实验样品都为高含硫气样，为了了解高含硫气样在取样钢瓶中 H_2S 含量的变化情况，定期采用碘量法测 H_2S 含量的方法检测瓶中 H_2S 含量变化，每次测试钢瓶的温度控制在常温，管线中气体的流速几乎保持一致，由于每次测试放出的气样较少，瓶中压力几乎保持不变。为了进一步了

解已盛过 H_2S 的取样钢瓶中 H_2S 含量随时间的变化情况，用盛过 H_2S 钢瓶对另一口高含硫气井实施取样，用同样的方法检测瓶中 H_2S 含量的变化，其结果见表 2-16 和表 2-17。

表 2-16　未盛过 H_2S 的取样筒 H_2S 含量随时间的变化

组分	原始	一周后（%）	一个月后（%）	三个月后（%）	九个月后（%）
He	0.019	0.020	0.02	0.02	0.02
H_2	0.000	0.004	0.02	0.05	0.06
N_2	0.51	0.48	0.56	0.54	0.61
CO_2	6.09	6.28	6.22	6.24	6.26
H_2S	9.82	8.34	7.64	7.55	7.74
CH_4	83.48	85.03	85.46	85.52	85.24
C_2H_6	0.07	0.07	0.07	0.07	0.07
C_3H_8	0.01	0.01	0.01	0.01	0.00

表 2-17　盛过 H_2S 的取样筒 H_2S 含量随时间的变化

组分	原始（%）	两个月后（%）
He	0.02	0.02
H_2	0.00	0.02
N_2	1.16	1.06
CO_2	5.45	6.98
H_2S	12.93	11.30
CH_4	80.38	81.58
C_2H_6	0.05	0.04
C_3H_8	0.01	0.00

表 2-16 显示，没有盛装过 H_2S 的钢瓶，在开始一段时间内，H_2S 减少量非常明显，但 H_2 的含量并没有明显增加；随着时间的推移，瓶中 H_2S 含量几乎保持在同一水平，但 H_2 含量逐渐增大，整个过程，瓶中压力没有明显变化。

表 2-17 显示，盛装过 H_2S 的钢瓶，H_2S 含量随时间变化并不明显，但 H_2 含量逐渐增大，整个过程中，钢瓶内的压力几乎保持不变。

以上现象说明，钢瓶在初次盛装高含硫气样时，由于 H_2S 与钢瓶内壁的铁发生反应，腐蚀较为严重，生成 FeS 过程中，会放出 H_2。起初放出的 H_2 进入刚体内，会增加钢瓶的腐蚀，随着时间的推移，生成的 FeS 越来越多，形成了一层保护膜，阻止生成的 H_2 进入刚体，致使腐蚀越来越弱，因而盛装过 H_2S 的钢瓶中 H_2S 含量变化相对较小。这说明实施对高含硫气藏井口高压取样尽可能选择已盛过 H_2S 的钢瓶取样。

2. 干燥剂选择

一般情况下，实验室作为干燥剂的物质有无水 $CaCO_3$、$CaCl_2$ 和硅胶，为了选择更适合于干燥高含硫天然气的干燥剂，尝试做了如下实验：分别用无水 $CaCO_3$、$CaCl_2$ 和硅胶来干燥含硫天然气，结果发现只有硅胶的颜色发生变化并变成黑色。紧接着做了如下实验：将变了色的硅胶分别放入装有蒸馏水、NaOH、稀（或浓）HCl、稀 HNO_3 溶液的烧杯中，一天时间后，硅胶颜色不发生变化仍为黑色；但是往放有变了色的硅胶中倒入少许浓 HNO_3，一会儿硅胶的颜色发生变化，黑色逐渐变浅，最后变成粉白色。这充分证明硅胶中吸附的不是H_2S，而是吸附的是S或多硫化氢化物H_2S_{x+1}，吸附的这种物质不溶于水、NaOH、稀HCl、稀HNO_3，而溶于浓HNO_3。主要由于浓HNO_3有氧化性，将S氧化成SO_2，故使硅胶的颜色发生了变化。这说明硅胶在吸收天然气中水蒸气的同时，也会吸收天然气的单质硫和多硫化合物，从而改变了高含硫气样的组分，造成气样组分失真，所以在高含硫气藏的取样过程中，只能选用无水$CaCO_3$和$CaCl_2$作为干燥剂，不能选用硅胶来干燥气样。

（二）取样井选择

取样井分试采井和生产井，无论试采井还是生产井，气藏流体中或多或少含有饱和水蒸气，在一定条件下，这些水蒸气会凝析成液态水。一旦气中含有游离水，流体中所含的H_2S、CO_2就会溶解于游离水中与金属设备和管线壁接触而发生电化学反应，对金属设备和管壁造成腐蚀，从而影响气样中H_2S的含量。

不仅如此，H_2S与Fe反应生成的氢原子有向材料内部和微粒之间运移的能力。氢原子进入材料内部后，很容易在矿渣包体、空隙、间歇、夹层等处聚结起来，形成氢分子，由于氢分子在一定压力下，其体积比氢原子大得多，无法通过金属晶粒间隙，容易在这些地方形成很高的压力，导致金属内部出现裂纹或氢鼓泡。当氢原子渗入金属内部后，会产生氢脆现象，引起金属的韧性和强度减弱，使金属的应力强度不能满足现场设计的要求，这给安全带来隐患。

所以，酸性气体会对钢瓶造成腐蚀，导致气样中H_2S含量的变化，而且还会引起钢瓶材质的变化，带来安全隐患。此外，腐蚀生成的氢气的临界温度和临界压力都较低，会对相态造成较大的影响。因此，高含硫气藏取样的首要问题是有效控制H_2S对钢瓶的腐蚀，而水是其中的关键。所以问题的重点是如何在取样过程中防止地层水及钻井液进入钢瓶，为此取样井的选择应坚持以下几个原则：

（1）试采井根据钻井过程中油气显示、产水预测、产层所处气藏构造地势高低及项目研究需求等因素选择是否取样，优先选取油气显示好、预测不产水的井。

（2）生产井根据产气量多少、产水情况以及产层所处气藏构造地势高低等因素选择是否取样，优先选取在同一构造地势有代表性、产气量高、不产水的气井。

（三）取样时机选取

高含硫气样取样必须选择好适当的取样时间。一般来说，气井在钻井、完井、酸化、试气等过程中难免有钻井液、井下作业残液渗入储层和积于井底。由于H_2S极易溶于水且密度相对较大，如果井筒中有积液，短期测试过程中，H_2S大部分溶于井筒积液中，而且流动过程中容易滞后和下沉，加速了其与烃气的分离和在积液中的溶解，发生越往井筒上部H_2S含量越少现象。因此，刚开井测试的H_2S含量低，随着开采时间的逐渐延长，井筒死气及积液不断排出，气流成分趋于稳定，H_2S含量逐渐增高并达到稳定。

对于低产井，携液能力较弱，井底始终存在一定量的积液，但在一段时间后，积液中H_2S会达到饱和，消除了井筒死气和积液对高含硫天然气组成的影响。这说明针对低产井来说，在短期测试期间，无法取得有代表性气样，必须在放喷或生产一段时间后才能取样。

对于高产井，携液能力较强，测试产量越高，携液能力越强，排除井筒死气和积液的速度越快，积液中H_2S达到饱和的速度也越快，在开井较短时间内就可以消除井筒死气和积液对H_2S含量的影响，这种高产井在测试3~5d后，在测试稳定且井口压力恢复较高时刚放喷不久取样。

综上所说，高含硫气样取样时机的把握要坚持以下几个原则：
（1）试气测试阶段，尽可能在钻井液、酸液排放干净，获得稳定气流后取样。
（2）产能测试阶段，在每一稳定测试制度后期取样。
（3）生产井正常生产阶段，在产量稳定生产至少7d后取样。
（4）酸化气井尽量选择在酸化作用前射孔后取样。

（四）取样过程技术要求

（1）取样时取样位置的压力不得超过设备各部位工作压力。
（2）开启阀门要缓慢。
（3）取样管线中间固定。
（4）取样钢瓶蒸馏水端不能放尽，应预留 20cm³ 蒸馏水。

三、取样流程与步骤

（一）取样流程

为了减少硫析出的趋势，在取样时，采用了防止节流的办法：管线加长加粗，缓慢开启阀门，使压力不在短时间内发生较大的变化。如果气井产水，应在井口与取样钢瓶阀门之间安装一个分离装置，将气样带出的游离水分离出去。分离瓶与取样钢瓶的管线适当加长，尽量使节流发生在远离进样口的位置。由于井下取样的成本太高，目前取样一般选择在井口或与井口直接相连的管汇处进行，虽然井口附近的温度和压力与地层条件有所差别，会相应影响气样中的含硫量，但对用于作为储量计算的气样来说，几乎没什么影响。

取样流程如图2-40所示，取样钢瓶前端与泄压阀相连，便于卸压，后端安置了压力表和放空管线，放空管线末端直通计量杯，用于计量样品体积，安装的压力表用来检测瓶中的压力，在取样过程中尽量维持该压力不变。

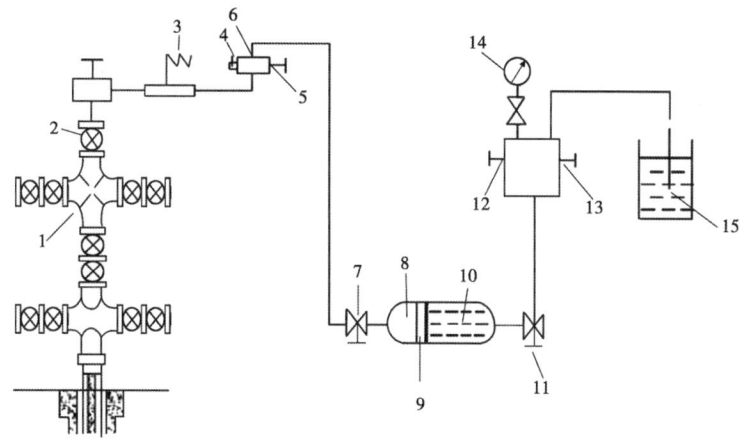

图 2-40 含硫气藏井口高压流体取样流程图

1—采油树；2—井口阀门；3—现场测试电缆线；4—泄压阀；5，12，13—阀开关；6—泄压阀压力表位置；7—进样阀；8—样品；9—活塞；10—蒸馏水；11—排液阀；14—压力表；15—估量杯

（二）取样步骤

（1）办理作业许可证，作业许可的申请、审核和批准以及管理制度按规定执行。
（2）按规定的方法背戴好正压式空气呼吸器和佩戴好硫化氢检测仪进入取样现场，硫化氢检测仪佩戴于胸前上衣衣袋位置。

（3）根据现场情况选择正确的取样位置：要求取样位置压力必须小于各个取样部件（阀门、管线、钢瓶）的额定工作压力，若井口油管泄压阀压力高于管汇泄压阀处压力，则取样位置选择在井口油管泄压阀处；若井口油管泄压阀处压力等于管汇泄压阀处压力，则取样位置选择在管汇泄压阀处。如发生井口压力高于各个取样部件（阀门、管线、钢瓶）的额定工作压力的现象，则取样位置选择在节流管汇后端取样压力符合要求泄压阀处。

（4）以取样位置为中心点，方圆5m处拉好警戒线，并竖警示牌；如取样位置选择在井口油管泄压阀处，高处作业人身防护和应急处理措施按规定执行。

（5）记录泄压阀压力表位置压力表读数，关闭阀开关5，切断井口高压气体气源，缓慢拧松泄压阀，当泄压阀压力表位置压力表压力显示为零时，拆卸压力表，按图2-40所示连接好取样流程，关闭所有流程阀门，管汇泄压阀处连接取样流程方法与井口油管泄压阀处连接方法一致。

（6）拧紧泄压阀，打开阀开关5，连通井口高压气体气源，让连接泄压阀压力表位置与进样阀的管线充满高压气体后进行试漏检查，如试漏检查不合格需重新更换取样管线。

（7）试漏检查合格后，关闭阀开关5，拧松泄压阀置换连接泄压阀压力表位置与进样阀的管线中的空气，采用相同的方法置换5次后，拧紧泄压阀。

（8）依次打开阀开关5、进样阀、排液阀、阀开关12，使井口高压气体与取样仪器开始连通，当压力表读数恢复到泄压阀压力表在拆卸前记录的读数时，保持该压力，缓慢开启阀开关13，同时开始计量排液量，当计量杯中排出蒸馏水约为取样钢瓶容积的90%时关闭排液阀。

（9）平衡5min后，依次关闭进样阀和阀开关5，切断井口高压气体气源，拧松泄压阀，放空连接泄压阀压力表位置与进样阀的管线中气体后，拆除取样管线。

（10）在泄压阀压力表位置安装好压力表，拧紧泄压阀，打开阀开关5，恢复取样前泄压阀状况。

（11）检查进样阀是否漏气。

（12）进样阀漏气检查合格后，取样钢瓶拧上死堵，贴上标签，作好取样记录（如取样压力、温度、位置、井段、层位、时间等）。

（13）完成作业许可签字手续。

四、取样分析与应用

应用此取样方法，成功取得了罗家寨飞仙关、双鱼栖霞组、双探栖霞组、龙会飞仙关与长兴组、高石灯影组与龙王庙、磨溪灯影组与龙王庙等含硫气井样品。

参 考 文 献

杜志敏，2006. 国外高含硫气藏开发经验与启示［J］. 天然气工业，26（12）：35-37.
郭肖，2014. 高含硫气井井筒硫沉积预测与防治［M］. 武汉：中国地质大学出版社.
王汉松，2002. 石油化工设计手册［M］. 北京：化学工业出版社.
HYNE J B, DERDALL G D, 1980. How to Handle Sulfur Deposited by Sour Gas［J］. World Oil, 10.
HYNE J B, 1968. Study Aids Prediction of Sulfur Deposition in Sour Gas Wells［J］. Oil and Gas, 11.
HYNE J B, 1983. Controlling Sulfur Deposition in Sour Gas Wells［J］. World Oil, 195（2）.
TANG Y, VOELKER J, KESKIN C, et al, 2011. A Flow Assurance Study on Elemental Sulfur Deposition in Sour Gas Wells［C］. SPE 147244.

第三章　高含硫气井钻完井实验评价技术

高含硫气井钻完井过程中，H_2S 气体侵入钻井液会导致其性能发生变化，腐蚀钻具，如 H_2S 散布在空气中，还会造成人身安全危害；H_2S 等酸性介质的存在引起的水泥环腐蚀、水泥环在工程作业中发生的力学损坏及固井质量等因素造成部分气井不同程度环空带压；在增产改造中 H_2S 的存在会影响酸液性能造成酸液产生沉淀、酸液腐蚀管柱等。

针对以上一系列问题，经过多年攻关，形成了一大批有效的新实验室评价技术，包括钻井液中 H_2S 检测、钻井液除硫剂、固井水泥浆抗污染、固井水泥石弹性力学性能、酸液沉淀控制、酸液腐蚀性能、高黏酸液酸岩反应以及不规则岩心酸蚀裂缝导流能力以及酸蚀裂缝形态表征技术，为高含硫气井安全快速钻井提供了有效的技术支持。

第一节　高含硫气井钻井液实验评价技术

一、钻井液中 H_2S 实验检测技术

H_2S 气体是一种剧毒、易燃、易爆的无色弱酸性气体，密度较空气大（密度为 $1.176g/cm^3$）；易溶于水，它可能存在于液态烃的水蒸气中，或以自由的气体状态存在，常温常压下溶解度为 3000mg/L 左右，此时溶液 pH 值为 4.0。H_2S 常叫酸气，浓度低时有臭蛋味，浓度高时伤害嗅觉，其毒性比 CO 大 5~6 倍，其在与空气的混合气体中含量为 4.3%~4.5% 时可发生爆炸，产生可爆性 SO_2 气体。

H_2S 在水中的溶解度极高，当它溶于水中时，其作用和 CO_2 相似，是一种弱酸，H_2S 在水溶液中主要存在 H_2S、HS^-、S^{2-} 三种形式。根据 H_2S 的电离平衡，可以计算出不同 pH 值下水溶液中 H_2S 的存在形式以及不同组分的含量分布情况，如图 3-1 所示。

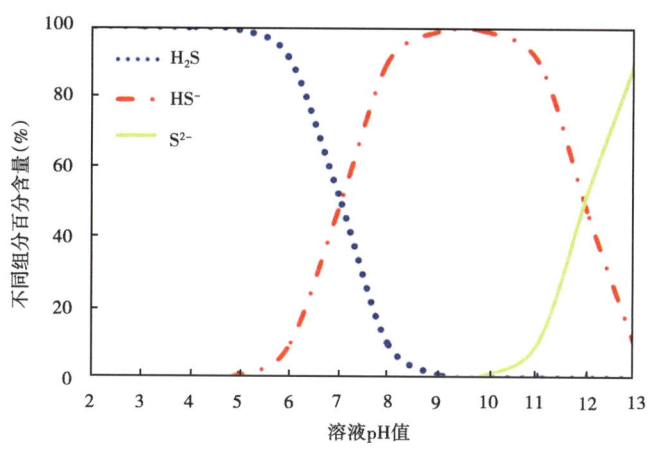

图 3-1　不同 pH 值下水溶液中 H_2S 的存在形式

钻井液中存在 H_2S 时，会与铁发生腐蚀反应，导致相当大的金属损失。

$$Fe+H_2S \longrightarrow Fe_xS_y+2H^+$$

H_2S 除了同铁反应腐蚀金属外，更严重的破坏作用是引起套管、钻杆的应力腐蚀破裂或氢脆，可导致灾难性事故的发生。一般，屈服强度低于 617 MPa 的钢材将发生氢鼓泡，而屈服强度高于 617MPa 的钢材将发生氢脆。H_2S 引起腐蚀破裂受材质因素、使用条件和环境因素的影响。因此，高温高压高含硫气田在钻井过程中应及时检测、预防并消除钻井液中硫化物的污染。

目前，较为常用和先进的钻井液硫化物检测技术主要有醋酸铅检测法及碘量法。

（一）实验原理

1. 醋酸铅法实验原理

当检测出钻井液中存在硫化物以后，通过稀释钻井液滤液，并向其中加入柠檬酸与碳酸氢钠，可以提供一个酸性环境并产生大量的 CO_2，CO_2 可携带出稀释液中的 H_2S 气体，并与醋酸铅试纸作用形成硫化铅黑色物质，通过醋酸铅试纸变色程度与标准比色板对比，可判断出钻井液滤液中可溶性硫化物浓度。

$$H^+ + HS^- \longrightarrow H_2S$$
$$H_2S + Pb(CH_3COO)_2 \longrightarrow PbS\downarrow + CH_3COOH$$

2. 碘量法实验原理

钻井液被 H_2S 污染以后，可通过酸化—通气—吸收的方式，将钻井液滤液中的可溶性硫化物转移到乙酸锌吸收液中，通过碘量法滴定吸收液中的硫化物含量，可定量分析钻井液滤液中可溶性硫化物的含量。相比醋酸铅快速检测法，该方法检测更加准确。

$$S^{2-}+Zn^{2+} \longrightarrow ZnS\downarrow（淡黄色沉淀）$$
$$ZnS+I_2 \longrightarrow Zn^{2+}+2I^-+S\downarrow（黄色沉淀）$$
$$I_2+S_2O_3^{2-}+2H_2O \longrightarrow 8I+2SO_4^{2-}+4H^+$$

（二）实验设备

1. 醋酸铅法实验药品及仪器

柠檬酸：化学纯。

碳酸氢钠：化学纯。

正辛醇消泡剂：盛于滴瓶中。

硫化钠标准溶液：取一定量结晶状硫化钠（$Na_2S \cdot 9H_2O$）于布氏漏斗或小烧杯中，用水淋洗除去表面杂质，用干滤纸吸去水分后，称取约 0.75g 溶于少量蒸馏水中，移入 100mL 棕色容量瓶，用水稀释至标线，摇匀后，按 GB/T 16489 中硫化钠标准溶液标定方法标定其准确浓度。

醋酸铅试纸盘：直径 36mm（1.42in）。

H_2S 分析瓶：型号为 HS-C #25378-00 的 H_2S 测试盒（Hydrogen Sulfide Test Kit）中的 H_2S 分析瓶或同类产品。

水：蒸馏水或去离子水。

刻度移液管：1mL、5mL、10mL。

棕色容量瓶：100mL、200mL、250mL、500mL。

量筒：100mL。

天平：精确度为0.001g。

2. 碘量法实验药品及仪器

磷酸：1+1磷酸溶液，采用密度为1.69g/mL的磷酸配制。

盐酸：1+1盐酸溶液，采用密度为1.19g/mL的盐酸配制。

氢氧化钾：化学纯。

载气：高纯氮，纯度不低于99.99%。

乙酸锌溶液：1mol/L乙酸锌的去离子水溶液。称取220.0g乙酸锌[$Zn(CH_3COO)_2 \cdot 2H_2O$]，溶于水并稀释至1000/mL。

正辛醇消泡剂：盛于滴瓶中。

硫代硫酸钠标准滴定液：按GB/T 16489相关内容配制并标定浓度为0.1mol/L的硫代硫酸钠标准溶液，移取100mL经标定后浓度为0.1mol/L的硫代硫酸钠标准溶液于1000 mL棕色容量瓶中，用水稀释至标线，摇匀。

硫代硫酸钠标准滴定液存放过程中，若发现溶液浑浊或表面有悬浮物，需过滤重新标定后使用，必要时重新制备。

碘标准溶液：按GB/T 16489相关内容配制浓度为0.1mol/L的碘标准溶液，移取100mL浓度为0.1mol/L的碘标准溶液于1000mL棕色容量瓶中，用水稀释至标线，摇匀。

碘易挥发，浓度变化较快，保存时应特别注意要密封，并用棕色瓶保存放置暗处。

淀粉指示剂溶液：1%淀粉指示剂溶液。称取1.0g可溶性淀粉用少量水调成糊状，再用刚煮沸水冲稀至100mL，冷却后贮存于试剂瓶中。

水：去离子水或蒸馏水。

Garrett 气体分析仪（图3-2）：由一列用透明塑料制成的气体分离式、一个惰性气体气源和压力调节器、一个浮球式流量计和一个 Drager 管组成。

流量计：推荐使用浮球式，可测流速为 0~500mL/min 的氮气气体。

软管：不与 H_2S 及载气发生反应，推荐使用乳胶管或相当的塑料管。

接头和硬管：不与 H_2S 和酸发生反应。

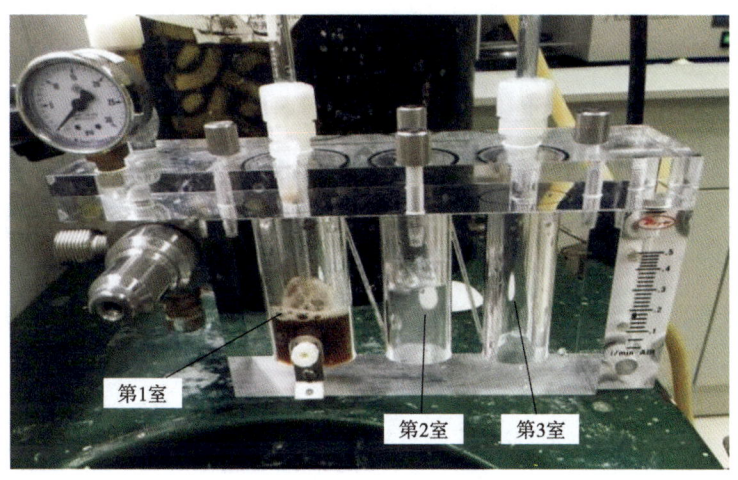

图3-2 Garrett 气体分析仪

橡胶隔膜。

漏斗。

中速定量滤纸。

注射器：20mL。

针头：38mm（15in）21号针头。

天平：精确度为0.001g。

量筒：50mL。

烧杯：100mL。

棕色容量瓶：100mL、1000mL。

容量瓶：1000 mL。

刻度移液管：1mL、5mL、20mL。

棕色滴定管：25mL 或 50mL。

碘量瓶：250mL。

（三）实验方法及步骤

1. 醋酸铅法实验方法

1）标准比色板制备

（1）硫化钠标准使用液的配制。吸取一定量刚标定过的硫化钠标准溶液，分别配制成硫化物含量（以 S^{2-} 计）为 0.1mg/L、0.3mg/L、0.5mg/L、0.7mg/L、1.0mg/L、2.0mg/L、5.0mg/L 的硫化钠标准使用液。

硫化钠标准溶液应在使用时配制。

（2）标准比色板制备程序。取 100mL 蒸馏水，将其移入 H_2S 分析瓶；加入 5 滴正辛醇消泡剂；将醋酸铅试纸盘放入 H_2S 分析瓶瓶盖中；称取 2.0g 柠檬酸和 2.0g 碳酸氢钠，两者混合后，迅速倒入 H_2S 分析瓶中，并快速盖上 H_2S 分析瓶瓶盖；间断轻晃 H_2S 分析瓶，反应时间 2min 以上，待分析瓶内无气泡产生后，打开 H_2S 分析瓶瓶盖，取出醋酸铅试纸，即获得硫化物含量为 0.0mg/L 的醋酸铅试纸对照样；分别取 100mL 不同硫化物含量的硫化钠标准使用液，按以上制备步骤反复操作，即可获取一组硫化物含量为 0.0~5.0mg/L 的醋酸铅试纸标准比色板。

2）测定程序

（1）移液管移取 1mL 钻井液滤液于硫化氢分析瓶中。

（2）加入蒸馏水稀释至 100mL 并混匀。

（3）按标准比色板制备程序步骤操作，即获得测试样品的醋酸铅试纸变色情况，并与标准比色板对照判断钻井液滤液中可溶性硫化物含量。

钻井液中可溶性硫化物快速检测法测定的硫化物含量为钻井液滤液经稀释处理后的浓度，并不代表钻井液滤液中的真实浓度，两者间的转换关系参见表3-1。

判断钻井液中存在硫化物以后，应改用可溶性硫化物快速检测法判断钻井液滤液中可溶性硫化物含量，每 3~4 h 检测一次，根据机械钻速可提高检测频次。当钻井液滤液中可溶性硫化物含量超过 200mg/L 以后，随可溶性硫化物浓度的增加，醋酸铅试纸盘变色加深，无法估计可溶性硫化物含量，按一定比例再次稀释后，可用于现场快速检测，其值仅作为现场参考。

表 3–1　钻井液滤液中可溶性硫化物含量与实测值间的转换关系

实测值（mg/L）	0	0.1	0.3	0.5	0.7	1	2	5
可溶性硫化物含量(mg/L)	0	10	30	50	70	100	200	500
标准比色板浓度（mg/L）	0	0.1	0.3	0.5	0.7	1	2	5
醋酸铅试纸变色图								
对应实测硫化物浓度（mg/L）	0	10	30	50	70	100	200	500

2. 碘量法实验方法

参照 Garrett 气体分离器实物图（图 3-2）。

（1）确保各气体分离室洁净、干燥并置于水平台上，取下顶盖。

（2）向第 1 室加入 5mL 钻井液滤液。

（3）向第 1 室加入 5 滴正辛醇消泡剂。

（4）向第 2 室加入 2.5mL 浓度为 0.1mol/L 的乙酸锌溶液。

（5）向第 2 室加入 30mL 蒸馏水。

（6）装上 O 形密封圈，将气体分离室的顶盖盖上，并用手均匀地拧紧所有螺丝以使所有 O 形密封圈密封。

（7）关闭压力调节器，用软管将载气源与第 1 室内的扩散管连接起来。

（8）用软管将第 3 室与流量计连接。

（9）调整第 1 室内的扩散管使其距底部约 6mm（0.25in）。

（10）缓慢通入载气 30s 以清除体系内的空气。检查是否漏气。

（11）用带针头的注射器取 20mL（1+1）磷酸溶液，并通过橡胶隔膜注入第 1 室内。

（12）调节载气流速在 75~100mL/min 内通气 35min，在以 300mL/min 通气 5min。

（13）关闭气源，拆下软管并取下气体分离室的顶盖。

（14）用带针头的注射器将第 2 室的吸收液移入 250mL 碘量瓶中，并用少量蒸馏水清洗第 2 室，清洗液一并移入碘量瓶中。

由于钻井液中磺化处理剂在高温条件下会分解出亚硫酸根离子，可在吸收液中加入 7%~10% 的氢氧化钾进行洗涤，用中速定量滤纸过滤后，将沉淀物和滤纸一并转入碘量瓶中，用玻璃棒捣碎，加入 40mL 蒸馏水。

（15）向碘量瓶中加入 20mL 浓度为 0.01 mol/L 的碘标准溶液，随后加入 5mL（1+1）盐酸，密塞摇匀。在暗处放置 5min 后，用 0.01mol/L 硫代硫酸钠标准滴定液，滴定至溶液呈淡黄色时，加入 1mL 淀粉指示剂，继续滴定至蓝色刚好消失，记录硫代硫酸钠的用量。同时，另取 2.5mL 浓度为 0.1mol/L 的乙酸锌溶液于 250mL 碘量瓶中，加入 40mL 蒸馏水，按上述相同步骤进行清水测试（碘标准溶液加量应与滴定钻井液滤液时相同），记录硫代硫酸钠的用量。

（16）取未受硫化氢污染的钻井液滤液，采用 Garrett 气体分离器测定钻井液滤液中硫化物含量基值，以消除钻井液自身引入硫化物对含硫化氢井段可溶性硫化物测定带来的影响。

①确保各气体分离室洁净、干燥并置于水平台上，取下顶盖。

②向第 1 室加入 5mL 钻井液滤液，5 滴正辛醇消泡剂。

③向第 2 室加入 2.5mL 浓度为 0.1mol/L 的乙酸锌溶液，30mL 蒸馏水。

④装上 O 形密封圈，将气体分离室的顶盖盖上，并用手均匀地拧紧所有螺丝以使所有 O 形密封圈密封。

⑤关闭压力调节器，用软管将载气源与第 1 室内的扩散管连接起来，用软管将第 3 室与流量计连接，调整第 1 室内的扩散管使其距底部约 6mm（0.25in）。

⑥缓慢通入载气 30s 以清除体系内的空气。检查是否漏气。

⑦用带针头的注射器取 20mL（1+1）磷酸溶液，并通过橡胶隔膜注入第 1 室内。

⑧调节载气流速在 75~100mL/min 内通气 35min，在以 300mL/min 通气 5min。

⑨关闭气源，拆下软管并取下气体分离室的顶盖。

⑩用带针头的注射器将第 2 室的吸收液移入 250mL 碘量瓶中，并用少量蒸馏水清洗第 2 室，清洗液一并移入碘量瓶中。

⑪向碘量瓶中加入 20mL 浓度为 0.01mol/L 的碘标准溶液，随后加入 5mL（1+1）盐酸，密塞摇匀。在暗处放置 5min 后，用 0.01mol/L 硫代硫酸钠标准滴定液，滴定至溶液呈淡黄色时，加入 1mL 淀粉指示剂，继续滴定至蓝色刚好消失，记录硫代硫酸钠的用量。

⑫另取 2.5mL 0.1mol/L 的乙酸锌溶液于 250mL 碘量瓶中，加入 40mL 蒸馏水，进行清水测试（碘标准溶液加量应与滴定钻井液滤液时相同），记录硫代硫酸钠的用量。

（17）计算。按式（3-1）计算测定钻井液滤液中可溶性硫化物含量。

$$C_{S^{2-}} = \frac{(V_0 - V_i) \times c \times 16.03 \times 1000}{V} \tag{3-1}$$

式中　$C_{S^{2-}}$——钻井液滤液中可溶性硫化物含量，mg/L；

V_0——清水测试时硫代硫酸钠用量，mL；

V_i——钻井液滤液测试时硫代硫酸钠用量，mL；

V——试样体积，mL；

c——硫代硫酸钠标准滴定液浓度，mol/L；

16.03——二分之一硫离子摩尔质量，g/mol。

按式（3-2）计算进入含 H_2S 地层以后钻井液滤液中产生的可溶性硫化物含量 $\Delta C_{S^{2-}}$，mg/L。

$$\Delta C_{S^{2-}} = C_{S^{2-},1} - C_{S^{2-},0} \tag{3-2}$$

式中　$C_{S^{2-},1}$——含 H_2S 井段实测钻井液滤液中可溶性硫化物含量，mg/L；

$C_{S^{2-},0}$——钻井液滤液中硫化物含量基值，mg/L。

（四）实验结果及应用

分别对四川盆地 1 井、2 井、3 井、4 井进行现场取样，对钻井液中硫化物含量进行测定（表 3-2，图 3-3）。

表 3-2　钻井液中硫化物含量测定

测试样品编号	表观黏度（mPa·s）	塑性黏度（mPa·s）	动切力（Pa）	$G_{10''}/G_{10'}$（Pa/Pa）	API 失水（mL）	滤液中硫化物含量（mg/L）
1 号	43.5	39	4.59	1.5/5	2	0
2 号	47.5	39	8.67	2/16	2.8	94.6
3 号	61	45	16.32	3/43	2.4	189.3
4 号	91	57	34.68	20.5/79.5	2.4	946.4

(a) 1井　　　　　　　　(b) 4井

图 3-3　H_2S 严重污染后的钻井液情况

二、钻井液除硫剂实验评价技术

在钻井过程中，H_2S 的来源是多方面的，如钻遇含硫油气层，或者在温度较高的地层中，钻井液磺化处理剂热分解以及钻井液中硫酸盐的细菌分解都会使钻井液中存在 H_2S，它又随钻井液循环到地面而放出。钻井过程中，井下 H_2S 含量过高时，会迅速腐蚀钻具，主要表现为应力腐蚀，严重影响钻井效率，减少钻具的使用寿命（李道芬 等，2008）。H_2S 侵入钻井液后，会改变其使用性能，主要表现在 pH 值黏度等的变化。因此，针对高酸性气藏，常在钻井液中添加除硫剂作为防硫、除硫的手段。目前除硫剂种类包括固体除硫剂及液体除硫剂。其中液体除硫剂包括三嗪类、醛类及醇胺类除硫剂，液体除硫剂在高温作用下对钻井液流变性影响较小，但其存在反映可逆、产物不稳定、高温下作用效果差、除硫效率低等问题。常规用固体除硫剂包括活性炭、铜类化合物、铁类化合物、锌类化合物等，固体除硫剂在高温下作用稳定，但存在对钻井液流变性影响大、比表面积小、除硫率高低不一等问题，因此，不同温度、压力、H_2S 含量的储层及不同的钻井液体系，其所需的除硫剂不同，需要对钻井液中除硫剂的各方面性能进行评价以确定其对钻井液流变性、滤失量的影响程度及其在不同环境下的有效除硫率。

（一）实验原理

1. 除硫剂对钻井液基本性能影响原理

不同除硫剂对钻井液性能影响各异。常规用固体除硫剂加入后会导致钻井液黏度增大，切力升高，失水量增大。例如碱式碳酸锌除硫剂加入后，还会导致钻井液中 CO_3^{2-} 和 HCO_3^- 大幅增加，并且某些除硫剂在高温作用下容易发生反应，使钻井液产生聚集、固结、分层等现象，严重影响钻井液的基本性能。

2. 除硫效率实验原理

在实验中把一种可溶性的硫化钠定量加入钻井液中配制成含硫钻井液,然后用盐酸酸化让 H_2S 游离出来。这相当于地层中的 H_2S 进入到钻井液中,被钻井液中的除硫剂吸收。整个试验在严格密闭的除硫试验反应瓶中进行。除硫剂吸收 H_2S 后生成难溶的硫化物(ZnS、CuS 或 FeS)存留于钻井液中,通过测定加入除硫剂前后滤液中硫含量以及未被吸收的 H_2S 含量,来评价除硫剂的除硫效率(杨林,2015)。

(二)实验设备

1. 除硫剂对钻井液基本性能影响实验仪器

高速搅拌器:搅拌速度≥10000r/min。

六速旋转黏度计:ZNN-D6 型。

高温滚子炉:25~200℃。

水浴锅:25~100℃。

高温高压滤失仪:GGS42 型或 GGS71 型。

中压滤失仪:SD-3 型。

2. 除硫效率实验药品及仪器

1)静态评价法(刘榆 等,2015)

(1)实验药品。

无水碳酸钠。

重铬酸钾、基准试剂。

盐酸溶液(1mol/L),量取 90mL 盐酸(分析纯)稀释至 1000mL。

碘液 $C(1/2 \cdot I_2) = 0.01$ mol/L。

氯化镉溶液(5g/L):称取 5g 氯化镉($CdCl_2 \cdot 5H_2O$)溶于 100mL 水中,稀释至 1000mL,摇匀后棕色瓶保存。

硫化钠溶液:称取硫化钠($Na_2S \cdot 9H_2O$)试剂 6.0g,溶于 100mL 水中摇匀后棕色瓶保存。

淀粉指示液(5g/L):称取 0.5g 淀粉指示剂溶于 100mL 水中,在电炉上微沸,溶解后转入滴瓶中保存。

硫代硫酸钠标准溶液 $C(Na_2S_2O_3) = 0.1$ mol/L:称取 26g 硫代硫酸钠($Na_2S_2O_3 \cdot 5H_2O$)(或 16g 无水硫代硫酸钠),溶于 1L 水中,缓慢煮沸 10min,冷却,放置 2 周后过滤备用。

标定:称取 0.15g 于 120℃烘至恒重的重铬酸钾,称准至 0.0001g,置于碘量瓶中,溶于 25mL 水,加 2g 碘化钾及 20mL 硫酸溶液(20%),摇匀,于暗处放置 10min。加 150mL 水,用配好的硫代硫酸钠溶液滴定,近终点时加 3mL 淀粉指示液,滴定至溶液由蓝色变为亮绿色。

(2)实验仪器。

除硫试验反应瓶;除硫效率测定仪器 QCS-1(图 3-4)或 QTH 等同类产品;滤失仪:ZNB-ZA 型或同类产品;分析天平:分度值为 0.0001g;天平:分度值为 0.01g,最大称量值为 100g;电动搅拌机:0~2000 r/min;化学分析常用仪器。

2)动态评价法(李树刚 等,2011)

(1)实验药品。

碘化钾、硫代硫酸钠、碘、无水碳酸钠、醋酸锌、硫化亚铁、膨润土、除硫剂。

(2)实验仪器。

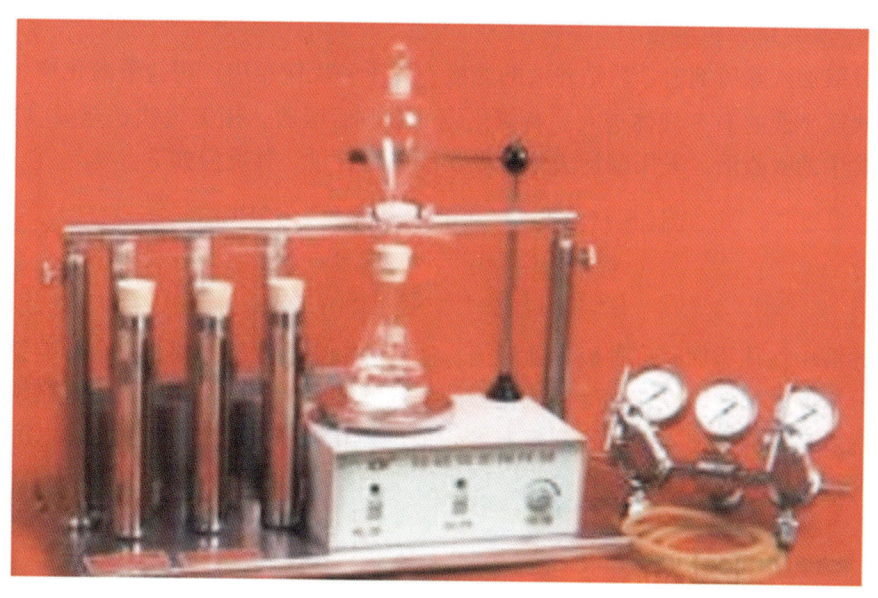

图 3-4 除硫效率测定仪器 QCS-1

PHS-3C 型酸度计；GJ-3S 型高速搅拌机；85-2 恒温磁力搅拌器；NDJ-6 六数旋转黏度计；DDS-11A 型电导率仪；钻井液吸收 H_2S 动态实验模拟装置流程如图 3-5 所示。

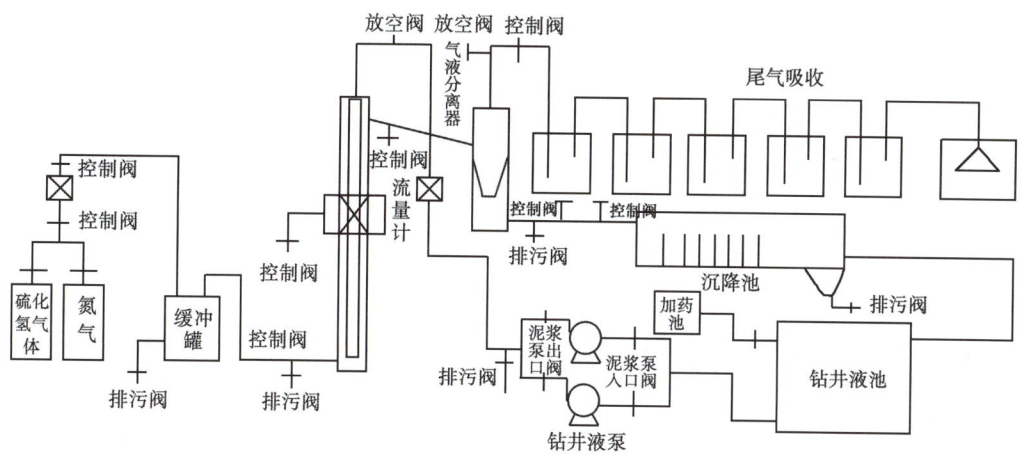

图 3-5 钻井液吸收 H_2S 动态实验模拟装置流程图

（三）实验方法及步骤

1. 钻井液基本性能影响实验步骤

对于不同类型的钻井液及除硫剂，室内应评价不同浓度条件下，热滚前后除硫剂对钻井液流变性影响，包括 pH 值、表观黏度 AV、塑形黏度 PV、动塑比 YP、初切 G_{10}'、终切 G_{10}''、API 及 HTHP。

以上数据按照国家标准 GB/T 16783.1—2014《石油天然气工业钻井液现场测试第 1 部分：水基钻井液》进行测试。

2. 除硫剂除硫效率评价

1）静态除硫率评价实验

定量吸取加入除硫剂前、后钻井液的滤液，置于各反应瓶中，用盐酸酸化产生 H_2S，用脱氧氮气吹送生成的 H_2S 气体进入装有氯化镉的吸收管吸收，用氮气吹送至吸收完全为止。取下吸收管中的吸收液，采用碘量法分析吸收液中硫含量。其反应如下：

$$H_2S + CdCl_2 \longrightarrow CdS\downarrow （黄色） + 2HCl$$

$$CdS + I_2 \longrightarrow CdI_2 + S$$

$$I_2 + 2Na_2S_2O_3 \longrightarrow 2NaI + Na_2S_4O_6$$

在钻井液中往往添加有多种硫化处理剂，使钻井液中含亚硫酸根，它会影响钻井液中硫化物含量分析的准确性，故在含有机硫化物处理剂的钻井液中分析硫化物时，必须排除亚硫酸盐的干扰。钻井液中加入的除硫剂与 H_2S 生成的硫化物在特定 pH 值下，仍以沉淀的形式存留于钻井液中，这些存留的硫化物不会产生特别的影响。

$$除硫效率 = \left[1 - \frac{S_1 + S_2}{S_0}\right] \times 100\%$$

式中　S_0——为加入除硫剂前钻井液中的硫含量，mg/L；

　　　S_1——为除硫试验反应瓶上部空间（H_2S）硫含量，mg/L；

　　　S_2——为除硫后钻井液的滤液中硫含量，mg/L。

2）动态除硫率评价实验

（1）气相流程：来自标准气瓶的硫化氢→硫化氢气体流量计→单向阀→气体缓冲罐→模拟井底→气液混合→环空返排至井口→气液分离器→多级尾气吸收装置→经尾气出口检测后排空。

（2）液相流程：加有硫化氢吸收剂的钻井液→钻井液池→钻井液泵→钻井液流量计→模拟钻杆→钻头喷射入井底→硫化氢气侵钻井液→气液两相混合→环空返排至井口→气液分离器→液相出口→沉降池→钻井液池→钻井液泵，实现钻井液循环。

配制含硫化氢吸收剂的钻井液 80L 加入钻井液池，在模拟流程上运行 30min 后，测试钻井液流变性、滤失量、电导值、pH 值。然后通入硫化氢气体，平均流速 $500cm^3/min$。每隔 5min，在井筒出口、气液分离器液相出口、钻井液沉降池三处取样点取钻井液 350mL。测试钻井液流变性、滤失量、电导值、pH 值和钻井液中硫离子含量。最后，由加药器加入饱和氢氧化钠溶液，循环 10~15min 后清洗装置。

在钻井液流变性测定中均采用 API 推荐的钻井液性能测试标准进行测试，钻井液中硫离子含量采用经典的碘量法进行测定。

（四）实验结果及应用

150℃热滚 16h 后，研究除硫剂对 $1.8g/cm^3$ 不同密度聚磺钻井液体系流变性影响（表 3-3、表 3-4）。

基浆配方：2%~5%土+0.04%~0.08%KPAM+0.5%~0.8%PAC-LV+5%~6%SMP-3+3%~5%RSTF+0.3%~0.5%NaOH+0.5%~1%超细碳酸钙+0.5%~1%磺化沥青+3%~5%润滑剂重晶石。

根据表可知，1%~3%除硫剂加入钻井液后，钻井液体系抗硫化氢污染效果较好，150℃下，3%加量的除硫剂即可将钻井液中硫化物含量从 119.39mg/L 降为 0.6mg/L，满足使用要求。3 种处理剂的抗硫化氢污染能力为 A>B>C。

表 3-3 除硫剂对钻井液基本性能影响

药品	加量（%）	TX 加量（%）	表观黏度（mPa·s）	塑性黏度（mPa·s）	动切力（Pa）	切力（Pa/Pa）	高温高压滤失量（mL/mm）
AV	0.5	0	29	25	4	1/4	6.8/1.5
	1	0	30.5	26	4.5	1.5/6.5	7.2/1.5
	2	0.2	34	28	6	1/4.5	7.2/1.5
	3	0.5	34	27.5	6.5	3/6	8.6/1.5
B	0.5	0	28.5	25	3.5	1.5/4	7.6/1.5
	1	0	33.5	27	6.5	2/7.5	10.6/1.5
	2	0.2	37	29	8	3.5/8	18.8/1.5
	3	0.5	55.5	43.5	12	4/12	20.2/1.5
C	0.5	0	29	25	4	1/4	8/1.5
	1	0	33.5	27.5	6	2.5/6	10/1
	2	0.2	41	33.5	7.5	2.5/9	15.2/1.5
	3	0.5	42	33	9	4/11.5	18.6/1.5

表 3-4 密度为 1.8g/cm³ 的聚磺钻井液污染实验

除硫剂	污染前滤液 pH 值	除硫剂加量（%）	污染后滤液 pH 值	硫化物含量（mg/L）
—	11.45	0	9.6	119.39
A		1	10.54	23.81
		2	10.73	1.2
		3	10.87	0.6
B		1	10.32	32.6
		2	10.51	16.8
		3	10.63	1.6
C		1	10.02	25.4
		2	10.33	13.5
		3	10.50	3.2

第二节 高含硫气井固井实验评价技术

一、固井水泥浆抗污染实验评价技术

国外对井下流体相容性较重视，严格按照 API RP 10B《油井水泥试验推荐做法》执行。但在国内一般采用配浆药水或稀释处理了的钻井液作为隔离液，规范性较差。API RP 10B 与川渝地区深井固井相容性常规污染试验方法的特点及区别见表 3-5。

表 3-5　API RP 10B 与川渝地区深井固井水泥浆相容性试验方法对比（常规污染）

类别	项目	试验方法区别	试验方法	备注
常规污染实验	API10B（旋转黏度计）	混浆类型及比例不同，测量方法不同，实验条件、仪器不同	应进行水泥浆与钻井液、水泥浆与隔离液、钻井液与隔离液混合流体的流变性能试验。对每一种流体组合，推荐的混合比例为 95:5、75:25、50:50、25:75 和 5:95，以及比例为 25:50:25 的钻井液:隔离液:水泥浆混合流体	多为两相一个三相
	川渝深井污染试验（水浴锅）		规定了 3 组单项、5 组两项、3 组三相共 11 组测试流动度试验，补充了 5 组加入冲洗液的测试流动度试验	重视三相污染试验

API RP 10B 与川渝地区深井固井相容性污染稠化试验方法的特点及区别见表 3-6。

表 3-6　API RP 10B 与川渝地区深井固井水泥浆相容性试验方法对比（污染稠化）

类别	项目	试验方法区别	试验方法	备注
污染稠化实验	API10B	考察重点不同，混浆类型及比例不同	水泥浆与隔离液混合流体应进行稠化时间试验，推荐的混合比例为 95:5 和 75:25。是否对水泥浆与钻井液，隔离液与钻井液两种混合流体进行稠化时间试验用户可自行决定，但水泥浆、钻井液和隔离液三种混合流体应进行稠化时间试验	强调隔离液能有效隔离水泥浆和钻井液
	川渝深井污染试验		（1）水泥浆:隔离液 = 70%:30%，40Bc 稠化时间≥施工时间；（2）水泥浆:隔离液:钻井液 = 70%:10%:20%，40Bc 稠化时间≥施工时间。（3）水泥浆:隔离液:钻井液:冲洗液 = 70%:10%:20%:5%，40Bc 稠化时间≥施工时间	考虑深井复杂情况

由上表可知，川渝地区深井固井相容性试验方法能够从宏观角度反映水泥浆受污染的程度，而 API 方法工作量较大。川渝地区深井固井相容性试验方法更注重三相（四相）污染稠化试验，而 API 则更注重隔离液对水泥浆稠化时间的影响（马勇 等，2010）。

对比上述两项试验方法，可知川渝地区深井固井相容性试验方法简单易行，测试数据直观，能宏观反映混合流体的流动性能，最大限度地考虑了井下流体掺混的复杂情况，但是无法指导施工摩阻计算，而 API RP 10B 中井下流体相容性试验方法考虑了井下流体接触顺序，根据试验结果可计算混合流体的流变性能，能够指导施工摩阻计算。上述两项方法各有优缺点，可考虑结合两项方法，制定更加科学合理的固井相容性试验评价方法（刘世彬 等，2010）。

（一）实验原理

固井水泥浆抗污染单因素评价方法：基于井下流体相容性，单一钻井液处理剂对固井水泥浆污染影响的评价方法。水泥浆与钻井液的化学不兼容是接触污染发生的主要原因，而其实质是钻井液中的处理剂与水泥浆发生化学反应造成的。

（二）实验设备

在实验中所使用的主要仪器及设备见表 3-7。

实验中所用常规密度水泥浆为龙 002-4 井 177.8mm 套管固井缓凝水泥浆配方。常规密度水泥浆配方为：夹江 G 级高抗油井水泥+2.0%SDP-1+1.4%SD18+0.4%SXY-2+1.0%SD66+0.12%SD21+0.2%SD52，水灰比0.45，水泥浆密度为 1.90g/cm³。

表 3-7 实验主要仪器及设备

序号	仪器名称
1	瓦棱搅拌机
2	常压稠化仪
3	单缸高温高压稠化仪
4	单缸高温养护釜
5	高温高压失水仪
6	便携稠化仪
7	压力机
8	常压养护箱
9	高温滚子加热炉
10	六速旋转黏度计

实验中所用钻井液为龙002-4井现场钻井液。龙002-4井钻井液性能见表3-8。

表 3-8 龙002-4井钻井液性能

密度（g/cm³）	初切/终切	固相含量[%（体积分数）]	含砂量（%）	HTHP 失水量（mL）	泥饼厚度（mm）	pH 值
1.85	5/11	4	2	7	1	9

（三）实验方法及步骤

1. 相容性实验评价规范存在的问题和不足

以往对污染试验的室内研究针对的是评价钻井液处理剂的可靠性，针对水泥浆外加剂对钻井液的影响，国内外还鲜见报道。分析以往污染试验标准，发现存在以下问题。

（1）流变性较好的混合流体不一定能满足高温高压稠化时间试验的要求（入井后，受高温高压影响，混合流体可能产生速凝，引起憋泵等事故），所以流变性较好的混合流体所采用的钻井液处理剂不一定可靠。

（2）流变性较差但高温高压稠化时间试验过关并不能保证固井施工的安全，因为在常压下流变性较差，可能引起混合流体在入井过程中就发生憋泵，打不进去水泥的情况，因此，此混合流体采用的钻井液处理剂不一定可靠。

2. 水泥浆污染单因素评价实验目的

为找出钻井液与水泥浆化学不兼容的原因，根据钻井液中各种处理剂具体含量，将各种钻井液处理剂加入水泥浆中开展流变性能实验和高温高压污染稠化实验，探索二者化学不兼容的原因（马勇，2010）。

1）单一钻井液处理剂评价实验目的

水泥浆与钻井液的化学不兼容是接触污染发生的主要原因，而其实质是钻井液中的处理剂与水泥浆发生化学反应造成的（郑友志，2015）。川渝地区深井超深井钻井作业中最常用的两种钻井液体系分别是聚磺体系和钾聚磺体系。为了满足深井超深井钻井液的热稳定性、高温流变性和失水造壁性要求，需要向钻井液中加入多种处理剂进行调节，包括聚合物、腐殖酸磺化类、降黏剂类、油气层保护剂类、消泡剂、防塌防卡润滑剂、除硫剂等，钻井液组成极其复杂，对于接触污染的防控和作用机理的分析难度较大。尤其是某些钻井液处理剂即使在掺混量极小的情况下，仍会造成水泥浆的恶性污染，导致隔离液与调整钻井液性能的作用效果受限。但是由于钻井液服务和固井服务是独立的，往往是钻井液公司只重视钻进过程中钻井液性能而忽视钻井液处理剂对后续注水泥作业的影响，固井公司也由于不清楚何种钻井液处理剂会对水泥浆性能产生不良影响而无法对钻井液提出要求。

因此，建立合理的接触污染评价方法，才能掌握和明确不同处理剂对水泥浆的污染情况和作用机理，找到合理解决的途径和方法，有利于接触污染的防控。

2）单一水泥浆外加剂评价实验目的

为找出钻井液与水泥浆化学不兼容的原因，根据水泥浆中各种外加剂具体含量，将各种外加剂加入钻井液中开展流变性能实验和高温高压污染稠化实验，探索二者化学不兼容的原因。

3. 水泥浆污染单因素评价实验方法

（1）实验依据 GB 10238—2015《油井水泥》、GB/T 19139—2012《油井水泥试验方法》、GB/T 16783.1—2014《石油天然气工业 钻井液现场测试 第一部分：水基钻井液》、GB/T 5005—2010《钻井液材料规范》、API RP 10B《油井水泥试验推荐做法》和川渝地区深井固井相容性常规污染试验方法的相应规定，测试水泥浆、钻井液、混浆的性能。实验依据 API 规范，按照水泥浆配方进行水泥浆配制。出浆后导入模具中，制试样，在不同温度压力条件下养护，然后测试其力学性能。

（2）按照上述实验标准及规范，将单一钻井液处理剂加入水泥浆中，进行水泥浆流动度、高温高压污染稠化等测试实验，确定不同类型的钻井液处理剂及其加量对水泥浆性能的影响。将单一水泥浆外加剂加入钻井液中，进行钻井液的流变性、高温高压污染稠化等测试实验，确定不同类型的水泥浆外加剂及其加量对钻井液性能的影响。

(四) 实验结果分析及应用

1. 钻井液处理剂对常规密度水泥浆污染评价结果

将所选取的常用处理剂掺入常规密度水泥浆考察不同钻井液处理剂对常规密度水泥浆流动性的影响，实验结果见表 3-9。常规密度水泥浆的常温流动度为 25cm，高温流动度为 22cm。其中高温流动度实验中水泥浆在常压稠化仪 90℃下预制 2h 后测试其流动度。

表 3-9 单一钻井液处理剂对常规密度水泥浆流变性能的影响

序号	钻井液处理剂	加量（%）	常温流动度（cm）	高温流动度（cm）
1	降黏剂磺化单宁 SMT	3.0	—	—
		1.0	20.0	12.0
		0.5	21.0	20.0
		0.1	24.0	24.0

续表

序号	钻井液处理剂	加量（%）	常温流动度（cm）	高温流动度（cm）
2	磺化褐煤 SMC	3.0	15.5	—
		1.0	19.5	24.0
		0.5	23.0	20.0
		0.1	25.0	20.0
3	磺甲基酚醛树脂 SMP-1	3.0	24.0	<12.0
		1.0	25.0	18.0
		0.5	24.0	18.0
		0.1	25.0	25.0
4	钻井液用腐殖酸钾 KHM	3.0	<12.0	—
		1.0	22.0	24.0
		0.3	23.0	18.0
		0.1	24.0	20.0
5	降滤失剂特种树脂 SHR	3.0	24.0	24.0
		1.0	25.0	25.0
		0.3	25.0	25.0
		0.1	24.0	25.0
6	降黏剂 JN-A	1.0	22.0	19.0
		0.3	25.0	25.0
		0.1	24.0	>25.0
7	降滤失剂 MG-1	0.3	20.0	17.5
		0.1	>25.0	>25.0
8	聚合物降滤失剂 LS-2	0.4	18.0	21.0
		0.1	25.0	>25.0
9	防塌剂聚丙烯酰胺钾盐 KPAM	0.6	—	干稠
		0.1		干稠

2. 污染后常规密度水泥浆稠化时间评价

根据单一钻井液处理剂评价实验步骤，在前期流变性能实验基础上，将各种钻井液处理剂加入水泥浆中开展高温高压污染稠化实验，考察钻井液处理剂对常规密度水泥浆和高密度水泥浆稠化时间的影响规律。

研究中水泥浆稠化时间为300min，钻井液处理剂对常规密度水泥浆稠化时间影响的结果见表3-10。

表3-10 单一钻井液处理剂对常规密度水泥浆稠化时间的影响

序号	钻井液处理剂	加量（%）	稠化时间（min）
1	降黏剂磺化单宁SMT	1.0	170
		0.5	238
		0.1	256
2	磺化褐煤SMC	1.0	390
		0.5	420（未稠）
		0.1	295
3	磺甲基酚醛树脂SMP-1	1.0	220
		0.5	106
		0.1	274
4	钻井液用腐殖酸钾KHM	1.0	480（未稠）
		0.3	378
		0.1	338
5	降滤失剂特种树脂SHR	1.0	360（未稠）
		0.3	462
		0.1	459
6	降黏剂JN-A	1.0	255
		0.3	323
		0.1	451
7	降滤失剂MG-1	0.3	373（未稠）
		0.1	336
8	聚合物降滤失剂LS-2	0.4	514
		0.2	317
		0.1	437
9	生物增黏剂XC	0.5	63
		0.3	115
		0.2	168
		0.1	231

3. 钻井液处理剂对水泥浆污染的微观分析

在考察单一钻井液处理剂对水泥浆的污染中发现KPAM等聚合物钻井液处理剂对水泥浆有严重影响，以防塌剂KPAM为例，对处理剂污染水泥浆的化学机理进行探讨。从钻井处理剂作为出发点，对处理剂、水泥浆进行微观结构分析，从而对污染发生的机理进行探讨，从材料科学的角度出发，分别采用红外、核磁共振、扫描电镜等微观分析方法，对钻井液处理剂吸附性官能团，水泥浆微观结构进行分析研究（李明 等，2014）。

由图3-6和图3-7可知，聚丙烯酰胺钾盐KPAM分子主链上具有羧基、羟基、胺基、

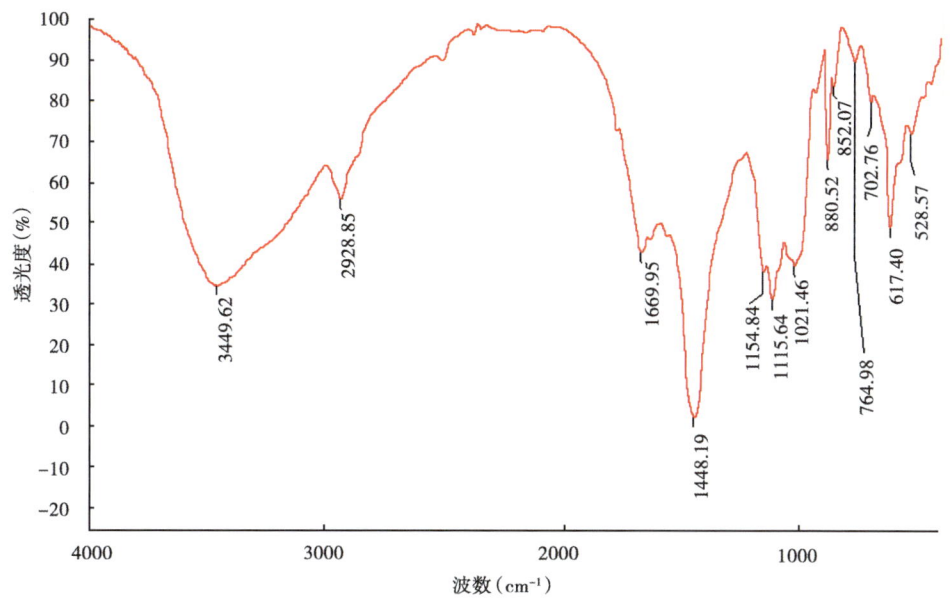

图 3-6　KPAM 红外光谱分析图图

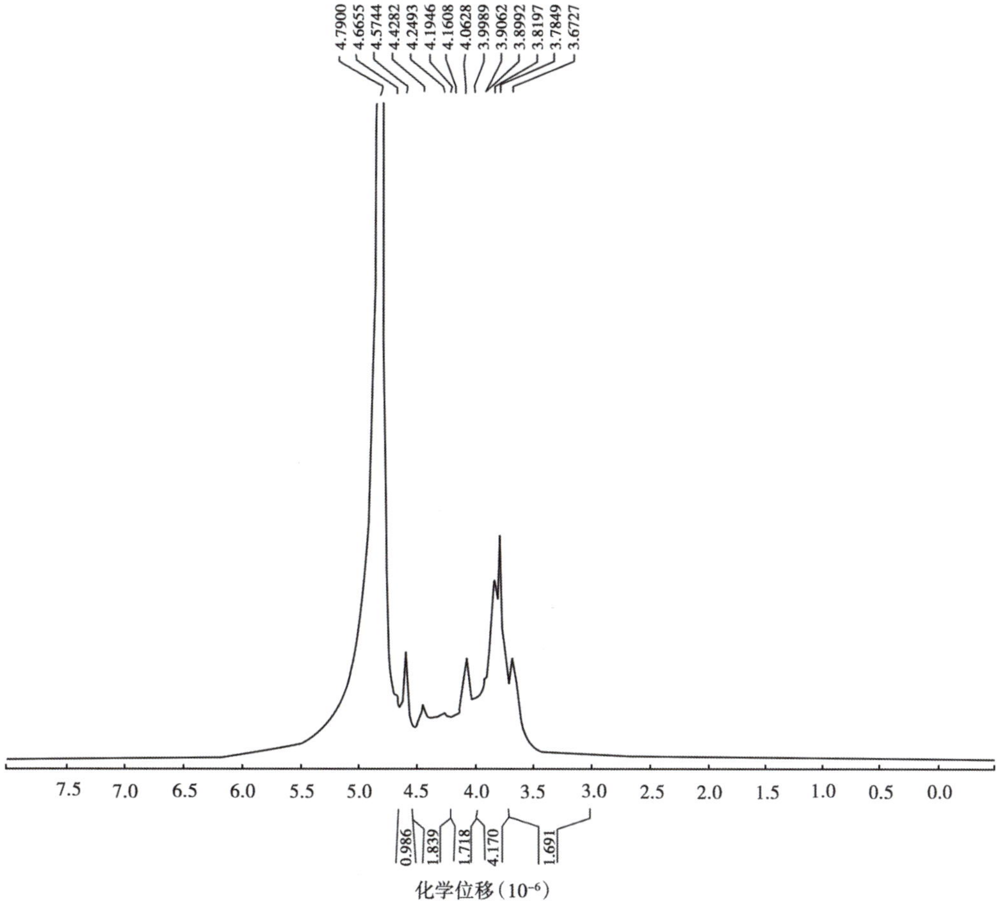

图 3-7　KPAM 核磁共振分析图

酰胺基、磺酸基等许多具有吸附性能的官能团。从吸附性能看，上述官能团的吸附能力为 $-SO_3^{2-}$>-COO->-CONH$_2$>-OH>-O-，它们能够吸附在不同的水泥颗粒上。当钻井液中的 KPAM 与水泥浆接触时，一方面由于 KPAM 聚合物分子量大、分子链较长，往往一条分子链上会同时吸附多个水泥颗粒并形成混合网状结构；另一方面水泥浆中的 Ca^{2+} 会降低聚合物的溶解性，使分子链发生卷曲、吸附架桥和电中和作用。上述两方面的作用使得水泥浆产生絮凝现象，表现为浆体变稠，形成絮凝团状，失去流动性。

采用 FEI Quanta 450 环境扫描电子显微镜考察受 KPAM 污染后的水泥浆微观结构。在水泥净浆和加入 0.5%KPAM，分别在 90℃ 条件下养护 4min、7min、10min，然后用液氮法除去水泥浆中水分，制样喷金处理后在电镜下观察，并与未受污染的水泥浆进行对比。从图中可以看出，未加入 KPAM 的水泥浆养护一段时间后发生了一定程度的水化。这是水泥水化的预诱导期阶段，是初期的快速水化，在这个阶段会伴随 Ca^{2+} 的快速增强。因此可以观察到部分水泥颗粒水化后表面发生了形态变化，相互之间有水化产物的连接。但在内层可观察到明显的未水化矿物颗粒。而加入了 KPAM 的水泥浆形成了明显的网架结构，图 3-8 中的棒状物即为脱水后的 KPAM。而在网架结构空隙中仍然可以看到未参与水化的水泥矿物颗粒。因此，KPAM 加入水泥浆后出现的流动度的迅速丧失并不是因为水泥水化加速提前凝固，而是 KPAM 所形成的交联网状结构将水泥颗粒和自由水束缚造成。通过 XRD、EDS 和原子吸收分光光度计可以证明。

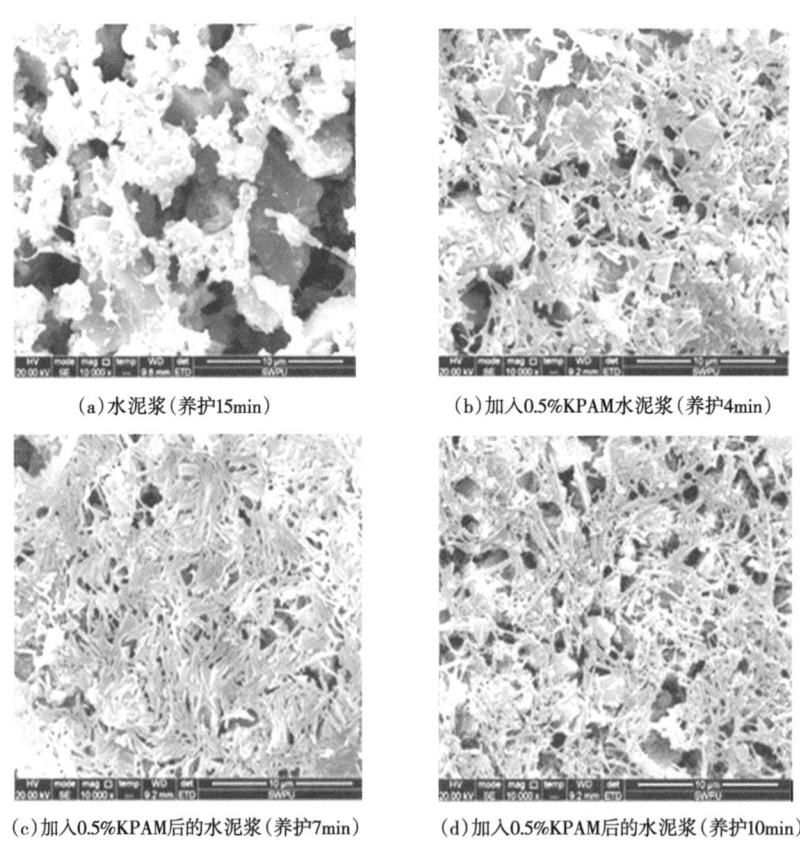

图 3-8　水泥浆和 KPAM 掺混后水泥浆 SEM 图

利用原子吸收分光光度计，对新拌水泥浆滤液里面所含金属离子的种类和含量进行分析测试，测试结果见表3-11。

表3-11 水泥浆的金属离子种类及含量

离子种类	Ca^{2+}	Mg^{2+}	Fe^{3+}	Al^{3+}
含量（mg/L）	420	7.25	53.38	100.59

可以看出，在新拌水泥浆中存在不同量的 Ca^{2+}、Fe^{3+}、Al^{3+}、Mg^{2+}。水泥浆是碱性浆体，KPAM其分子量一般都很大，在碱性条件下容易发生水解，转化为含有—COOH、—$CONH_2$ 的聚合物，这些连接在长碳链上的活性官能团吸附在水泥颗粒上，同一个分子可吸附多个水泥颗粒，因此在水泥颗粒间起到了架桥作用。同时，水泥水化初期会在水中形成较高浓度的 Ca^{2+}、Fe^{3+}、Al^{3+}、Mg^{2+}，这些水泥水化析出的阳离子会与水解后的聚丙烯酸聚合物发生交联，形成阳离子—聚合物交联结构，使水泥浆体系的流动性降低。

高价金属离子是以其多核羟桥络离子与KPAM的羧基形成极性键（离子键）和配位键产生交联的。KPAM与金属高价离子的交联，包括了许多复杂的中间反应过程，大体分为如下3个阶段。

（1）水泥水化初期生成金属离子。
（2）高价金属离子水合物的水解聚合。
（3）KPAM中的COO—与多核羟桥络离子产生交联。

通过液氮冷却法，制备停留在污染发生时刻的水泥浆样品，通过EDS分析，得到了掺有KPAM水泥浆不同区域的元素组成，如图3-9和表3-12所示。

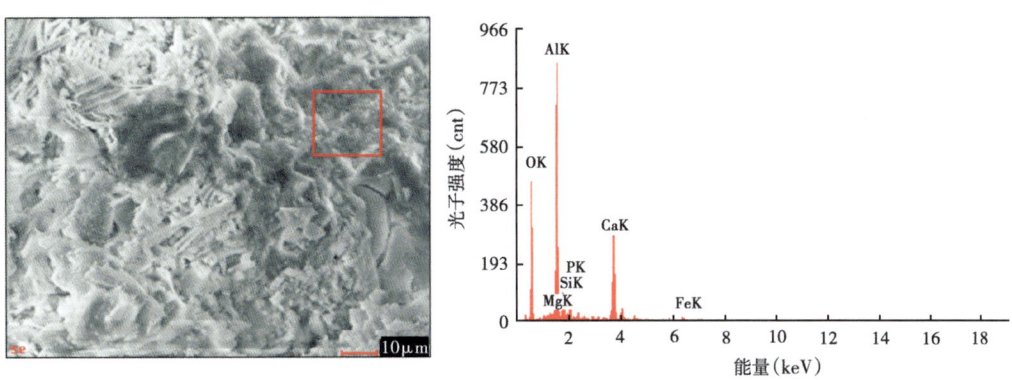

图3-9 聚合物富集区域能谱测试图

表3-12 聚合物富集区域能谱测试分析结果

元素	质量分数（%）	原子数百分比（%）
C	11.28	20.02
N	14.77	22.46
O	19.35	25.78
Na	0.71	0.66
Mg	0.55	0.48
Al	0.96	0.76

续表

元素	质量分数（%）	原子数百分比（%）
Si	11.51	8.74
K	1.04	0.56
Ca	35.61	18.93
Fe	4.23	1.61

EDS测试的是聚合物含量较少的点，在该点测得的等元素浓度很低，聚合物富集区的Al元素含量是聚合物含量少区域的3倍多，这可以间接说明上述交联反应的存在。交联反应发生后，形成凝胶物质，这种物质含有大量的网状结构会在其中包裹部分自由水，导致水泥浆体系中的自由水减少，这是导致水泥浆流动性降低的因素之一（图3-10、表3-13）。

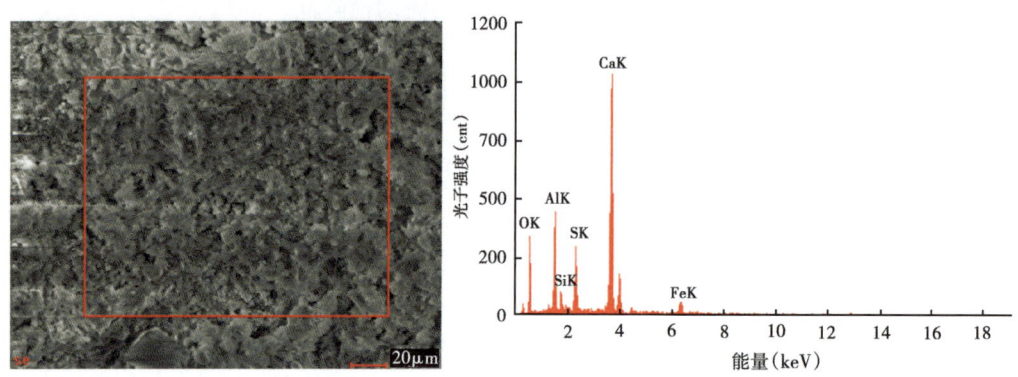

图3-10　聚合物含量少区域能谱测试图

表3-13　聚合物含量少区域能谱测试分析结果

元素	质量分数（%）	原子数百分比（%）
C	12.12	22.61
N	19.05	30.47
O	7.32	10.25
Mg	0.51	0.47
Al	0.30	0.25
Si	13.57	10.83
Ca	39.41	22.03
Fe	7.73	3.1

对水泥净浆和加入0.5%KPAM在90℃条件下养护10min后的水泥样品处采用液氮法除去水分后进行XRD分析，结果如图3-11和图3-12所示。

从上图看出，水泥净浆的主要物相成分均为硅酸铝钙盐、C_3S和$Ca(OH)_2$。这与水泥早期水化过程中其物相成分相似。在水泥水化的初始几分钟内，C_3S迅速发生反应，释放水化热。在表层形成一层C-S-H凝胶水化层，发生表面质子注入。从而导致晶体第一层中O^{2-}和SiO_4^{4-}离子转变成OH^-和$H_3SiO_4^-$离子。同时，质子注入的表面又立即产生同样的溶解，

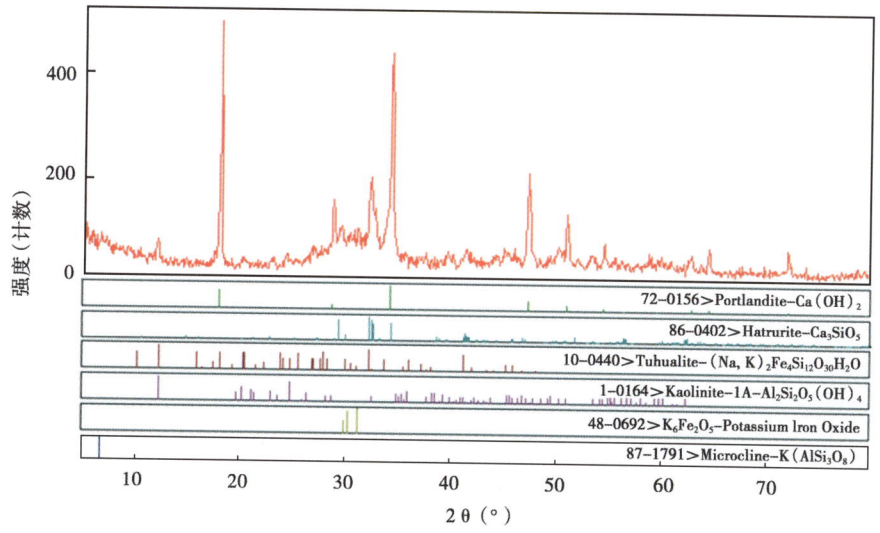

图 3-11 空白组水泥浆 XRD 图谱

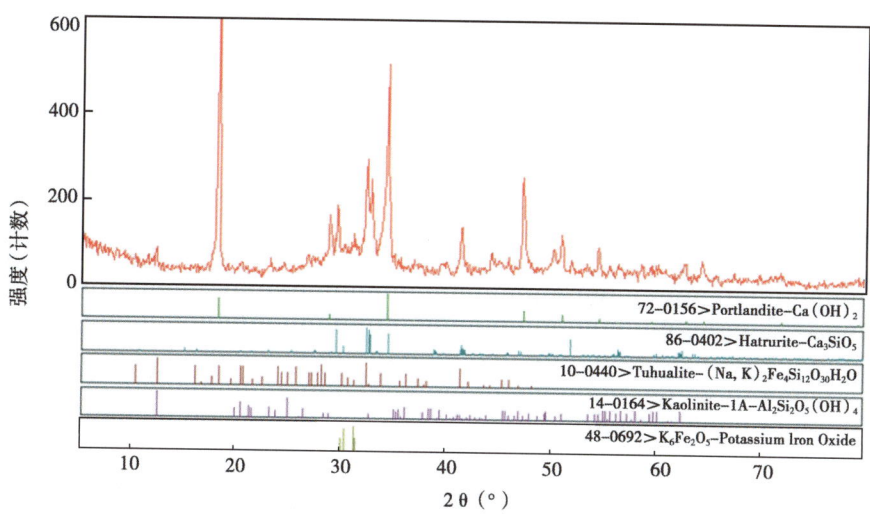

图 3-12 含 0.5%KPAM 水泥浆 XRD 图谱

并很快地变成过饱和的 C-S-H 胶溶液，随之在 C_3S 表面产生沉淀，也就是图中看到的颗粒和细长状的产物。具体反应式如下：$2Ca_3SiO_5+7H_2O \longrightarrow Ca_2(OH)_2H_4Si_2O_7+4Ca(OH)_2$。

此时，$Ca(OH)_2$ 达到饱和，所以其随着水化进行浓度逐渐增大，并形成 $Ca(OH)_2$ 晶体。但从含有 0.5%KPAM 的水泥浆 XRD 图中发现，其物相组成与水泥净浆基本一致，主要物相仍然为硅酸铝钙盐、C_3S 和 $Ca(OH)_2$。这说明 KPAM 对水泥浆的水化并未产生较大影响。其造成水泥浆流动性能的丧失是因为与金属离子螯合后形成的交联结构所致，这点从 C_3S 和 $Ca(OH)_2$ 的衍射峰强度变化可以看出。在 SEM 图中可以明显地看到 KPAM 所形成的交联网状结构包裹了 C_3S，因此阻止了 C_3S 的继续水化。所以含有 KPAM 的水泥浆 XRD 图中，C_3S 和 $Ca(OH)_2$ 的衍射峰强变弱，说明 $Ca(OH)_2$ 结晶度低，而 C_3S 则是由于 KPAM 形成的聚合物网络覆盖在其颗粒表面所致。

二、固井水泥石弹性力学性能实验评价技术

事实上,每口油气井的开发过程中,都涉及井筒内压力的交变而导致的水泥环长期封隔问题,如试压前后、持续钻进、关井与生产等过程中力学的交替变化。在这种情况下,韧性水泥的概念被提出来。使水泥环保持较好的韧性,能使水泥环在受到套管内挤力和地层外压力时,具有比普通水泥环更好的弹性形变空间,在各种力学影响下,不在界面出现微间隙,从而延长固井水泥环的长期力学封隔能力,这对于评价井筒安全性和延长油气井寿命具有非常重要的意义(卢亚峰,2013)。

(一)实验原理

考虑实际工程措施的固井水泥石韧性力学性能评价新方法:水泥石力学测试中设备的加载、卸载速率需考虑实际工程措施的影响,使水泥石的力学测试与固井后续工程实际相结合,测试出的数据更能反映井下水泥环的真实情况;同时使用交变载荷下的三轴力学性能实验评价水泥石的形变恢复能力和长期稳定性。

(二)实验设备

实验设备见表3-14。

表3-14 实验设备

序号	仪器名称	型号
1	瓦楞搅拌机	OWC-9360UD
2	常压稠化仪	OWC-9350C-1
3	双釜高温高压稠化仪	OWC-9480
4	双釜高温养护釜	OWC-9490A
5	高温高压失水仪	OWC-9510
6	便携稠化仪	OWC-9312C
7	压力机	YJ-2001
8	常压养护箱	OWC-118
9	三轴岩石力学测试系统	RTR-1000

实验所用材料包括斯伦贝谢弹性水泥、高石梯—磨溪在用水泥以及纯水泥。高石梯—磨溪在用水泥主要为中国石油钻井工程技术研究院在该区块目前在用的水泥体系。

(三)实验方法及步骤

通过建立"考虑实际工程措施的固井水泥石弹性力学性能评价新方法",并利用该方法对高石梯—磨溪在用水泥、斯伦贝谢弹性水泥、纯水泥石3种水泥石的韧性力学性能进行了实验分析。

1. 水泥石制备

水泥石制备依据GB 10238—2015《油井水泥》、GB/T 19139—2012《油井水泥试验方法》、API RP 10B《油井水泥试验推荐做法》等的相应规定,按照固井水泥浆配方进行固井水泥浆配制。出浆后导入模具中,制试样,在不同温度压力条件下养护,然后测试其力学性能。

2. 考虑实际工程措施的固井水泥石弹性力学性能评价新方法

1)取样

按GB/T 19139—2012《油井水泥试验方法》要求做好水泥灰样和液体样的取样工作。

2）水泥石弹性力学性能评价模具养护制样

直接使用 $\phi25.4mm\times50mm$ 的模具，按实际井况或具体要求，对水泥石进行高温高压养护。

3）水泥石三轴力学测试加载和卸载速率的确定

利用地层—水泥环—套管力学完整性分析软件，计算拟评价工况时固井水泥环受力状况，按实际工程措施确定受力或卸载需要的时间，按以下公式进行计算加载和卸载速率。

加载或卸载速率＝水泥环受的力÷加载或卸载需要的时间

4）水泥石三轴力学测试应力—应变曲线取值点范围的确定

（1）将不少于3个平行样的水泥石按一定加载速率进行三轴应力实验评价，得到相应应力—应变曲线，在应力—应变曲线上找到弹性段，得到9个水泥石样的弹性段范围，最终推荐一个弹性段取值点范围。

（2）按推荐取值点范围计算杨氏模量、泊松比、屈服强度、屈服应变、极限强度及极限应变等数据。

5）水泥石交变载荷下三轴力学测试

（1）加载最高载荷的设定。

利用地层—水泥环—套管力学完整性分析软件，计算在拟评价的工况下水泥环的最大应变量，按此应变量，在4）中所得到的应力—应变曲线上找到对应应力值，按此应力值作为最高加载载荷。

（2）按3）中所确定的加载和卸载速率对水泥石进行三轴力学测试，测试不少于6个循环周，得到相应应力—应变曲线。

（3）对比每个循环周应力、应变变化曲线，对比恢复形变量等，综合判断该水泥体系的弹性，对比其长期力学性能。

（4）实例说明。利用"考虑实际工程措施的固井水泥石弹性力学性能评价新方法"，前后提出了两套评价实验方案，拟定的实验方案（主要考察试压工况）如下。

①利用自主研发的地层—水泥环—套管力学完整性分析软件，计算出5000m，177.8mm套管固井，泥浆密度 $2.20g/cm^3$，试压30MPa，得到水泥环最大应变0.1811%。

②按"考虑实际工程措施的固井水泥石弹性力学性能评价新方法"，计算出5000m，177.8mm套管固井，泥浆密度 $2.20g/cm^3$，试压30MPa，得到加载速率和卸载速率分别为1.6 kN/min 和 3.2kN/min。

6）实验评价方案

（1）水泥石试样制模。水泥石样取高石梯—磨溪在用水泥、井下柔性自应力水泥、斯伦贝谢弹性水泥、纯水泥石共4种。

水泥石高温高压养护、制样（养护时间7d）：在温度为119℃、压力为20.7MPa条件下养护7d后，制作 $\phi25.4mm$ 长度50mm岩心。

养护样品共计20套次。由于用传统方法对水泥石取心时会对水泥石施加一定的载荷，使水泥石内部出现微观裂纹，影响测试结果，因此制作规格为 $\phi25.4mm\times50mm$ 的岩心模具一套，避免使水泥样品因受外力而出现微观裂纹，保证实验准确性。

（2）井下不同工况对水泥石力学完整性影响的实验方法。

①考虑试压工况：5000m，$\phi177.8mm$ 套管固井，泥浆密度 $2.20g/cm^3$，试压30MPa，得到水泥环最大应变0.1811%。

②4种水泥石在温度为119℃、压力为20.7MPa、加载速率为1.6kN/min条件下，测试

应力—应变曲线，按一定区间取值得到杨氏模量、泊松比、屈服强度、屈服应变、极限强度及极限应变等力学参数，并找到应变 0.1811% 所对应的应力值。

③ 以应变 0.1811% 所对应的应力值为最大加载载荷，进行交变载荷实验，实验温度为 119℃，压力为 20.7MPa，加载速率为 1.6kN/min，卸载速率为 3.2 kN/min，每个水泥石样共测试 7 个加载—卸载循环周。其中，第 1 个循环周卸载完成后，静止，记录其应变完全恢复的应变值。

④ 重点对比第 1 个循环周恢复的形变值，综合对比 7 个循环周交变载荷恢复的形变值，以此对比各水泥石的弹性形变能力。

（四）实验结果分析及应用

利用"考虑实际工程措施的固井水泥石弹性力学性能评价新方法"，对相国寺储气库注采井、高石梯—磨溪在用水泥、纯水泥等体系水泥石的弹性力学性能进行了三轴应力力学性能评价分析，得到不同条件下水泥石的力学性能变化规律，为认识水泥环在井下不同力学环境下的力学实质奠定基础（郑友志 等，2017）。

1. 相国寺储气库固井水泥石三轴应力力学性能

1) 相储 2 井固井水泥石三轴应力力学性能

水泥样取自于储气库注采井在用固井水泥浆体系，测定 3 个平行水泥石试样在一定温度、围压下的三轴应力—应变曲线，得到水泥石的杨氏模量、泊松比、屈服强度、屈服应变、极限强度及极限应变。在温度为 58℃、压力为 20.7MPa 条件下养护 7d，实验温度为 58℃，压力为 20.7MPa，加载速率 1.6kN/min。其三轴应力—应变曲线如图 3-13 所示。

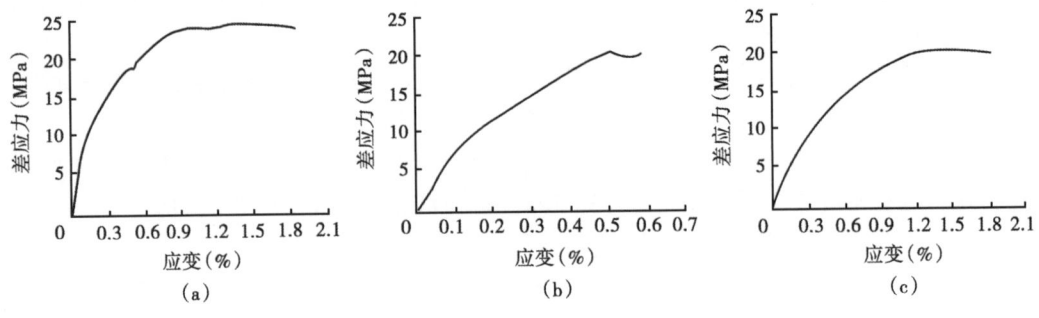

图 3-13 相储 2 井固井水泥石平行 3 种试样三轴应力—应变曲线

2) 相储 2 井固井水泥石交变载荷下力学性能

实验温度为 58℃，压力为 20.7MPa。模拟试压条件时，交变载荷下加载速率 1.6kN/min，卸载速率 3.2kN/min，模拟试压条件下相储 2 井固井水泥石平行 3 种试样实验曲线如图 3-14 所示。

计算所得实验数据见表 3-15。

表 3-15 模拟试压条件下相储 2 井固井水泥石平行 3 种试样实验数据

编号	循环	上升		下降	
		泊松比	弹性模量（MPa）	泊松比	弹性模量（MPa）
相储 2 井-1	1	0.008	6628.8	0.105	4745.9
	2	0.012	4818.4	0.444	4033.6
	3	0.297	2818.4	—	—

续表

编号	循环	上升		下降	
		泊松比	弹性模量（MPa）	泊松比	弹性模量（MPa）
相储2井-2	1	0.014	9596.3	0.012	3841.8
	2	0.036	4416.9	0.006	2810.4
	3	0.010	3281.4	0.012	3841.8
	4	0.035	4416.9	0.006	2810.372
	5	0.011	3281.4	0.004	2387.49
	6	0.010	2798.5	0.002	2154.9
	7	0.011	2524.5	0.005	1988.6
相储2井-3	1	0.253	9798.3	0.290	5957.7
	2	0.42	6703.8	0.378	4998.6
	3	0.433	5643.6	0.394	4533.9
	4	0.463	5166.2	0.407	4230.5
	5	0.462	4776.2	0.463	3925

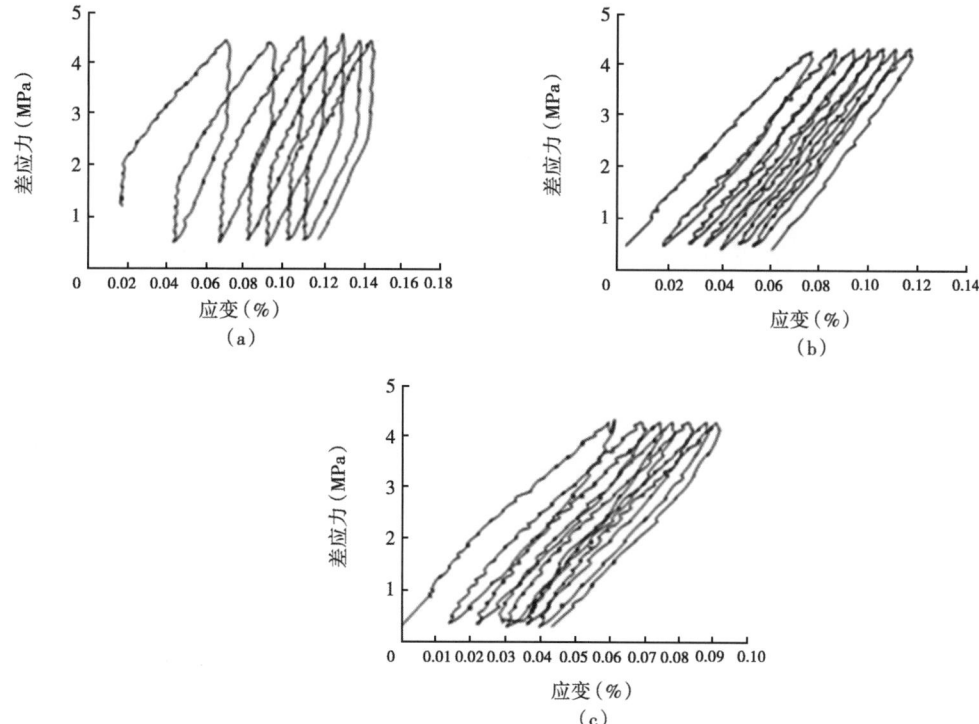

图3-14 模拟试压条件下相储2井固井水泥石平行3种试样实验曲线

3）相国寺储气库固井水泥石三轴应力力学性能分析结果

根据实验数据，计算得到相国寺储气库固井水泥石的杨氏模量、泊松比、屈服强度、屈服应变、极限强度及极限应变见表3-16。

表 3-16 相国寺储气库固井水泥石三轴应力学性质

编号	围压（MPa）	温度（℃）	样品编号	泊松比	弹性模量（MPa）	屈服应力（MPa）	屈服应变（%）	极限应力（MPa）	极限应变（%）
相储2井	20.7	58	1	0.198	8275.5	20.5	0.49	20.5	0.5
			2	0.132	10619.6	19.8	1.1	20	1.2
			3	0.139	3717.0	24.4	0.52	22.5	1.2

2. 试压工况对水泥石力学性能影响评价实验

利用"考虑实际工程措施的固井水泥石弹性力学性能评价新方法"，首先对水泥石进行常规的三轴力学性能测试。

1) 水泥石三轴力学性能实验

实验共对 3 组试样进行三轴力学性能实验，包括纯水泥石、斯伦贝谢弹性水泥石、高石梯—磨溪区块在用水泥石。试样均在温度为 119℃、压力为 20.7MPa 条件下养护 7d，实验温度为 119℃，压力为 20.7MPa，加载速率为 1.6kN/min。三轴应力—应变曲线如图 3-15 至图 3-17 所示。

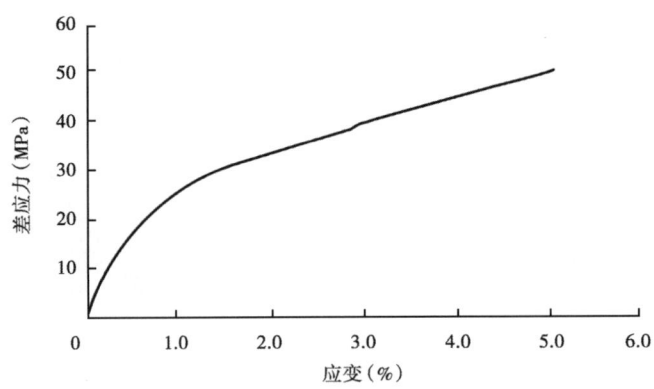

图 3-15 纯水泥石三轴应力—应变曲线

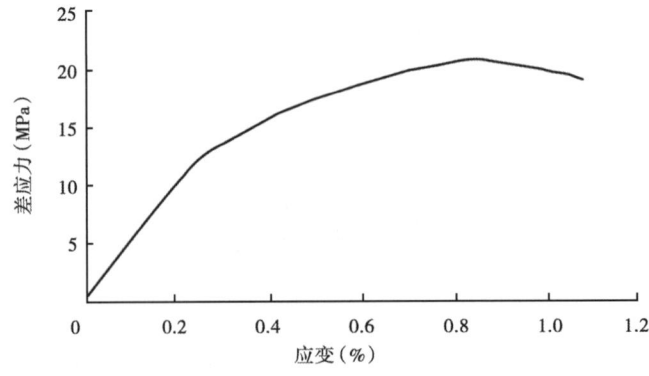

图 3-16 斯伦贝谢弹性水泥石三轴应力—应变曲线

2) 交变载荷下的三轴力学性能实验

按"考虑实际工程措施的固井水泥石弹性力学性能评价新方法"，利用自主研发的地层—水泥环—套管力学完整性分析软件计算试压工况：5000m，177.8mm 套管固井，固井液

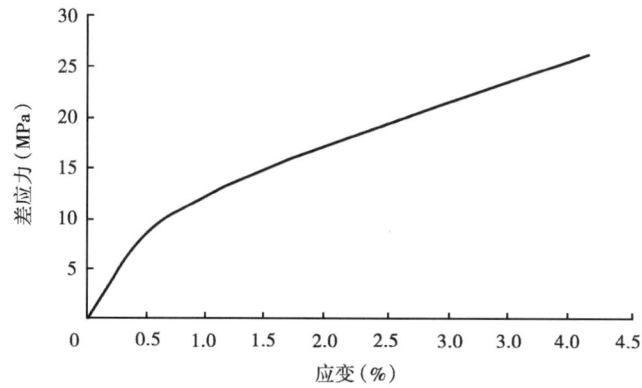

图 3-17　高石梯—磨溪在用水泥石三轴应力—应变曲线

密度 2.20g/cm³，试压 30MPa，得到水泥环最大应变 0.1811%；以本节前述水泥石三轴力学性能测试结果的 0.1811% 应变找到所对应的应力值，并以此应力值为最大加载载荷，进行交变载荷实验，实验温度为 119℃，压力为 20.7MPa，加载速率为 1.6kN/min，卸载速率为 3.2kN/min，每个水泥石样共测试 7 个加载—卸载循环周（表 3-17）。

表 3-17　水泥石应变 0.1811 对应差应力（交变载荷试验最高加载载荷）

类型	应变 0.1811 对应差应力（最高加载载荷）（MPa）
纯水泥	8.6
斯伦贝谢弹性水泥	7.8
中国石油集团工程技术研究院有限公司微膨胀韧性水泥	8.7

对 3 种水泥石的力学性能测试结果如下。

（1）纯水泥石，实验条件：温度为 119℃、压力为 20.7MPa，加载速率为 1.6kN/min，卸载速率为 3.2kN/min（图 3-18）。

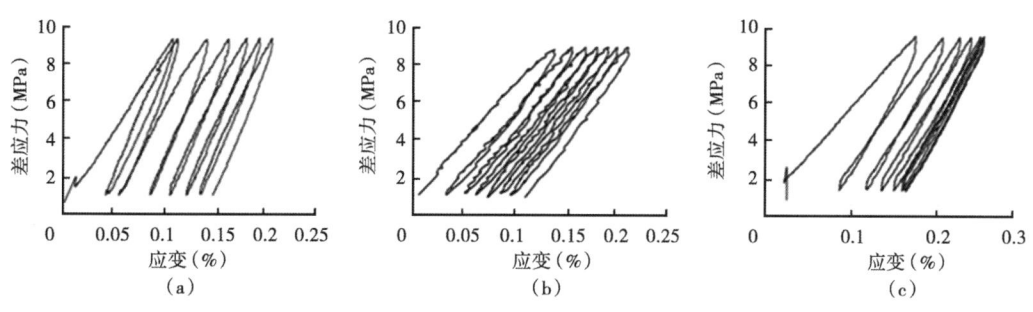

图 3-18　纯水泥石平行试样三轴应力—应变曲线

（2）斯伦贝谢弹性水泥石，实验条件：温度为 119℃，压力为 20.7MPa，加载速率为 1.6kN/min，卸载速率为 3.2kN/min（图 3-19）。

（3）高石梯—磨溪水泥石，实验条件：温度为 119℃，压力为 20.7MPa，加载速率为 1.6kN/min，卸载速率为 3.2kN/min（图 3-20）。

对 3 种水泥石进行 7 个交变载荷循环周的测试后发现，3 种水泥石在每个循环周均呈现

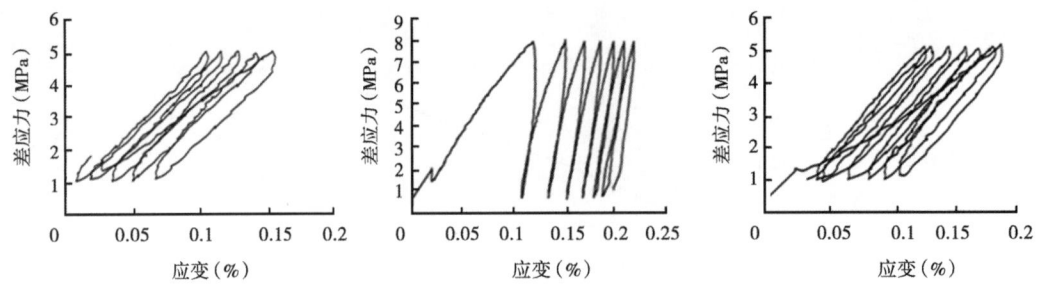

图 3-19　斯伦贝谢弹性水泥石平行试样三轴应力—应变曲线

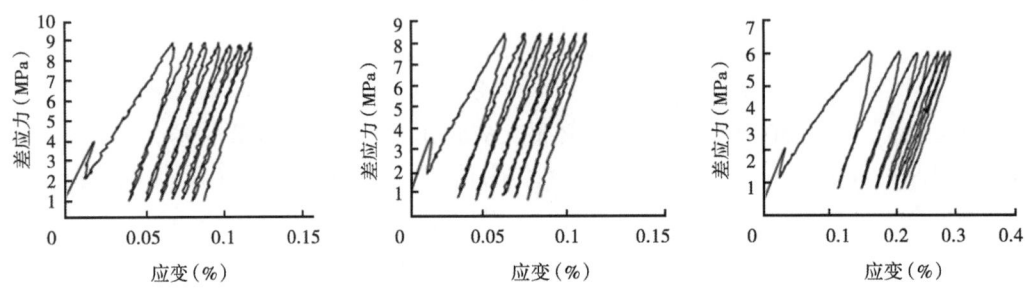

图 3-20　高石梯—磨溪水泥石平行试样三轴应力—应变曲线

应变随应力降低而不同程度地降低的过程,也就是说,3 种水泥石在交变载荷下均呈现出了较好的韧性(或弹性)。

3) 水泥石弹性对比

在不同加载速率的条件下或应力—应变曲线上不同取值区间所得到的水泥石的弹性模量数据是完全不一样的。因此,水泥石弹性力学性能的对比不能简单用杨氏模量一个参数来表征。

由本节 3 种水泥石在交变载荷下三轴应力实验评价可知,3 种水泥石在 6 个循环周加载、卸载过程中,水泥石发生了不同程度的形变恢复。将形变恢复量作为水泥石弹性力学性能规范的指标符合"弹性"这一概念。

考察的 4 种水泥石在 6 个循环周形变恢复量见表 3-18。

表 3-18　水泥石三轴应力实验循环间形变恢复量　　　　　　　　　单位:%

类别	循环					
	1	2	3	4	5	6
纯水泥	0.072	0.067	0.061	0.056	0.051	0.050
斯伦贝谢弹性水泥	0.0842	0.082	0.082	0.067	0.0784	0.0762
高石梯—磨溪水泥	0.0461	0.0561	0.0593	0.0572	0.0609	—

(1) 对比第 1 个循环周水泥石循环恢复值,斯伦贝谢水泥石最高,说明斯伦贝谢水泥石弹性较好;而高石梯—磨溪在用水泥(中国石油集团工程技术研究院有限公司微膨胀韧性水泥石)的形变恢复量比纯水泥石还低,这并不能说明纯水泥石的柔性或弹性比井下柔性自应力水泥和中国石油集团工程技术研究院有限公司微膨胀韧性水泥石要好。

经过分析认为，由于用的纯水泥是只用了油井 G 级水泥，以 0.44 水灰比配制的 1.90g/cm³ 的常规密度水泥石，首先其工程性能，包括稳定性、稠化时间等均不满足相关规定和要求。其次，由于纯水泥的沉降稳定性不好，所形成的水泥石较为密实，在加载过程中，水泥石直接进入弹性形变阶段，而井下柔性自应力水泥和中国石油集团工程技术研究院有限公司微膨胀韧性水泥石由于考虑了综合工程性能，在其体系中加入了不同的增加韧性、弹性或柔性的外掺料，体系稳定造成所形成的晶体结构具有一定的孔隙空间，从而在初期加载荷卸载时，存在一个被压实的阶段，这个阶段并不反映出其体系的弹性力学形变能力。从后期看，中国石油集团工程技术研究院有限公司微膨胀韧性水泥石从第 4 个循环周开始，其恢复形变量就超过纯水泥的形变恢复量了。

因此，从交变载荷的结果看，4 种水泥石柔性、弹性或韧性对比的结果应为斯伦贝谢水泥石的弹性＞中国石油集团工程技术研究院有限公司微膨胀韧性水泥石＞纯水泥。

（2）高石梯—磨溪在用水泥（中国石油集团工程技术研究院有限公司微膨胀韧性水泥石）在第 6 个循环周破碎，这两种水泥石在多次交变载荷下其抗压强度值受损严重，从一个侧面反映出该两种水泥石的长期力学性能可能不是很理想。

从数据上看，长期力学性能的对比结果：斯伦贝谢水泥石＞纯水泥＞中国石油集团工程技术研究院有限公司微膨胀韧性水泥石。

第三节 高含硫气井储层改造实验评价技术

在长期的实践与研究中，人们为了提高地层条件下的酸岩反应模拟实验的精确性和简便性，做了许多的相关研究和实验。从静态的酸岩反应模拟实验到动态的酸岩反应模拟实验，酸岩反应模拟实验发展趋于成熟。静态酸岩反应模拟实验方法是在地层温度条件下，把岩石静置在酸液中发生酸岩反应，岩石的反应面积已知，测定岩石质量或酸液浓度与时间的关系。这种方法使用的装置设备极其简单，操作简便，适用于小岩样的酸岩反应定性分析。动态酸岩反应模拟实验方法中流动式酸岩反应模拟实验最早发展起来，由于地层裂缝中酸液与岩石发生的是流动反应，H+传质方式同时受扩散与对流传递的影响，因此流动方式的酸岩反应过程更接近地层裂缝中酸岩反应的真实情况。目前酸岩反应动力学参数的室内测试方法主要有两种：裂缝流动模拟实验和旋转岩盘实验，只有裂缝流动模拟实验方法形成了一套技术标准 SY/T 6526—2002《盐酸与碳酸盐岩动态反应速率测定方法》。

一、储层改造酸液沉淀控制性能实验评价技术

在酸化过程中，除了酸液对钢材的腐蚀产物，铁也广泛地存在于四方硫铁矿（Fe_9S_8）、陨硫铁矿（FeS）、磁黄铁矿（Fe_7S_8）、黄铁矿（FeS_2）等矿物中（Taylo，1999）。酸化过程中铁沉淀的影响众所周知，溶解的铁以离子状态保留在酸液中，随残酸 pH 值的上升产生氢氧化铁沉淀。而在酸性气井压裂酸化施工过程中，由于 H_2S 的存在，使得沉淀的问题变得更加复杂：H_2S 水解产生硫离子，硫离子与三价铁反应生成硫沉淀，二价铁离子与硫离子形成硫化亚铁沉淀。元素硫和硫化亚铁都是不溶于水的物质，易于在流动通道或储层孔隙中沉淀，造成改造过程中的二次污染。控制高含硫储层改造过程中硫和铁的沉淀是获得理想的改造效果的重要影响因素，也是高含硫储层低伤害改造的核心。

硫和铁沉淀形成的反应如下：

$$16Fe^{3+} + 8H_2S \longrightarrow S_8 + 16H^+ + 16Fe^{2+}$$
$$2Fe^{3+} + S^{2-} \longrightarrow 2Fe^{2+} + S$$
$$Fe^{2+} + S^{2-} \longrightarrow FeS$$

不同铁含量下 FeS 开始沉淀的 pH 值见表 3-19。

表 3-19 铁沉淀出现的条件

酸液中的铁（mg/L）	H_2S 条件下 FeS 沉淀出现的 pH 值
500	2.30~2.80
1000	2.15~2.65
2000	2.00~2.50
3000	1.90~2.40
5000	1.80~2.30

注：H_2S 范围为 0.001~0.01mol/L。

残酸 pH 值越高，产生铁沉淀物所需铁离子浓度越低，通常，残酸 pH 值达到 2 就需考虑加入铁控制组分。硫的沉淀以元素硫和与金属离子结合形成盐沉淀到地层中，该过程在体系的 pH 值大于 1.9 就能进行。除此之外，在 CO_2 的存在下，二价铁受 CO_2、H_2S 分压及 pH 值的影响，还可能产 $Fe(OH)_2$、$FeCO_3$ 沉淀。

在 H_2S 存在的条件下，常规的控制铁手段，如缓冲体系、使用还原剂和螯合剂等，都难以有效控制铁和硫的沉淀产生，而采用与 H_2S 反应生成水溶性盐、加入 H_2S 吸收剂等来控制硫单质的沉淀，也存在吸收率等局限。在实验室开展沉淀的产生及控制效果的评价，其目的是模拟 H_2S 含量、储层温度、酸液中的铁含量等不同影响因素，评价酸液对铁沉淀、硫化物沉淀的控制效果，是降低酸液伤害、提高酸液对储层的适应性的必要手段。

（一）实验原理

在 H_2S 存在下酸液与岩石反应至残酸会产生沉淀：H_2S 会还原三价铁成为二价铁并产生硫沉淀，H_2S 水解产生的硫离子与三价铁反应生成硫沉淀，硫离子还会与二价铁离子形成硫化亚铁沉淀。

反应前后酸液中游离铁离子的变化表征了铁沉淀的量，反映了铁沉淀的控制效果。酸液中产生的沉淀既有铁沉淀也有硫化物沉淀，铁沉淀溶于酸，用酸溶解沉淀物，酸不溶物的量表征了硫沉淀的量。

（二）实验设备

酸液沉淀控制性能评价采用高温高压反应釜进行（图 3-21）。高温高压反应釜由釜体、温度压力传感系统、增压系统、旋转系统、取样单元、数据采集系统等几部分组成。设备的润湿部件全部为哈氏合金 C276，工作温度应达到 200℃，工作压力达到 30MPa。

（三）实验方法和步骤

1. 实验材料的准备

配制酸液：按配方配制酸液，盐酸浓度为 5%~10%，否则会影响铁的溶解；根据储层铁含量的要求在酸液中加入 $FeCl_3$ 模拟酸液中的铁离子，搅拌使之完全溶解，并准确测定酸液中的初始铁离子含量。

H_2S 的产生：硫代乙酰胺（CH_3CSNH_2）在酸性溶液中水解生成 H_2S，按照酸液中 H_2S

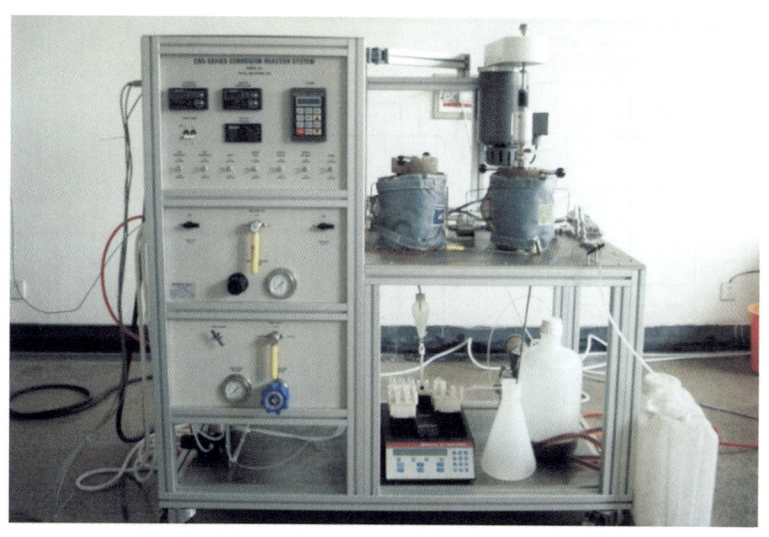

图 3-21 高温高压反应釜

含量称取硫代乙酰胺待用（表 3-20）。

表 3-20 1000mL 酸液中产生 H_2S 所需的硫代乙酰胺

H_2S 含量（mg/L）	500	2000
硫代乙酰胺量（g）	1.105	4.42

吸收液：配制 1M 的氢氧化钠溶液 5L。

2. 实验步骤

在高温高压动态釜中进行酸液沉淀控制性能评价，实验压力 7MPa，保持卸压排空管线浸入密封碱液瓶中，并灼烧从碱液瓶中排出的气体。实验人员必须佩带好口罩手套，实验室内应配置 H_2S 报警仪。

（1）将耐酸耐温的聚四氟乙烯罐放入反应釜中，加入过量的大理石颗粒，待剧烈反应结束后，加入称取的硫代乙酰胺，迅速上紧釜盖，用氮气加压至 2~3MPa。

（2）釜温升至设定温度后，维持压力不低于 7MPa，反应 4h。

（3）反应结束后，降温并缓慢卸压，用氮气吹出釜内残余的 H_2S 气体，此过程中必须保持卸压排空管线浸入碱液中，并灼烧从碱液瓶中排出的气体。

（4）取出酸液，测试 pH 值（pH 值应达到 4 以上），在通风橱中静置 30min 后，取少量上层清液过滤（10mL 以内），并测定滤液中的铁含量。

（5）将酸液和反应物置于如图 3-22 所示的广口瓶中，加入过量的 20% 的盐酸至 pH 值小于 1，完全溶解反应生成的铁沉淀及未反应的大理石残渣。

（6）将反应液过滤后用失重法测定不溶物质量。

3. 实验数据处理

1）酸液控制铁效果

铁沉淀控制率按如下公式计算：

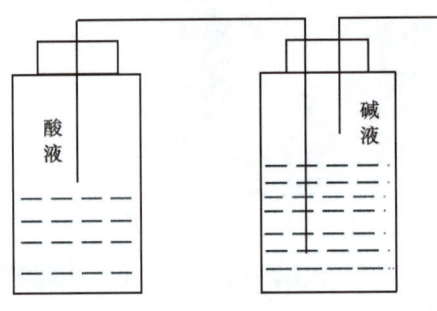

图 3-22　用盐酸溶解反应后的产物

$$铁沉淀控制率 = (C_0 - C_1)/C_0 \times 100\%$$

式中　C_0——初始铁含量，mg/L；

　　　C_1——滤液中的铁含量，mg/L。

2）硫沉淀量

将反应物溶于盐酸后，不溶于盐酸的反应物质量即是硫沉淀量。

（四）实验结果分析及应用

对多井次岩屑铁含量分析表明，岩屑中普遍含铁，铁含量较低（0.2%以下）的约占18%，铁含量0.5%以上的约占50%，1.0%以上的占30%。根据施工井岩屑中铁含量分析结果、酸化后返排液中的铁离子含量及泥浆中的铁含量等数据，估算出酸液中的铁含量最高可达到5000mg/L（原励 等，2016）。

高含硫气井沉淀控制酸液技术，应满足三个条件：酸液中的组分能够与铁离子、H_2S生成在储层温度下稳定的化合物；不受酸液与岩石反应产生的大量钙离子的影响；与酸液的配伍性能良好，对流变、缓蚀等无不良影响。高含硫气井沉淀控制酸液体系通过多基团桥接铁离子成为稳定物质、提高与钙反应的酸性质子的强度等手段，在150℃、铁含量为5000mg/L、H_2S在酸液中的含量达到2000mg/L的条件下，铁沉淀控制率和硫沉淀控制率都达到80%以上（表3-21）。

表3-21　H_2S条件下酸液沉淀控制性能评价结果

H_2S含量（mg/L）		500	2000
铁沉淀控制率（%）	常规酸	6.2	5.1
	高含硫沉淀控制酸液	84.2	86.6
硫沉淀量（g/L）	常规酸	0.41	1.33
	高含硫沉淀控制酸液	0.078	0.23
流沉淀控制率（%）	高含硫沉淀控制酸液	81	83

高含硫沉淀控制酸液技术在含硫气井的酸化中进行了大量的应用，对酸化后返排液中的未沉淀的铁分析结果表明，酸液有效控制了铁沉淀的产生（表3-22）。

表 3-22 含硫气井酸化后铁含量分析结果

施工井/层位	未沉淀的铁离子（mg/L）	施工时间	产气量（$10^4 m^3/d$）
南充 1 井/龙王庙组	3040	2014 年 5 月	0.18
磨溪 18 井/龙王庙组	3010	2014 年 5 月	14.2
磨溪 107/龙王庙组	2960	2015 年 9 月	无气
磨溪 23 井/洗象池组	3240	2014 年 4 月	2.11
高石 18 井/灯二段	1475	2014 年 5 月	无气
高石 18 井/灯四段	1980	2014 年 5 月	24.07
高石 11/灯四段	2120	2014 年 8 月	5.6
高石 19/栖霞组	3230	2015 年 4 月	6.3
高石 101/灯四段	5000	2015 年 6 月	无气
磨溪 42/栖霞组	2625	2015 年 6 月	22.4
高石 001-H2/灯四段	1750	2015 年 12 月	109

二、储层改造酸液腐蚀性能实验评价技术

酸化过程中，酸液对井下管柱的腐蚀不可避免，特别是高温深井、高浓度盐酸施工或较长时间的酸化施工都可能对设备和管线产生严重的腐蚀。而对于高酸性气井的酸化会产生不同于普通地层的腐蚀难题：缓蚀剂在 H_2S 存在的条件下，与金属表面的成膜强度受到影响，甚至分子结构破坏明显，影响缓蚀剂的应用效果；酸化反应后残酸中存在 H^+、H_2S 和 CO_2，使酸液对管线、设备的腐蚀速率明显增加，若处理不当，可能发生掉油管等严重事故。因此，必须模拟评价 H_2S 存在下酸液的腐蚀性能。

（一）实验原理

取实验所要求材质的油管加工试片，按照酸液与试片表面积一定的比例，在高温高压釜内将试片浸没在酸液中，模拟酸液流动下的缓蚀剂在试片表面的成膜及腐蚀发生的电化学反应过程，在设定温度、压力下反应 4h，通过反应前后试片质量的变化，计算酸液腐蚀速率，并仔细观察记录试片的表面状况及有无坑蚀、点蚀。

（二）实验设备

在高温高压动态腐蚀测试系统中进行腐蚀速率评价（图 3-23）。设备由釜体、旋转系统、油增压系统、传感系统、控制及数据采集系统、取样单元等部分组成。

设备的润湿部件全部为哈氏合金 C276，工作温度应达到 200℃，工作压力达到 30MPa。设备转轴能够在将转速恒定在 60r/min，并通过螺纹连接悬挂试片的腐蚀挂件，腐蚀挂件至少能够对称悬挂 2 块试片。

（三）实验方法和步骤

1. 实验材料的准备

按配方配制酸液，酸液体积不小于试片表面积的 20 倍。

按配方配制酸液，另制备残酸，残酸 pH 值大于 3。

准备试片，试片尺寸为 50mm（长）×10mm（宽）×3mm（厚），试片上端开 ϕ6mm 圆孔，试片打磨后经石油醚、无水乙醇处理后冷风吹干，用万分之一天平准确称取试片质量并测量试片表面积。

图 3-23 高温高压动态腐蚀测试系统

按照酸液中 H_2S 含量称取硫代乙酰胺待用，参见表 3-20。

2. 实验过程

在高温高压动态腐蚀测试系统中进行鲜酸及残酸的腐蚀速率测试，实验压力 16MPa，保持卸压排空管线浸入密封碱液瓶中，并灼烧从碱液瓶中排出的气体。实验人员必须佩带好口罩手套，实验室内应配置 H_2S 报警仪。

（1）将耐酸耐温的聚四氟乙烯罐放入反应釜中，加入试片总表面积 20 倍体积的酸液，将试片悬挂于腐蚀挂件上并完全浸入酸液中，加入硫代乙酰胺。

（2）上紧釜盖，设定温度及转速（60r/min）。用油泵加压，在温度上升至设定值的过程中保持压力平稳升到 16MPa。

（3）反应 4h（从釜内温度达到设定温度开始计时，不含升温及降温时间），降温卸压，取出试片，用石油醚、无水乙醇彻底清洗后冷风吹干，称取试片质量，并观察记录试片表面的状况。

3. 实验数据处理

按如下公式计算酸液腐蚀：

$$v = (m_0 - m_1) / (4 \times s)$$

式中　v——腐蚀速率，$g/(m^2 \cdot h)$；

　　　m_0——试片初始质量，g；

　　　m_1——试片腐蚀后质量，g；

　　　s——试片表面积，m^2。

（四）实验结果分析及应用

在酸化缓蚀剂的发展上，自 2000 年以后，国内外酸化缓蚀剂领域的研究多集中在多向复配、环境友好方面，而从分子类型上未获重大突破。目前国内外酸化缓蚀剂的主要类型包括以下几大类：醛酮胺缩合物，咪唑啉衍生物，吡啶、喹啉季铵盐，杂多胺。其中以醛酮胺缩合物和吡啶、喹啉季铵盐两种物质为主制备的缓蚀剂及其复配物应用较多（崔福员 等，2016）。

CT1-3缓蚀剂由醛酮胺缩合物的季铵化产物及含π键的化合物复配而成，醛酮胺缩合物的多个氮原子在金属表面形成多点吸附，π键中的双键或三键与金属原子的轨道结合形成配位键，缓蚀剂在金属表面的成膜能力得到提高，并降低了缓蚀剂在高温下从金属表面的脱附速度。以酸溶性锑化合物为主要成分的缓蚀增效剂CT1-5与CT1-3在高温、含硫条件下配合使用。

按照上述实验方法评价了H_2S存在下新酸及残酸中的酸液对试片的腐蚀速率（表3-23）。

表3-23 H_2S条件下酸液的腐蚀速率

温度（℃）	缓蚀剂加量	酸液	腐蚀速度[$g/(m^2 \cdot h)$]	
			0.05%	0.02%
120	2%CT1-3缓蚀剂	新酸	19.0	22.8
		残酸	0.35	0.98
150	2%CT1-3缓蚀剂+1%CT1-5缓蚀增效剂	新酸	46.6	51.2
		残酸	2.27	3.23

CT1-3缓蚀剂和CT1-5缓蚀增效剂，在罗家寨、渡口河、铁山坡、高石梯—磨溪构造等含硫气藏的储层改造中进行了广泛的应用（表3-24）。

表3-24 缓蚀剂在含硫气藏应用情况

气田	H_2S含量（g/m^3）	应用井次（口）
罗家寨、渡口河、铁山坡	100~250	10
龙岗	10~60	60
安岳气田高石梯—磨溪区块	9.4~31.7	60

三、酸蚀裂缝导流能力测试及酸蚀裂缝三维定量描述实验技术

酸压施工效果受许多因素的影响和控制，裂缝导流能力是衡量酸压成功与否的关键因素之一。酸蚀裂缝导流能力实验评价的主要目的是通过酸蚀裂缝缝宽、注酸排量、实验温度、不同酸量、注入方式等因素对裂缝导流能力的影响，优选酸液体系、优化施工参数和施工工艺（牟建业等，2011；赵立强等，2017）。近几年来，致密碳酸盐岩储层试验了体积压裂工艺，采用低黏滑溜水或者低黏自生酸前置液进行大液量、大排量体积压裂或者体积酸压，次生裂缝发生滑移错位，形成复杂缝网，再泵注主体酸对储层进行酸压改造，刻蚀沟通裂缝的压裂工艺，初步取得了一定成果。碳酸盐岩储层体积酸压改造形成的酸蚀裂缝导流能力大小的测试采用传统的光滑岩板、中间添加一定厚度垫片形成固定缝宽不能模拟碳酸盐岩体积酸压形成的裂缝，酸蚀裂缝导流能力测试结果与现场实际出入较大，为了更真实的反应地层酸压中的真实情况，需要形成针对碳酸盐岩体积酸压酸蚀裂缝导流能力的测试方法，采用直接沿加工好的岩板或者岩心进行劈裂，形成不光滑的接触面来模拟酸压裂形成不规则裂缝。除了采用不规则面岩心进行酸蚀裂缝导流能力测试外，对于储层物性较差、岩石中石英含量较多、岩石脆性较高的碳酸盐岩储层，可以通过大规模体积压裂产生的裂缝，错位滑移形成自支撑，进而有效扩大储层的改造体积。

(一) 实验原理

碳酸盐岩酸蚀裂缝导流能力的测试分为两步：首先是酸刻蚀过程，然后在设定闭合压力下测试导流能力。为了研究各种影响因素对酸刻蚀形态的影响以及酸刻蚀形态与导流能力的相关性，在实验前后还需要开展岩板岩心酸刻蚀前后的形态对比。

1. 酸刻蚀原理

在碳酸盐岩储层酸压改造过程中，酸液由井筒进入地层裂缝中沿着裂缝壁面流动发生非均匀溶蚀，从而形成酸蚀裂缝。酸刻蚀实验是酸刻蚀物理模拟实验中最关键的一个阶段，它模拟了酸在特定的地层温度下与岩样壁面的反应过程。酸刻蚀物理模拟实验的目的是通过在室内模拟现场酸压施工条件下酸液与裂缝壁面岩石的反应。一方面获取用作酸蚀裂缝导流能力评价的测试样品，对酸压效果进行预测，以优化酸压施工设计；另一方面为酸刻蚀裂缝壁面形态的量化表征提供更接近储层真实刻蚀形态的岩样，为后期对酸蚀裂缝导流能力的研究提供真实可靠的数据，为相关数学模型提供所需的可靠参数（李力，2000；李沁 等，2012）。

1) 岩石非均质性

由于地层岩石中不同部位矿物成分在地质沉积过程中呈现较大的差异性（如水动力环境强弱导致碳酸盐岩颗粒大小不同，白云石化作用导致碳酸盐岩晶体形状特征差异，后期充填物类型差异，沉积物源变化等等），即使是相同酸液在岩石表面上发生酸岩反应的速率也有较大差异（李沁 等，2013）。

碳酸盐岩岩石的非均质性主要表现在碳酸盐含量、泥质或有机质含量和岩石表面上的物性变化这几个方面，通过酸岩反应实验可明显观察到这些方面对酸岩反应的影响和酸蚀表面形态特征差异，如图3-24所示。

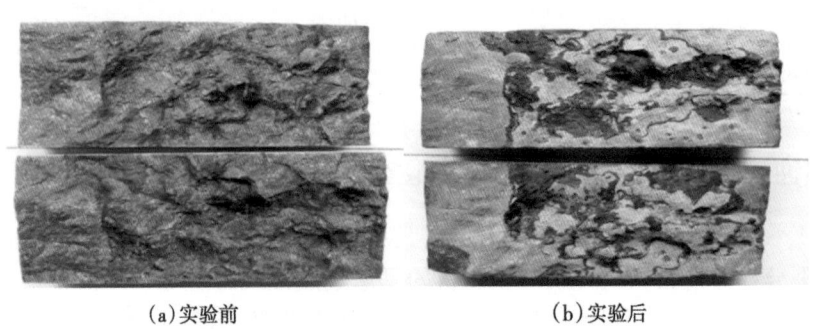

(a) 实验前　　　　　　　　(b) 实验后

图3-24　酸蚀实验中岩石非均质表面变化

2) 酸液分布不均匀

在多级注入或交替注入等某些特殊施工工艺中，由于连续泵注的两种液体性质差异较大（如密度、黏度等），在地层裂缝的狭窄空间中，可能会产生指进现象，酸液在裂缝壁面局部分布不均匀，导致了非均匀刻蚀。

3) 裂缝壁面不平整

地层岩石形成裂缝后，裂缝线往往不规则，裂缝壁面不平整，酸液在壁面上流动溶蚀必然产生局部流速流场差异，类似河流在蜿蜒河道冲刷过程，在流线集中和流速较快的岩石部位，溶蚀过程也较快，因此导致酸液非均匀刻蚀。酸液沿裂缝非均匀刻蚀过程可以由图3-25描述。

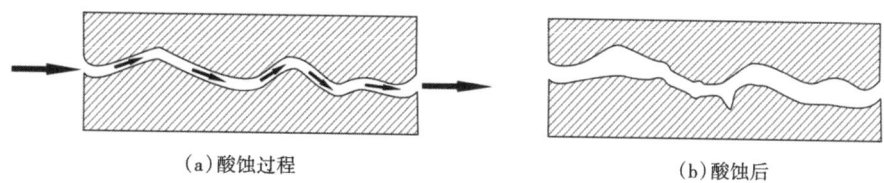

(a)酸蚀过程 (b)酸蚀后

图 3-25 酸液非均匀刻蚀示意图

由于裂缝不平整性与岩石矿物成分分布及胶结物强度及分布规律有关，研究难度较高，因此在进行酸蚀表面研究时未考虑酸蚀前裂缝的不平整性。

2. 导流能力测试原理

无论采用光滑岩板、劈裂形成不规则岩板还是错位形成不规则岩板开展酸蚀裂缝导流能力测试，都是在室内条件下，采用一定量的酸液在一定流速下过酸，形成酸蚀裂缝后，再用2%KCl在设定闭合压力下测试导流能力。对于自支撑导流能力测试，跳过过酸这一步骤，模拟现场清水压裂后地下岩体自支撑裂缝的渗流形态，其实验结果可用于评价局部自支撑裂缝导流能力。

酸蚀裂缝导流能力和自支撑裂缝导流能力测试的原理是达西定律，根据酸蚀裂缝模拟实验记录数据，利用平行板渗透率计算公式，可计算不同闭合压力下的酸蚀裂缝导流能力的大小。

$$K = \frac{101.4Q\mu L}{A \cdot \Delta p} \tag{3-3}$$

式中 K——裂缝渗透率，D；

Q——通过平行板的流量，cm^3/min；

μ——流体黏度，$mPa \cdot s$；

L——为平行板长度，cm；

A——平行板面积，cm^2；

Δp——通过平行板两测压端的压差，kPa。

API 导流室进行酸蚀裂缝导流能力由 API RP 61 推荐公式计算。

$$K = \frac{5.555\mu Q}{\Delta p W_f} \tag{3-4}$$

导流能力可以进一步表达为

$$KW_f = \frac{5.555\mu Q}{\Delta p} \tag{3-5}$$

式中 W_f——裂缝宽度，cm；

KW_f——酸蚀裂缝导流能力，$D \cdot cm$。

(二) **实验设备**

酸蚀裂缝刻蚀形态表征及酸蚀裂缝导流能力的测定主要涉及酸刻蚀物理模拟实验、岩样表面轮廓数据测量实验及导流能力测试实验。

1. 酸蚀裂缝导流仪

目前酸蚀裂缝导流能力测试主要采用的是酸蚀裂缝导流仪，如图 3-26 所示，酸刻蚀实验是指将岩板放置在导流室内，岩板壁面之间保持一定开度模拟地层裂缝，室内实验模拟现场酸压施工参数（温度、注酸规模、注酸工艺等），利用耐酸泵将配好的酸液从储液罐中泵入导流室内，酸液在裂缝壁面流动时与岩石表面反应，近似模拟现场酸压中酸液与地层岩石的化学反应过程，获取酸刻蚀岩板。

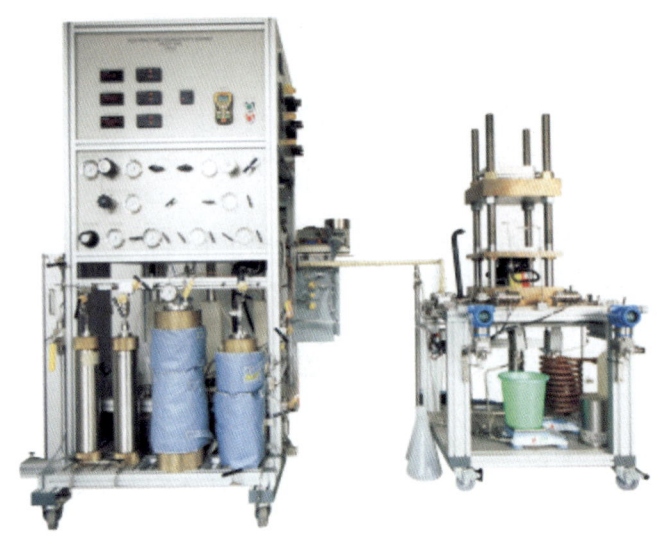

图 3-26　酸蚀裂缝导流仪

酸蚀裂缝导流仪实验装置包括液压伺辅系统、酸化导流室、流程管路、液罐群、数据采集与控制系统、温控系统。

2. 三维激光扫描仪

三维激光扫描仪如图 3-27 所示，酸蚀裂缝刻蚀形态表征主要是利用三维激光扫描仪获取酸刻蚀后岩样表面的三维数据并进行 3D 数字化立体成像，基于表面的三维数据计算表面表征参数，并结合 3D 数字化立体图像建立起粗糙壁面的量化表征方式，分析和评价裂缝的非均匀刻蚀程度（赵仕俊 等，2010）。

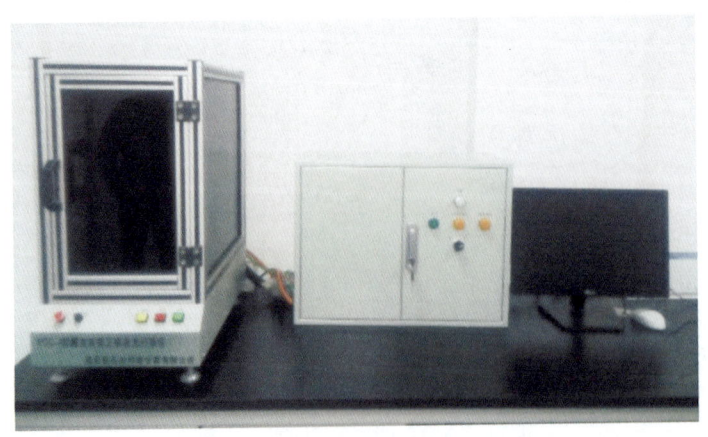

图 3-27　三维激光扫描仪实物图

(三) 实验方法及步骤

目前酸蚀裂缝导流能力测试没有相应的行业标准,主要参照执行 SY/T 6302—2009《压裂支撑剂充填层短期导流能力评价推荐方法》的做法。前面介绍了三种岩样接触面类型,各种方法形成的人工裂缝形态不一样,光滑岩板和劈裂形成不规则岩板或岩心接触面需要先设定一定的缝宽模拟储层人工裂缝内的酸液流动,然后进行导流能力的测定。除此之外,三种方式形成人工裂缝的酸蚀裂缝导流能力测试方法相同。

1. 实验岩样类型

在油气层中制造一条或多条具有较高导流能力或能沟通更多天然裂缝的人工裂缝是评价储层改造效果的重要指标。目前已有多种测试裂缝导流能力的实验方法,测试目的、选取岩心形状、实验条件和实验结果各不相同。常用的有采用圆柱体岩心、长方体岩板和倒圆弧的长方体岩板三种类型,如图 3-28 所示。

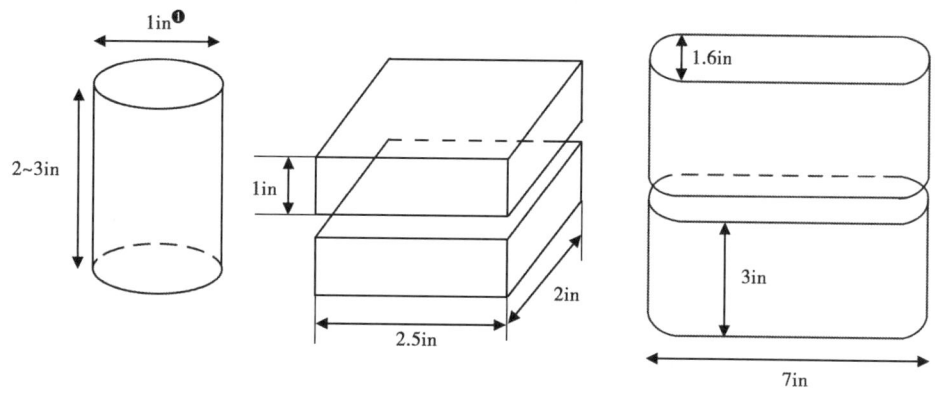

图 3-28 三种导流能力测试实验岩样示意图

酸蚀裂缝导流能力测试是采用两块岩板,模拟不同的人工缝,在一定流速下将一定量的酸液刻蚀岩板后测试其导流能力。对于形成人工裂缝的两块岩样端面,有以下三种类型。

1) 光滑岩板或岩心接触面

通常大多数酸蚀裂缝导流能力的测试岩心端面采用的是光滑的端面,如图 3-29 所示,按 SY/T 6302—2009《压裂支撑剂充填层短期导流能力评价推荐方法》的做法,将加工好规则的长方体岩板沿中心位置剖开,并对各个面进行打磨,以设定参数过酸后在不同闭合压力下测试导流能力,研究流体在酸刻蚀岩板后形成酸蚀沟槽内的流动能力。

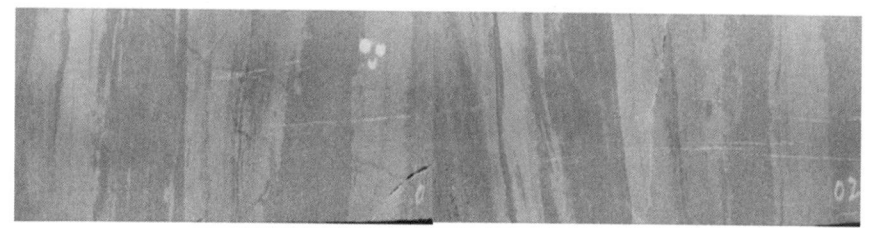

图 3-29 光滑岩板过酸前照片

注:❶ 1in = 25.4mm。

2) 劈裂形成不规则岩板（心）接触面

为了更真实的反应地层酸压中的真实情况，近几年对测试岩板的酸刻蚀面进行了改进，很多研究学者不再采用光滑的岩心或者岩板面来进行酸蚀裂缝导流能力测试，而是采用直接沿加工好的岩板或者岩心沿中心进行劈裂，如图3-30所示，形成不光滑的接触面来模拟酸压裂形成不规则裂缝。

(a) 岩板　　　　　(b) 岩心

图3-30　酸蚀裂缝导流能力测试不规则面

3) 错位形成不规则岩板或岩心接触面

除了采用不规则面岩心进行酸蚀裂缝导流能力测试外，对于储层物性较差、岩石中石英含量较多、岩石脆性较高的碳酸盐岩储层，可以通过大规模体积压裂产生的裂缝，错位滑移形成自支撑，进而有效扩大储层的改造体积。对于体积酸压裂缝的导流能力测试，在不规则岩心端面的基础上，还要进行一定量的错位滑移，形成人工体积缝，然后将错位后多余的岩心切掉，其物理模型如图3-31所示。

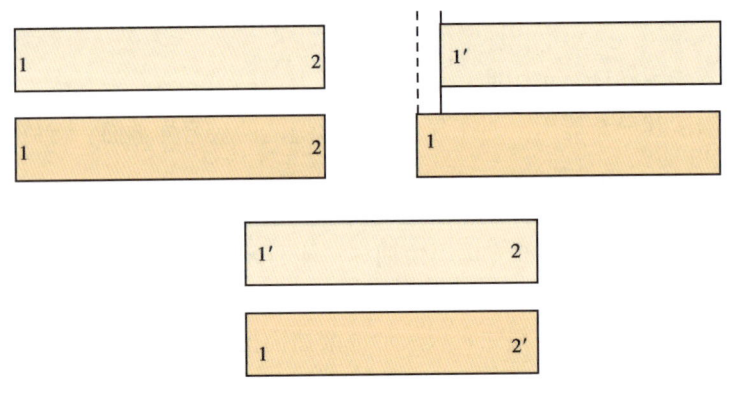

图3-31　体积酸压岩板错位形成图

2. 岩板制备

将取心岩柱或露头切割成长×宽×厚为152.0mm×50.0mm×（23~25）mm的2个岩板，如图3-32所示，有些研究单位采用的API导流室，需要将岩心尺寸加工成长178mm（两端为半径19mm的半圆弧形）、宽38mm、厚15~50mm的与API导流室形状匹配的圆弧形岩板，裂缝面打磨平整。劈裂岩样用巴西实验的方式，将长方体岩样沿中心劈裂分成两块岩板，裂缝面不平整。加工好的岩板与导流室尺寸相近，整体比导流室略薄0.5mm，方便涂胶后密封。

3. 酸化前岩板数值化扫描

对人工劈裂的岩心经钻取或切割后，分别对裂缝两表面使用0.05mm精度的三维形貌扫

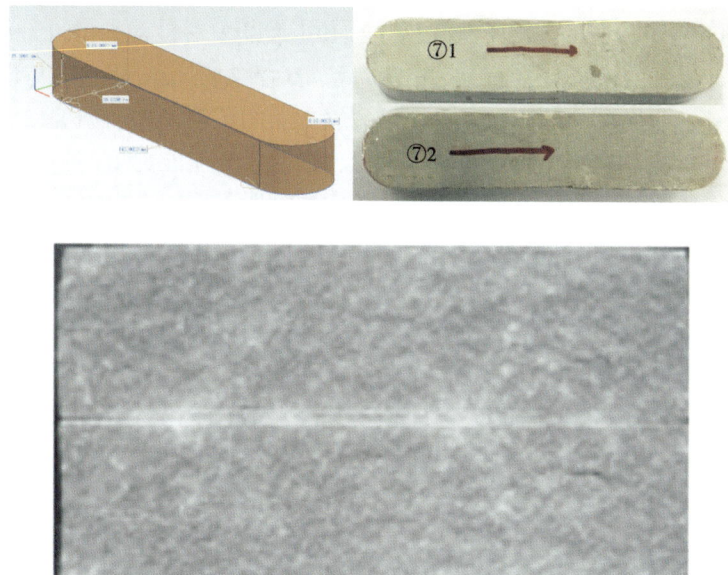

图 3-32 圆弧形岩板加工示意图

描仪进行拍照扫描就可以得到裂缝两表面的三维数据。具体步骤如下：

(1) 扫描裂缝面需将裂缝面烘干。

(2) 标定扫描端面基准线，两对应面的 x 轴起始端做好标记。

(3) 打开三维扫描仪电源，进入扫描软件界面，设置扫描范围等相关参数，软件设置一切正常后准备扫描实验。

(4) 将需要扫描的裂缝面放置在工作平台上，开始扫描。需要注意的是：

①岩心扫描应定位在岩心定位装置上，标记出同一块岩心的摆放位置。

②用两把直尺在扫描仪上十字定位，记录同一块岩样每次扫描时的方向以及在扫描仪上的坐标位置。

③扫描时注意使用同一个 z 值给定位置。

(5) 扫描结束后，用 bin 二进制文件形式保存生成的点云数据。

(6) 扫描完成后，先关闭扫描仪软件，再关闭扫描仪电源。

4. 酸蚀裂缝导流能力测试

(1) 将岩板装到导流室，光滑岩板和劈裂形成不规则岩板或岩心接触面两种方式需要在两端放垫片，调节裂缝宽度模拟人工裂缝。对于采用错位形成的不规则岩板进行导流能力测试不需要添加垫片，缝宽由岩板本身不规则性来决定。在岩板周围涂抹红胶和缠绕生胶带，防止实验过程中流体从侧壁流出。

(2) 按实验流程组装好导流室，将装载好的导流室放到压力实验机上，利用油压机对导流室上下两端的活塞加压，使岩样与上下活塞紧密贴合，同时确保导流室上壁面与油压机上柱面水平结合，保证加载载荷均匀作用于岩样上。

(3) 连接管线并加载位移传感器。连接液体进出口管线和测压管线，将位移传感器装载至导流室两端，以记录在不同闭合压力下机械缝宽的变化情况。

(4) 测试岩板过酸前裂缝导流能力：加载不同压力等级的闭合压力，根据储层压力或者研究需求决定，如可测取 5MPa、10MPa、20MPa、30MPa、40MPa、50MPa、60MPa、70MPa 下的导流能力。在设定的闭合压力下，用2%KCl 水以 2.5mL/min、5mL/min、9.99mL/min 流速流过两块岩板之间的模拟裂缝面，每个流量稳定后测试五 min 以上，待压差稳定，程序自动记录测试过程中的流量、导流室压力、沿裂缝方向的流动压差、温度以及缝宽变化等数据，测定设定闭合压力下的 3 个裂缝导流能力值，这 3 个导流能力值的平均值为该压力点下的裂缝导流能力值。改变闭合压力值，用相同的方法测取不同闭合压力下的导流能力。

（5）按照实验设定的实验温度及注酸排量泵注酸液，并观察酸液流动的稳定性。期间注意观察是否出现漏酸现象，若发现漏酸，立即停止实验。注酸完成后关闭酸罐阀门，卸载回压，打开水罐用大排量清水冲洗导流室，收集滤失的清水，直至 pH 试纸检测各出口端液体呈中性为止。模拟储层温度及压力条件下酸液在裂缝中流动过程。

（6）测试酸蚀裂缝导流能力：同步骤（4）一样，测试酸刻蚀岩板后的酸蚀裂缝导流能力。

（7）测试完成后，导出实验数据，关闭测试设备，拆卸导流室。为满足实验后研究酸刻蚀后的裂缝形态，需要在实验结束后对过酸面进行数值化扫描，因此，应最大可能地保证实验后岩样的完整性，使用人工加压的方式用塑胶制活塞将岩样顶出导流室。

5. 酸化后岩板数值化扫描

对酸刻蚀后岩板进行三维激光扫描，岩板或岩心放置位置需与实验前扫描位置一致。

（四）实验结果分析及应用

1. 裂缝导流能力实验结果

安岳气田高石梯—磨溪区块灯影组四段储层形成了与储层类型相适应的针对性改造工艺：裂缝—孔洞型储层以疏通天然裂缝为改造目标，采用胶凝酸酸压工艺，解除近井地带污染，疏通流动通道，发挥气井自然产能；裂缝—孔隙型储层以造长缝为改造目标，采用前置液交替注入酸压工艺，通过长缝增加沟通缝洞体概率；孔隙型储层以造多缝为改造目标，采用复杂缝网酸压工艺，通过多缝增加酸液波及体积。下面的例子介绍复杂缝网酸压工艺中自支撑裂缝导流能力和酸蚀裂缝导流能力测试结果。

1）自支撑裂缝导流能力测试

为了认识安岳气田高石梯—磨溪区块灯影组四段储层在没有支撑剂条件下的自支撑裂缝导流能力，将制备的岩板采用人工劈裂的方式模拟压裂时形成的裂缝，分别剪切错位1mm、2.54mm、3mm、4mm 使其形成自支撑。不同滑移量下的自支撑裂缝导流能力测试结果如图 3-33 和图 3-34 所示。

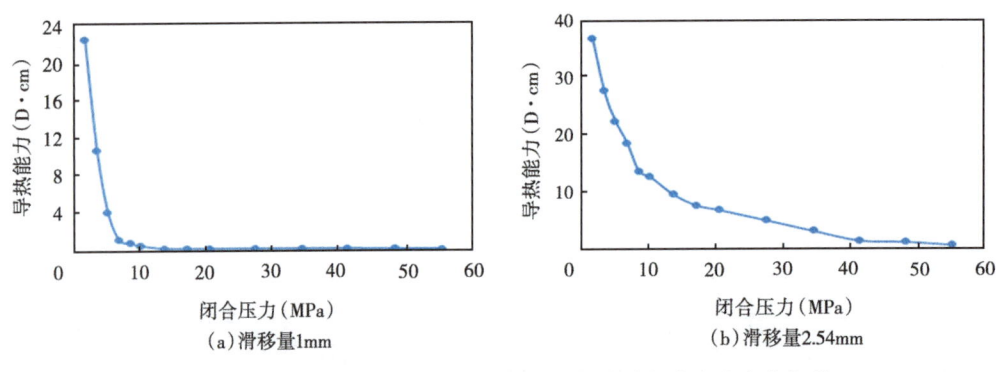

图 3-33　不同滑移量下自支撑裂缝导流能力随闭合应力变化规律

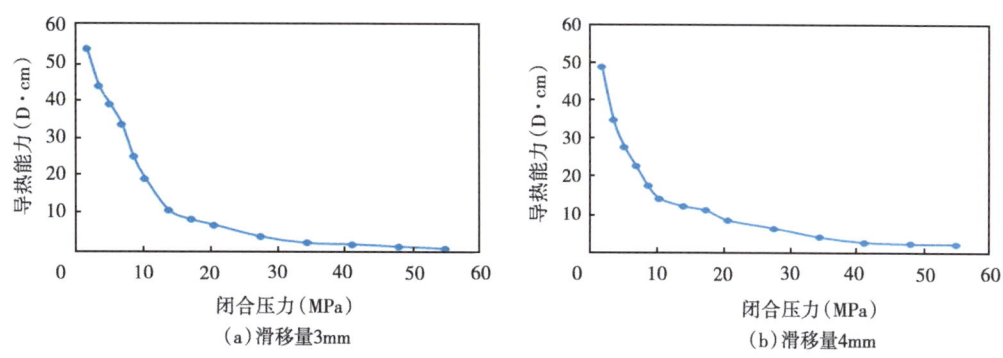

图 3-34　不同滑移量下自支撑裂缝导流能力随闭合应力变化规律

对比不同滑移量下的自支撑裂缝导流能力随闭合应力的变化（图 3-35），导流能力大小各不相同，且都随闭合压力的增大而减小。当滑移量为 1mm 时，闭合压力 3.5MPa 以下，导流能力能保持在 10~20D·cm，但是随着闭合压力的增加，导流能力降低非常快；当闭合压力为 10MPa 时，自支撑裂缝导流能力小于 1 D·cm，导流能力非常低，裂缝基本已经闭合。导致导流能力低的原因是滑移量较小，在闭合压力的作用下，自支撑裂缝很快就趋于闭合。当滑移量分别为 2.54mm、3mm 和 4mm 时，自支撑裂缝的导流能力随闭合压力的变化规律基本相同。当闭合压力较小时，导流能力都很大，而且初期导流能力的大小关系为：滑移量为 3mm>4mm>2.54mm，随着闭合压力的增加，不同滑移量下的自支撑导流能力都迅速降低；当闭合压力增加到一定程度时，导流能力的降低幅度变得缓慢，但是不同滑移量下的支撑导流能力相差不大，都小于 10D·cm。高闭合压力下，安岳气田高石梯—磨溪区块灯影组四段储层体积压裂形成的自支撑裂缝不足以满足储层油气渗流能力，需要经过酸压刻蚀形成的裂缝，提高渗流通道的导流能力。

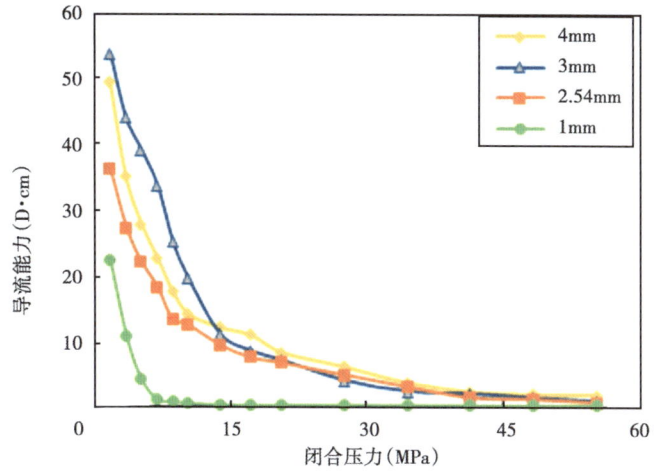

图 3-35　不同滑移量下自支撑裂缝导流能力随闭合应力变化规律

2）酸刻蚀实验结果

由于龙王庙组储层储层非均质性强，差异性明显；井深、地层温度高；岩石致密、具有塑性特征。为了了解人工裂缝在酸蚀后的裂缝导流能力特征，以及人工裂缝的不同酸液用量和不同酸液排量的裂缝导流能力随闭合应力变化特征，开展了酸蚀裂缝导流能力测试，为酸压施工优化施工参数及酸压效果的评价提供依据，实验方案见表 3-25，质量变化如图 3-36 所示。

表 3-25 酸蚀裂缝导流实验设计表

实验内容	酸液类型	岩心编号	温度（℃）	酸液浓度（%）	过酸方式		
					酸液体积（L）	酸液流量（L/min）	过酸时间（s）
不同酸量	胶凝酸	YX-2013-127-19（1）	150	20	0.2	0.15	80
		YX-2013-91-02（2）			0.4		160
		YX-2013-88-06（3）			0.6		240
		YX-2013-88-03（4）			0.8		320
不同排量	胶凝酸	YX-2013-91-04（5）	150	20	0.6	0.1	600
		YX-2013-91-01（6）			0.6	0.15	400
		YX-2013-91-01（7）			0.6	0.2	300
		YX-2013-88-07（8）			0.6	0.25	220
不同酸液	转向酸	YX-2013-91-05（9）	50	20	0.6	0.15	400
	自生酸	YX-2013-91-03（10）		20	0.6	0.15	400

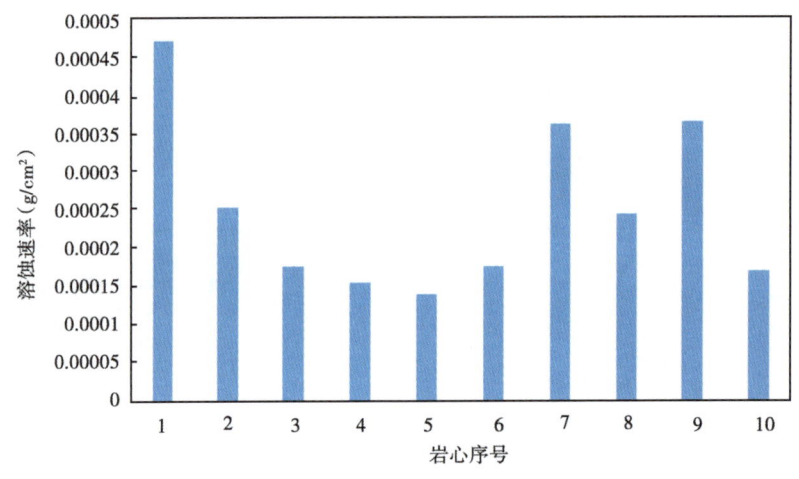

图 3-36 不同实验的岩石刻蚀量

3）酸蚀裂缝导流能力测试结果

（1）不同流量下酸蚀裂缝导流能力测试结果。分别采用 0.1L/min、0.15L/min、0.2L/min 和 0.25L/min 的排量泵注 20% 胶凝酸共 0.6L，在 5MPa→10MPa→20MPa→30MPa→40MPa→50MPa 闭合压力下进行酸蚀裂缝导流能力测试，实验结果如图 3-37 和图 3-38 所示。

相同酸液、相同酸液用量下对比不同酸液排量，随着酸液排量的增大酸蚀后导流能力先升高再降低，说明酸液排量加大减少了酸液与岩石的接触时间，导致酸液溶蚀量不够，导致大排量的酸蚀后导流能力小于小排量的导流能力。通过图看到当排量为 0.15L/min 左右时是酸蚀后导流能力最好，而排量为 0.25L/min 时酸蚀导流能力反而最小。

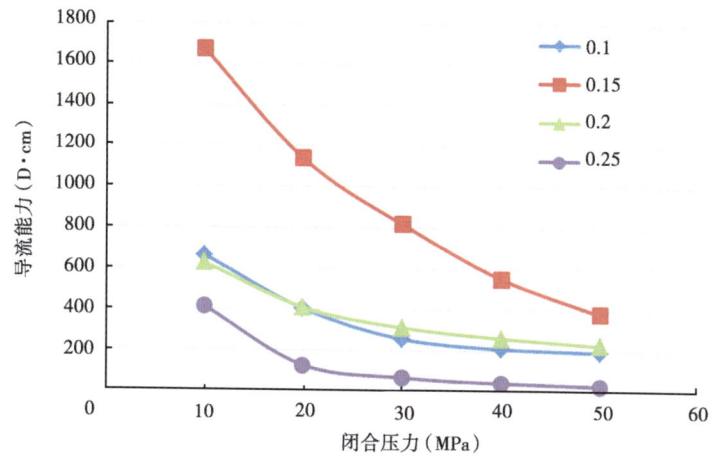

图3-37 不同酸液排量酸蚀后导流能力图

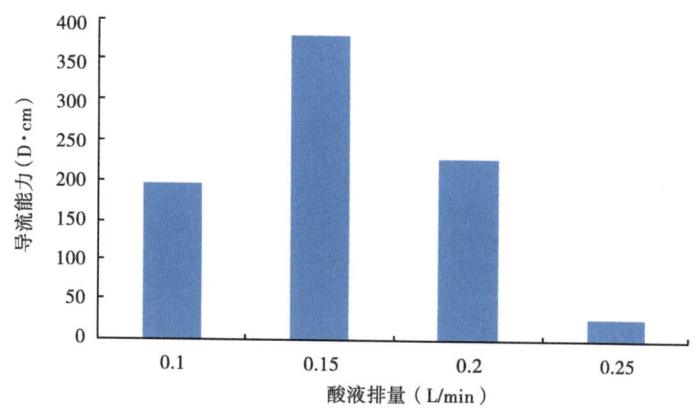

图3-38 不同酸液排量酸蚀后导流能力（50MPa）

相同酸液、相同酸液用量下对比不同酸液用量，随着酸液排量的增大酸蚀后导流能力越小，说明酸液排量加大减少了酸液与岩石的接触时间，导致酸液溶蚀量不够，导致大排量的酸蚀后导流能力小于小排量的导流能力。相同酸液、相同酸液用量下对比不同酸液用量，大排量的酸蚀后导流能力保持率要小于小排量的导流能力保持率，如图3-39所示。

（2）不同酸量下酸蚀裂缝导流能力测试结果。在排量、温度、酸液类型等相同的情况下，分别泵注0.2L、0.4L、0.6L、0.8L的20%胶凝酸，在5MPa→10MPa→20MPa→30MPa→40MPa→50MPa闭合压力下进行酸蚀裂缝导流能力测试，实验结果如图3-40和图3-41所示。

由图可知随着酸量增大，酸蚀导流能力基本能保证随酸量增大导流能力增大的趋势，但是当酸液由0.6L提高到0.8L时，看到导流能力提高效果很小，甚至随闭合压力增大，酸量0.8L酸蚀效果反而没有0.6L好，可见酸量并非越大越好，而是有一个最优酸量。四种酸量类型中，随闭合压力增大酸量为0.4L左右呈现出最好效果。相同酸液、相同酸液排量下对比不同酸液用量，随着酸液用量的增加酸蚀后导流能力越大，酸蚀程度大。同时可以看出当酸液用量为0.6L和0.8L时，酸蚀后导流能力基本一样，说明酸液用量在其他条件相同时，

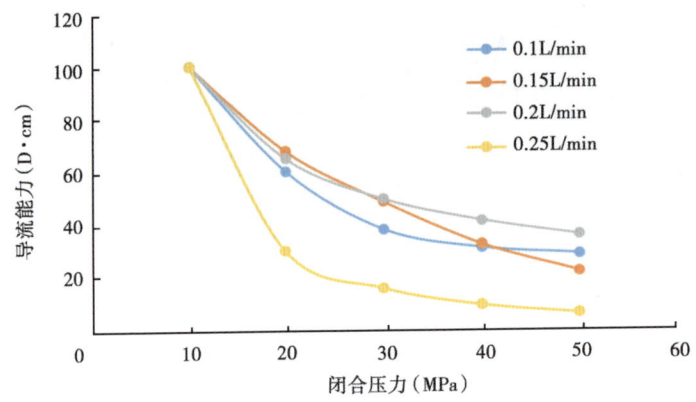

图 3-39　不同酸液排量酸蚀后导流能力保持率

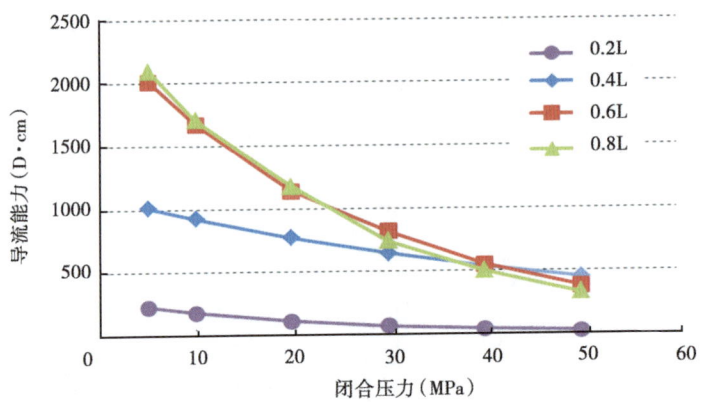

图 3-40　不同酸液用量酸蚀后导流能力

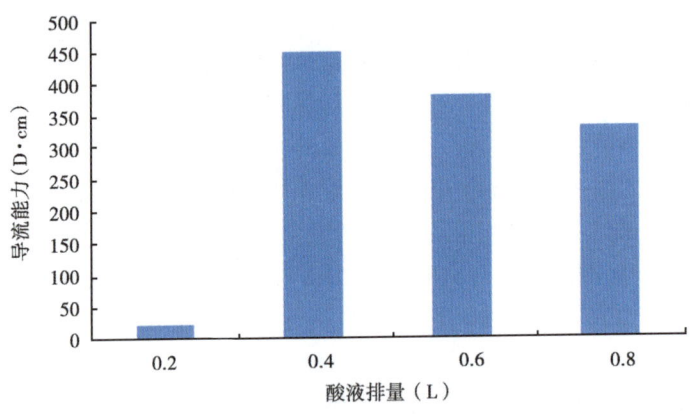

图 3-41　不同酸液用量酸蚀后导流能力（50MPa）

酸液用量当达到一定的值时，酸蚀后导流趋于稳定（图 3-42）。

相同酸液、相同酸液排量下对比不同酸液用量，酸蚀后导流能力保持率呈现出与酸液用量不定的规律，0.4L 时酸蚀后导流能力保持率最高。

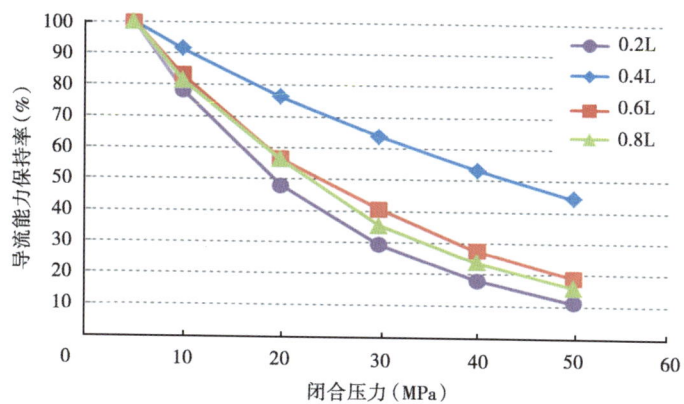

图 3-42 20%胶凝酸不同酸液用量酸蚀后导流能力保持率

（3）不同酸液类型酸蚀裂缝导流能力测试结果。在酸量、排量、温度等相同的情况下，对比胶凝酸、转向酸、自生酸的导流能力及酸蚀形态差异。在 5MPa→10MPa→20MPa→30MPa→40MPa→50MPa 闭合压力下进行酸蚀裂缝导流能力测试，实验结果如图 3-43 和图 3-44 所示。

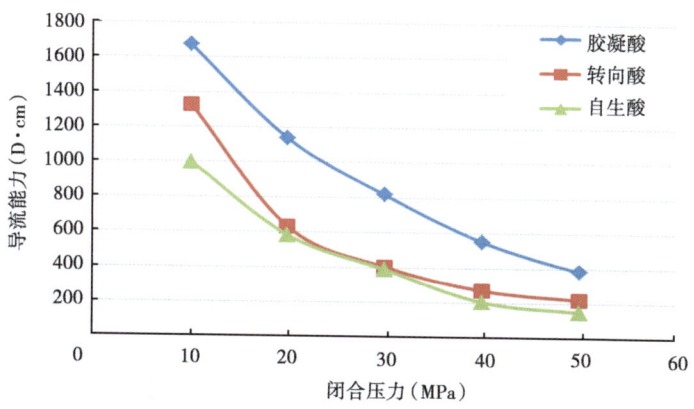

图 3-43 不同酸液类型酸蚀后导流能力

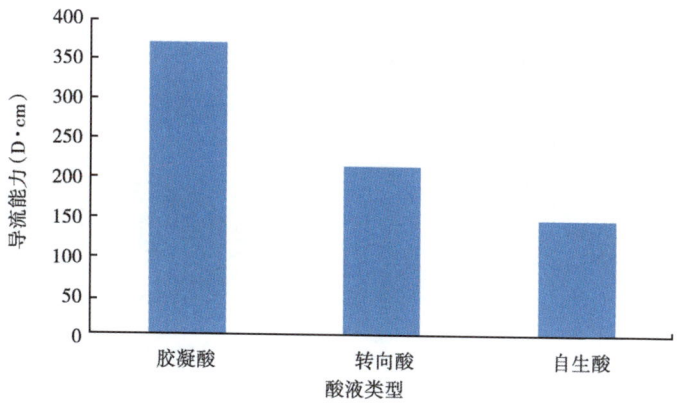

图 3-44 不同酸液类型酸蚀后导流能力（50MPa）

115

酸蚀后导流能力胶凝酸>转向酸>自生酸，而且胶凝酸酸蚀后导流能力在高闭合应力下依旧保持较大值，因此在选择酸液类型时，应优先选择胶凝酸。

4）酸蚀裂缝表面三维激光扫描结果

（1）酸蚀裂缝三维图及等值线图。对上述酸蚀裂缝导流能力测试所述不同酸液用量、不同流量及不同酸液类型的酸刻蚀岩石后的表面形态进行数值化描述，对比分析各个参数下形成的刻蚀形态，指导酸液体系、施工参数的优选。不同酸化排量、不同酸液用量及不同酸液类型获得的酸蚀裂缝数值化扫描特征分别如图 3-45 至图 3-53 所示。

由于 0.1L/min 胶凝酸酸液排量较小，酸蚀时间较长，胶凝酸酸蚀后对比酸蚀前的表面形态变化较大，酸蚀所形成的裂缝间距改变明显。0.2L/min 胶凝酸酸液排量较大，酸蚀时间较短，胶凝酸酸蚀后对比酸蚀前的表面形态变化一般，酸蚀所形成的裂缝间距有一定的改变。0.25L/min 胶凝酸对岩心改善程度一般（图 3-45 至图 3-48）。

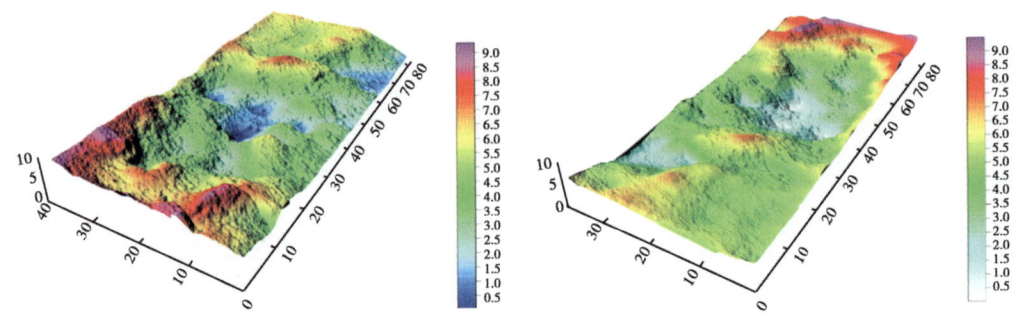

图 3-45　0.1L/min 排量下酸蚀前后表面形态三维图（单位：mm）

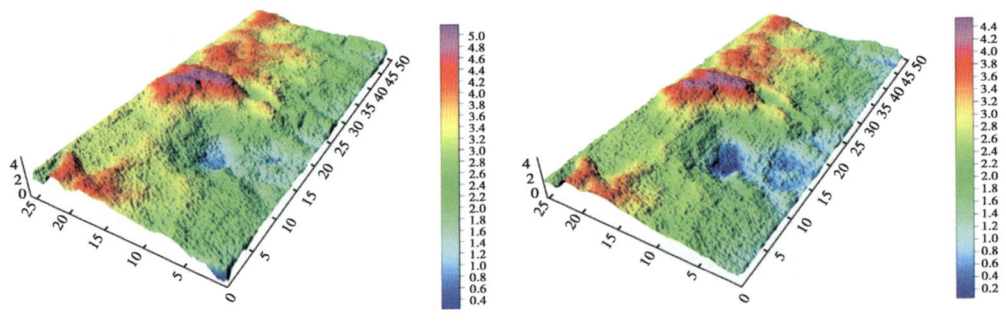

图 3-46　0.15L/min 排量下酸蚀前后表面形态三维图（单位：mm）

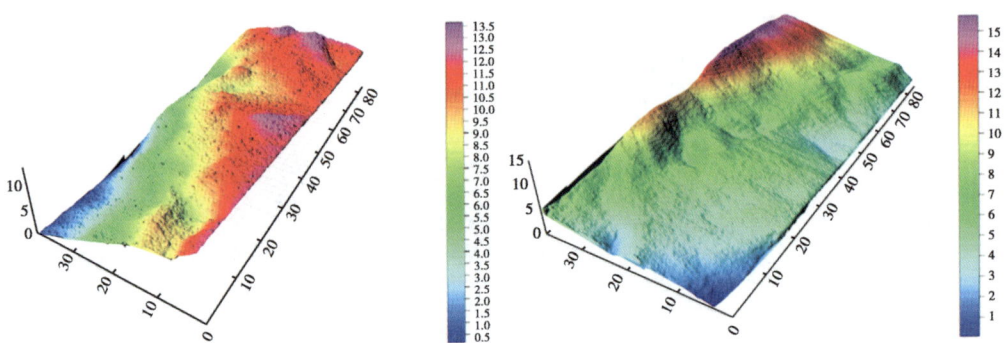

图 3-47　0.2L/min 排量下酸蚀前后表面形态三维图（单位：mm）

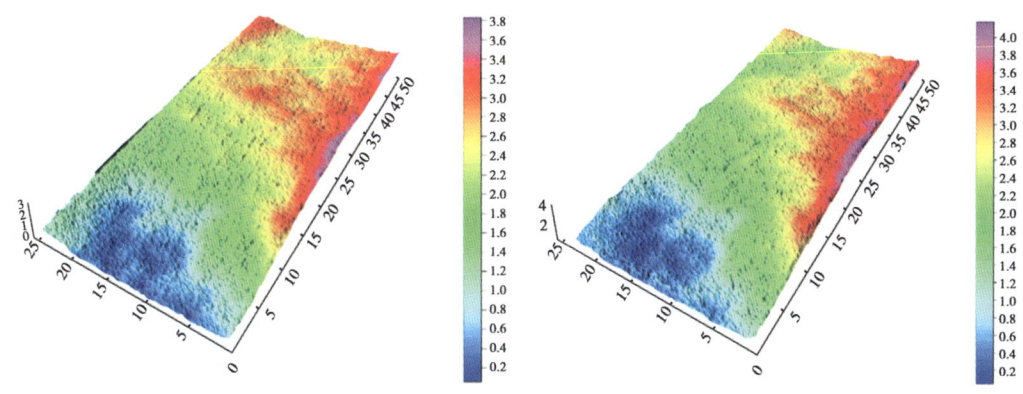

图 3-48　0.25L/min 排量下酸蚀前后表面形态三维图（单位：mm）

由于 0.2L 至 0.6L 胶凝酸酸液量较少，胶凝酸酸蚀后对比酸蚀前的表面形态没有特别的明显光滑，酸蚀所形成的裂缝间距改变不明显。0.8L 胶凝酸酸蚀后对比酸蚀前的表面形态更加光滑，酸蚀所形成的裂缝间距明显增大，从裂缝间距图中可以看到红色区域明显增多，说明 0.8L 酸液量对酸蚀裂缝导流能力的提高比较显著（图 3-49 至图 3-52）。

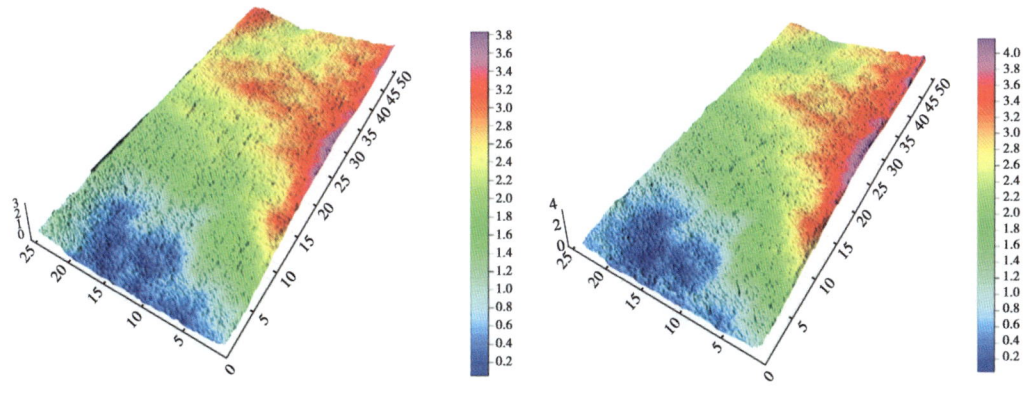

图 3-49　0.2L 酸量下酸蚀前后表面形态三维图（单位：mm）

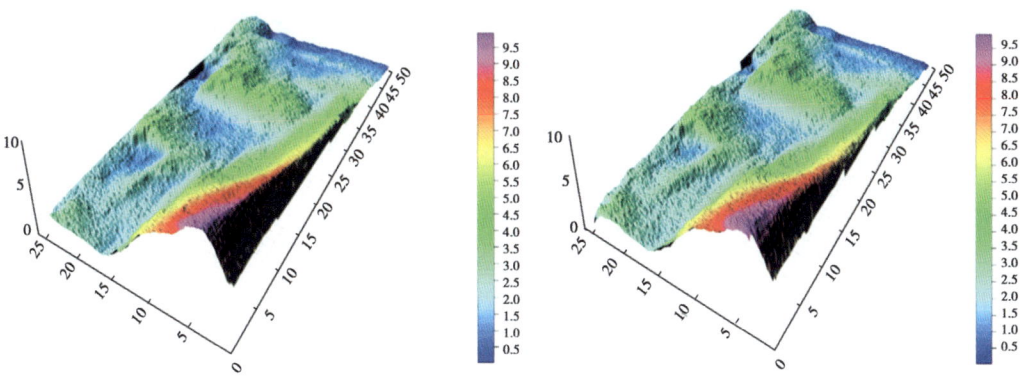

图 3-50　0.4L 酸量下酸蚀前后表面形态三维图（单位：mm）

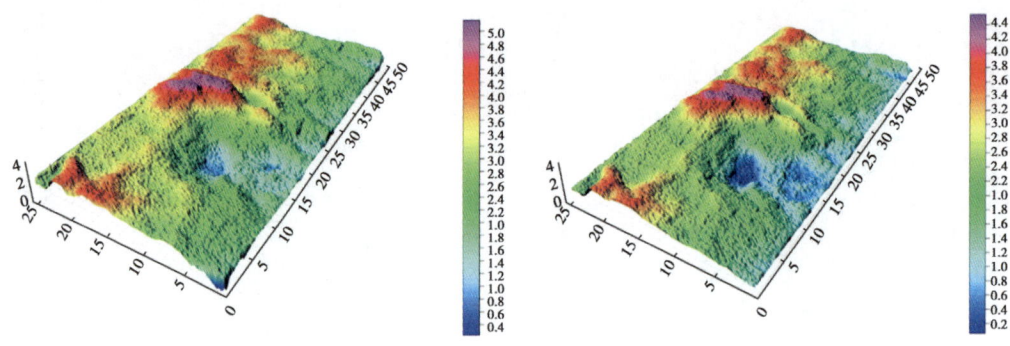

图 3-51　0.6 酸量下酸蚀前后表面形态三维图（单位：mm）

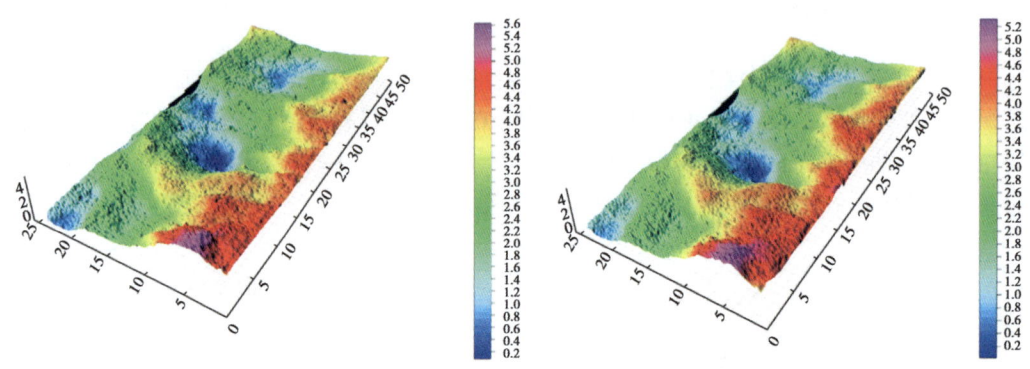

图 3-52　0.8L 酸量下酸蚀前后表面形态三维图（单位：mm）

20%转向酸比 20%胶凝酸反应更快，刻蚀能力更强，自生酸刻蚀较弱，不能在龙王庙组储层充当主体酸，可用作前置液造缝，同时对岩石有一定刻蚀作用，达到造长缝和提高导流能力的目的（图 3-53 至图 3-55）。

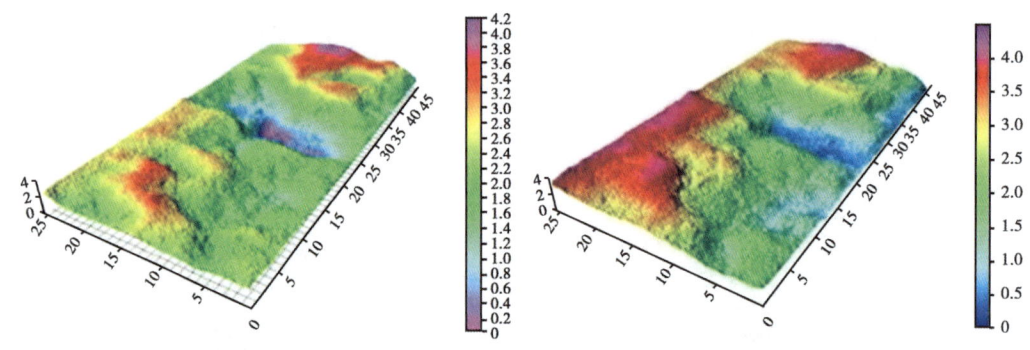

图 3-53　胶凝酸酸蚀前后表面形态三维图（单位：mm）

2. 测试结果应用

1）利用酸蚀裂缝导流能力评价酸对岩石的刻蚀能力

对比高温胶凝酸和高温有机转向酸的导流能力实验结果（表 3-26），高温胶凝酸和高温有机转向酸能有效刻蚀岩石，酸化后能在岩石表面形成沟槽（图 3-56），提高储层渗流能力（图 3-57、图 3-58），尤其是高温胶凝酸在高闭合压力下还能保持 25.16D·cm 的导流能力

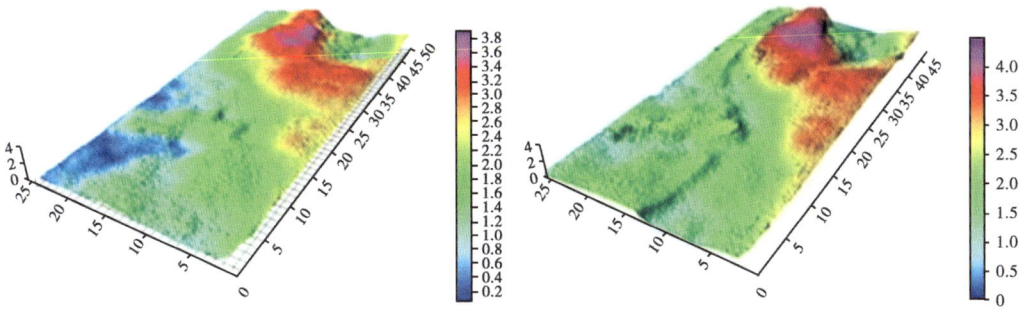

图 3-54 转向酸酸蚀前后表面形态三维图（单位：mm）

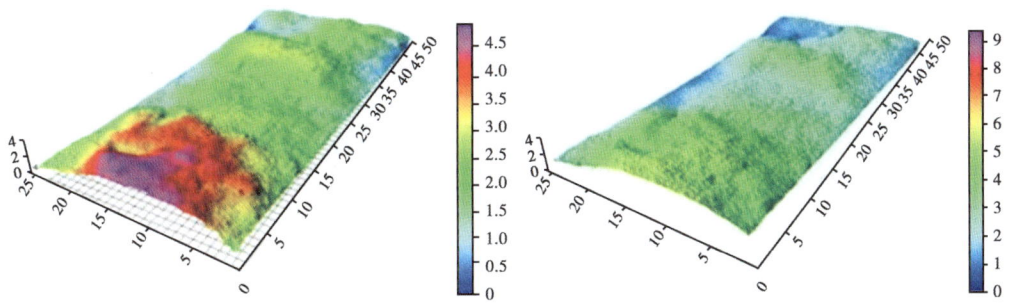

图 3-55 自生酸酸蚀前后表面形态三维图（单位：mm）

(a) 酸蚀前　　　　　　　　(b) 酸蚀后

图 3-56 高温胶凝酸酸蚀前后岩石表面对比图

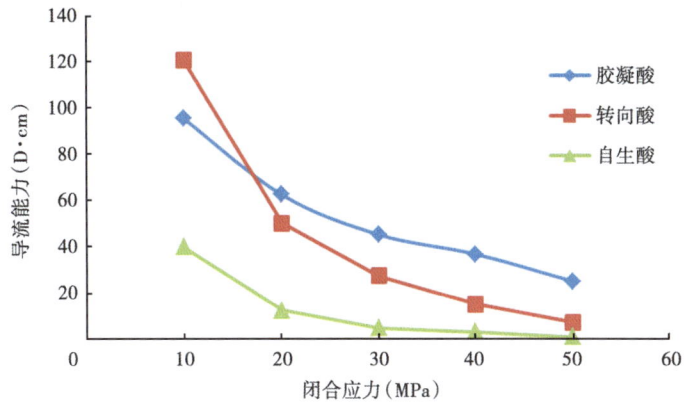

图 3-57 不同酸类型酸蚀裂缝导流能力对比图

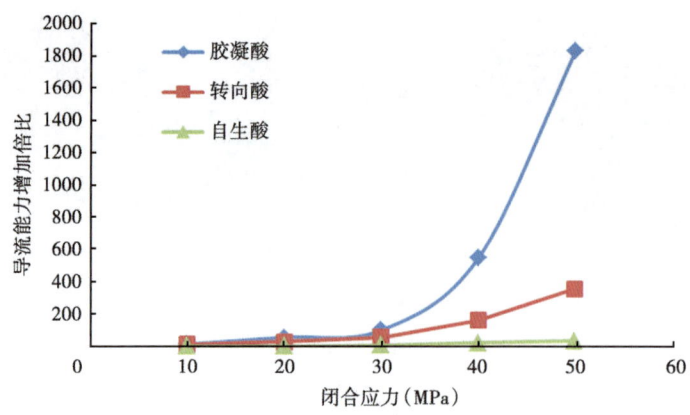

图 3-58 不同酸类型酸蚀裂缝导流能力增产倍比对比图

值,大大改善了储层的渗透能力。但是高闭合压力下导流能力保持率大大降低,改善储层程度有限,除了选择对岩石刻蚀效果好的酸液以外,还需要从工艺方面加以解决(图3-59),选择交替注入等方式。

表 3-26 酸化前后导流能力对比表

酸液类型	不同闭合压力下的导流能力 (D·cm)				
	10MPa	20MPa	30MPa	40MPa	50MPa
高温胶凝酸	95.67	62.51	45.28	36.83	25.16
	6.16	1.10	0.45	0.07	0.01
高温有机转向酸	120.89	50.34	27.49	15.15	7.36
	7.95	1.69	0.46	0.09	0.02
自生酸	39.96	12.46	4.90	3.20	1.13
	9.17	3.21	0.49	0.13	0.03

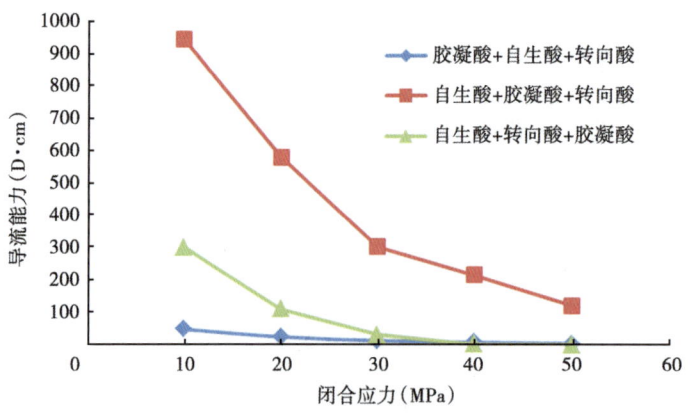

图 3-59 不同交替注入顺序酸蚀裂缝导流能力对比图

2）施工排量优化

根据不同排量下的酸蚀裂缝导流能力实验，对比不同排量下在不同闭合压力下的酸蚀裂缝导流能力值及酸蚀裂缝形态图，选择最优的泵注排量。然后按照酸蚀裂缝导流能力实验排量与现场施工排量转换方式进行计算。

例如，利用龙王庙组低渗储层岩心进行了 100mL/min、150mL/min、200mL/min 和 250mL/min 排量的酸蚀裂缝导流能力对比实验，由实验结果可知：四种排量得到的导流能力值均能满足油气渗流能力，但 150mL/min 排量得到的导流能力高，尤其在低闭合压力下。同时从酸液对岩心的刻蚀形态来看，150mL/min 排量对岩心刻蚀后形成的流通通道明显，渗流能力大大提高，如图 3-60 和图 3-61 所示。

因此，由实验结果选择 150mL/min 注入排量，利用流速相等原则，将酸蚀裂缝导流能力实验排量与现场施工排量转换计算，获得现场排量为 5~6m³/min。压裂酸化施工排量选择除了参考酸蚀裂缝导流能力实验结果外，还需结合井口承压等级及油管尺寸计算最大允许施工排量进行选择。

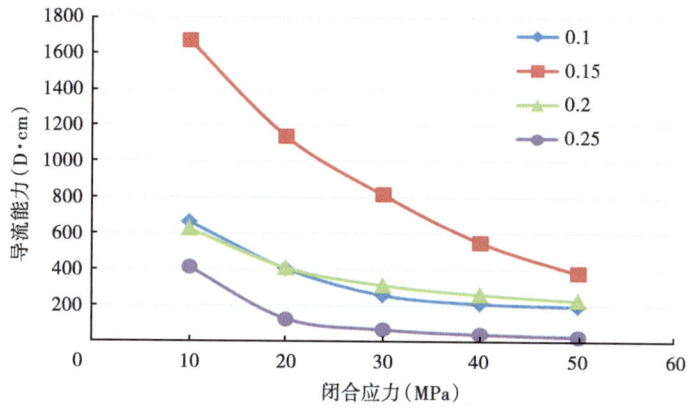

图 3-60 不同酸液排量酸蚀后导流能力

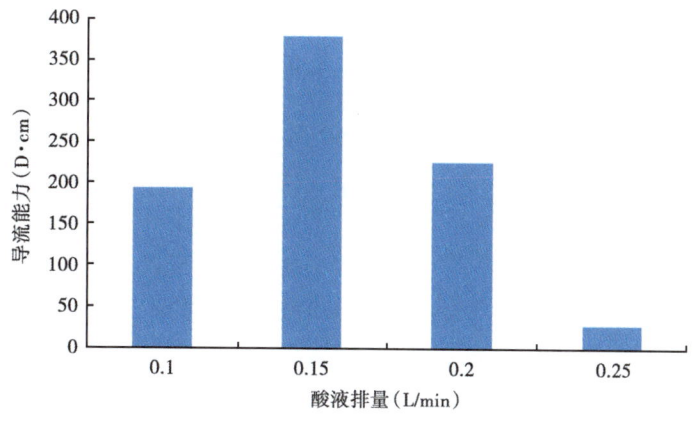

图 3-61 不同酸液排量酸蚀后导流能力（50MPa）

四、高黏酸酸岩反应动力学实验评价技术

高温含硫深井多为碳酸盐岩气藏，为了获取更长的酸液作用距离，目前主要采用高温高黏缓速酸液体系来进行酸化改造。酸岩反应动力学评价的主要目的是通过模拟不同温度、浓度、黏度和转速等因素对高黏酸液酸岩反应速度的影响（朱永东，2008；陈庚良，2006），分析得出不同酸液类型的酸岩反应动力学规律及 H^+ 传质系数、活化能及反应常数，为储层改造酸液类型优选、施工参数优化提供依据（韩慧芬 等，2016）。然而，这些高黏度酸液体系与储层岩石反应的主要特点是酸岩反应速率慢，采用旋转岩盘仪开展高黏酸液酸岩反应速率测定存在以下问题：由于酸液黏度较大，岩心在转动过程中常常脱落；酸岩反应速率测试中，岩心周围酸液与其他部位的酸液浓度差异较大，不能有效地进行 H^+ 传质交换，测试结果不准确（李沁，2010）。采用酸蚀裂缝导流仪开展高黏酸液酸岩反应速率测定存在以下问题：注入岩板前后的酸液浓度几乎无变化，无法测定酸岩反应速率。

显然，旋转圆盘仪酸岩反应速率测定方法和酸蚀裂缝导流仪酸岩反应速率测定方法均不适合高黏酸液酸岩反应速率的测试，对于高温含硫深井碳酸盐岩储层使用的高黏缓速酸液体系酸岩反应速率测试及性能评价，需要建立一套行之有效的方法，为高温含硫深井的高效开发提供技术支撑。

（一）实验原理

1. 设备原理

地层裂缝中大部分范围内的酸液流态和流速保持稳定，且流动方向一定，因此，在设计不同黏度酸液的酸岩反应模拟实验中考虑使流过的岩石表面酸液具有稳定的流速、流态与流动方向。在旋转岩盘仪基础上，对设备进行改进，利用旋转原理使酸液与岩石做相对运动。其工作原理是利用电动机带动不同尺寸的搅拌转子，搅拌酸岩反应釜中的酸液发生旋转，使酸液沿反应釜内壁面流动与固定在反应釜两侧夹持器中的岩盘表面发生流动过程中的酸岩反应，如图 3-62 所示。反应后的酸液可由反应釜底部卸压口或者另一侧岩心夹持器尾端阀门获取，从而分析残酸的离子浓度，改进后的实验装置能进行不同黏度酸液酸岩反应速率测定，研究酸岩反应动力学参数。

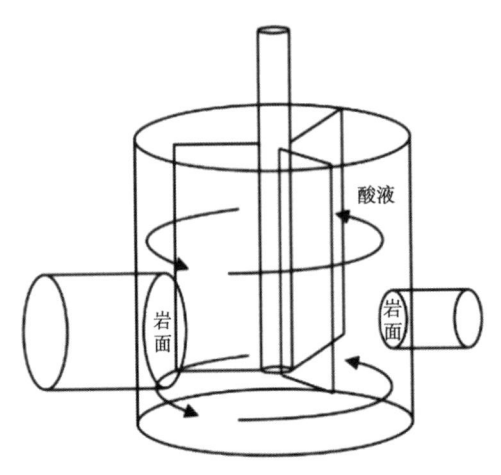

图 3-62 不同黏度酸液酸岩反应模拟实验装置工作原理示意图

2. 测试原理

研究酸岩反应动力学包括三个方面内容：分析酸岩反应的内因和外因对酸岩反应的速率及过程的影响；揭示酸岩反应过程的宏观与微观机理；建立酸岩反应的定量理论模型。酸岩反应速度及其影响因素是酸岩反应动力学研究的主要内容。根据酸液浓度变化时，酸岩反应速度的定义是单位时间内酸液浓度的降低值，常用单位为 $mol/(L \cdot s)$，根据岩石质量变化时，酸岩反应速度（酸液溶蚀速率）的定义是单位时间内岩石单位面积的溶蚀量，常用单位为 $mg/(cm^2 \cdot s)$。19 世纪 60 年代，Guldberg C M 与 Waage P 系统总结前人工作后结合实验数据，提出了质量作用定律，他们指出"化学反应速率与反应物有效质量成正比"，在化

学反应中有效质量实际描述的是反应物浓度。对于酸岩反应来说，在温度、压力一定的条件下，将岩石的浓度看作不变，酸岩反应速度可写为

$$-\frac{\partial C}{\partial t} = kC^m \tag{3-6}$$

式中　C——反应时间为 t 时刻的酸浓度，mol/L；

　　　$\frac{\partial C}{\partial t}$——$t$ 时刻的酸岩反应速度，mol/(L·s)；

　　　m——反应级数，无量纲；

　　　k——反应速率常数，$(mol/L)^{1-m}/s$。

根据式（3-6）中描述可知，酸岩反应速度常数是指酸液为单位浓度时的酸岩反应速度，其大小与酸液与岩石性质、反应环境有关，与酸浓度无关，因此酸液与岩石类型不同时，酸岩反应速度常数也不相同；酸岩反应级数表示酸液浓度对酸岩反应速度的影响程度。

1) 酸岩反应动力学方程

碳酸盐岩油气层，其主要矿物成分为碳酸钙和碳酸钙镁。酸岩反应速度可用单位时间内酸液浓度的降低值来表示。根据质量作用定律：当温度、压力恒定时化学反应速度与反应物浓度的适当次方的乘积成正比。由于酸岩反应为复相反应，岩石反应物的浓度可视为定值。

酸岩反应是复相反应，面容比对酸岩反应速度的影响较大。因此，实际实验数据处理时，采用面容比校正后的反应速度：

$$J = -\left(\frac{\partial C}{\partial t}\right) \cdot \frac{V}{S} \tag{3-7}$$

则式（3-7）变为

$$J = kC^m \tag{3-8}$$

式中　V——参加反应的酸液体积，L；

　　　S——圆盘反应表面积，cm^2；

　　　J——反应速率（即单位时间流过单位岩石面积的物质量），$mol/(cm^2 \cdot s)$；

　　　k——反应速率常数，$(mol/L)^{1-m}/s$；

　　　C——t 时刻的酸液内部酸浓度，mol/L；

　　　m——反应级数，无量纲。

式（3-8）即为酸—岩反应动力学方程，常规条件下，利用旋转圆盘装置可测得，一定温度压力和转速条件下的 C 值和 J 值，采用微分法确定酸—岩反应速度，绘制成关系曲线，即

$$J = \left(\frac{C_2 - C_1}{\Delta t}\right) \cdot \frac{V}{S} \tag{3-9}$$

对式（3-8）两边取常用对数，得

$$\lg J = \lg k + m \lg C \tag{3-10}$$

不同时刻酸岩反应速率取平均值，绘制酸岩反应速率与酸浓度的双对数图。反应速率常数 K 和反应速率级数 m 在一定条件下为常数，因此，用 $\lg J$ 和 $\lg C$ 作图得一直线，采用最小

二乘法对 lg$J$ 和 lg$C$ 进行线性回归，求得 k 和 m 值，从而确定酸—岩反应动力学方程。

2）酸—岩反应表面活化能

温度对反应速率有显著影响。在多数情况下，其定量规律可由阿伦尼乌斯公式来描述：

$$k = K_0 \text{EXP}\left(-\frac{E_a}{RT}\right) \tag{3-11}$$

式中 k——反应速率常数，$(\text{mol/L})^{-m}/\text{s}$；

K_0——频率因子，$(\text{mol/L})^{-m} \cdot \text{L}/(\text{cm}^2 \cdot \text{s})$；

E_a——酸岩反应活化能，kcal/mol；

R——摩尔气体常数，$\text{kcal}/(\text{mol} \cdot \text{K})$；

T——热力学温度，K。

式（3-7）可写成

$$J = K_0 \text{EXP}\left(-\frac{E_a}{RT}\right) \cdot C^m \tag{3-12}$$

两边再取对数得

$$\lg J = \lg(K_0 C^m) - \frac{E_a}{2.303R} \cdot \frac{1}{T} \tag{3-13}$$

于是，在其他条件相同时，用同一浓度的酸液在不同温度下进行旋转岩盘反应实验。可得到温度 T_1，T_2，…，T_n 下的反应速度 J_1，J_2，…，J_n。由于 lg$J$ 与 $1/T$ 为线性关系，运用回归或作图处理便可求出酸岩反应活化能 E_a。

3）H^+ 有效传质系数

根据传热、传质学理论，在酸岩反应过程中的 H^+ 的传递包含两个过程：第一个过程是 H^+ 随酸液流动被携带至岩石表面的过程——对流作用，压差导致的酸液流动运移 H^+ 称为强制对流作用，由于密度差产生的酸液流动运移 H^+ 称为自然对流作用；第二个过程是 H^+ 通过自身热运动传递至岩石表面的过程——扩散作用。综合起来，酸岩反应中 H^+ 传质就是对流扩散过程，因此实验中获取的 H^+ 传质系数实际上就是包括对流与扩散两个过程的速度系数。

岩盘做旋转运动时，将带动反应釜内的酸液以一定的角速度旋转，紧靠岩面处的酸液几乎和盘面一起旋转，远离盘面的酸液将不发生转动，仅向岩面流动，即发生对流传递；另一方面，由于岩盘表面反应降低了 H^+ 的浓度，使岩盘表面与酸液内部间存在离子浓度差，H^+ 受扩散作用不断向岩盘表面传递。由此可见，旋转实验时，高压釜体内的酸液将作三维流动。在柱坐标系中，任意一点 M 的酸液流速可用径向速度分量 V_r，切向速度分量 V_ϕ，垂直速度分量 V_y 表示，即

$$V_m = V_m(V_r, V_\phi, V_y) \tag{3-14}$$

基于奈维—斯托克斯方程和连续性方程，求解定常条件下酸液旋转流动反应时的对流扩散偏微分方程，可得到氢离子有效传质系数 D_e 的解析解为

$$D_e = (1.6129 v^{1/6} \cdot \omega^{-1/2} \cdot C_t^{-1} \cdot J)^{3/2} \tag{3-15}$$

式中 D_e——氢离子（H^+）有效传质系数，$10^{-6} \text{cm}^2/\text{s}$；

ω——旋转角速度，s^{-1}；

C_t——时间为 t 时酸液内部浓度，mol/L；

v——酸液平均运动黏度，cm^2/s；

J——反应速率（即单位时间流过单位岩石面积的物质量），$mol/(cm^2 \cdot s)$。

由上式可知，H^+ 有效传质系数与旋转角速度 ω 有关，即与酸液流态有关。实验时，在给定的岩盘直径下，测定 J、C_t、v 和 ω，利用式（3-15）可求出氢离子有效传质系数 D_e 值。

（二）实验设备

不同黏度酸液酸岩反应模拟实验装置主要由酸岩反应釜、不同尺寸的岩心夹持器、液体搅拌系统、温度压力控制系统及一些简单的管路和阀门构成，如图 3-63 所示。

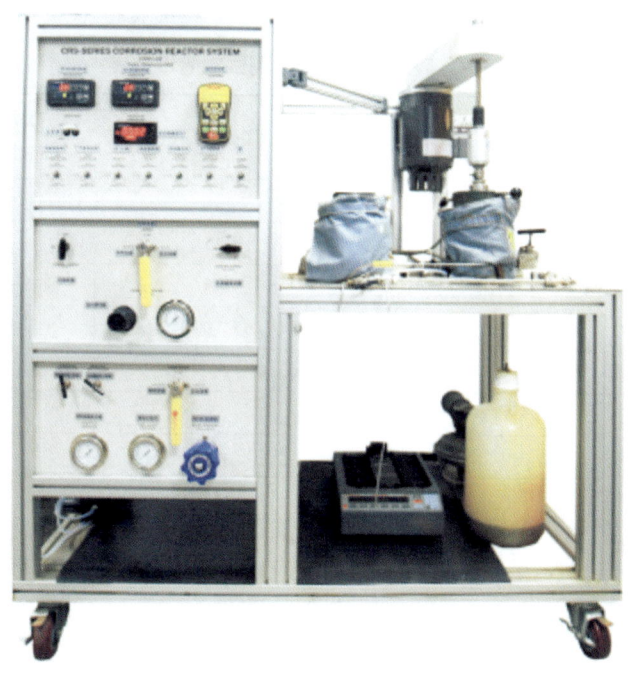

图 3-63 高黏酸岩反应模拟实验装置

1. 酸岩反应釜

酸岩反应釜为哈氏合金材料，釜体容积为 1L，反应釜上盖设有进气口，可连接气源和真空泵控制酸岩反应釜内压力，采用快开式卡箍连接上盖，方便拆卸。卸压阀设在酸岩反应釜底部，连接有通径为 6mm 的转液管线进行排液或者取样。

2. 不同尺寸的岩心夹持器

两套岩心夹持器能够满足 ϕ25.4mm 长度 100mm 和 ϕ50.8mm 长度 100mm 规格岩心的酸岩反应实验，为模拟实际地层中的裂缝表面状态，两套岩心夹持器采用螺纹连接的方式对称垂直于酸岩反应釜侧面。

3. 液体搅拌系统

酸液搅拌杆加密封件通过反应釜上盖中心，由驱动电动机带动，可无级调节转速。搅拌杆伸入酸岩反应釜内一侧，装有可拆卸的搅拌器，转子搅拌叶片为三叶式，叶片直径与反应釜大小匹配，能把反应釜内全部液体搅动起来，确保酸岩反应过程中酸岩反应釜内酸液浓度均匀。

4. 温度压力控制系统

酸岩反应釜两侧面包裹大功率加热板，连接温度感应器与数字控制系统，随时对酸岩反应釜温度进行调节和监测。

5. 环压加载系统

岩心夹持器中的岩心环压可通过恒压平流泵或者手动泵供给。

(三) 实验方法及步骤

酸岩反应动力学参数包括动力学方程、酸液活化能及 H^+ 传质系数，有上述介绍测试原理可知，动力学参数的获得需要开展不同酸液浓度、不同温度及不同转速下的酸岩反应速率，每个参数求取至少需要设置三组以上的变量，表 3-27 是龙王庙组酸岩反应动力学参数研究的实验设计表。

表 3-27 酸岩反应动力学测试实验设计表

实验内容	酸液类型	酸液浓度（%）	温度（℃）	黏度（mPa·s）	转速（r/min）
测定反应常数	胶凝酸	24、20、16、12	115	—	291
	转向酸	24、20、16、12	115	—	291
	交联酸酸	24、20、16、12	115	—	291
测定反应活化能	常规酸	20	40、65、90、115	—	291
	胶凝酸	20	40、65、90	—	291
	转向酸	20	40、65、90	—	291
	交联酸酸	20	40、65、90	—	291
测定 H^+ 传质系数	常规酸	20	115	—	125、208、375
	胶凝酸	20	115	—	125、208、375
	转向酸	20	115	—	125、208、375
	交联酸酸	20	115	—	125、208、375

1. 实验准备

(1) 将岩心磨平，扫描，烘干，照相，称重。

(2) 在岩心的后端做好标记（便于判断酸液在前段岩面上的流动方向）。

(3) 按实验设计配制酸液 900mL，在使用前分别测定其黏度。

(4) 准备 0.3mol/L NaOH 溶液 1000mL，酚酞指示剂小瓶。

(5) 准备试管架及试管、洗耳球、移液管、大小烧杯、滴定试管架、酸碱滴定管用于采集酸样和滴定酸样。

(6) 将动渗失仪擦洗干净，连接气瓶及其他管线，放入聚四氟垫块试压，检查装置的密闭性。

2. 酸岩反应速率测定

(1) 将岩心按预定的方向放入 50.8mm 夹持器中，旋紧夹持器接口，后端用聚四氟垫块填充并在尾端用死堵封死。另一端 25.4mm 夹持器内装入聚四氟垫块，旋紧并在尾端连接好取样管线。

(2) 连接围压管线，用驱替泵给定围压，先给定围压 2MPa，关紧泄压阀，在泄压阀上连接管径为 6mm 的长管，出口放入清水中。

（3）盖上盖，连接上盖管线至真空泵，抽真空至-1MPa。开启泄压阀 800mL 清水被吸入反应釜中，泄去真空泵前端压差，将上盖管线连接至气瓶，将围压给定 6MPa，气瓶出口压力设为 2MPa，试压 5min，若密闭性好，可进行实验。

（4）将气瓶关闭，先卸去反应釜压力，排出清水，连接加热板，温度设置为 115℃，约 1h 后至 100℃，同时将 900mL 酸液用水浴锅加温至 100℃。

（5）将预热好的 900mL 酸液吸入反应釜中，气瓶出口压力设为 2MPa，开始搅拌设定转速，并开始计时。

（6）30s 后取第一个酸样，由侧边取样，侧边取样需放出 3mL 滞留的酸液，再取 5mL 酸样；取样间隔时间依据前密后疏原则。

（7）取样完毕后，停止搅拌，关闭气源，由气瓶出口端泄压阀泄压，泄压完毕后开反应釜底部泄压阀排出酸液停止计时，卸去围压并拆下夹持器，取出岩心洗净。

（8）清洗实验装置和管线，实验结束。

（四）实验结果分析及应用

1. 动力学参数测定

龙王庙储层温度 140~150℃，主体酸液采用了胶凝酸，施工排量 4~5m³/min，测试不同酸液浓度、不同温度及不同转速下的酸岩反应速度，得到胶凝酸的动力学参数。

1）胶凝酸动力学方程

选择 12%、16%、20%、24%四种酸浓度的胶凝酸与酸岩反应速率的关系，其中 24%为鲜酸，其余均考虑同离子效应，进行酸岩反应动力学方程的求取，数据见表 3-28。测试实验结果 $\lg C$ 和 $\lg J$ 的关系如图 3-64 所示，胶凝酸反应速率与酸浓度关系如图 3-65 所示。

表 3-28 胶凝酸反应动力学方程数据表

酸液浓度	温度 （℃）	转速 （r/min）	酸液浓度 （mol/L）	反应速率 [10^{-6}mol/(cm²·s)]	$\lg C$	$\lg J$
12%			3.5038	5.9000	0.5445	-5.2294
16%	115	291	4.4709	5.6484	0.6504	-5.2481
20%			4.5202	7.7682	0.6552	-5.1097
24%			6.9001	10.8825	0.8389	-4.9633

注：胶凝酸酸岩反应动力学方程：$J = 1.8759 \times 10^{-6} C^{0.9094}$。

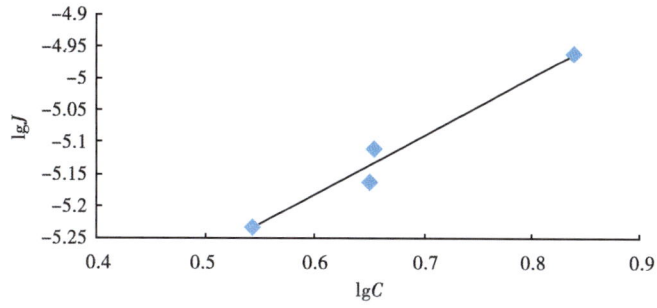

图 3-64 胶凝酸 $\lg C$ 与 $\lg J$ 关系图

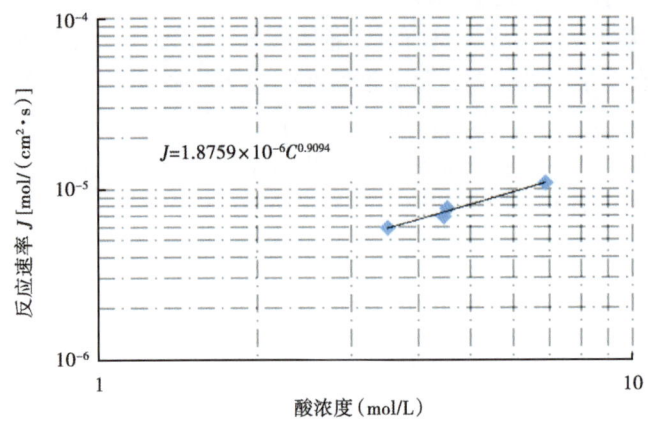

图 3-65 胶凝酸反应速率与酸浓度关系图

2）胶凝酸活化能

选择 40℃、65℃、90℃、115℃ 四种温度的条件下胶凝酸酸与酸岩反应速率的关系，进行胶凝酸酸活化能的求取见表 3-29 和图 3-66。

表 3-29 胶凝酸活化能数据表

酸液浓度	温度（℃）	转速（r/min）	反应速率 J [10^{-6} mol/(cm^2·s)]	$1/T$（K^{-1}）	$\lg J$
20%	115	291	7.77	0.002574	-5.1096
	90		5.14	0.002751	-5.2894
	65		3.56	0.002954	-5.4481
	40		2.42	0.003190	-5.6158

注：胶凝酸活化能：$E_a = 15580.6039$ J/mol。

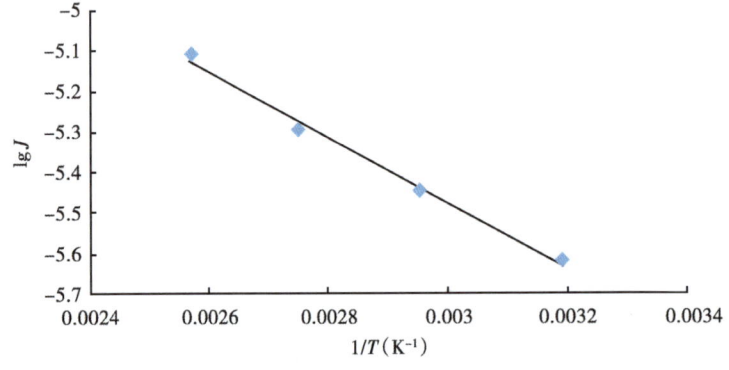

图 3-66 20%胶凝酸（同）$1/T$-$\lg J$ 关系图

3）胶凝酸传质系数

胶凝酸酸岩反应 H$^+$ 传质系数测定实验选择 125 转、208 转、291 转、375 转四种转速下的雷诺数与酸岩反应速率关系进行求取，数据见表 3-30。

表 3-30 胶凝酸 H⁺传质系数数据表

转速 (r/min)	流度 (m/s)	酸液浓度 (mol/L)	反应速率 [10^{-6} mol/(cm²·s)]	运动黏度 (cm²/s)	H⁺有效传质系数 (10^{-6} cm²/s)	雷诺数
125	0.79	5.4692	3.6719	0.2607	3.6996	1807.67
208	1.31	5.4899	6.3804	0.2607	5.7513	3007.97
291	1.83	5.4699	7.7682	0.2607	6.0392	4208.26
375	2.34	5.5154	8.9781	0.2607	6.1274	5423.02

酸岩反应速率测试结果可以获得不同酸液在储层条件下的缓速性能，并根据酸岩反应速率的快慢计算出酸液变成残酸的时间，获得酸蚀有效作用距离，指导酸液体系优选。

2. 利用酸岩反应速率评价酸液缓速性能

龙王庙储层温度为150℃左右，酸岩反应速度快，应选择缓速酸液体系，有利于增加酸液有效作用距离。采用龙王庙岩心与常规酸、高温胶凝酸、高温有机转向酸、交联酸在不同温度条件下开展酸岩反应速率实验，不同酸液体系酸岩反应前后岩心端面如图3-67所示，实验对比结果如图3-68所示。评价结果显示，不同类型酸液反应速率差异较大，随着温度的升高，酸岩反应速率增加较快，温度达到90℃以后急剧增加。在150℃下，常规酸反应速率最快，约是交联酸的4倍，胶凝酸与转向酸反应速率几乎相同，约是交联酸的2倍（图3-69）。高温胶凝酸、高温有机转向酸、交联酸在高温下具有较好的缓速效果。在150℃下常规酸酸岩反应速率达到 $3.02×10^{-5}$ mol/(cm²·s)，是115℃温度条件下反应速率的2.08倍，而高温胶凝酸同样条件下只有1.18倍。考虑到龙王庙储层以深度酸压为主，结合酸液缓速性能评价，选择高温胶凝酸和高温转向酸作为龙王庙组储层改造的主体酸液体系。

20%常规酸（同）
90℃291转（反应前）

20%胶凝酸（同）
115℃291转（反应前）

20%转向酸（同）
115℃291转（反应前）

20%交联酸（同）
115℃291转（反应前）

20%常规酸（同）
90℃291转（反应后）

20%胶凝酸（同）
115℃291转（反应后）

20%转向酸（同）
115℃291转（反应后）

20%交联酸（同）
115℃291转（反应后）

图 3-67 不同酸液体系酸岩反应前后岩心端面

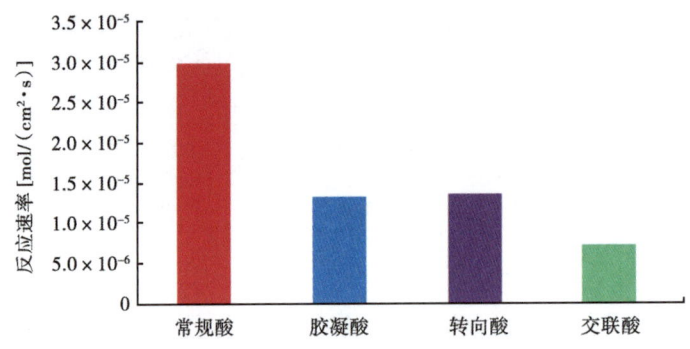

图 3-68 不同酸液体系酸岩反应速率对比图

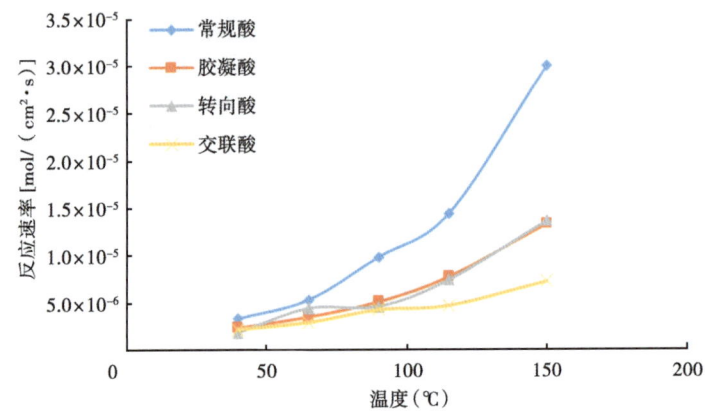

图 3-69 不同酸液体系温度—酸岩反应速率关系曲线图

参 考 文 献

陈赓良，黄瑛，2006. 碳酸盐岩酸化反应机理分析［J］. 天然气工业，26（1）：104-108.

崔福员，桑军元，王云云，等，2016. 油田高温酸化缓蚀剂研究进展［J］. 石油化工应用，35（10）：1-4.

崔应中，向兴金，吴彬，等，2009. 硫化氢对钻井液污染情况的室内实验研究［J］. 钻井液与完井液，26（2）：75-77.

韩慧芬，桑宇，杨建，2016. 四川盆地震旦系灯影组储层改造实验与应用［J］. 天然气工业，1：20-26，81-89.

李道芬，施恩刚，2008. 钻井液中游离的硫化氢检测方法研究［J］. 钻井液与完井液，25（2）：63-66.

李力，2000. 用人工模拟裂缝装置研究盐酸/白云岩反应速率的影响因素［J］. 钻采工艺，23，1：29-31.

李明，杨雨佳，李早元，等，2014. 固井水泥浆与钻井液接触污染作用机理［J］. 石油学报，35（6）：1188-1196.

李沁，伊向艺，卢渊，等，2012. 高黏度酸液在人工裂缝中流态规律研究［J］. 石油与天然气化工，41（5）：512-515.

李沁，伊向艺，卢渊，等，2013. 储层岩石矿物成分对酸蚀裂缝导流能力的影响［J］. 西南石油大学学报（自然科学版），35（2）：102-108.

李沁，2010. 高黏度酸液酸岩反应模拟实验新方法探索［D］. 成都：成都理工大学.

李树刚，孙中磊，魏振吉，2011. 钻井液除硫剂吸收硫化氢动态评价方法研究［J］. 石油与天然气化工，40（5）：490-493.

刘世彬，郑锟，张弛，等，2010. 川渝地区深井超深井固井水泥浆防污染试验［J］. 天然气工业，30（8）：51-54.

刘榆，李道芬，孔传明，等，2007. 钻井液用除硫剂的除硫效率测定方法研讨［J］. 钻井液与完井液，24（9）：4-5.

卢亚锋，郑友志，佘朝毅，等，2013. 基于水泥石实验数据的水泥环力学完整性分析［J］. 天然气工业，33（5）：77-81.

马勇，郭小阳，姚坤全，等，2010. 钻井液与水泥浆化学不兼容原因初探［J］. 钻井液与完井液，27（6）：46-48.

马勇，刘伟，唐庚，等，2010. 川渝地区"三高"气田超深井固井隔离液应用实践［J］. 天然气工业，30（6）：77-79.

牟建业，张士诚，2011. 压裂裂缝导流能力影响因素分析［J］. 油气地质与采收率，2：69-71.

杨林，2015. 钻井液用高效除硫剂的研究［D］. 成都：西南石油大学.

原励，任宇，许建伟，2016. 铁对酸化效果的影响探讨及控制铁酸液配方研究［J］. 石油与天然气化工，45（6）：61-64.

赵立强，高俞佳，袁学芳，等，2017. 高温碳酸盐岩储层酸蚀裂缝导流能力研究［J］. 油气藏评价与开发，1：20-26.

赵仕俊，陈忠革，伊向艺，2010. 酸蚀岩板三维激光扫描仪［J］. 仪表技术与传感器. 7：22-24.

郑友志，佘朝毅，姚坤全，等，2015. 钻井液处理剂对固井水泥浆的污染影响［J］. 天然气工业，35（4）：76-81.

郑友志，徐冰青，蒲军宏，等，2017. 固井水泥体系在不同条件下的力学行为规律［J］. 天然气工业，37（1）：119-123.

朱永东，2008. 酸岩反应动力学实验研究方法评述［J］. 内蒙古石油化工，10：23-25.

Taylo K C，1999. A Systematic Study of Iron Control Chemicals Used in Well Stimulstion. SPE Journal［J］. SPE39419，4（1）：19-24.

第四章　高含硫气井采气实验评价技术

随着中国石油高含硫开采先导性试验基地和国家能源高含硫气藏开采研发中心的相继建成，一批以采气工具、液体、工艺等方面实验评价为目的的采气实验评价技术及其标志性的设备和方法不断形成，这些技术涵盖了完井封隔器、井下节流器、气举阀、泡排剂、电潜泵、气液两相流等各类采气工具、液体、工艺的实验评价，有效支撑了高含硫气田采气工程的需求。本章将从采气工具评价、采气工艺模拟、泡沫排水三方面详细阐述高含硫实验评价技术。

第一节　高含硫气井井下工具实验评价技术

一、高温高压井下封隔器实验评价技术

在历经了半个世纪勘探开发后，四川盆地在浅部地层中寻找大型气藏的难度越来越大，目前勘探开发的重心开始转移到盆地深层和复杂领域，这些地区的储层特点为：
（1）埋藏深，一般在5000~6500m之间，最深达到7800m以上；
（2）温度高，一般在150℃左右，部分地区可达170℃；
（3）压力高，部分地区达到130MPa以上。

随着井深、温度、压力的增加，对井下工具的工作压力、温度指标也提出了更高的要求。在高温高压气井中，目前主要采用国内自主研发的部分工具和国外公司进口井下工具完成井下作业。国内虽然已在这种高温高压工况下做了一些井下工具应用研究，然而并没有形成系统性的评价标准，井下工具的可靠性难以保证。井下工具运用于高温高压深井的主要问题有两个方面：一是如何确保井下工具在高温高压工况下安全施工；二是如何提高具有自主知识产权的高温高压井下工具的研制水平。

针对以上问题，四川油气田建立了静密封条件下最大压力210MPa、动密封条件下最大压力105MPa、最大温度200℃、最大加载力3800kN、可稳定工作时间15d的CQ-DT22高温高压井下工具试验平台。该平台结合国内外井下工具高温高压实验平台的特点，采用液缸加载，热风加热，三套压力系统独立加压，在高温高压条件下可对井下工具加载和拉伸，总体水平达到国内一流、特色突出。实验平台的指标可以满足目前川渝地区绝大多数井下工具的实验要求。

（一）高温高压井下工具试验平台

CQ-DT22高温高压井下工具试验平台通过高强度釜体模拟井筒，通过加热、加压、加载模拟各种井下工况，以此来验证井下工具的各种性能参数。相对于全尺寸试验井，其建设和维护成本较低，在试验中可根据需要便捷的改变参数来模拟不同的工况，测试系统的安放和数据的采集方便，测试数据精度高。

试验平台由以下6个独立的部分构成：试验井筒及悬挂安装、加热保温装置、超高压液体加压站、力加载装置、中央控制系统、场地监视系统。平台原理如图4-1所示。

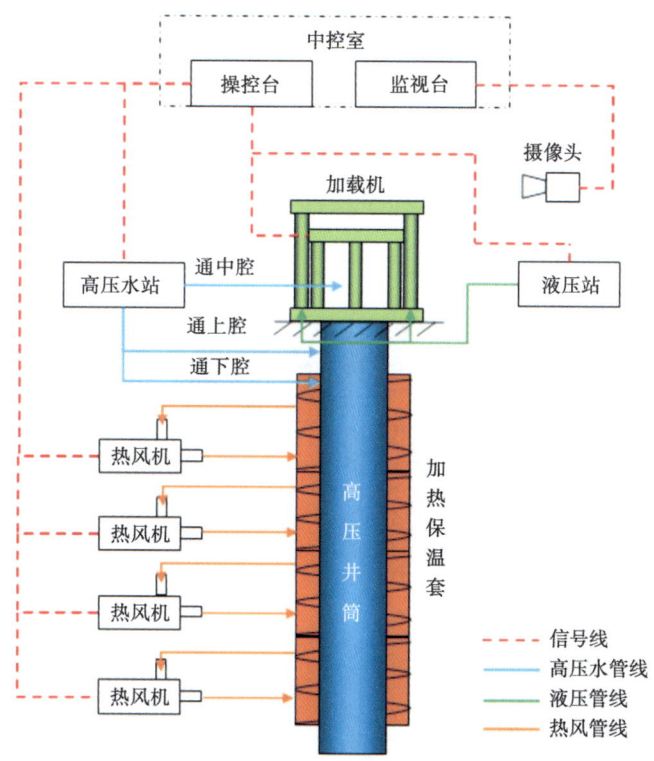

图 4-1　高温高压井下工具试验平台原理图

1. 试验井筒及悬挂安装

1）系统简述

试验井筒采用内部悬挂套管结构，套管为标准套管，试验时封隔器坐封于套管内，完全模拟现场实际情况，并保证高压井筒的内表面不被工具损坏。此外，可以通过更换套管适应不同规格的工具，同时可解决不解封井下工具试验时，对工具进行解剖分析用途的需要。

井筒采用整体悬挂安装，悬挂于力加载装置的底盘上。在井筒的中部和下部均有扶正装置，保证试验过程中井筒的稳定。加载试验时，加载力为装置的系统内力，安全可靠。

2）技术参数

技术参数见表 4-1。

表 4-1　井筒参数

项　　目	参　　数
内部安装套管规格（in）	$4\frac{1}{2} \sim 7\frac{5}{8}$
有效工作深度（m）	≥12
高压井筒内径（mm）	220
高压井筒外径（mm）	440
加热套外径（mm）	550
耐压（MPa）	≥210
耐温（℃）	≥200
使用介质	清水

2．加热保温装置

1）系统简述

加热保温装置由分段式加热风夹层（加热保温套）、热风道、循环热风机、加热控制器、加热控制配电柜等部分组成（图4-2）。地坑内加热分为四段，每段配有循环热风机及风管（图4-2）。

安全系统完善可靠，采用自动与手动结合方式。具备多路控制、超温报警自动停止加热功能，自动保护功能失效后系统自动恢复到安全状态并可手动控制。

图4-2 加热装置安装效果图

2）技术参数

技术参数见表4-2。

表4-2 加热保温装置参数

项　目	参　数	备　注
试验井筒温度（℃）	≥200	
加热介质	空气	分4段加热
循环方式	外加风机强迫循环	4台热风机
温度控制误差	±1℃仪表指示值	PID控制
温度不均匀度（℃/m）	≤±2	
加热功率（kW）	≤200	
温度显示最小量程（℃）	0.1	
升温速率（℃/min）	≥1.5	
温度显示最小量程（℃）	≤0.1	

3．超高压液体加压站

1）系统简述

超高压液体加压站为试验提供高压液体，由三台气动高压泵、一台低压灌注泵、

4~20mA 比例减压阀、手动减压阀、二位二通电磁换向阀、400MPa 气动超高压针型阀组、高压过滤器、压力传感器、机械指针压力表、储液箱和 PLC 控制器等部分组成。能够配合试验井筒设备，完成对上腔、下腔和中心腔的打压，各路可单独控制，工作压力最高为 210MPa，具备 240MPa 打压能力。

高压液压加压系统采用压缩空气为动力源，通过气动液泵输出高压液体。输出液压力与气源压力成比例，通过对气源压力的调整，得到对应的液体压力。当气压力与液压力平衡时，气动泵便停止充压，输出液压力也就稳定在预调的压力上。因而具有防爆、输出压力可调、升压速度可控、体积小、重量轻、操作简单、性能可靠、适用范围广等特点。

泄压回路配备不同压力背压阀，试件进行上下运动时，高压背压阀用于维持高压井筒内压力的同时将多液体排出，低压背压阀用于确保管路及井筒容腔内高温液体不会汽化。

2）技术参数

技术参数见表 4-3。

表 4-3　超高压液体加压站参数

项目	额定工作压力（MPa）	最大输出流量（L/h）	备注
高压液体泵	240	60	3 台
灌注泵	10	1000	1 台
高压压力表	300		
高压过滤器	400		5μm
压力测量精度	0.25%F·S		
输出回路	3 路		
控制方式	自动、手动		
连续运行时间	>15d		

4．力加载装置

1）系统简述

力加载装置用于对井筒内工具进行拉、压性能试验。

（1）机械机构：底盘、支架、动力横梁、导向机构、井筒连接器、井口密封器、拉压油缸。

（2）辅助机械：液压夹持头。

（3）液压主件：主加载油缸、液压站总成、液压控制元件以及主回路液压管路、副回路液压管路。

（4）电器控制：PLC 控制器总成、数据链数据传输总成、地面操作台。

力加载装置由四个主油缸进行拉压加载，油缸通过移动横梁连接，有导向机构，保证拉压过程中的平衡。加载装置底盘上面与浅地坑平齐，底盘通过四个管柱进行支撑立于地坑内。加载机与高压井筒上部相连，加载机对高压井筒的加载力为试验装置系统内力，不会传递到基础之上。液压站及控制柜放在力加载装置旁边的小地坑内，地面有操作台，如图 4-3 所示。

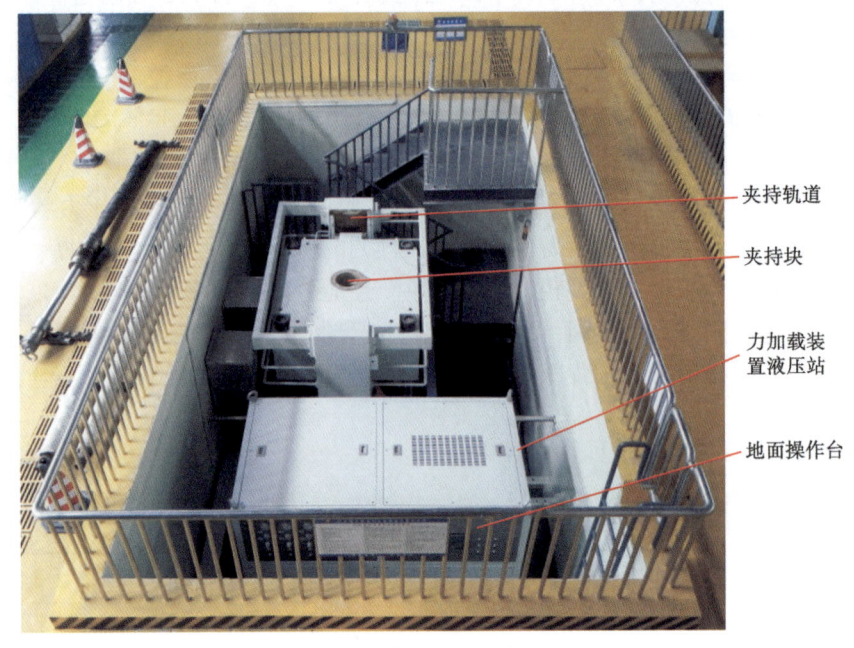

图4-3 力加载装置布局图

2）技术参数

技术参数见表4-4。

表4-4 力加载装置参数

项　　目		参　　数
轴向加载（kN）	拉力	≥3800
	压力	≥3800
轴向加载行程（m）		1
承载方式		装置内力承载方式
加载控制方式		自动、手动
液压系统压力（MPa）		15

5. 中央控制系统

中央控制系统通过控制室内上位机与现场下位机的数据传输进行远程控制和监视。控制室内主要分为试验控制台和视频监视控制台两部分。试验控制台主要控制超高压液体加压站、加载保温装置和力加载装置等部分，视频监视控制台主要进行现场的视频监视。

1）控制模式

控制系统是基于PLC的二级混合控制系统，上位机对下位机进行数据发送和接收、修改试验参数、控制工作状态、存储试验数据、显示控制界面和数据回放、报表生成等功能，采用友好的软件交互界面。下位机采用西门子控制器作为核心处理器的实时控制器，下位机具有系统过程控制、数据采集、现场显示工作参数、现场修改试验参数以及与上位计算机进行数据交换等功能。上下位机互相独立，互不干扰，分工明确，从而可以更好地保证系统稳定运行，实现整个系统的稳定运行。人机界面具有易于操作，便于维护等特点。系统具有很好的实时性，抗干扰性强，稳定可靠。

2) 控制原理

中央控制台安装有上位计算机、继电保护装置等设备。上位计算机通过 RS485 与现场 PLC 连接。通过上位机的控制软件，对现场的 PLC 进行参数设置和状态控制。

上位机软件在 LabVIEW 平台上进行开发；上位机软件开发包含：通信、数据存储、设置界面、用户系统和数据分析等。

下位机 PLC 负责完成所有试验传感器信号的采集、试压流程的切换、测试压力的采集、加载载荷采集、加热温度采集、异常判断等功能。上位机 labvIEW 软件通过以太网通信向下位机输入试验标准、试验工艺及试验参数等指令，同时也可向下位机获取试验压力、加载载荷、加热和试验流程状态、异常情况等参数，并可实时显示和保存试验数据。

6. 场地监视系统

试验系统的视频监控系统主要是对试验区域和试验过程的监控，试验工作情况以图像和视频的方式实时记录下来，以规范和监督各类试验安全，一旦发生差错，可以通过重放录像资料进行查找、更正。另一方面可以监视试验现场，禁止无关人员进入，确保试验安全。

试验室监视系统主要由：前端设备、传输设备、主控设备和显示设备等组成（图 4-4）。

图 4-4 监视系统示意图

视频监视系统前端设备包括摄像机、镜头、云台、防护罩、支架等，负责图像和数据的采集及信号处理。

传输设备包括同轴电缆和信号线缆，负责将视频信号传输到机房的主控设备。

主控设备负责完成对前端视频信号进行压缩处理、图像切换等所有功能项的控制。

显示设备主要是显示器，用以实时显示系统操作界面、监控区域图像和回放存储资料。

（二）**高温高压井下封隔器实验评价方法**

1. 实验目的

在 CQ-DT22 高温高压井下工具试验平台中对封隔器进行性能检测试验，验证其在高温高压环境下的密封性能、承载能力及结构强度，并绘制其信封曲线，保障封隔器的现场使用，为新工具的研制开发提供技术支撑。

2. 实验设备

CQ-DT22 高温高压井下工具试验平台。

3. 实验准备

（1）CQ-DT22 高温高压井下工具试验平台的准备、调试、检查。

（2）套管的准备。根据实验封隔器旋转合适套管，确定其尺寸、钢级、长度、壁厚、抗内挤、抗外压、螺纹、上扣扭矩等，在加载机上按照标准上扣扭矩连接套管挂，并根据实际情况选择是否在套管底部安装堵头。

（3）实验封隔器的准备。确定待实验封隔器的各项参数，制定实验方案，根据其上下端螺纹准备相应接头，配齐实验管串。

（4）其他辅助工具的准备。

（5）实验人员安排。

4. 实验步骤

（1）根据试验工具选择合适套管，在卸扣机上按螺纹的标准扭矩连接套管和套管挂，按需要确定是否安装套管下部堵头。

（2）将管件引鞋在套管下部，用吊车将其慢慢竖立吊起，并放入井筒中，依次安装下压环、上压环，安装前注意检查各密封圈。

（3）将加载杆密封筒及内压环安装到加载杆上，注意涂抹专用润滑脂（图4-5）。

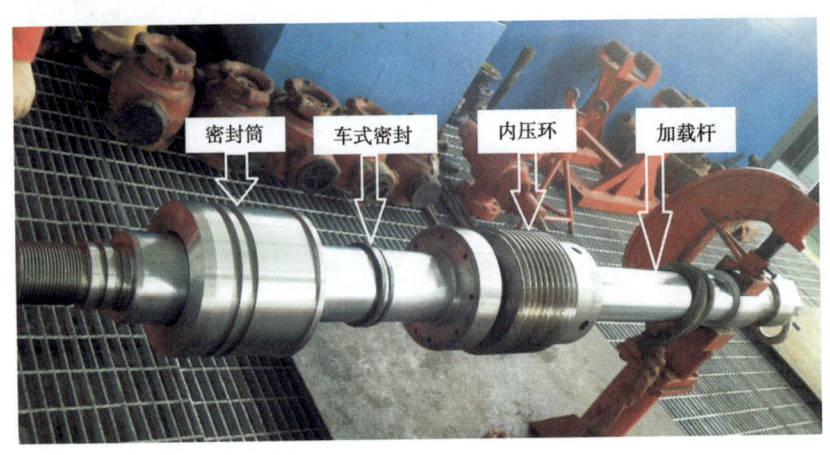

图 4-5　加载杆及密封筒实物图

（4）安装各连接扣 O 形密封圈。

（5）在场地上连接加载杆、接头、封隔器，注意检查密封圈，确保完好。

（6）上紧各连接扣。

（7）将管件引鞋套在管柱下部，用行车将其慢慢竖立吊起，并放入井筒中。

（8）用专用加力杆将内压环和上压环的连接螺纹拧完后回转1/4圈（图4-6）。

（9）用液压锁紧夹头夹住加载杆上部锁口，并上下活动加载杆，松开夹头，再次夹紧，再次活动1次，确保加载杆居中。

（10）根据封隔器具体情况坐封封隔器。

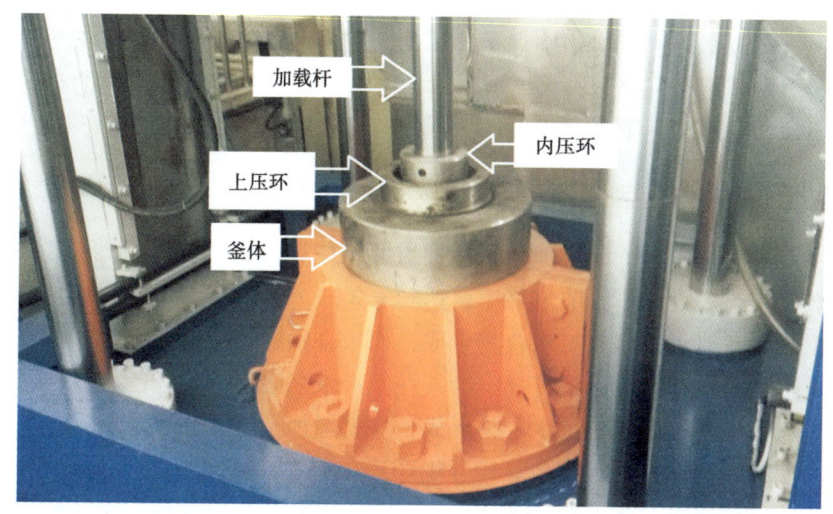

图 4-6　CQ-DT22 高温高压井下工具试验平台井口装置实物图

（11）按照试验要求打压、加热、加载，可手动操作，也可在控制计算机上设置试验步骤和参数，试验平台将自动操作。无论手动还是自动，系统将实时显示和记录试验数据，并显示曲线。

（12）试验结束后泄压并启动降温系统，降温至常温。

（13）逆时针旋转内压环，用行车吊出加载杆试验工具管串、内压环和密封筒。

（14）拆下试验工具。

（15）检查内压环密封圈、密封筒密封组件及加载杆表面光滑情况。

（16）用行车将加载杆及接头慢慢竖立吊起，并放入井筒中，放入过程中避免磕碰。

（17）用专用加力杆将内压环和上压环的连接螺纹拧完后回转 1/4 圈。

（三）高温高压井下封隔器评价实验结果分析及应用

根据试验过程情况及试验压力、温度、压降数据，分析试验工具情况，判定是否合格。

CQ-DT22 高温高压井下工具试验平台已经进行过多次试验，试验工具包括 7in105MPa 高温高压封隔器、4½in70MPa 封隔器、7in70MPa 机械桥塞等，效果良好。统计结果见表 4-5。

表 4-5　CQ-DT22 高温高压井下工具试验平台应用情况统计表

实验工具	实验压力（MPa）	实验温度（℃）	坐封吨位（kN）	实验时间	实验情况
7in 高温高压封隔器	105	200	120	2016 年 3 月	正常
7in 高温高压封隔器	105	200	130	2016 年 9 月	正常
7in 高温高压封隔器	105	200	120	2016 年 10 月	正常
7in 高温高压封隔器	105	200	120	2016 年 11 月	正常
4½inRTTS 封隔器	70	160	80	2016 年 12 月	正常
7in 高温高压封隔器	105	200	120	2017 年 3 月	正常
5in 机械桥塞	70	常温	打压坐封	2017 年 7 月	正常

高温高压井下封隔器实验评价技术通过模拟井下高温高压环境，检验封隔器的性能、寿命和可靠性，这一技术的推广应用确保了测试工具在现场高温高压工况下正常工作，为取全取准试油资料奠定基础，提高了井下工具技术服务能力，并且为井下工具的自主研发提供了可靠的试验平台，为提高井下工具研发能力提供有力技术支撑。

二、高抗硫井下节流器实验评价技术

天然气生产过程中，为了满足地面集输管线的承压要求和确保地面场站和设施的安全，井口高压天然气需经多级调压阀节流降压，达到输送压力要求后再进行管输。天然气节流是一个降压降温过程，地面节流使得水合物生成，而水合物的生成对油管、计量孔板以及地面管线等会造成阻塞，降低设备的热传导，给气井生产带来诸多困难，因此，在节流前需要采用水套炉对天然气进行加热来防止水合物形成，这就增加了气井开采成本，也加重了管理人员的劳动强度。同时，开关调压阀会对气井生产产生有害的激动，造成生产不稳定，而且，节流前的井口及部分地面管线仍然会承受高压，井口仍然存在较大的安全隐患。为了解决以上问题，提出井下节流工艺，该工艺将井下节流器安装于油管的适当位置，在实现井筒节流降压的同时，充分利用地温对节流后的天然气流加热，使节流后气流温度高于该压力条件下的水合物形成温度，从而达到降低地面管线压力，防止水合物生成，取消地面保温装置，简化井场地面流程，节省投资的目的（金忠臣，2004）。

在高含硫气藏开发过程中，需要配套高抗硫井下节流工具满足现场要求。为保证高抗硫井下节流器各项性能的稳定可靠，形成了关于高抗硫井下节流器评价的实验技术，主要包括：理化性能评价实验、密封性能评价实验、强度性能评价实验、喷嘴耐冲蚀性能评价实验、投捞性能评价实验。

（一）实验内容

1. 高抗硫井下节流器理化性能评价

1）高抗硫井下节流器材质成分检测

利用合金分析仪检测高抗硫井下节流器合金成分，判断其材质是否高抗硫，并满足设计要求。

2）高抗硫井下节流器材质硬度检测

利用硬度实验机检测高抗硫井下节流器本体材质硬度，判断其是否满足设计要求。

3）高抗硫井下节流器圆柱度检测

利用圆柱度仪检测高抗硫井下节流器的圆柱度，判断其是否满足设计要求。

2. 高抗硫井下节流器密封性能评价

模拟井下压力环境，将井下节流器（封堵节流嘴）坐封在工作短节上，检验井下节流器密封件与坐封短节之间的密封性能。

3. 高抗硫井下节流器强度性能评价

将井下节流器坐封在工作短节上，模拟井下环境，对井下节流器施加1.5倍工作压力，持续一定时间后取出检验节流器是否存在变形与损坏。

4. 高抗硫井下节流器喷嘴耐冲蚀性能评价

利用水射流实验装置，模拟井下工作环境，对井下节流器喷嘴实施固液两相流冲蚀实验，评价高抗硫井下节流器喷嘴的抗冲蚀性能。

5. 高抗硫井下节流器投捞性能评价

将工作短节随油管柱下入模拟实验井，利用钢丝绞车模拟高抗硫井下节流器现场作业工况，反复投、捞高抗硫井下节流器，检验其投捞可靠性。

(二) 实验设备

1. 高抗硫井下节流器理化性能评价设备

（1）高抗硫井下节流器材质成分检测使用设备如图 4-7 所示。

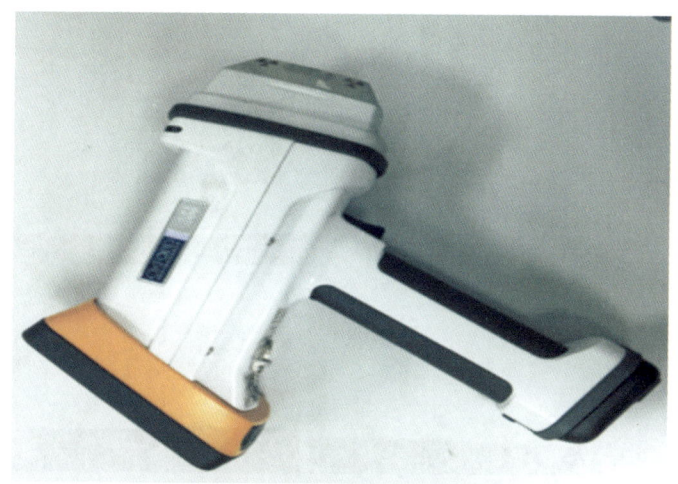

图 4-7　手持式合金分析仪

采用 X 射线荧光（XRF）技术进行多元素分析。用于各种高低合金钢、不锈钢、工具钢、铬/钼钢、镍合金、钴合金、镍/钴耐热合金、钛合金、铜合金等，可分析 Ti、V、Cr、Mn、Fe、Co、Ni、Cu、Zn、Nb、Zr、Mo、Ag、Pd、Sn、Hf、Ta、W、Re、Pb、Bi、Se、Sb 等元素。

（2）硬度试验机可以对铸件与锻件、平整的柱形工件、样品测试或质量控制测试、钢材、有色金属、硬质合金、陶瓷、不锈钢等材料开展洛氏、布氏、韦氏硬度检测（图 4-8）。

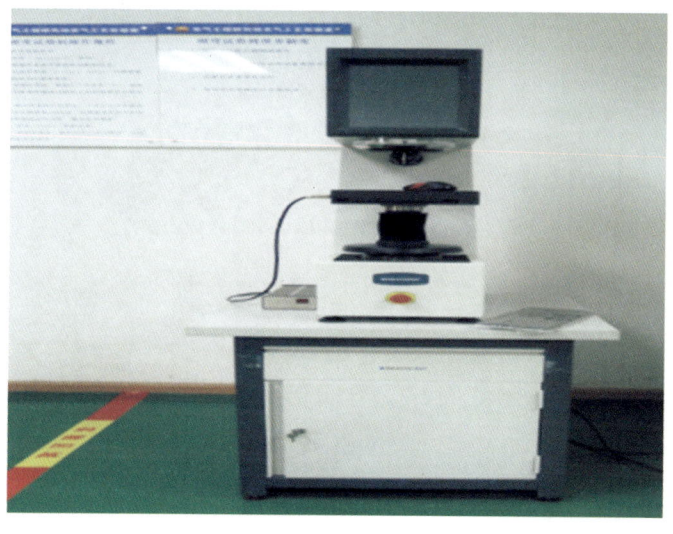

图 4-8　硬度试验机

2. 高抗硫井下节流器圆柱度检测设备

该设备主要用于精密圆柱状零件过程检测，能准确、快速、简便地得到零件的圆度、圆柱度、同心度、平面度、垂直度、偏心、同轴度、跳动、直线度、全跳动、粗糙度等形位误差结果，并且通过软件可以清晰地评估和显示工件的形状和位置偏差量（图4-9）。

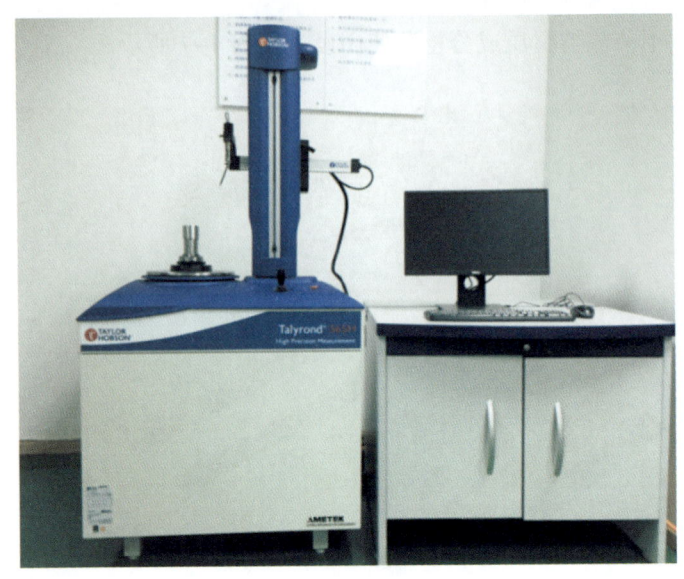

图4-9　圆柱度分析仪

3. 高抗硫井下节流器密封性能与强度性能评价设备

在对井下工具等各类需要进行压力密封性检测、强度性能测试实验时，该设备能提供高液压。具备多级不同时间的自动加压、自动记录液压曲线、超压保护、自动生成报告等特性（图4-10）。

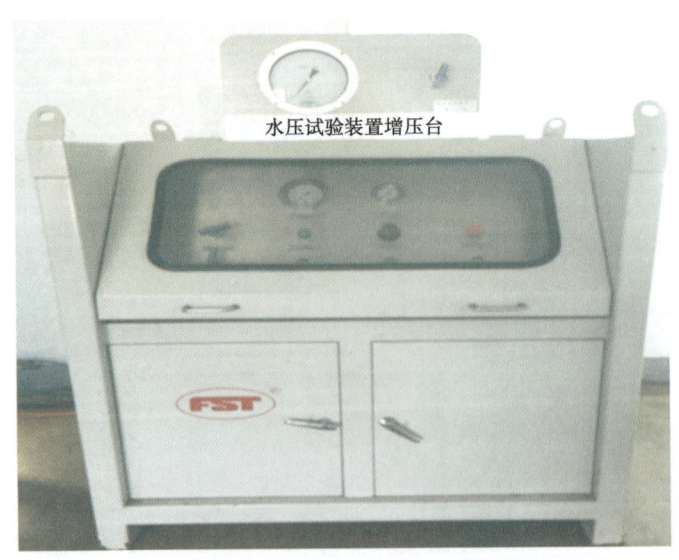

图4-10　智能水压实验装置

4. 高抗硫井下节流器喷嘴耐冲蚀性能评价装置

实验系统主要功能与适用范围如下：

（1）新型喷嘴设计开发，现有喷嘴性能测试与结构优化；

（2）非淹没条件下射流破碎（射孔、切割、钻削、抛光等）靶体性能分析；

（3）模拟井下围压环境下射流冲蚀靶体性能评价；

（4）钻井等机械钻进相似模拟实验与性能测试；

（5）射流发生系统结构设计、优化与性能测试；

（6）新型射流（旋转射流、磨料射流、脉冲射流、空化射流、冰粒射流等）形成机理与射流结构分析。

本实验系统配置的设备主要有高压泵、高压水射流实验台、磨料供给系统、3DPIV 测试系统、模拟井下围压测试系统、全方位监控系统以及高压水射流实验系统状态监测与压力流量采集系统及相关辅助设施（图 4-11、图 4-12）。设备的系统组成如图 4-13 所示。

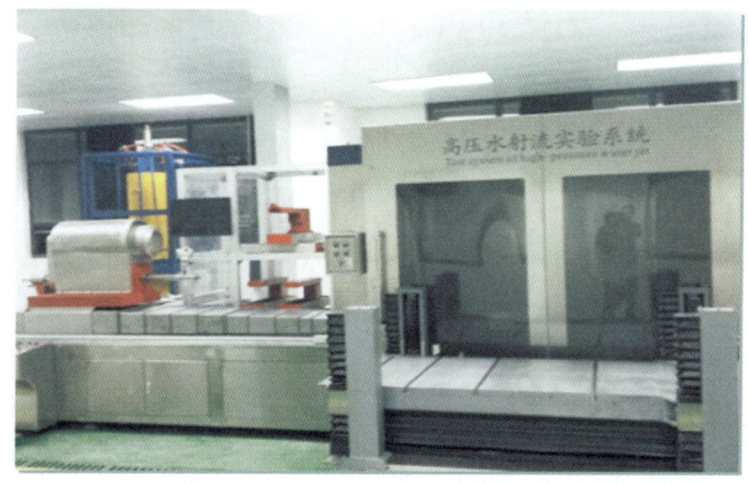

图 4-11　水力射流实验装置

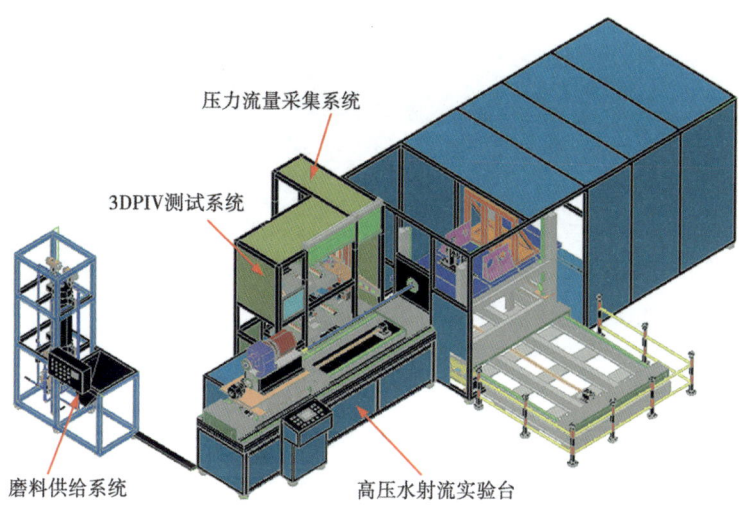

图 4-12　水射流实验装置结构示意图

143

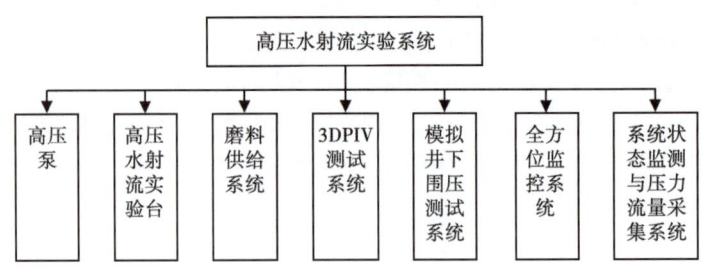

图 4-13　系统组成框图

5. 高抗硫井下节流器投捞性能评价装置

高抗硫井下节流器投捞性能评价装置主要由钻磨试验系统、模拟试验井、钢丝绞车一系列设备组成，可以模拟高抗硫节流器入井投捞施工的全过程。

1）钻磨实验系统

该装置为 ZJ10 型电动钻机，具备管柱起下、旋转钻磨、工具井下功能性测试功能（图 4-14）。

图 4-14　ZJ10 型钻机

2）模拟试验井

模拟试验井深度 950m，内悬挂有 ϕ177.8mm 套管（图 4-15），可以利用该模拟试验井开展采气工艺的模拟试验、井下工具的入井模拟试验。

3）试井绞车

高抗硫井下节流器投捞性能模拟试验，采用现场试井专用装置试井绞车（图 4-16）。试

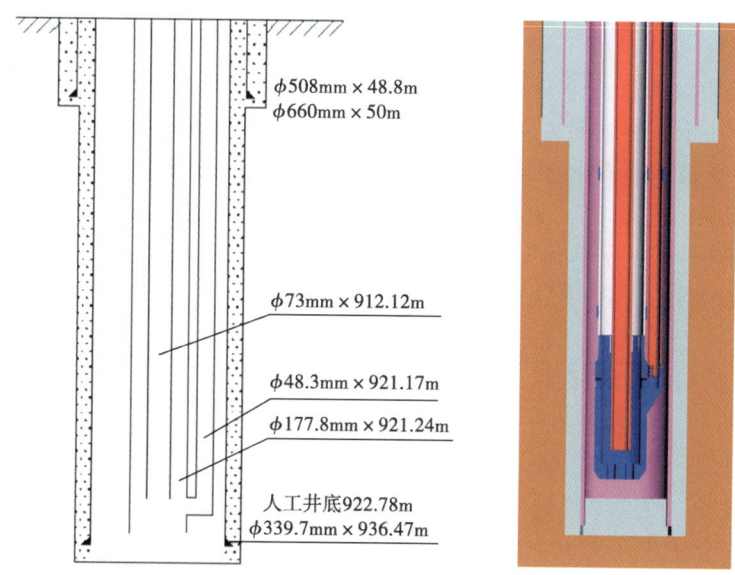

图 4-15 模拟试验井

井绞车是一种油田专用装置，适用于各种型号规格的录井钢丝进行试井作业。配合不同的井下仪器可以进行井下测压、测温、测井斜度、井底取样、探测砂面、清蜡及小型打捞等井下作业。

图 4-16 钢丝绞车

（三）实验方法及步骤

1. 高抗硫井下节流器理化性能评价实验方法

1) 高抗硫井下节流器材质成分检测实验方法

(1) 实验目的：测试高抗硫井下节流器金属材质成分。

(2) 主要实验设备：手持式合金分析仪。

(3) 实验安全注意事项：手持式合金分析仪采用 X 射线，对人体会造成辐射；实验时应按照相关要求做好防护。在测试过程中不得将仪器指向自己或其他任何人。如果未使用仪器，不得开启挡板。

（4）主要实验设备。

仪器校正：在正式测试前，应检测"标块"，确认检测值正常。

测量前应保证被测面露出金属光泽。

（5）实验步骤。

①取待检测高抗硫井下节流器放置于专用操作台（防止节流器滚动）。

②正确佩戴设备防护腰带，手握设备对准待检测部位，按下电源开关，仪器发出提示音，检测结束。

③测量完毕后长按电源开关，关机，并将设备放置在防水设备箱内。

2）高抗硫井下节流器材质硬度检测实验方法

（1）实验目的：测定高抗硫井下节流器材质硬度。

（2）实验设备：硬度实验机。

（3）实验安全注意事项。

①由于高抗硫井下节流器为圆柱形状，实验过程中压头会对高抗硫节流器产生冲击，需要固定好测试用高抗硫节流器。

②被测试件的表面应平整光洁，不得有污物、氧化皮、凹坑及显著的加工痕迹，试样的支承面和试台应清洁，保证良好密合。

③被测试件应稳定地放在试台上，加力过程中不得移动试件，并保证试验力能垂直施加于试件上。

（4）实验步骤。

①打开硬度实验机及软件。

②根据实验要求匹配合适的压头。

③在硬度实验机软件中匹配实际使用压头。

④确保试件放在工作台上的平稳性，并调整工作台，取保压头与试件距离1mm左右。

⑤测试试件硬度。

⑥完成试件测试，取出试件、查看并保存测试结果。

3）高抗硫井下节流器圆柱度检测实验方法

（1）实验目的：检测高抗硫井下节流器的圆柱度。

（2）实验设备：圆柱度仪。

（3）实验安全注意事项。

①工件需固定好，不能松动，擦拭干净。

②观察工件上有没有孔或槽，使测头避开。

③测头快接近工件时，使用微调按钮接触工件。

④测量内孔时，要记住测头所到达的最深距离，以免碰到传感器。

（4）实验准备。

①在工作台上用垂直调心按钮进行调心，不动水平调心按钮。

②装上卡盘，将测头旋转成竖直方式。

③装上随机标配的标准件进行水平调心。

④点击圆度→按下工作台旋转按钮→点击测量→系统自动生成圆度值→点击仪器校正→

选择系统校正→输入标准块实际值→按确定按钮→系统弹出对话框→点击（是），此步进行多次，使测得的值与标准件接近为止。

（5）实验步骤。

打开气源→启动仪器→打开计算机→仪器归零→工件调整→各项测量。

①工件调整：调整对心功能是测量准确性的前提准备；根据实际测量要求选取内外圆方式，系统默认为外圆；根据工件选择适量档位；将待测工件洗干净，采用精密卡盘装夹紧工件，侧头缓慢接触到工件表面，大概传感器读数为零左右；工件调整好后可进行圆度、圆柱度、同心度、同轴度的测量。

②圆柱度的测量：点击圆柱度→按下工作台旋转按钮→点击调整→选择手动→点击测量→依照提示依次选择三个圆柱面→系统自动显示图形与所测数据。

2. 高抗硫节流器密封性能评价实验方法

（1）实验目的：评价高抗硫井下节流器密封件与坐封短节之间的密封性能。

（2）主要实验设备：智能水压实验装置、试压坑及监控设备、高温试验箱。

（3）实验安全注意事项。

①在进行试件的安装或拆卸时，应确认系统无压力。

②智能水压实验装置不可超压使用。

③手动调节调压阀时应缓慢调节，以免造成试验压力超压损坏试件。

（4）实验准备。

①检查并确认设备压力表、阀类控制元件、开关状态有无异常。

②检查供给的驱动气源是否稳定、介质水源是否洁净无尘、是否加到合适的液位。

③确保高抗硫井下节流器装备正确并与坐封工作筒正确坐封，节流嘴堵头正确装配。

④确保各液压连接部位扣型匹配正确。

（5）实验步骤（图4-17）。

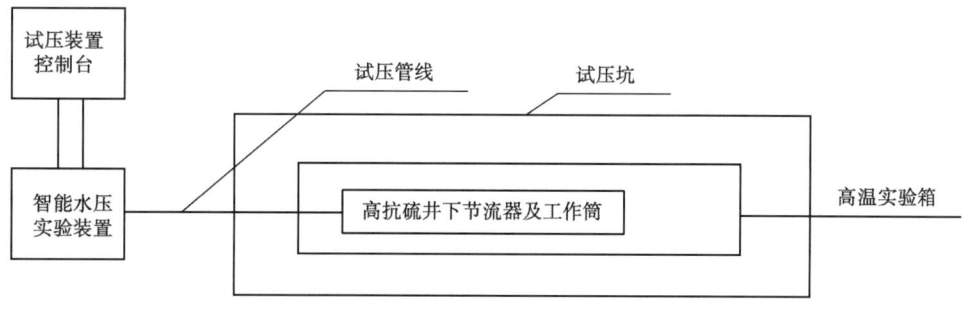

图4-17 高抗硫井下节流器密封实验示意图

①装配好高抗硫井下节流器并与坐封工作筒正确坐封。

②在高抗硫井下节流器入口端连接试压堵头并与试压管线连接。

③在高抗硫井下节流器出口端封堵节流嘴。

④将高抗硫井下节流器固定在试压坑内。

⑤启动水压试验装置，排空节流器内空气。

⑥向节流器内加压5MPa，稳压5min，无泄漏、无压降继续以5MPa为步长升压，每个台阶稳压5min，直至升压至额定工作压力，稳压5min，压降小于0.5MPa为合格。

⑦泄压到零，记录、保存实验数据。

3. 高抗硫节流器强度性能评价实验方法

（1）实验目的：评价高抗硫井下节流器本体强度性能。

（2）主要实验设备：智能水压实验装置、试压坑及监控设备。

（3）实验安全注意事项。

①在进行试件的安装或拆卸时，应确认系统无压力。

②智能水压实验装置不可超压使用。

③手动调节调压阀时应缓慢调节，以免造成试验压力超压损坏试件。

（4）实验准备。

①检查并确认设备压力表、阀类控制元件、开关状态有无异常。

②检查供给的驱动气源是否稳定、介质水源是否洁净无尘、是否加到合适的液位。

③确保高抗硫井下节流器装备正确并与坐封工作筒正确坐封。

④确保各液压连接部位扣型匹配正确。

（5）实验步骤。

①装配好高抗硫井下节流器并与坐封工作筒正确坐封，工作筒出口端封堵。

②在高抗硫井下节流器入口端连接试压堵头并与试压管线连接。

③将高抗硫井下节流器与工作筒固定在试压坑内。

④启动水压试验装置，排空节流器内空气。

⑤向高抗硫井下节流器域工作筒内加压 5MPa，稳压 5min，无泄漏、无压降继续以 5MPa 为步长升压，每个台阶稳压 5min，直至升压至 1.5 倍额定工作压力，稳压 30min。

⑥泄压到零，记录、保存实验数据。

⑦取出高抗硫井下节流器，观察节流器本体、橡胶密封件是否存在破坏。

⑧测量高抗硫井下节流器各部件尺寸并做好记录。

4. 高抗硫井下节流器喷嘴耐冲蚀性能评价

（1）实验目的：评价高抗硫井下节流器喷嘴的耐冲蚀性能。

（2）主要实验设备：水射流实验装置。

（3）实验安全注意事项。

高压水射流实验系统主要由高压水射流实验台、磨料供给系统、3DPIV 测试系统、模拟井下围压测试系统、全方位监控系统、压力流量采集系统、电器控制装置、电动机、增压泵等系列设备构成的一套复杂的实验装置，其安全注意事项涉及多个方面。

（4）实验安全注意事项。

①使用本实验系统的操作、维修人员必须是经过培训且具有操作本实验系统资格的人员。

②操作人员以及维修人员必须遵守使用方公司/企业安全管理制度，上机操作前，穿戴防护服安全鞋，护目镜等劳保用具，长头发要放在帽子里，搬运、添加磨料时要佩戴防尘口罩。

③维修人员应由有资格或具备专业维修能力的人员来承担，以免发生意外。

④系统出现故障或处于危机状态时，应首先按下急停按钮，然后关闭总电源开关，故障未排除之前不得送电，停电时应马上断开总电源开关。

⑤在进行高压射流喷射时，任何情况下，禁止头、手等身体的任何部位接触射流。

⑥设备带压力时，严禁拆卸、松动喷嘴、管接头等。
⑦在3DPIV系统调试与工作时，任何情况下，禁止激光直接照射人眼。
⑧在主轴转动时，任何情况下，禁止手等身体的任何部位与主轴接触。
⑨操作设备时不得佩戴手套，否则，很可能引起误操作或发生缠绕卷入危险。
⑩一定要在关机的状态下安装、拆卸或调整喷嘴、管道等。
⑪在射流冲蚀期间不要清理岩屑、磨料等。
⑫安装或卸下试件都应在停机状态下进行。
⑬系统运转时，不允许其他人在工作区域逗留。
（5）实验准备。
①设备状态做好各方面检查。
②准备实验用冲蚀材料。
③准备好实验评价用喷嘴，并做好实验前喷嘴的拍照、尺寸记录。
④做好冲蚀参数的设计，流量、磨料浓度、压力、冲蚀时间等。
（6）实验步骤。
①将节流嘴固定在喷射实验台并与液流管线做好连接。
②检查泵的性能，并连接泵到实验装置的高压胶管和磨料管路。
③打开高压水射流实验系统，开启高压泵，设置自动加沙压力超高报警设定，将磨料加入磨料漏斗中，完成加沙作业。
④打开高压水射流实验系统，完成磨料射流压力超高报警设定，开泵，此时不升压，只需要形成纯水射流，完成液流实验的调试工作。
⑤开泵，缓慢升高压力至形成带磨料射流（按照设计方案）。
⑥关闭高压泵、空压机、等设备的外部电源以及系统的进水，打扫实验室卫生。
⑦取出节流器喷嘴，测量和检查喷嘴的冲蚀形态。

5. 高抗硫井下节流器投捞性能评价实验方法

（1）实验目的：测试和评价高抗硫井下节流器入井坐封与投捞的可靠性。
（2）主要实验设备：钻磨试验系统、模拟试验井、钢丝绞车（图4-18）。
（3）实验安全注意事项。
①实验过程中设备吊装时，应做好吊装作业的安全预案，并应由专人指挥，严禁多头指挥。
②作业过程中如出现钢丝跳槽事故，应立即停止作业，用钢丝夹夹住钢丝，再将钢丝回槽，检查归位钢丝是否受损，如钢丝受损明显，应停止作业。
③作业过程中应防止出现超负荷使用钢丝，同时注意防止钢丝出现绞缠等复杂情况。
（4）实验准备。
①油管及节流器坐封工作筒，吊车一台，液压绳索作业车一台，绳索防喷管，已审定合格的计量仪表。
②检查绳帽、加重杆、机械震击器、坐放和打捞工具是否齐全，有无损伤。
③检查并记录样品的编号。
④测量外观尺寸（长度、最大外径），记录测量数据。
⑤检查连接螺纹有无损伤、扣型是否吻合。
（5）实验步骤。

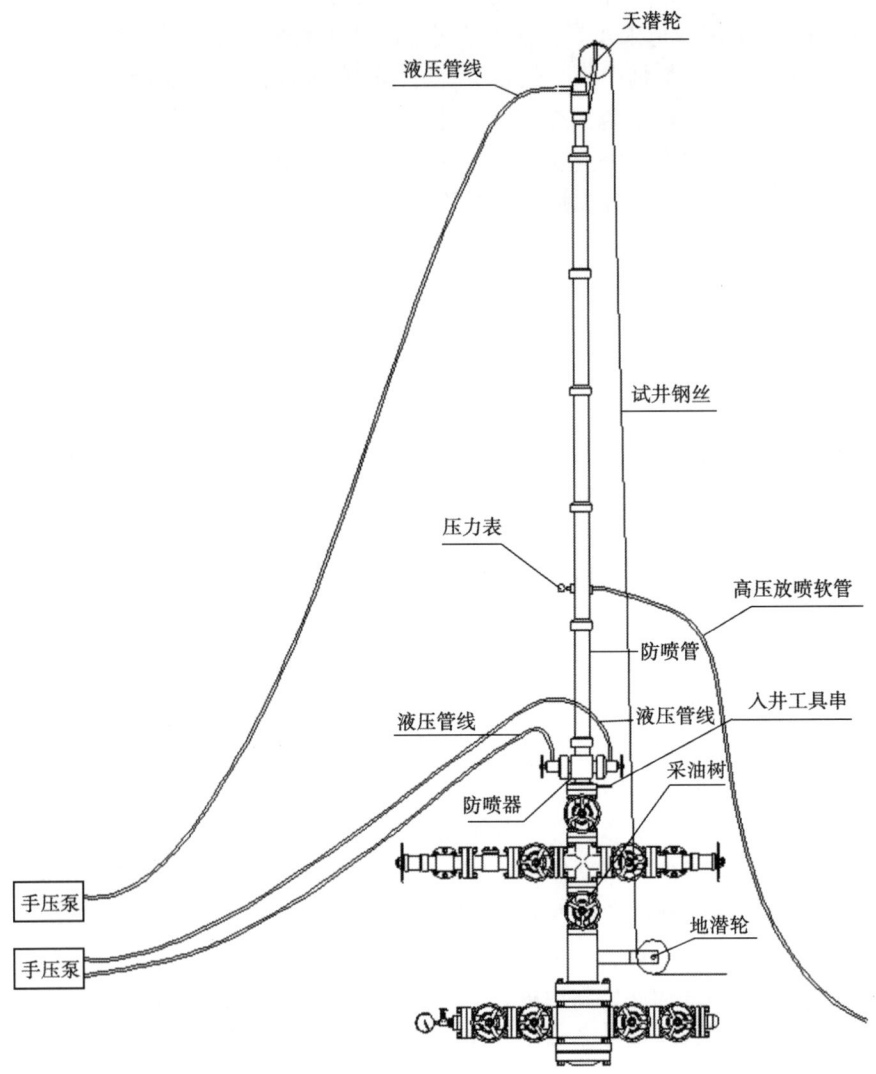

图 4-18 高抗硫井下节流器实验井口装置示意图

①利用钻磨试验系统吊开模拟试验井 1#闸阀以上井口装置。
②在模拟试验井下入带高抗硫井下节流器坐封工作筒的管柱。
③安装井口装置、防喷管、滑轮等试井设备。
④利用钢丝工具通油管内径，工具串结构为通井规+震击器+加重杆+绳帽。
⑤坐放高抗硫井下节流器。
⑥取出油管通井工具串后，更换为高抗硫井下节流器。
⑦工具串结构为高抗硫井下节流器+投放工具+机械震击器+加重杆+绳帽。
⑧观察钢丝计数器，下入深度接近坐放位置，悬停和上起称重并记录，下放至节流器工作筒深度，当悬重明显减小，慢提钢丝，负荷会缓慢增加，当负荷不再增加时，记录深度和悬重，缓慢上起拉开震击器，然后快速下击，剪断坐放销钉，打开卡瓦。
⑨缓慢上起，负荷明显增大，说明坐放销钉已经剪断，节流器卡瓦卡定。

⑩下放收回振击器，然后快速上击，剪断检验销钉，负荷小于称重记录的上起负荷值，说明坐放成功，上起工具串。

⑪拆卸井口防喷系统并取出工具串。

⑫检验高抗硫井下节流器坐封效果，是否完全丢手，地面显示是否正常。

⑬投捞高抗硫井下节流器。

⑭连接打捞工具串并确认连接是否紧固，记录各种入井工具的尺寸。

⑮将组装好的工具串放入防喷管内用绳卡卡定，整体吊装防喷管至井口安装。

⑯盘紧钢丝，松开钢丝绳卡，深度计数器调零，下打捞工具串。

⑰观察钢丝计数器，下入深度接近节流器工作筒时，悬停和上起称重并记录，下放至节流器深度，当悬重明显减小，慢提钢丝，负荷大于称重记录的上起负荷值时，说明捞住了节流器打捞颈。

⑱反复向上震击，直到整个固定型井下节流器被打捞出节流工作筒，如未解卡，下击丢手。

⑲上提工具串至防喷管内，确认钢丝计数器回零。

⑳将防喷管和打捞工具串一起吊下。

㉑检验高抗硫井下节流器打捞效果，是否捞起，地面显示是否正常。

(四) 实验结果分析及应用

1. 高抗硫井下节流器理化性能评价实验技术应用情况

理化性能评价实验技术是对高抗硫井下节流器材质与物理性能的评价与把关，是保证井下节流器在高含硫环境下性能稳定的重要实验保障。通过大量室内实验，井下节流器抗硫腐蚀等级从 $5g/m^3$ 提高到 $225g/m^3$，在川渝气田开展了百余井次成功应用，施工过程安全、开井生产运行正常，更换的节流器通过了渗透性探伤检测，合格率100%（图4-19、图4-20）。

图4-19 高抗硫井下节流井口取出图

（a）清洁前

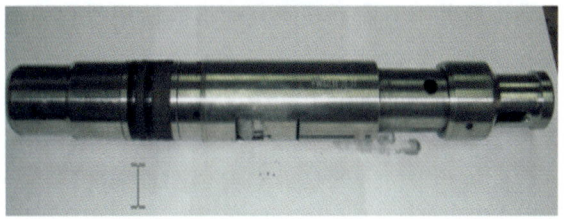

（b）清洁后

图4-20 高抗硫井下节流器清洗前后图片

2. 高抗硫井下节流器密封性能评价实验技术应用情况

密封性能评价实验技术是检验高抗硫井下节流器橡胶密封件性能的重要手段，通过模拟井下环境可以验证优选的橡胶件是否满足密封要求。通过室内实验，检测和优选了适合高含硫环境并满足耐温、耐压性能的橡胶件，为高抗硫井下节流器密封性能的稳定可靠，提供了实验支撑（图4-21、图4-22）。

(a) V密封实物图（第一支节流器）　　　　(b) V密封实物图（第二支节流器）

图4-21　井下取出后密封件

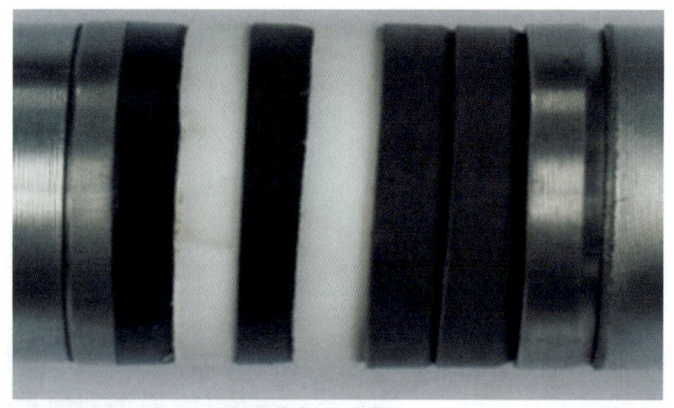

图4-22　清洗后密封件

通过打捞出来的节流器可以看出，密封件完好，未发现腐蚀、刺漏等情况，证明密封件材料及结构符合要求。

3. 高抗硫井下节流器喷嘴耐冲蚀性能评价实验技术应用情况

高抗硫井下节流器在研究和推广使用过程中经常发生喷嘴冲蚀失效，最终导致井下节流失败。通过反复设计、反复实验，最终制造出耐磨性能较好的喷嘴，并在后期现场使用过程中未出现腐蚀、冲蚀变形等情况（图4-23）。

4. 高抗硫井下节流器投捞性能评价实验技术应用情况

高抗硫井下节流器是采用钢丝作业车进行投放和打捞，生产的变化、节流器使用年限、新工艺实施等多种因素均会导致更换井下节流器。其投捞性能的稳定可靠是保证更换节流器成功与否的关键。通过模拟现场工况环境，在模拟试验井开展了大量的模拟投捞工作，确保了高抗硫井下节流器投捞性能的可靠（图4-24、图4-25）。

图 4-23 节流嘴套冲蚀图

图 4-24 模拟投捞试验

图 4-25 地层出砂影响打捞

三、高含硫气举阀实验评价技术

气举在四川盆地气田中、后期有水气藏开发中得到了广泛的应用，是目前有水气田开发中应用效果最好的排水采气工艺措施之一，随着高压含硫气藏出水后，需要配套高抗硫气举阀以满足现场气举工艺的要求，为了保证高含硫气举阀的各项性能稳定可靠，形成了关于高含硫气举阀评价的实验技术，主要包括：水静压老化实验、气举阀开启压力调试、探针测距实验、高温气举阀开启压力测试、温度敏感性评价实验。

（一）实验原理

1. 高含硫气举阀水静压老化实验

通过气举阀调试台架的老化釜对气举阀波纹管进行收缩和膨胀，使波纹管处于稳定状态。

2. 气举阀探针测距实验

当气压进入气举阀调试台架探针测距试验装置时，气压作用在气举阀波纹管的整个面积上，将阀杆上提离开阀座。当这一压力增加时，阀杆头进一步由阀座上提，可以测出阀杆头行程。

3. 高含硫气举阀开启压力调试

通过气举阀尾端的气门芯对气举阀充氮，使气举阀波纹管和腔室内充满一定压力的氮气，从而使气举阀球心和阀座处于密封状态，只有当外界压力大于气举阀波纹管和腔室内部氮气压力，气举阀才能开启。气举阀开启压力调试的原理就是不断调整气举阀波纹管和腔室内氮气压力，使气举阀在满足工艺设计要求的外部压力下正常开启。

4. 高含硫气举阀高温开启压力测试和高含硫气举阀温度敏感性实验

气举阀波纹管和腔室内充满氮气，而氮气随温度和压力不同是有规律的变化的，通过气举阀这一特性，开展不同温度下的气举阀开启压力实验，得出不同温度下气举阀开启压力，并通过大量实验数据找出气举阀温度敏感性。

（二）实验设备

1. 气举阀调试台架

气举阀调试台架是2000年引进的实验设备（图4-26），系统主要由气举阀老化系统、气举阀调试系统和探针测距实验系统三大部分组成，主要开展气举阀的老化、调试和检测工作。

图4-26 气举阀调试台架

压力范围：0~3000psi❶。
老化压力：5000psi。
压力测量精度：±0.5%FS。
外形尺寸：3000mm（长）×1000mm（宽）×1500mm（高）。

2. 高温气举阀开启压力测试台架

高温气举阀开启压力测试台架是高含硫先导实验基地自主研发的实验设备（图4-27），目的是为了解决气举阀开启压力只能在常温下进行测试，无法模拟井下高温环境测试气举阀开启压力这一技术难题。核心技术是在常温测试工位外面安装1个密闭的高温箱，通过温度加载系统使高温箱内部温度达到设定要求，最后利用压力测试系统对气举阀开启压力进行测试，完成不同温度下的气举阀开启压力测试。

加压范围：0~35MPa。
加压介质：空气或氮气。
加温范围：常温~200℃。
测试工位：5个。
温度控制精度：±1℃。
压力测量精度：±0.5%FS。
温度均匀度：±3℃。
外形尺寸：控制台1200mm（长）×650mm（宽）×1850mm（高），加热台2700mm（长）×800mm（宽）×2000mm（高）。

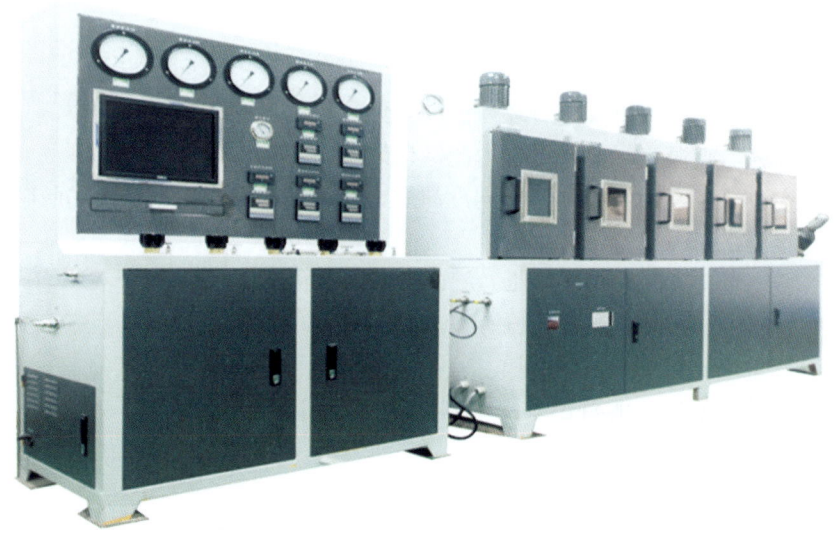

图4-27 高温气举阀开启压力测试台架

（三）实验方法及步骤

1. 高抗硫气举阀水静压老化实验

（1）实验目的：使气举阀波纹管通过老化达到稳定状态。

注：❶ 1psi=6895Pa。

（2）实验设备：气举阀调试台架。

（3）实验安全注意事项。

①气举阀在放入和取出老化釜过程中，避免气举阀滑落伤人。

②防止地面湿滑，防止人员滑倒。

（4）实验步骤。

①对放入老化釜中的气举阀加水压，使压力达到 5000psi 至少 15min。

②释放压力后再加压 5000psi，如此不间断循环，至少三次。

2. 高抗硫气举阀开启压力调试

（1）实验目的：根据设计要求调试气举阀开启压力。

（2）实验设备：气举阀调试台架。

（3）实验安全注意事项。

①拆卸气举阀尾堵时人不能正对气举阀，防止尾堵冲出伤人。

②敲打气举阀气门芯式，必须配到护目镜，防止气体冲出伤眼。

（4）实验步骤。

①拆下尾堵，通过气门芯给气举阀腔室内冲入氮气，一般高于设计要求 150psi，带上尾堵。

②将气举阀放入 15.5℃ 的恒温水浴箱中至少 15min。

③恒温后直接取出气举阀，快速测试气举阀开启压力。

④如果小于设计要求，泄压后，重复步骤①~③。

⑤如果大于设计压力，拆下尾堵轻敲气门芯，重复步骤②~③。

⑥直到气举阀开启压力满足工艺设计要求。

3. 高抗硫气举阀高温开启压力测试

（1）实验目的：找出气举阀随着环境温度变化开启压力变化趋势。

（2）实验设备：高温气举阀开启压力测试台架。

（3）实验安全注意事项：必须气举阀冷却后，才能从高温箱中取出防止高温烫伤。

（4）实验步骤。

①把气举阀放入高温气举阀开启压力测试台架高温箱内，设定实验要求的温度。

②待温度稳定后，在实验温度下恒温 1h，然后测试气举阀的开启压力。

4. 高抗硫气举阀探针测距实验

（1）实验目的：发现可能阻止或限制阀杆运动的错配零件，确定气举阀的相对刚度以及最大可达到的阀杆头行程。

（2）实验设备：气举阀调试台架。

（3）实验安全注意事项：必须放空气压后，才能取出气举阀。

（4）实验步骤。

①气举阀应在最大压力下进行探针测距。

②对阀杆测量装置校准，当阀杆在阀座上，且没有压力加到气举阀上时，调整位置测量装置，使其行程读出 0mm。

③慢慢给气举阀加压，直到显示阀杆不在接触阀座，当试验压力加到波纹管整个面积上时，是气举阀刚好打开的压力，记录这一压力值。

④以合适的增量如 10psi、15psi、20pis、25psi 压力给气举阀加压，调整位置测量装置，

以确定另一个阀杆位置。在微距计与探针总成中,用微距计推进探针杆,直到探针杆接触阀杆头,记录该压力和阀杆位置。

⑤采用统一压力增量,重复③~⑤,经过3~4个增量,直到阀杆不再移动或者移动增量很小,至少记录到5个阀杆位置。

⑥以适当的增量,如10psi、15psi、20pis、25psi压力给气举阀减压,调整阀杆位置测量装置,以确定另一阀杆位置,直到它与阀杆头接触,记录该压力和阀杆位置。

⑦用同一增量重复⑥,直到阀杆回到阀座上,并至少记录5个阀杆位置。

⑧把实验数据计算阀的承载率和确定最大有效阀杆行程。

5. 高抗硫气举阀温度敏感性实验

(1) 实验目的:找出气举阀随着环境温度变化开启压力变化趋势。

(2) 实验设备:高温气举阀开启压力测试台架。

(3) 实验安全注意事项:必须气举阀冷却后,才能从高温箱中取出防止高温烫伤。

(4) 实验步骤。

①把气举阀放入高温气举阀开启压力测试台架高温箱内,设定实验要求的温度,待温度稳定后。

②在实验温度下恒温1h,然后测试气举阀的开启压力,根据实验要求,测试不同充氮压力不同温度下,气举阀的开启压力。

③对实验数据进行多项式拟合,找出该型号气举阀变化规律。

(四) 实验结果分析及应用

把气举阀打开压力实验结果绘制成图形如图4-28所示,可以看出这些在15.6℃打开压力相同的气举阀在不同温度下的打开压力变化基本成直线,因此这些直线可以用式(4-1)表示:

$$p_{BT} = p_B + M(T_V - 15.6) \tag{4-1}$$

式中 p_{BT}——不同温度点的压力,MPa;

p_B——15.6℃时气举阀的打开压力,MPa;

T_V——井下不同深度下的温度,℃;

M——气举阀打开压力直线变化斜率。

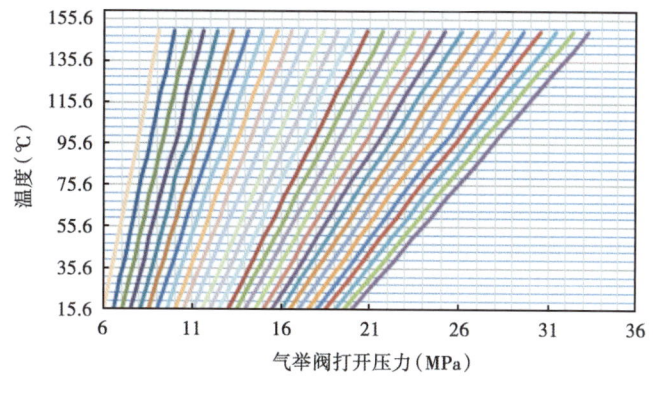

图4-28 气举阀打开压力曲线图

从式（4-1）可以看出，如果知道了 M 就可以得出不同温度下的气举阀打开压力，而 M 是气举阀打开压力直线变化的斜率，计算出这些斜率对其进行曲线拟合，得出 M 关于 p_B 的多项表达式（4-2）：

$$M = 5 \times 10^{-5} p_B^2 + 0.004 p_B - 0.004 \tag{4-2}$$

把式（4-2）带入式（4-1）就得到气举阀打开压力经验公式，即式（4-3）：

$$p_{BT} = p_B + (5 \times 10^{-5} p_B^2 + 0.004 p_B - 0.004)(T_V - 15.6) \tag{4-3}$$

实验数据分析：通过测试数据画出图形，确定最大有效阀行程以及波纹管总成承载率。从图（4-29）中可以看出有两个明显的斜率区，其中 A 斜率区是阀的有效可用行程范围，是由为零的阀杆行程至承载率的斜率急剧向上变化的拐点为止。B 斜率区是波纹管遇到相当大的行程阻力的行程范围，代表不能正常使用的行程。

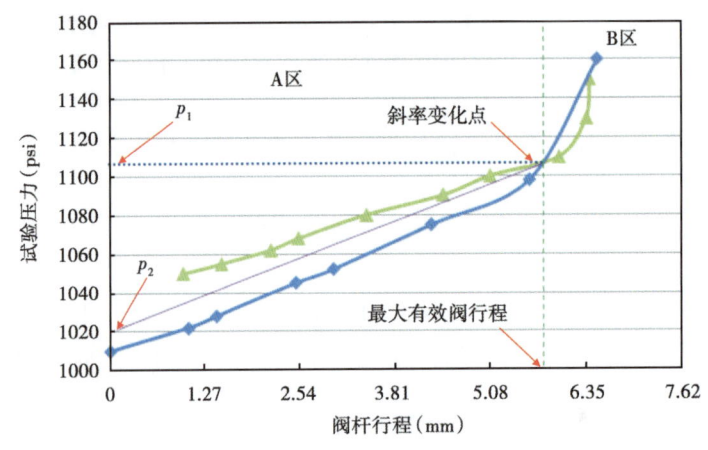

图 4-29　阀杆行程测试数据图

根据图 4-29 阀的波纹管总成的承载率 B_{1r} 计算公式为

$$B_{1r} = (p_1 - p_2)/\mathrm{d}x \tag{4-4}$$

式中　B_{1r}——波纹管总成的承载率，psi/mm；

　　　p_1——最大行程对应压力值，psi；

　　　p_2——阀杆行程为零的对应压力值，psi；

　　　$\mathrm{d}x$——斜率变化，mm。

据统计，2012—2016 年为龙岗、龙王庙、震旦系等高压含硫气藏气举阀成功调试气举阀 24 只，其中最大压力 21.7MPa，为该区块排水采气提供了有效的技术支撑，应用效果良好。

第二节　采气工艺实验模拟技术

一、采气工艺模拟系统

采气工艺模拟实验井是为解决科研过程中缺乏中间试验手段，为满足开展不同采气工艺技术的理论、方法和配套工艺、装置的需要，提供尽可能接近生产井实际的基本试验条件而建设的。该实验平台主要功能是进行采气工艺研究过程中多相流动、举升工艺实验以及修井、完井工具和装备性能评价实验（刘玉章，2000）。

（一）实验井及配套设施

采气工艺模拟实验井由一口垂直井深940m的实验井和一口井深180m的储气井及配套的气源、水源动力设备、地面工艺管汇及自动化测控系统组成。自动化测控系统可以获得现场试验无法准确取得的或在短时期内不可能取得的试验数据，大大缩短科研周期，有效地克服了未经任何中间试验就盲目地把新工艺投入现场使用的弊端，使科研成果更具有科学性、实用性和经济性（图4-30）。

图4-30 采气工艺模拟实验平台

1. 实验井

实验井是针对采气工艺、工具和设备实验，模拟地层产出流体在井筒内的流动过程的通道。为了模拟特殊采气工艺实验需要，设计研制了特殊采气井口装置，并通过采气井口及井筒所形成的环形空间及安装的特殊管串模拟注入、举升任意气液比的两相（气、水）流体。

实验井实际井深为940m，采用ϕ339.7mm套管完井，内层悬挂ϕ177.8mm套管，ϕ177.8mm套管外捆绑ϕ48.3mm油管同步下入，ϕ177.8mm套管内下入同心的ϕ73mm油管作为生产管柱（图4-15）。实验井具有可变式井身结构，可以根据实验内容及工艺要求，对悬挂或捆绑于井内管柱结构进行变更。

2. 储气井

为减小压缩机供气时产生的脉冲，满足在模拟实验有效时间内的平稳供气，易于控制实验时所需气源的流量与压力，在压缩机排气口后配置一口消除气流脉冲的储气井（图4-31）。储气井井深180.94m，采用ϕ224.7mm套管完井，内层悬挂ϕ177.8mm套管，同心下入ϕ73mm油管，有效容积为$8m^3$。

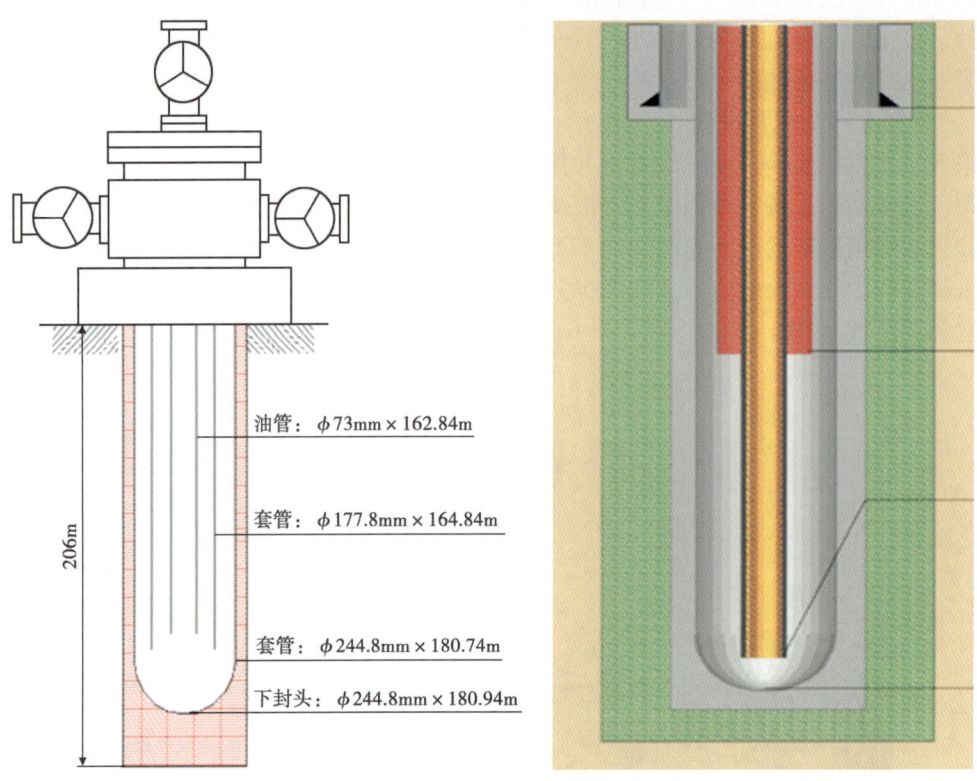

图 4-31　储气井井身结构图

3. 动力源及分离计量设备

1）LG·W-25.5/150 型复合式空气压缩机

一台 LG·W-25.5/150 型复合式空气压缩机为模拟实验提供高压气源（图 4-32）。该空压机由螺杆式压缩机和活塞式压缩机组成，采用三级复合式空气压缩，最大排量 $3×10^4 m^3/d$，最高排气压力 15MPa。

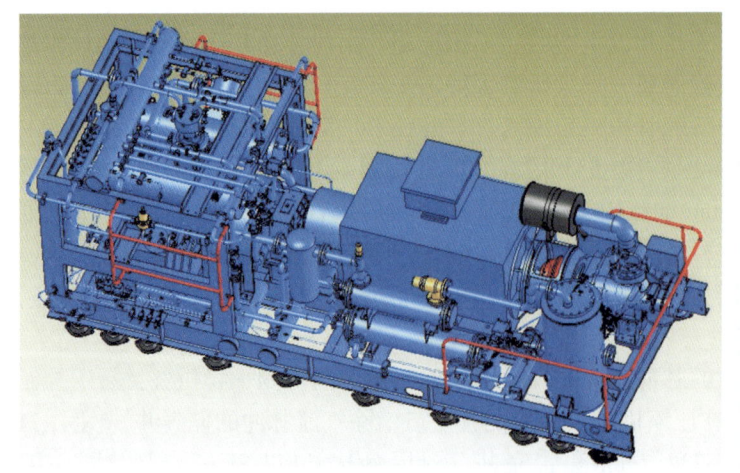

图 4-32　空气压缩机及控制系统

2) 100T-4H 型三缸水力柱塞泵

一台 100T-4H 型三缸水力柱塞泵为整个系统提供水源（图 4-33）。该机组可任意调节泵压、排量，并可通过 ABB ACS600 变频控制器实现对各参数的自动控制，同时具有各种安全保护功能，最高排量 220m³/d，最高排出压力 21MPa。

(a) 三缸柱塞泵

(b) ABB ACS600 变频控制器

图 4-33　三缸泵及控制系统

3) 立式重力分离器

一台立式重力分离器对井口产出的流体进行气液分离。气液进入分离器后突然减速，在惯性、离心力及重力的综合作用下，实现气液初分离。为强化初分离，采用切向进口，气流进入沉降段后，一定直径的液滴在向出口缓慢运动过程中，在自身重力作用下自然沉降入液相区。为增进沉降效果使气流易现层流，在此段设置了整流和导流构件，在气体出口段设置有精分头，使其具有较高的分离效率。立式重力分离器容积 0.81m³，最高工作压力 2.5MPa。

4) 卧式过滤分离器

一台卧式过滤分离器对经重力分离器处理后的流体进行进一步过滤分离（图 4-34）。过滤分离器结构形式为卧式，一级过滤、聚积，二级分离。过滤精度：固体 1μm 以上，液体 0.5μm 以上，过滤效率：固体颗粒 99.98%，液体 99%。

(二) 采气工艺模拟实验流程及控制方案

地面流程的功能是按实验要求、通过不同管线向实验井提供高压水源和高压气源；对从实验井返回的气—水两相流体进行分离和对实验流体（水、空气）的供给和返回过程进行实时测量和控制。

图 4-34　流体分离设备

空气压缩机首先将高压实验气体（空气）根据不同实验的需要，经过储气井、不同通路的高压管道及流量计、止回阀等注入实验井井筒；同时三缸水力柱塞泵也经过高压管道及流量计、止回阀等将实验所用的液体（水）泵入实验井。空气和水在实验井井底混合后，经油管以气水两相混合流体的形式返回井口，经气液分离后，空气排空，水进入蓄水池循环使用。采气工艺模拟实验流程如图 4-35 所示。

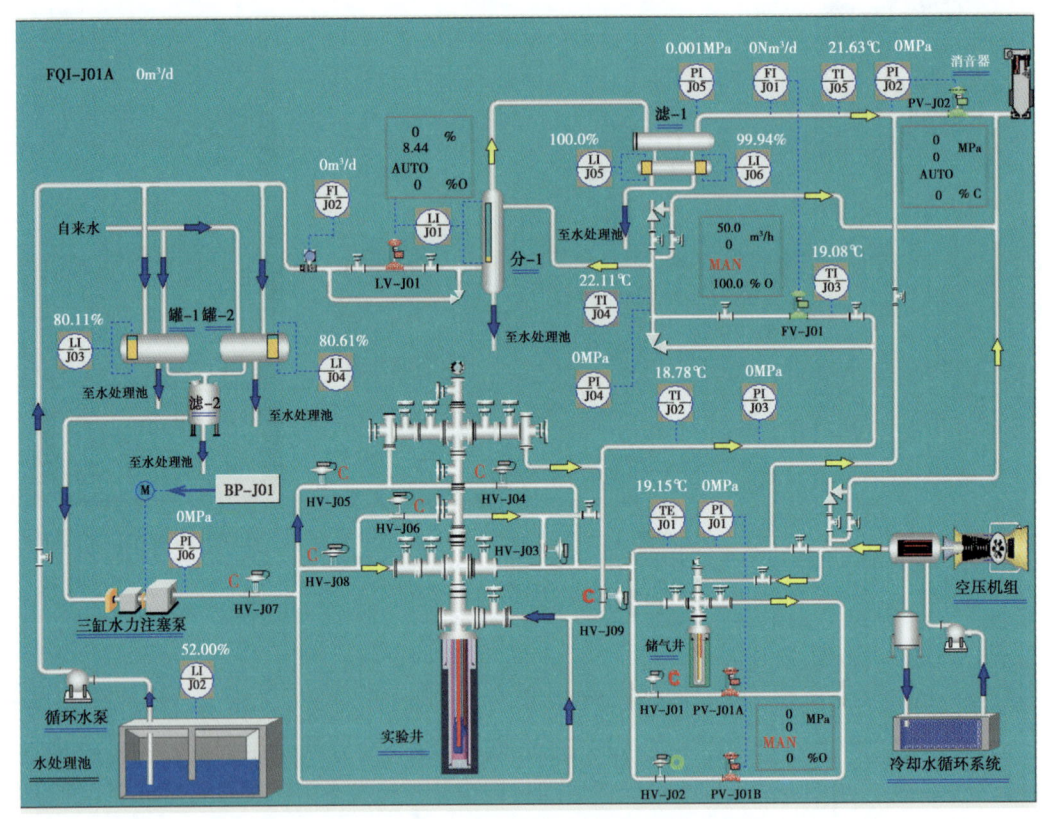

图 4-35　采气工艺模拟实验井工艺流程图

图 4-36　储气井井口装置

1. 储气井流程

为满足在实验中所需不同大小流量的要求，在储气井出口设计四路通道，一路直接接到流程逆循环橇，供气压力为 $0\sim15\mathrm{MPa}$，流量 $0\sim3\times10^4\mathrm{m}^3/\mathrm{d}$。两路通过气动薄膜调节阀、自动控制电动阀后去流程逆循环橇，供气压力分别为 $0\sim5\mathrm{MPa}$、$0\sim15\mathrm{MPa}$，供气流量分别为 $(0.3\sim1)\times10^4\mathrm{m}^3/\mathrm{d}$，$(0.5\sim3)\times10^4\mathrm{m}^3/\mathrm{d}$，实现实验压缩空气注入流量自动控制。一路通过手动节流阀后接流程逆循环橇，供气压力为 $0\sim15\mathrm{MPa}$，流量 $0\sim3\times10^4\mathrm{m}^3/\mathrm{d}$。储气井井口装置如图 4-36 所示。

2. 实验井及逆循环橇流程

根据不同的模拟实验要求，为达到实验介质分别从 φ73mm 油管、φ73mm 油管和 φ177.8mm 套管之间的环空、φ48mm 油管、φ177.8mm 套管和 φ339.7mm 套管之间的环空等不同通道注入或返出实验井的目的，在地面流程逆循环橇通过 6 只自动控制电动阀，实现实验介质进入实验井流程的自动切换（图 4-37）。

图 4-37　逆循环橇及实验井井口装置

3. 分离计量橇流程

实验流体从井口返出后，通过安装在分离计量橇的气动薄膜调节阀（或手动调节阀）降压至 0.1~2MPa 后进入气—液分离器分离，分离后的水经分离计量橇上的电磁流量计计量后进入水罐或返回循环水处理池；分离后的空气经过阀式孔板节流装置计量后再经三级调压进入消音器直接放空（图 4-38）。

4. 标准化流程

鉴于采气工艺模拟实验井的运行工况是间歇运转，实验介质为高压流体，流程要根据不

图 4-38　分离计量橇

同的实验而频繁转换，具有流程参数多、变化范围大的特点，因此模拟实验井流程考虑了多种实验的可能性和可操作性，现将可以实现的流程归纳如下。

1）流程一

φ48mm 油管注气，φ73mm 油管和 φ177.8mm 套管间环空注水，φ73mm 油管生产（图 4-39）。

储气井阀组：开 C1、C2、PV-J01B、HV-J02、C8，其余全关。

三缸泵：开 HV-J07。

逆循环阀组：开 HV-J08，其余全关。

井口采油树：开 Q1、Q2、Q3、Q4、Q5、Q7、Q9、Q11、Q13，其余全关。

计量分离阀组：开 J2、J3、J6、J7，其余全关。

水循环系统阀门全开。

2）流程二

φ48mm 油管注气，φ177.8mm 套管和 φ339.7mm 套管间环空注水，φ73mm 油管生产（图 4-40）。

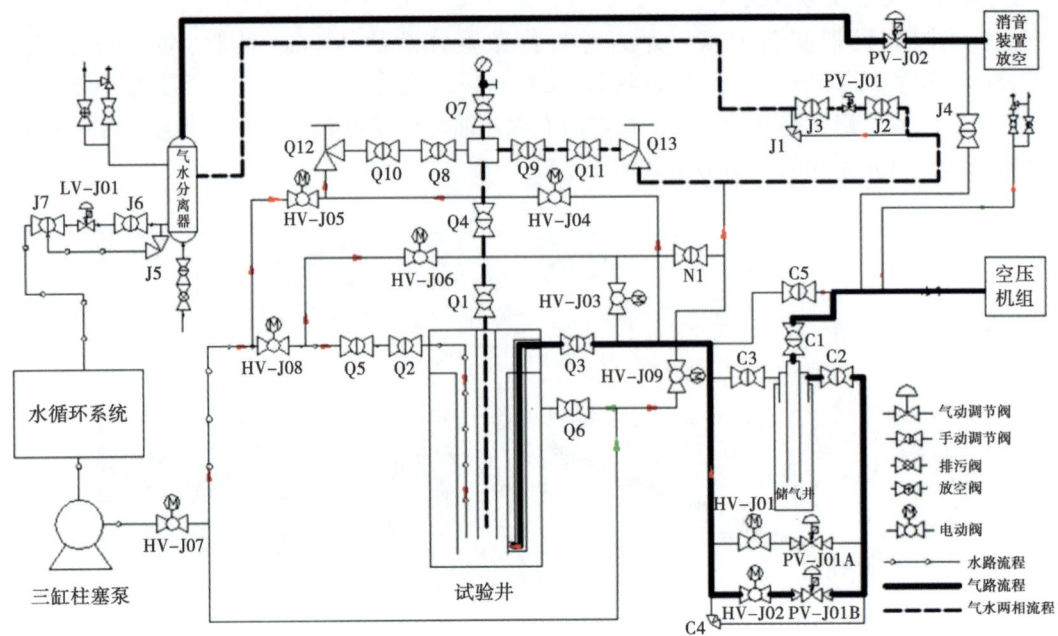

图 4-39 流程一示意图

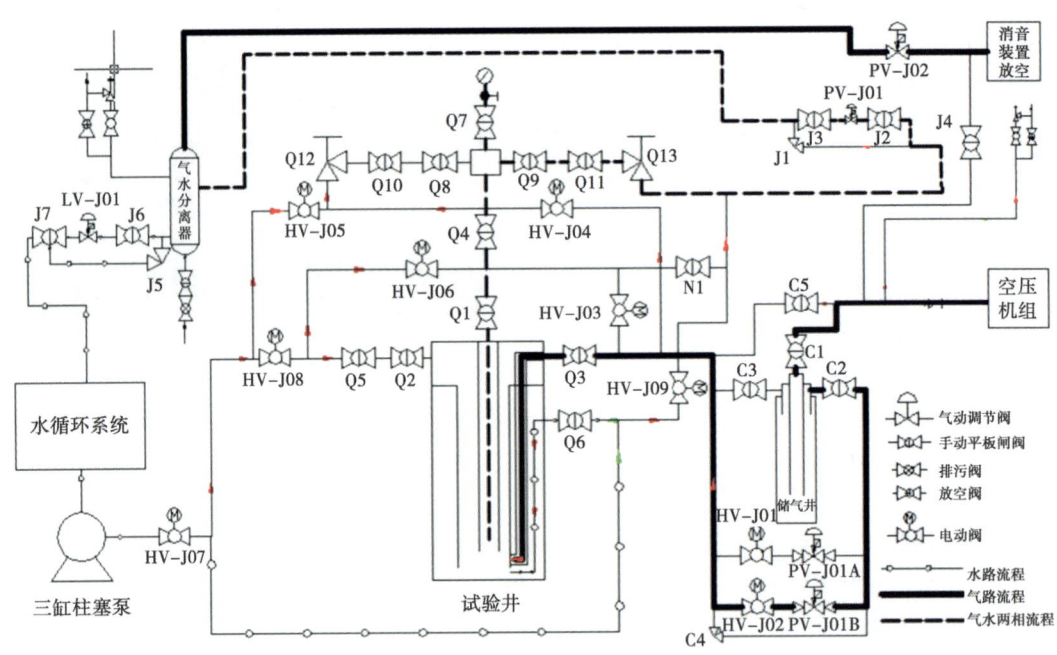

图 4-40 流程二示意图

储气井阀组：开 C1、C2、PV-J01B、HV-J02、C8，其余全关。
三缸泵：开 HV-J07。
逆循环阀组：所有阀门全关。
井口采油树：开 Q1、Q3、Q4、Q6、Q7、Q9、Q11、Q13，其余全关。
计量分离阀组：开 J2、J3、J6、J7，其余全关。

水循环系统阀门全开。

3）流程三

φ73mm 油管和 φ177.8mm 套管间环空注气，φ177.8mm 套管和 φ339.7mm 套管间环空注水，φ73mm 油管生产（图4-41）。

储气井阀组：开 C1、C2、PV-J01B、HV-J02、C8，其余全关。

三缸泵：开 HV-J07。

逆循环阀组：开 HV-J03、HV-J06，其余全关。

井口采油树：开 Q1、Q2、Q4、Q5、Q6、Q7、Q9、Q11、Q13，其余全关。

计量阀组：开 J2、J3、J6、J7 其余全关。

水循环系统阀门全开。

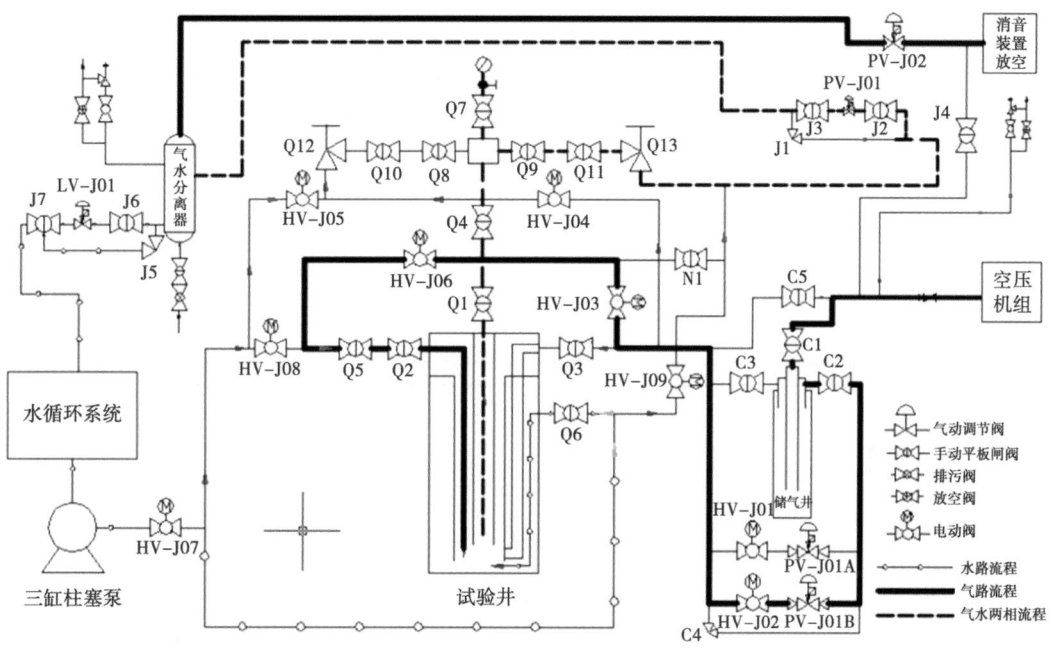

图 4-41 流程三示意图

4）流程四

φ73mm 油管注气，φ177.8mm 套管和 φ339.7mm 套管环空注水，φ73mm 油管和 φ177.8mm 套管间环空生产（图4-42）。

储气井阀组：开 C1、C2、PV-J01B、HV-J02、C8，其余全关。

三缸泵：开 HV-J07。

逆循环阀组：开 N1、HV-J04、HV-J06，其余全关。

井口采油树：开 Q1、Q2、Q4、Q5、Q6、Q7、Q8、Q10、Q12，其余全关。

计量阀组：开 J2、J3、J6、J7，其余全关。

水循环系统阀门全开。

5）流程五

φ48mm 油管注气，φ177.8mm 套管和 φ339.7mm 套管环空注水，φ73mm 油管和 φ177.8mm 套管间环空生产（图4-43）。

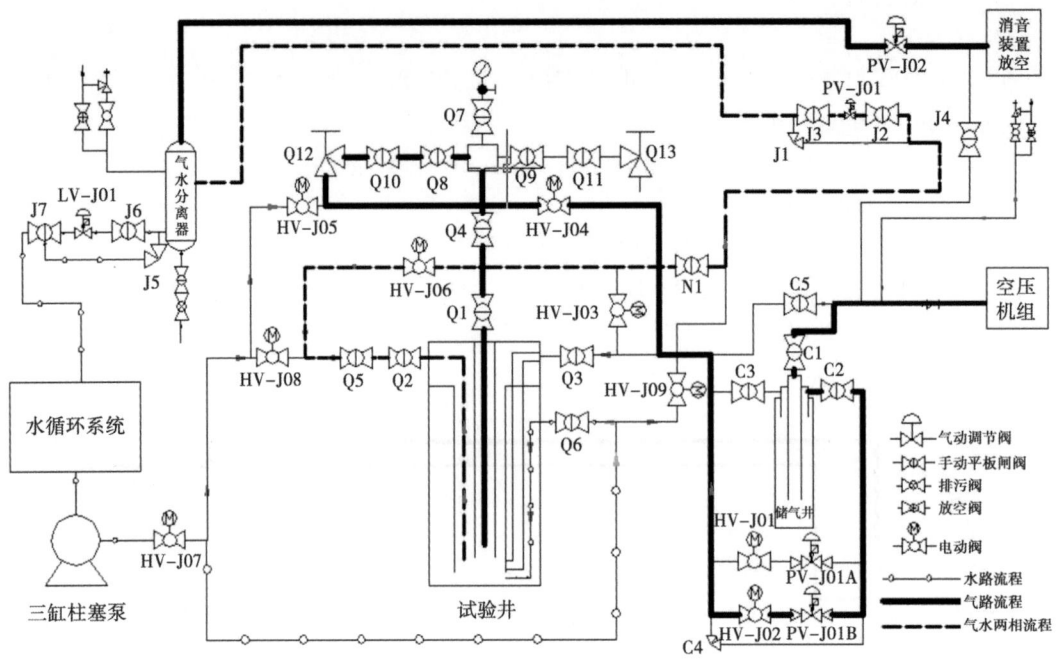

图 4-42 流程四示意图

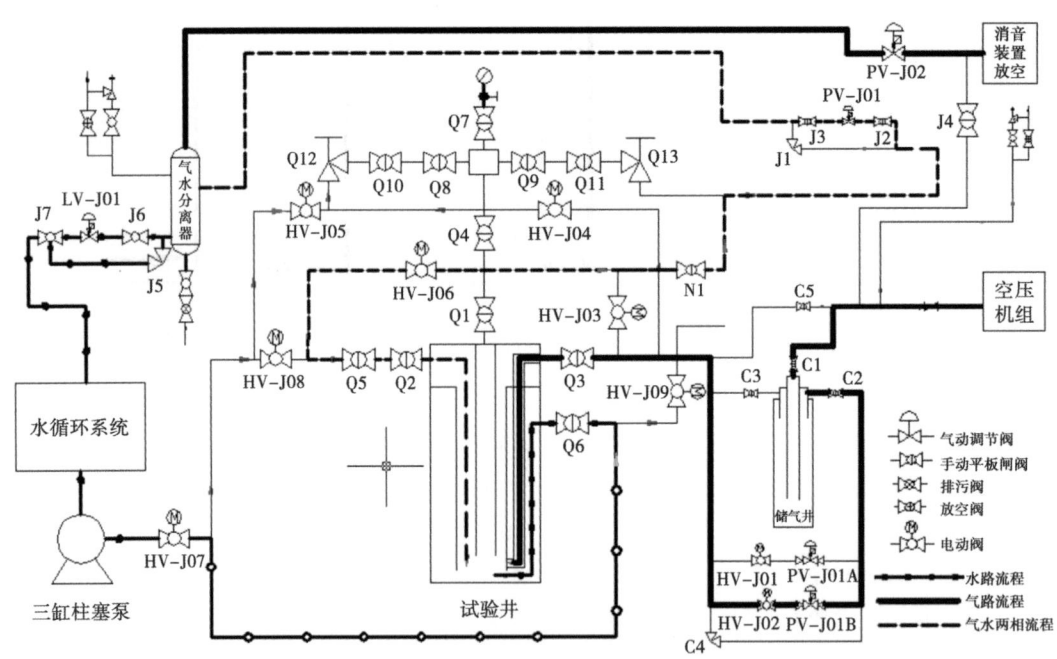

图 4-43 流程五示意图

储气井阀组：开 C1、C2、PV-J01B、HV-J02、C8，其余全关。

三缸泵：开 HV-J07。

逆循环阀组：开 HV-J06、N1，其余全关。

井口采油树：开 Q2、Q3、Q5、Q6，其余全关。
计量分离阀组：开 J2、J3、J6、J7，其余全关。
水循环系统阀门全开。

在具体的实验过程中，要对实验目的、实验过程的进行综合分析，并在前期实验中对各流程的稳定性进行对比分析，提出满足不同模拟实验目的的最优化流程方案，提高实验的效率、稳定性、可操作性，并保证实验安全。

（三）采气工艺模拟实验井功能

采气工艺模拟实验井是一个多功能科研实验平台，其主要功能是进行采气工艺中间模拟实验和工具性能评价实验。归纳起来，模拟井上可以开展的实验包括气液两相流动实验、举升工具及工艺实验和修井、完井工具及装备性能评价实验（表4-6）。

表4-6 模拟井实验功能简表

实验项目		实验内容
气水两相流动实验	气水两相管流实验	测试不同气水流量下的压力梯度和温度沿举升管柱的分布，统计分析持液率、摩阻、滑脱损失的变化规律，建立压力温度预测模型
	气水两相嘴流实验	测试通过不同嘴径的气水流量、节流压力、温度、节流后压力、温度、节流远端的恢复压力等关键参数，拟合针对气水两相节流流动模型，为产水气井井下节流器的设计提供理论依据
	气水两相流型实验	在模拟井井口测试短节安装透明观察窗、密度仪、高速摄像仪，通过观察测试不同的压力和气液比下的各种流型，建立针对气水两相流流型识别准则，为流型识别提供理论依据
举升工艺实验	优选管柱实验	测试不同油管内径、不同举升高度、不同液面深度、不同产气量条件下的带水能力
	连续气举实验	（1）不同气举阀的性能对比实验； （2）测试不同油管内径、不同注气量、不同注气压力、正举和反举条件下的气举动态特性
	柱塞举升实验	（1）不同柱塞结构的性能对比实验； （2）不同柱塞在不同油管内径、不同井底压力和回压、不同气液比下的运动速度、循环周期、摩阻实验； （3）不同柱塞在不同油管内径、不同井底压力和回压、不同气液比下的助喷携液量及在不同注气量下的柱塞气举液量测试； （4）地面及井下配套装置性能对比实验； （5）新装置新工艺（如组合油管柱大小柱塞接力举升）实验
	气体加速泵实验	（1）不同气体加速泵结构组合（不同喷嘴、喉管、嘴喉距等组合）的性能对比实验； （2）气体加速泵动态（不同吸入气液比、不同喷嘴工作压力、不同泵排出压力、不同泵吸入压力等条件下效率）实验
修井、完井工具及设备性能评价实验		（1）油管堵塞器及滑套、位移器性能检测试验； （2）过油管桥塞及配套工具性能评价试验； （3）井下节流器性能评价试验； （4）封隔器性能检测试验； （5）不压井起下钻作业装备试验

二、气液两相管流模拟实验技术

流体通过气井举升管的流动是气井生产系统中基本的流动过程。在整个气井生产系统中,总压降的能量大部分消耗于举升管柱流动时所产生的重力和摩阻损失。产水气井气、水两相管流动态规律是分析气井生产系统特性、排水采气和井下节流工艺设计的核心。通过开展气液两相管流模拟实验技术,获得两相流动关键参数,通过修正模型提高设计的准确率。

(一) 实验原理

气水两相流动实验的目的是研究两相流的持液率、压降的变化规律,为气水两相垂直管流压降模型研究提供重要的实验数据,是建立两相流压降预测模型的关键。实验研究主要考虑在不同举升高度、不同气液流量、不同井口回压下,气水两相流流动的压力、压力梯度和温度等参数随流型和气液流量变化的规律,为建立气水两相流压降模型研究提供实验依据。

(二) 实验设备

结合采气工艺模拟实验井井口装置特点,研制了气水两相流动井口测试短节。测试短节油嘴安装了流型观测窗口、压力传感器、温度传感器(图4-44)。油嘴两端各装长750mm、内径62mm有机玻璃管,便于观察节流前后两相流流型(图4-45)。为了削弱流速场末端效应对节流嘴出口压力的影响,末端设计为内径500mm的弯管。为了分析节流嘴出口压力的恢复情况,嘴子出口和下游端分别安装一压力传感器。

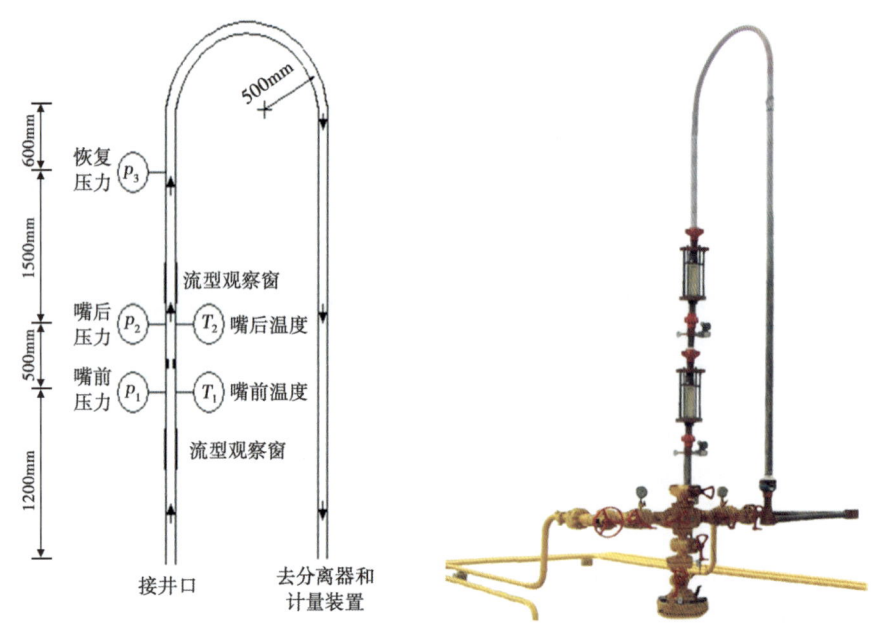

图4-44 气水两相流动井口测试短节

(三) 实验方法及步骤

采用多因素正交实验设计方法,设计气水流量范围尽可能大的多组气水两相流实验方案,尽可能涉及目前产水气井井筒内可能产生的各种流动规律。

1. 管流实验初步设计

在正交实验设计前,需进行部分探索性实验,以便对实验因素和各个因素的不同水平进

 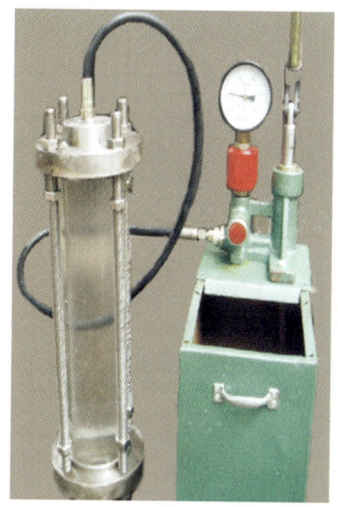

图 4-45 气水两相流流型观测窗口

行更合理的设计，以减少整个实验过程的工作量。

在气水两相流模拟实验过程中，采用大环空注水，小油管注气，举升油管排水采气。即 ϕ339.7mm 套管与 ϕ177.8mm 套管之间的环空作为注水通道，ϕ177.8mm 套管外捆绑同步下入 ϕ48.3mm 油管作为模拟地层产气的注气通道，ϕ177.8mm 套管内同心下入 ϕ73mm 油管作为生产管柱。

以注水量 20m³/d，注气量 2.0×10⁴m³/d 为第一次实验测量点，进行气水两相流实验。在探索性实验过程中，要求分析解决以下问题：

记录注水时间，计算注水量，分析动液面高度和两相流稳定流动产水时间的关系；

记录在一定压力下储气井储气所需时间及一次储气能供给实验的时间和气量；

记录开始向试验井注气的时间与各测点达到稳定的时间，分析实验过程中影响实验稳定性的敏感参数，缩短气水两相不稳定流动到稳定流动的时间；

取得第一组数据后，改变采集实验数据的间隔时间，分析时间间隔大小对测试数据的影响，确定合理的测量时间间隔；

开启压缩机向储气井供气，进行实验井气水两相流实验，记录实验过程各测量点数据的变化，分析压缩机的启停对测量数据稳定性的影响。

2. 气水两相流实验参数控制方案

采气工艺模拟实验井实验介质为空气和水，空气由一台空气压缩机提供，水由一台三缸柱塞泵提供。本实验的主要测量参数有井口压力、井下 800m、750m、400m、350m 的压力和温度、注气压力、注气量、产气量、产水量。实验参数范围：注入压力 0~15MPa，气体流量 0~3×10⁴m³/d，水流量 0~220m³/d，水温 11~40℃。

根据动力设备能提供的实验参数范围以及正交探索性实验取得的成果，进行了气水两相流模拟实验方案设计。以实际产水气井的产液量为依据，将气水两相流实验的水量分为三段：10~60m³/d（间隔 10m³/d）；60~120m³/d（间隔 20m³/d）；120m³/d 以上（150m³/d，200m³/d）。实验过程中，依次逐渐增大注气量，每个注气量下测取一组数据。注气量最小值初步设计约为 0.3×10⁴m³/d，最大值约为 2.5×10⁴m³/d，可根据气水比适当调节。气水两相流实验方案详见表 4-7。

表 4-7 气水两相流实验方案

水量 (m³/d)	气水比 (m³/m³)					
	气量 0.3×10⁴m³/d	气量 0.5×10⁴m³/d	气量 1×10⁴m³/d	气量 1.5×10⁴m³/d	气量 2×10⁴m³/d	气量 2.5×10⁴m³/d
5	600	1000	2000	3000	4000	5000
10	300	500	1000	1500	2000	2500
20	150	250	500	750	1000	1250
30	100	167	333	500	667	833
40	75	125	250	375	500	625
50	60	100	200	300	400	500
60	50	83	167	250	333	417
80	37.5	63	125	188	250	313
100	30	50	100	150	200	250
120	25	42	83	125	167	208
150	20	33	67	100	133	167
200	15	25	50	75	100	125

3. 气水两相流实验流程

通过前期气水两相管流稳定性探索实验，确定实验的基本流程为（图 4-46）φ48mm 油管注气，φ177.8mm 套管和 φ339.7mm 套管间环空注水，φ73mm 油管生产。

储气井阀组：开 C1、C2、PV-J01B、HV-J02、C8，其余全关。

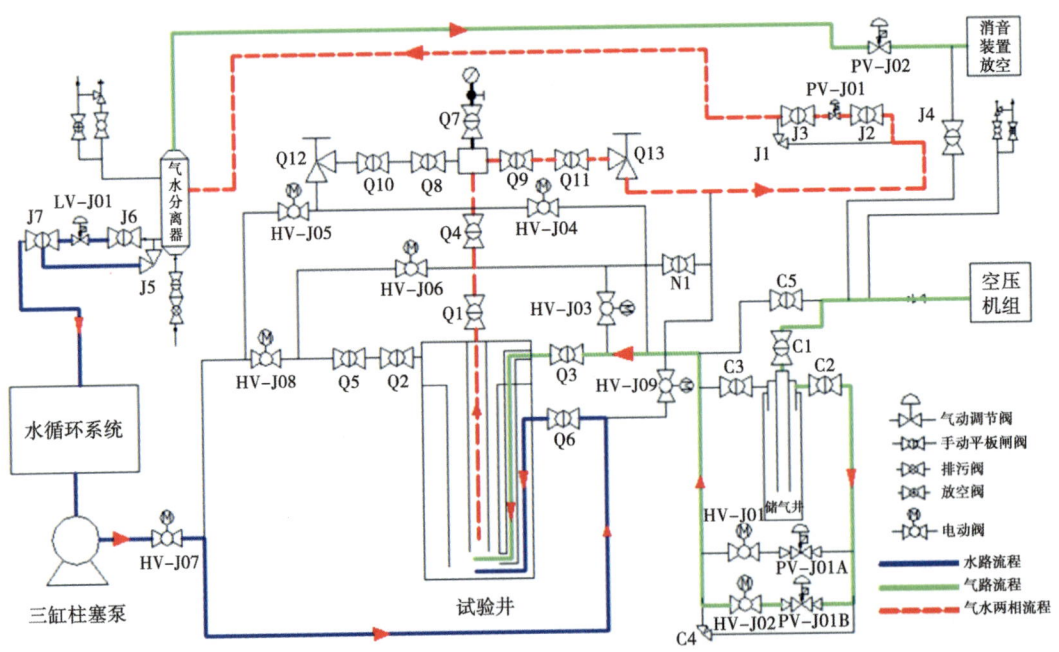

图 4-46 气水两相管流模拟实验控制流程

三缸泵：开 HV-J07。
逆循环阀组：所有阀门全关。
井口采油树：开 Q1、Q3、Q4、Q6、Q7、Q9、Q11、Q13，其余全关。
计量分离阀组：开 J2、J3、J6、J7、J9，其余全关。
水循环系统阀门全开。

4. 实验步骤

在指定的实验条件下，保持气流量不变逐步增加水流量或保持水流量不变逐步增加气流量下进行实验。实验主要步骤如下。

（1）确定模拟地层产气量、模拟地层产液量和井口回压等实验参数。

（2）启动三缸柱塞泵，通过油套管环空向模拟井中注水，要求套管液面必须淹没油管鞋。

（3）打开注气阀通过小油管向实验井中注入设定的气量，同时启动压缩机向储气井供气，以保持储气井压力。

（4）当流动达到稳定后，测量对应稳定状态下两相流参数，包括地面测试参数和井下 4 个不同油管位置处的压力、温度等参数，完成一组稳态流实验。

（5）保持水流量不变，增加空气流量至下一个设定值，重复步骤（3）。

（6）增加水流量，重复步骤（3）和（4），直至所有实验结束。

（7）关闭柱塞泵和注气阀及压缩机。

（四）实验数据采集分析及应用

为了确保整个模拟井能科学、高效、可靠、安全的协调运行，充分发挥其全部功能与作用，建立了与之配套的自动化测控系统来管理和指挥全部的实验流程。测控系统分为地面工程参数测控子系统、井下多点压力温度测量子系统、实时数字视频监测子系统等三部分。能够实现的功能包括以下几个方面。

（1）对地面动力设备、管网的工况、运行参数进行可视化监测、控制、调节和数据实时采集。

（2）对实验所引起的井下参数（压力、温度）的变化实现自动测量，同步采集。

（3）实现工艺实验过程的全程监控和历史回溯，建立实验安全预（报）警和应急处理系统。

采气工艺模拟实验井采用开放式智能 DCS 控制系统——I/A Series 系统。整个系统可以实现对整个实验数据的实时监控、历史数据回放、历史数据的采集处理、数据趋势图的获取。

实验数据的处理是实验部分重要的环节。在实时数据采集过程中，由于现场的各种复杂情况使采集到的数据存在不确定度。例如各种干扰信号的迭加、电源的突变、数据远程发送过程中的改变等，都会使少部分数据偏离真实值。由于这些随机干扰的影响，采集到的少部分离散数据不能反映实际变化情况，甚至由于这些个别虚假点的存在使整个采集数据报废。通过减少或消除测量中存在的不确定度来提高测量精度。

实验井气水两相流实验测试数据点主要包括注入压力、流量、温度；井下各测点的温度、压力；井口压力、分离后的气、水瞬时产量等参数。

实际测试数据采用五点二次中心平滑法进行了数据预处理，增加其光滑度，剔除了粗差。预处理数据采用小波阈值去噪处理后，得到了真实的测试数据（图 4-47 至图 4-49）。

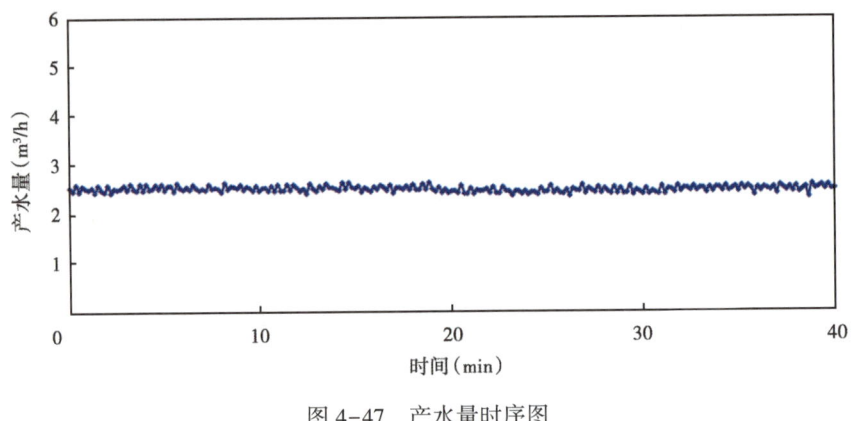

图 4-47　产水量时序图

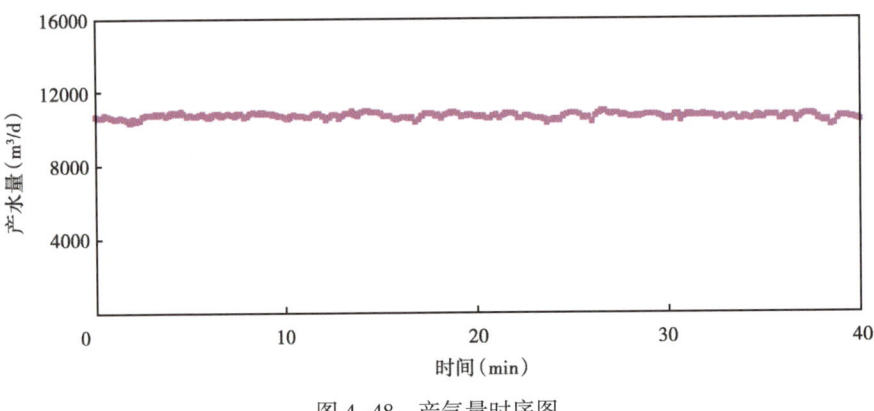

图 4-48　产气量时序图

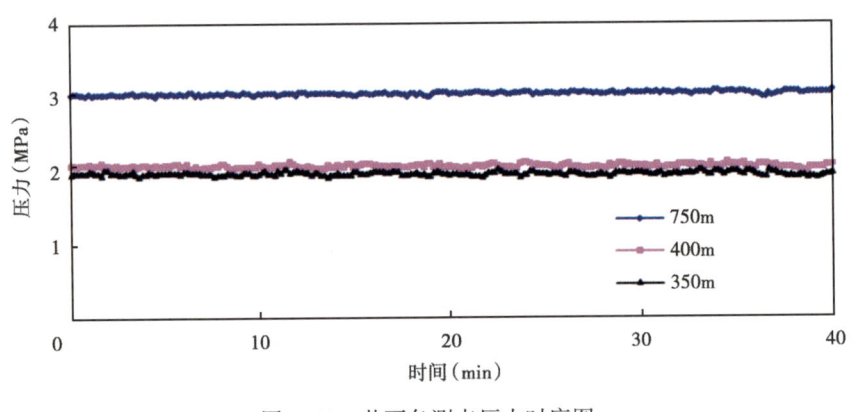

图 4-49　井下各测点压力时序图

建立的 Hagedorn&Brown 修正模型和新的持液率图版，经现场 14 井次和国外 44 井次数据评价表明：修正模型的流压平均绝对误差较国内外常用两相管流模型减小了 5 个百分点以上，更符合产水气井气水两相上升流动实际情况。以该模型为核心，建立了气水同产井井下节流参数设计方法并编制了相应的计算程序，对磨 005-1、广安 003-H7 等 40 余口气水同产井进行参数设计，配产精度达到 85% 以上。

三、采气工具入井性能实验模拟技术（以往复式潜油电泵为例）

对采气工具进行入井前性能实验，可以更好地检验工具性能，降低现场试验风险。累计完成"往复式潜油电泵整机测试实验""油套找漏仪模拟井实验""同心式气举阀模拟井入井实验"等大型中试实验5大类60余套；完成"可溶性桥塞""小直径桥塞""可取式堵塞器"等性能评价实验30余套次。拓展了实验测试手段和范围，有力保障了工具的入井安全。

（一）实验原理

通过将往复式潜油电泵下入模拟实验井，通过测试不同扬程、不同冲次下的排液量，评价往复式潜油电泵泵效以及系统效率。

（二）实验设备

实验所需设备明细见表4-8。

表4-8 实验设备表

序号	名称	数量	单位	性能参数
1	模拟实验井	1	口	井深920m，压力等级35MPa
2	地面实验流程	1	套	15MPa
3	地面流程连接管线	1	套	35MPa
4	三缸泵	1	套	最高排出压力15MPa，最高排量200m^3/d
5	提升装置	1	套	最大提升力600kN
6	吊车	1	台	25t
7	井口采气树	1	套	KQ65/35
8	涡轮流量计	1	台	精度0.01m^3
9	油管	60	根	内径62、加厚扣
10	油压表	1	个	量程0~25MPa
11	抽油泵	1	套	WFQYDB-44 长度6.35m 质量152kg
12	往复式潜油电动机	1	套	WFQYDB-114-660-（20~35），长度8.32m，质量452kg
13	控制柜	1	套	往复式泵配套设备
14	地面显示模块	1	个	C903355
15	Geopsi压力计	1	个	—
16	压力计信号线	1500	Mi	与Geopsi压力计配套
17	潜油电缆	550	m	16mm^{2}和20mm^{2}加50m 13^{2}小扁
18	动力电缆	30	m	16或25mm^2 4芯
19	双联电缆保护器	55	只	与油管配套
20	单联电缆保护器	55	只	与油管配套
21	电缆卡子	50	只	与油管配套
22	电缆连接铜套	3	只	13mm^2/16mm^2 或 13mm^2/20mm^2
23	电缆铠皮	550	m	与潜油电缆配套
24	连接大、小扁电缆接头铜套压紧钳	1	只	往复式泵专用工具

续表

序号	名称	数量	单位	性能参数
25	电缆卡子拉紧钳	2	只	往复式泵专用工具
26	电缆卡子锁紧钳	2	只	往复式泵专用工具
27	电缆卡子剪断钳	1	只	往复式泵专用工具
28	电缆护罩安装工具	2	只	往复式泵专用工具
29	万用表	1	块	47型
30	兆欧表	1	块	2500V
31	电机动子起子	1	只	往复式泵专用工具
32	井口工具	1	套	48in、36in管钳 12in、8in扳手 榔头（8lb[①]、1lb）、加力杠

注：① 1lb=0.45359237kg。

（三）实验方法及步骤

1. 安装往复式潜油电泵地面控制柜

（1）将电力变压器的输出端与控制柜的输入端连接（图4-50），大扁潜油电缆通过接线箱与控制柜的输出端连接，柜体做好接地。变压器输入电压660V。

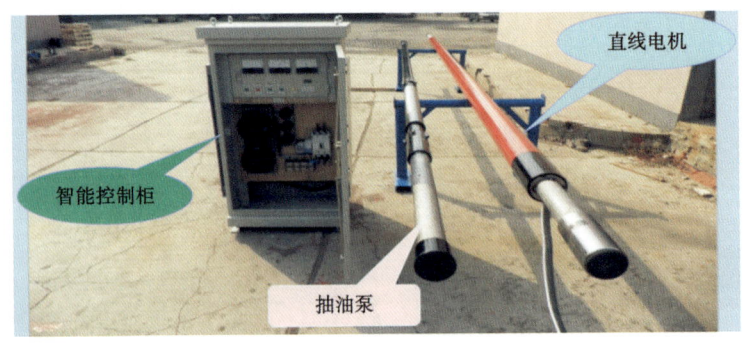

图4-50 往复式潜油电泵及控制柜

（2）检查输入电压，确认输入电压正常后，接通低压开关；测试驱动电压，确认驱动电压正常后，接通高压开关。

（3）输出相序调整将"上频"和"下频"均调整为15Hz，按下"自动运行"按钮，保持0.2s，启动机组自动运行，记录上行和下行时的电流值。若上行电流大于下行电流，则输出相序正确；若上行电流小于下行电流，表明输出相序不正确，需调整任意两根输出电缆的接线位置。

2. 直线电动机入井前检测

（1）校正井架，作业机吊钩对准井口。

（2）将电缆导向滑轮固定在作业机井架上，距离地面8～10m，应确保电缆导向滑轮大面与井口、电缆滚筒处在同一平面上。

（3）将电缆滚筒安装在距井口15～20m处，与作业机中心连线的夹角为30°～45°。

（4）将机组按下井顺序摆放在导向轮的相对方向。

（5）打开电缆头护盖，将其终端用导线短节。

（6）用万用表 R×1Ω 档分别测三相直流电阻，相间阻值不平衡率不大于 2% 时属正常，测完后拆除接线。

（7）用 MΩ 表测量电缆三相对地及相间绝缘电阻，阻值应大于 2000MΩ。

（8）测完后将兆欧表对地放电，并盖好护盖。

3. 连接直线电动机与往复泵

（1）拆掉电动机引出线防护罩，用 2500V 兆欧表测量电动机引出线对机壳的绝缘电阻，阻值应不小于 500MΩ。然后用万用表测电动机三相绕组间的直流电阻，阻值不平衡率≤2% 时属正常。

（2）将作业机吊卡卡在电动机吊装位置，将电动机吊起，起吊过程中电动机引出线必须对准吊卡缺口处，以免损伤电缆。

（3）拆掉电动机防护罩，用电动机动子起子将电动机动子吊出至距电动机接箍 150mm 左右。

（4）将抽油泵吊起，拆掉防护罩，用电动机动子起子将泵体内的联杆拉出至泵筒口 200mm 左右。

（5）电动机动子与泵体内的联杆对接：手动调整抽油泵方位，尽可能使直线电动机与抽油泵的中轴线重合。握紧泵体联杆进行手动认扣。确认认扣无误后，用一只管钳子卡住泵体联杆，另一只管钳子卡住电动机动子上端的平面处进行紧固。

（6）电动机外壳与泵体外壳对接：握紧泵体进行手动认扣。确认认扣无误后，用一只管钳子卡住泵体，另一只管钳子卡住电动机接箍上端的平面处进行紧固。

（7）电动机引出线与潜油电缆连接（做大小扁接头），连接处应设在泵体防砂接头以下位置。操作顺序是：减掉电动机引出线（小扁电缆）超长部分，三根导线预留长度依次递减 60mm。剥去外绝缘层 100mm、内绝缘层 25mm，将接头用砂纸打磨，清洗干净。潜油电缆（大扁电缆）导线接头的处理方法同上。将处理后的大、小扁电缆接头分别插入电缆连接铜套，用专用卡钳卡紧。再次对接好后的铜套进行打磨和清洗。先将电缆连接铜套与绝缘层之间凹下部分用聚全氟乙丙烯压敏粘带填充，然后从接头裸露部分外延 3cm 处开始用聚全氟乙丙烯压敏粘带半叠包 10 层，每层向外延长 1cm；再从外绝缘层开始用聚四氟乙烯压敏粘带半叠包 6 层，每层向外延长 1cm；再用玻璃丝布压敏粘带半叠包 1~2 层，最后用铠皮铠装。

（8）安装电缆保护器：大小扁接头处安装一只双联电缆保护器。电动机引出线、电动机接箍、防砂接头、筛管两端 100mm 处、泵体两端和中间各打一个电缆卡子。

（9）将井下压力计固定于抽油泵泵筒与电动机定子连接处。

（10）利用油管将测试机组下入模拟井下 500m 附件，泵与电缆之间采用绑带连接，电缆从大四通注水的另一侧穿出。

（11）测试前注水：测试开始前启动三缸柱塞泵往井筒内注水，当压力计显示值为 58kPa 停止注水。

4. 测试前巡查

测试开始前，测试工程师、作业带队工程师以及测试场地主管需要一起在场地进行一次安全巡查。主要核实流程各节点连接完毕，非操作或测试人员须待在指定区域，场地人行通道无杂物或工具堆放，地面控制柜按要求连接完毕，移除 LOTO 安全锁定标签；核实各个仪表读数正常。

5. 实验测试

1）确认井下机组上下行与控制柜面板显示的行程方向一致

（1）上电并确认电源指示灯亮。

（2）手动上行：按下"手动上行"按钮0.2s，电动机动子开始上行，确认上行指示灯亮。

（3）手动下行：按下"手动下行"按钮0.2s，电动机动子开始下行，确认下行指示灯亮。

（4）按下"停止运行"按钮，停止运行。

2）在控制面板上设置初始参数

（1）上行频率设置：电动机上行频率由上频率拨码开关进行设置，上行频率越大，上行速度越快，电流越小，电动机的推力越小，将上行频率设置为15Hz。

（2）下行频率设置：电动机下行频率由下频率拨码开关设置，将下行频率设置为20Hz。

3）设置冲次并开始测试

（1）将冲次设置为8次/min（拨码设置80），按下"自动运行"按钮启动机组。

（2）观测井下压力计数据，如果动液面较高，放缓进水速度，直至压力计数值接近58kPa，此时将进水流速恢复至与出口流速一致。

（3）在原始数据记录表中记录所有数据。

（4）缓慢调小油嘴或者闸板，使地面油压升至5MPa，观察井底流压，根据此时的出口流速适当调整进水流速以保持较低并且稳定的动液面；

（5）在步骤（4）达到稳定状态时，在原始数据记录表中记录整组数据；

（6）将冲次调节为7次/min，重复步骤（1）至（5）。

（7）将冲次调节为6次/min，重复步骤（1）至（5）。

（8）将冲次调节为5次/min，重复步骤（1）至（5）。

（9）将冲次调节为4次/min，重复步骤（1）至（5）。

（10）将冲次调节为3次/min，重复步骤（1）至（5）。

（11）将冲次调节为2次/min，重复步骤（1）至（5）。

（12）将冲次调节为1次/min，重复步骤（1）至（5）。

6. 测试结束后作业

（1）测试完成后，停泵并切断总电源，进行安全锁定标示，断开地面电缆连接并起出井下测试管串及设备，恢复井口。

（2）起泵作业前必须测量机组的直流电阻及对地绝缘电阻，做好记录，备好电动机和抽油泵防护罩。

（3）关闭总电源，拆除地面连接电缆，拆卸出口管线、法兰和采油树。

（4）用油管短节将油管挂提出井口，拆除卡子或护罩。

（5）起油管时要确保电缆与油管同步上升。

（6）将电缆整齐地缠绕在滚筒上，严禁打扭和交错排列，起端要留出1.5m的余量。

（7）流机组起到井口后，用一只管钳子卡住泵体联杆，另一只管钳子卡住电机动子上端的平面处，将抽油泵和电动机分离。分离过程中要注意保护螺纹，分离后立即安装电动机和抽油泵防护罩。起出所有测试管柱后安装采油树，恢复井口。

(四）实验结果分析及应用

往复式泵在大庆、胜利、大港、辽河、新疆、冀东、长庆、延长等油田累计应用 800 余套次，与八型抽油机相比，日产液量 2t 以内，日节电量 80% 以上；日产液量 2~5t，日节电量 60% 以上；日产液量 6~8t，日节电量 40% 以上。

第三节　高含硫气井泡沫排水性能评价实验技术

泡沫排水采气是排出井内积液，维持气井正常生产，延长气井开采周期，提高采收率的最为经济有效的方法之一（蒋泽银 等，2006）。它通过向井内注入起泡剂，在井底气流的搅动下产生泡沫，减少液体的滑脱效应，提高气流带液效率，达到排出井内积液、稳定气井生产的目的。

高含硫气井泡沫排水性能评价实验技术的建立和发展是随着泡沫排水采气对象的变化而不断发展完善的。国内开展泡沫排水采气技术的研究和应用始于 20 世纪 80 年代初（巫扬 等，2007），同时根据 API 推荐作法，西南油气田天然气研究院建立了常规的起泡力、稳泡性和携液性能的实验评价技术。2010 年结合龙岗等高温深井的需要，研制了用于高温高压泡沫携液量评价的"高温气井泡沫排水室内模拟实验装置"。2014 年结合国内外高温高压泡沫评价技术的发展及越来越多高温气藏的开发，研制了用于高温高压泡沫稳定性评价的"高温高压泡沫评价系统"，实现了高温高压泡沫形态的可视化和粒径分析。2014—2015 年针对含硫气井开展复合缓蚀起泡剂的研究及现场试验，形成了现场取水样腐蚀速率和铁离子浓度评价技术（蒋泽银 等，2015）。2016 年动态表面张力评价技术开始用于泡沫排水采气现场药剂用量的评估。

在高含硫气井的泡沫排水采气中，根据油套管材质情况，常常需要同时使用与起泡剂配伍性好的水溶性缓蚀剂进行腐蚀防护，或者采用兼具泡排与防腐性能的复合缓蚀起泡剂（蒋泽银 等，2015；Samuel 等，2001；Marek 等，2001）。高含硫气井泡沫排水采气的评价即包括室内药剂的泡排性能和缓蚀性能评价，也包括现场药剂用量和缓蚀效果的评价。因而，高含硫气井泡沫排水性能评价实验技术包括了室内常规的起泡力、稳泡性、携液性能、腐蚀速率评价技术和特定高温高压条件下的泡沫稳定性和携液性能的评价技术，以及现场表征防腐效果的腐蚀速率、铁离子浓度评价技术和评估药剂实际用量的动态表面张力评价技术。

一、实验技术

（一）室内起泡力、稳泡性及携液性能评价实验技术

1. 实验原理

起泡剂需要在地层水及井况条件下具有很好的起泡力、稳泡性及携液性能。室内起泡力、稳泡性及携液性能评价技术在模拟井筒尺寸、地层水水质、井底气流冲击发泡、常压和温度小于 95℃ 的条件下，评价起泡剂、起泡剂与缓蚀剂或复合缓蚀起泡剂的发泡力、泡沫静态稳定性和动态携液性能。

2. 实验设备

1）起泡力和稳泡性评价实验设备

起泡力和稳泡性评价实验采用罗氏泡沫仪，实验设备由恒温水浴、带夹套玻璃发泡管、分液管组成，如（图 4-51）所示。

2) 携液性能评价实验设备

泡沫携液性能评价实验采用泡沫携液量测定装置，由恒温水浴、带夹套玻璃发泡器、泡沫收集器、量杯、气体分配器、气体浮子流量计和提供气源的氮气钢瓶或制氮机组成，如图 4-52 所示。

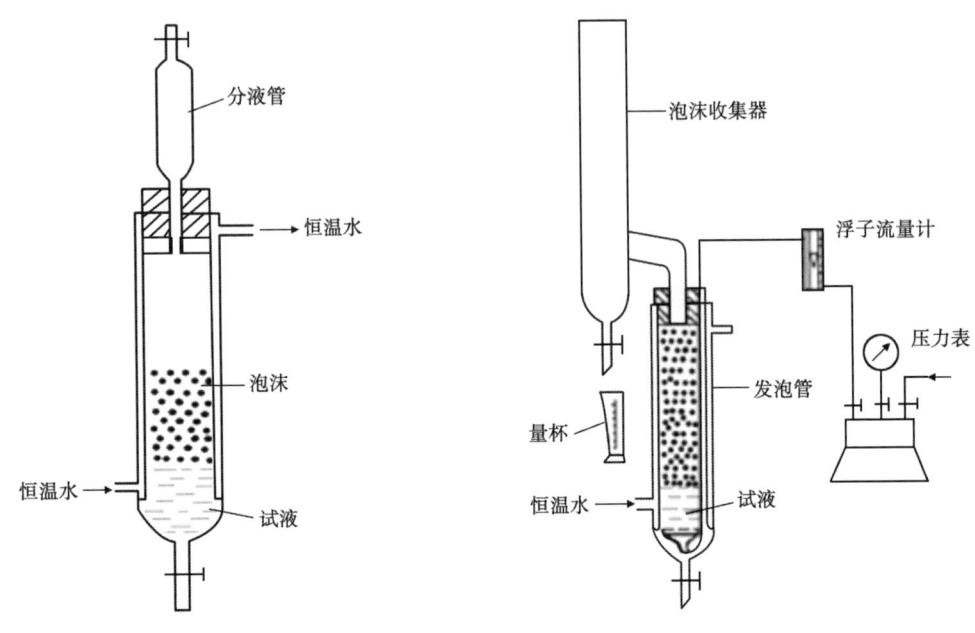

图 4-51　罗氏泡沫仪示意图　　　　图 4-52　泡沫携液量测定流程图

3. 实验方法和步骤

1) 起泡力及稳泡性

（1）实验方法。

起泡剂的起泡力和稳泡性采用 GB/T 13173—2008《表面活性剂 洗涤剂试验方法》中洗涤剂发泡力的测定（Ross-Miles 法）进行测定。在罗氏泡沫仪中加入 50mL 发泡基液，用分液管装 200mL 发泡液体，从 900mm 的高度冲击泡高仪中的液面，以分液管中液体流完时的泡沫高度表示发泡能力，以 5min 钟后的泡沫高度表示泡沫稳定性，评价室温至 95℃下起泡剂的起泡力和稳泡性。

（2）实验步骤。

①检查罗氏泡沫仪是否正常。

②开启恒温水浴，升温至要求温度并恒温。

③按要求配制待测液体备用。

④清洗仪器内壁，并用待测液体淌洗仪器内壁。

⑤装入 50mL 待测液体，并恒温 10min。

⑥将待测液体装入分液管至刻度，并安装在仪器正上方规定高度。

⑦恒温时间到后开启分液管考克，让试液冲击仪器内试液。

⑧液体滴完时计时并记录起始泡沫高度即为发泡力。

⑨记录 5min 后泡沫高度即为稳泡性。

⑩每个样重复测试 3~5 次。

⑪测试完毕，关闭电源，保养、清洁仪器。

2）携液性能

（1）实验方法。

采用 SY/T 5761—1995《排水采气用起泡剂 CT5-2》中规定的泡沫携液量测定装置，测定起泡剂携液性能。在发泡管中加入 200mL 发泡液体，以一定流量通氮气发泡，泡沫上升并进入泡沫收集器，用量杯收集泡沫收集器中消泡后的液体，以 15min 携带出的液体量表示起泡剂的携液能力，评价室温至 95℃下起泡剂的携液性能。

（2）实验步骤。

①检查泡沫携液量测定装置是否正常。

②开启恒温水浴，升温至要求温度并恒温。

③按要求配制待测液体备用。

④装入 200mL 待测液体，并恒温 10min。

⑤开启氮气，并调节氮气压力至 0.1MPa。

⑥恒温时间到后开始通氮气，计时，控制氮气流量 3.0L/min。

⑦泡沫进入泡沫收集器后加入计量的消泡剂消泡。

⑧15min 时停止通氮气，用量杯计量收集的液体量，减去加入的消泡剂量即为携液量。

⑨每个样重复测试 3~5 次。

⑩测试完毕，关闭电源，保养、清洁仪器。

（二）室内腐蚀速率评价实验技术

1. 实验原理

高含硫气井泡沫排水采气用配伍的缓蚀剂或复合缓蚀起泡剂，需要有较好的防腐性能。室内腐蚀速率评价技术使用失重法评价的腐蚀速率，用与油套管相同或同类的材质制成标准尺寸的试片，将试片置于模拟气井温度和气质条件的试验瓶中一段时间，通过试片的失重及表面状态来评价药剂对油套管的腐蚀情况。

2. 实验设备

常压静态失重法腐蚀速率评价装置，由恒温水浴、玻璃试验容器、试片等组成，如图 4-53 所示。

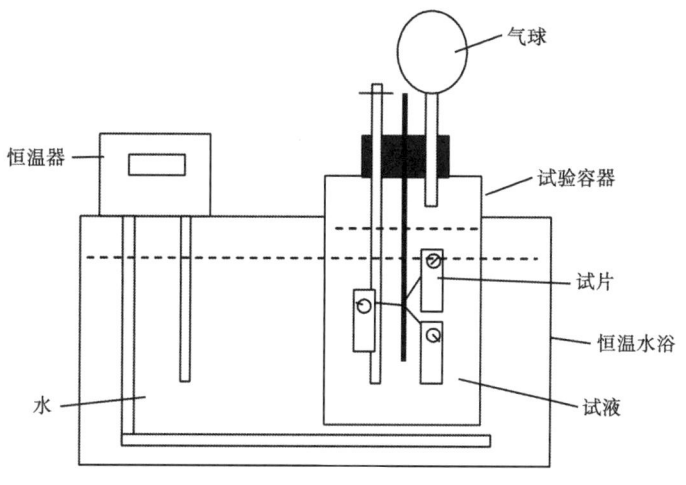

图 4-53 常压静态腐蚀速率评价装置示意图

3. 实验方法和步骤

1）实验方法

采用 SY/T 5273—2014《油田采出水用缓蚀剂性能评价方法》中静态均匀缓蚀率测定方法。用恒温箱或恒温水浴进行试验温度的控制，在低于80℃的气井在气井温度下进行评价，高于80℃的气井，在80℃下进行评价。

2）实验步骤

（1）用游标卡尺测量试片的尺寸，精确至0.02mm，并计算试片面积。

（2）将试片先用滤纸擦净，然后放入盛有沸程为60~90℃石油醚的器皿中，用脱脂棉除去试片表面油脂后，再放入无水乙醇中浸泡5min，进一步脱脂和脱水。取出试片放在滤纸上，用冷风吹干后再用滤纸将试片包好，贮于干燥器中，放置1h后称量，精确至0.1mg。

（3）按试验要求用容量瓶配制起泡剂、起泡剂与配伍的缓蚀剂或复合缓蚀起泡剂溶液，该溶液应在24h内使用。

（4）将配制好的溶液按设计质量浓度值用移液管分别加入试验容器中。

（5）用氮气吹扫上述试验容器，排除其中的空气，再用橡胶管将地层水样导入，同时做不加药剂的空白试验。

（6）每个试验容器中挂三片试片，试片不允许与容器壁接触，试片间距应在1cm以上，试片上端距液面应在3cm以上，每组试验做三组平行样。

（7）将试验装置放入恒温箱中，在设定温度下恒温放置一个试验周期。

（8）将已达到试验周期的试片取出，观察、记录表面腐蚀形貌后，立即用清水冲洗并用滤纸擦干。

（9）将试片放入盛有沸程为60~90℃石油醚的器皿中，用脱脂棉除去试片表面油污后，将试片取出放入配制的酸清洗液中浸泡5min，同时用脱脂棉轻拭试片表面的腐蚀产物；从清洗液中取出试片，用自来水冲去表面残酸，然后放入无水乙醇中脱水；取出试片放在滤纸上，用冷风吹干后，然后用滤纸将试片包好，贮于干燥器中，放置1h后称量，精确至0.1mg。

（10）观察并记录处理后试片表面的腐蚀状况，若有点蚀，记录单位面积的点蚀个数，并用点蚀测深仪测量出最深的点蚀深度。

（11）按公式计算均匀缓蚀率、点蚀缓蚀率、均匀腐蚀速率和点蚀腐蚀速率。

（12）测试完毕，关闭电源，保养、清洁仪器。

（三）室内高温高压泡沫稳定性及携液性能评价实验技术

1. 实验原理

室内高温高压泡沫稳定性及携液性能评价技术在模拟井筒尺寸、地层水水质、井底气流冲击发泡、井底温度和一定压力条件下，以压缩氮气鼓泡，检测泡沫体积随时间的变化情况及一定时间内携带的液体量。

2. 实验设备

1）高温高压泡沫稳定性评价实验设备

高温高压泡沫稳定性评价实验采用高温高压泡沫评价系统，由泡沫发生系统、泡沫性能测量系统、自动清洗系统、计算机及控制软件组成。泡沫发生系统由进样泵、带夹套耐压发泡管、可视化观察窗、气体分配头、油浴加热控温系统、高压氮气钢瓶构成；泡沫性能测量系统由高分辨率摄像头、照射灯、泡沫形态分析软件以及泡沫体积检测系统构成；自动清洗系统由水泵、排液吹洗系统构成。高温高压泡沫评价系统外观如图 4-54 所示，高温高压下泡沫形态如图 4-55 所示。

图 4-54　高温高压泡沫评价系统

图 4-55　150℃、5MPa 下泡沫形态

2）高温高压泡沫携液量评价实验设备

高温高压泡沫携液量评价实验采用高温高压携液量评价装置，由模拟井筒、电加热系统、气体流量计、压力表、气体分散头、泡沫接收罐、回压调节阀、氮气钢瓶组成，如图 4-56 所示。

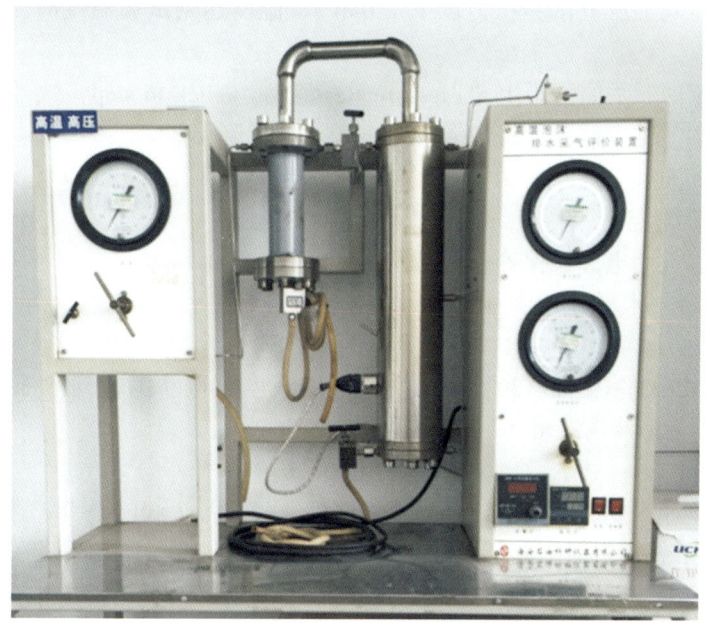

图 4-56　高温高压携液量评价装置

3. 实验方法和步骤

1）高温高压泡沫稳定性

（1）实验方法。

采用高温高压泡沫评价系统，在不大于 10MPa、室温至 200℃下，用氮气按 150mL/min 的流量鼓泡 240s 后静置，记录泡沫体积变化至 1000s，自动记录泡沫体积变化曲线以反映起泡剂的泡沫稳定性能。

（2）实验步骤。

①检查计算机连线，仪器各连线接头，保证各连线正确牢固。

②检查 2 个钢瓶气压力，气动阀气源钢瓶压力在 4.0MPa 以上、试验加压钢瓶压力至少高于试验压力 2.0MPa。

③检查仪器上加压阀和手动排空阀是否关闭。

④检查清洗液量，保证清洗液充足。

⑤开启 2 个钢瓶，气动阀控制气源钢瓶控制压力在 1.0MPa 左右。

⑥开启主机和油浴。

⑦清洗管路，清洗罐体内部及样品加注管线。

⑧润洗管路，润洗罐体内部及样品加注管线。

⑨开启计算机，打开控制软件。

⑩进行试验条件设置，设置完毕，开启自动加样。

⑪在油浴面板上，点击"设定"，将油浴温度设定在试验温度以上 10℃，点击"enter"完成设定，点击电源键开启加热。

⑫加样完毕，进入压力设置面板，单击"start read"开始读数，随后单击"start apply"，开启"EV5、EV13、EV2"（根据具体实验条件选择 EV1、EV2）。

⑬用手动加压阀加压至试验压力以下 1.0MPa，温度达到试验温度时，开启"Go"，开始鼓泡。

⑭当鼓泡结束时，关闭面板上"Pressure Regulation（click to stop）"，停止排气。

⑮试验时间到，结束试验，将油浴调到 60℃，开始降温。

⑯当温度降到 80℃以下时，开启手动排空阀缓慢降压到 1.0MPa 以下。

⑰开启自动清洗。

⑱测试完毕，关闭电源，保养、清洁仪器。

2）高温高压泡沫携液量

（1）实验方法。

在不大于 10MPa、室温至 180℃下，用氮气使液体发泡并携带到泡沫收集器中，计量 15min 带出的液体为泡沫携液量。

（2）实验步骤。

①检查氮气钢瓶、实验装置和连接管线气密性，检查各个阀门是否正常。

②检查温控系统、气体计量系统。

③清洗实验装置。

④关闭装置所有阀门，打开发泡管顶座和泡沫接收器顶座，向发泡管中加入起泡剂溶液，向泡沫接收器中加入消泡剂溶液，然后安装泡沫连接弯管使发泡管与泡沫接收器连通。

⑤打开气源总阀，调节进口减压阀，使进口压力表读数为 0.5~0.6MPa。

⑥调节回压减压阀,使其加压口压力表读数大于进口压力表读数 0.5MPa 以上。

⑦开启发泡管"快速充气阀门",向发泡管内加压,当发泡管压力表读数为 0.5MPa 时,关闭发泡管"快速充气阀门"。

⑧开启温控加热设备,设定测试温度,对发泡管加热至测试温度。

⑨若发泡管压力大于进气口压力,则开启泡沫接收器顶部的放空阀,将发泡管压力降至进气口压力后关闭放空阀,然后开启"缓慢充气阀门";若发泡管压力小于进口压力,则开启"缓慢充气阀门",直至发泡管压力表与进口压力表读数平衡后关闭"缓慢充气阀门"。

⑩调节回压放空阀门和回压减压阀以及气体计量设备,使气体流量为测试流量。

⑪先关闭发泡"缓慢充气阀门",再开启发泡管"发泡阀门",模拟气井携液,并开始计时。模拟携液过程中,继续微调回压放空阀门、回压减压阀以及气体计量设备,保证气体流量一直为测试流量。

⑫计时 15min 后,先关闭发泡管"发泡阀门"、温控加热设备及气源总阀,待发泡管内温度降至 90℃以下,再开启发泡管放空阀,直至完全泄掉发泡管和各管线内压力。

⑬开启泡沫接收器的液体收集阀门,收集液体,并计量,采用收集到的液体体积减去消泡剂溶液体积来表征起泡剂的泡沫动态携液性能。

⑭实验完毕,关闭电源、氮气,清洗设备。

(四)现场腐蚀速率评价实验技术

1. 实验原理

使用与油套管相同或同类的材质制成标准尺寸的试片,用试验瓶取现场泡排前后返出的地层水样至溢出,立即将组装好的试片、挂钩及试验瓶塞一起装于试验瓶中并将试验瓶置于一定温度的水浴中,通过一段时间试片的失重及表面状态来评价药剂对油套管的腐蚀情况。

2. 实验设备

常压静态失重法腐蚀速率评价装置,如图 4-53 所示。

3. 实验方法和步骤

1)实验方法

采用 SY/T 5273—2014《油田采出水用缓蚀剂性能评价方法》中静态均匀缓蚀率测定方法。在现场取泡排前后产出水样进行实验,用恒温水浴进行试验温度的控制,在低于 80℃的气井在气井温度下进行评价,高于 80℃的气井,在 80℃下进行评价。

2)实验步骤

(1)用游标卡尺测量试片的尺寸,精确至 0.02mm,并计算试片面积。

(2)将试片先用滤纸擦净,然后放入盛有沸程为 60~90℃石油醚的器皿中,用脱脂棉除去试片表面油脂后,再放入无水乙醇中浸泡 5min,进一步脱脂和脱水。取出试片放在滤纸上,用冷风吹干后再用滤纸将试片包好,储于干燥器中,放置 1h 后称量,精确至 0.1mg。

(3)用试验瓶取现场泡排前后返出的地层水样至溢出,立即将组装好的试片、挂钩及试验瓶塞一起装于试验瓶,每个试验容器中挂三片试片,试片不允许与容器壁接触,试片间距应在 1cm 以上,试片上端距液面应在 3cm 以上,每组试验做三组平行样。

(4)将试验瓶放入恒温水浴中,在设定温度下恒温放置一个试验周期。

(5)将已达到试验周期的试片取出,观察、记录表面腐蚀形貌后,立即用清水冲洗并用滤纸擦干。

(6)将试片放入盛有沸程为 60~90℃石油醚的器皿中,用脱脂棉除去试片表面油污后,将试片取出放入配制的酸清洗液中浸泡 5min,同时用脱脂棉轻拭试片表面的腐蚀产物;从清洗液中取出试片,用自来水冲去表面残酸,然后放入无水乙醇中脱水。

(7) 取出试片放在滤纸上,用冷风吹干后,然后用滤纸将试片包好,储于干燥器中,放置 1h 后称量,精确至 0.1mg。

(8) 观察并记录处理后试片表面的腐蚀状况,若有点蚀,记录单位面积的点蚀个数,并用点蚀测深仪测量出最深的点蚀深度。

(9) 以泡排前未加药剂的地层水的数据为空白,按公式计算均匀缓蚀率、点蚀缓蚀率、均匀腐蚀速率和点蚀腐蚀速率。

(10) 测试完毕,关闭电源,保养、清洁仪器。

(五) 现场铁离子浓度评价实验技术

1. 实验原理

地层水进入井筒后,在气、水的作用下会发生腐蚀,腐蚀下来的铁元素有较大部分以铁离子的形式溶在地层水中。现场铁离子浓度评价技术通过对加注药剂前后地层水中铁离子浓度降低情况的分析,判断气井的腐蚀情况。由于地层水是从地层进入井底再从井底沿井筒到达井口,与井筒接触的过程包括了井底到井口的温度、压力的变化,因此是起泡剂、起泡剂与配伍的缓蚀剂或复合缓蚀起泡剂在气井中综合腐蚀情况的评价技术。

2. 实验设备

铁离子浓度评价实验采用便携式分光光度计,如图 4-57 所示。

图 4-57 便携式分光光度计

3. 实验方法和步骤

1) 实验方法

取气井采出的地层水,按 SY/T 5523—2016《油田水分析方法》规定的铁离子分析方法,用便携式分光光度计对地层水中的铁离子进行分析。

2) 实验步骤

(1) 接通电源,按电源键开启分光光度计。

(2) 进入操作界面,点击"Hach Program",选择程序按"Start"。

(3) 在干净比色管中加入样品至刻度,作为空白样。

(4) 将装有样品的比色管放入分光光度计适配器中,合上盖子。

(5) 按"Zero",屏幕显示"0.0mg/L"。

(6) 在另一个比色管中加入样品至刻度线处,再加入适量的柠檬酸调整 pH 值至 4~5,再加入过量的盐酸羟胺和邻菲啰啉,摇晃比色管使试剂溶解。

(7) 将装有样品的比色管放入分光光度计适配器中,按"Read"键,读数。

(8) 实验完毕关机,清洗比色管,保养设备。

(六)现场动态表面张力评价实验技术

1. 实验原理

起泡剂是一种表面活性剂,加入起泡剂后地层水的表面张力会大幅度降低。起泡剂浓度低于临界胶束浓度(CMC)时地层水的表面张力会随起泡剂浓度的增加而降低,当起泡剂浓度达到临界胶束浓度(CMC)时增加起泡剂浓度表面张力保持恒定。由于形成泡沫后气液表面会大大增加,泡沫排水采气的使用浓度需大于未发泡时的临界胶束浓度,因此采用测定不同起泡剂用量下气井返出地层水的动态表面张力,并结合气井的产气量、产水量的增加及套压/油压的降低情况来确定起泡剂的合适用量。

2. 实验设备

动态表面张力评价技术实验采用便携式动态表面张力仪,由便携式动态表面张力仪主机、计算机及控制软件组成,如图 4-58 所示。

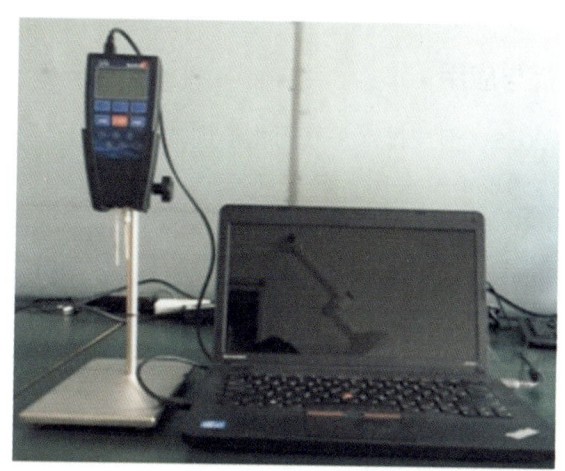

图 4-58 便携式动态表面张力仪

3. 实验方法和步骤

1)实验方法

取不同起泡剂用量下气井返出的地层水,测定其动态表面张力,以判断起泡剂用量是否合适。

2)实验步骤

(1) 将铁架台配件从手提箱中取出,组装铁架台。

(2) 将仪器取出并装在铁架台上,检查计算机电源线和仪器数据线是否有老化破裂情况,连接计算机电源、仪器数据线。

(3) 打开计算机,双击"SITA-ProcessLog"出现设置窗口。

(4) 将毛细管取出,检查毛细管是否有堵塞、污染或变形等异常情况,有异常需清洁处理或更换。

(5）将毛细管安装在仪器对应位置上，长按仪器面板上"START"，出现"Calibrating"，通过调整仪器高度，将毛细管伸入蒸馏水液面下方（液面保持在传感器灰色区域），短按"yes"进行校正，等自动校正完毕后，短按"OK"，校正后测试蒸馏水表面张力应为72mN/m左右。

（6）鼠标移动至工具栏，在"Modules"，单击"search devies"，在出现的窗口中，选中"COM4：DynoTestert #610536"，点击"OK"。

（7）鼠标移至"Edit actual funtion"，单击进入"user funtion"界面，修改便携式表面张力仪"Name"、"tlife"、"Average"，勾中"Result F"的"Auto copy"。

（8）测量：将毛细管伸入被测液体（液面同样保持在传感器灰色区域），双击"control"中的"名称"框，开始测量。

（9）单击"Export"将数据以"Excel"形式保存在指定文件夹，单击"Report"将数据以报告形式导出，单击"保存"则保存原始图片。

（10）实验结束，将被测液体倒出，换成蒸馏水，短按"Clean"清洗三次，检查毛细管是否有堵塞、污染或变形等异常情况，有异常需清洁处理。

（11）取下毛细管放入指定位置，关闭控制面板（长按"START"），关闭软件，关闭计算机，拔下计算机插头，将仪器取下并将铁架台拆开放入仪器盒放入仪器手提箱。

（12）整理、清洁实验台面。

二、实验结果分析与应用

按 Q/SY XN 0456—2015《泡沫排水采气用化学剂技术要求》，评价的起泡力、稳泡性、携液量、腐蚀速率需要达到表4-9要求，高温高压泡沫稳定性及携液量、铁离子浓度降低率等指标作为参考也列入表4-9。

表4-9 高含硫气井泡排及防腐评价性能参数及方法标准

序号	项目	参数	指标
1	室内性能评价	起泡力（起始泡高）（mm）	≥120
		稳泡性（5min 泡高）（mm）	≥70
		携液量（mL/15min）	≥130
		腐蚀速率（mm/a）	≤0.10
		高温高压泡沫稳定性能（5min 体积保持率）（%）	≥80
		高温高压泡沫携液量（mL/15min）	≥130
2	现场性能评价	铁离子浓度降低率（%）	≥60
		腐蚀速率（mm/a）	≤0.10

针对川渝含硫有水气井需要同时进行泡排和防腐的难题，2012—2013年开展了兼具泡排和防腐功能的复合缓蚀起泡剂的研究，明确缓蚀剂和起泡剂相互影响的因素，研制了适用于井温150℃、矿化度0~300g/L的CT5-20复合缓蚀起泡剂，在90℃、1.5g/L用量现场水样中起泡力205~220mm、稳泡性150~340mm、携液量158~164mL/15min、腐蚀速率0.0079~0.0375mm/a。2014—2015年在天东18、大天002-1威36-1、磨50等井中进行了现场应用（李伟 等，2015）。

在 CT5-20 复合缓蚀起泡剂的室内研究和现场应用中，应用高含硫气井泡沫排水性能评价实验技术，对起泡力、稳泡性、携液性能、腐蚀速率、缓蚀率、高温高压泡沫稳定性以及现场泡排中带出水样的铁离子浓度、现场腐蚀速率进行了评价，并取得了很好的现场应用效果。泡排性能评价结果见表 4-10，防腐蚀性能评价结果见表 4-11，相同压力不同温度下泡沫稳定性评价如图 4-59 所示，相同温度不同压力下泡沫稳定性评价如图 4-60 所示，天东 19 井铁离子分析数据如图 4-61 所示，天东 19 井现场取样腐蚀挂片评价数据如图 4-62 所示，应用井的效果评价见表 4-12。

由表 4-10 可见，在所取的 5 个水样中，在 1.0~2.0g/L 的用量下起泡力、稳泡性及携液量较好，在现场使用中可选取 1.5~2.0g/L 的用量。

表 4-10　现场水样中泡排性能评价结果

井号	药剂	加量（g/L）	温度（℃）	起泡力（mm）	5min 稳泡性（mm）	携液量（mL）
天东 18	CT5-20	1.0	90	215	170	154
	CT5-20	1.5	90	230	50	164
	CT5-20	2.0	90	250	175	174
大天 002-1	CT5-20	1.0	90	190	210	156
	CT5-20	1.5	90	220	230	159
	CT5-20	2.0	90	240	190	169
威 36-1	CT5-20	1.0	90	207	220	155
	CT5-20	1.5	90	220	340	159
磨 50	CT5-20	1.0	90	185	30	148
	CT5-20	1.5	90	205	170	158
	CT5-20	2.0	90	202	230	176

由表 4-11 可见，在现场水样中复合缓蚀起泡剂的腐蚀速率小于 0.10mm/a，缓蚀率达 80%以上。

表 4-11　现场水样中防腐性能评价结果

井号	药剂	腐蚀速率（mm/a）	缓蚀率（%）	试片描述
天东 18	CT5-20	0.0092	95.0	光亮
威 36-1	CT5-20	0.0375	80.5	光亮
大天 002-1	CT5-20	0.0187	85.0	光亮
磨 50	CT5-20	0.0079	88.5	光亮

注：防腐性能评价条件 80℃、常压、H_2S 0.14%、CO_2 0.025%、BG95SS 材质。

由图 4-59 可见，5.0MPa 时，135℃以下稳泡性随温度变化较小，135℃以上稳泡性随温度升高有所降低。评价水质矿化度为 10g/L、CT5-20 复合缓蚀起泡剂用量为 1.5g/L。

由图 4-60 可见，在 150℃下，泡沫稳定性随压力的升高而增加。评价水质矿化度为 10g/L、CT5-20 复合缓蚀起泡剂用量为 1.5g/L。

由图 4-61 铁离子浓度分析数据可见，泡排前铁离子浓度达到 7.3~51.8mg/L，平均 19.08mg/L；泡排后铁离子浓度降到 5.0mg/L 以下，平均 3.58mg/L，铁离浓度降低率为 81.24%。

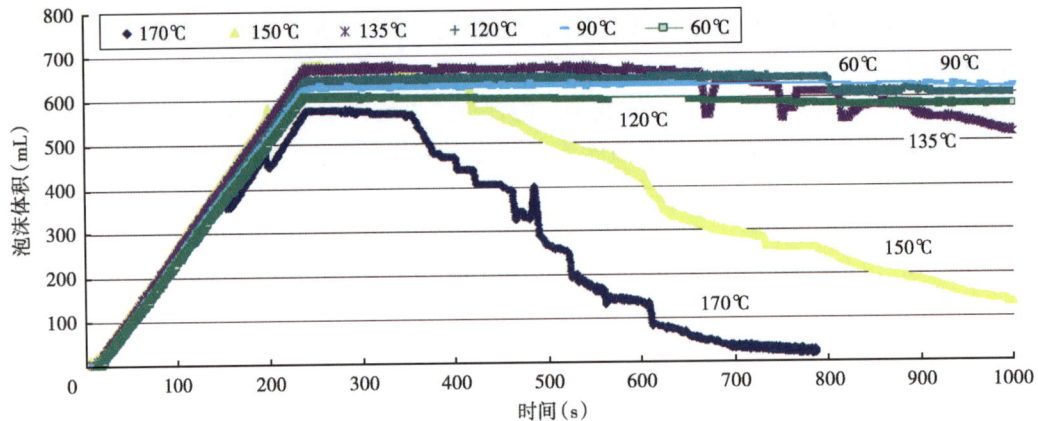

图 4-59　5MPa，60~170℃下泡沫稳定性评价数据

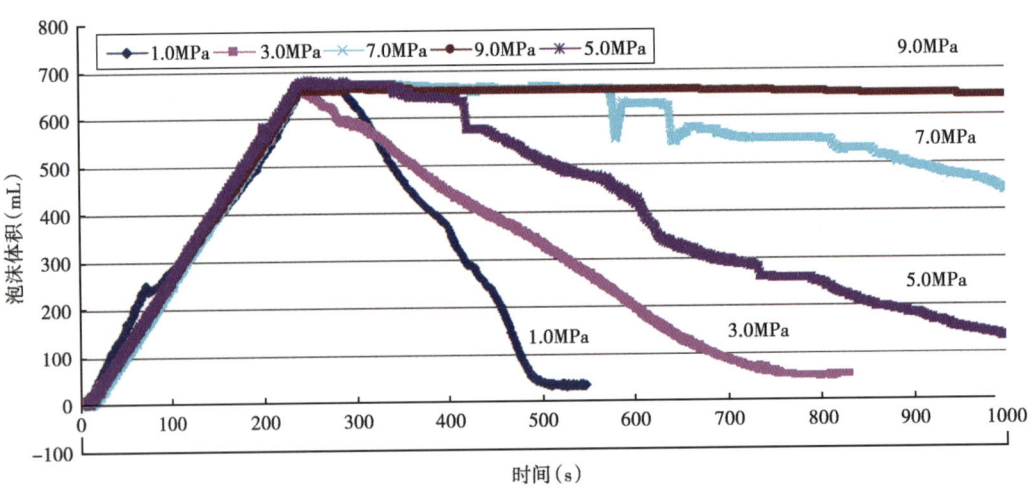

图 4-60　150℃，1~9MPa下泡沫稳定性评价数据

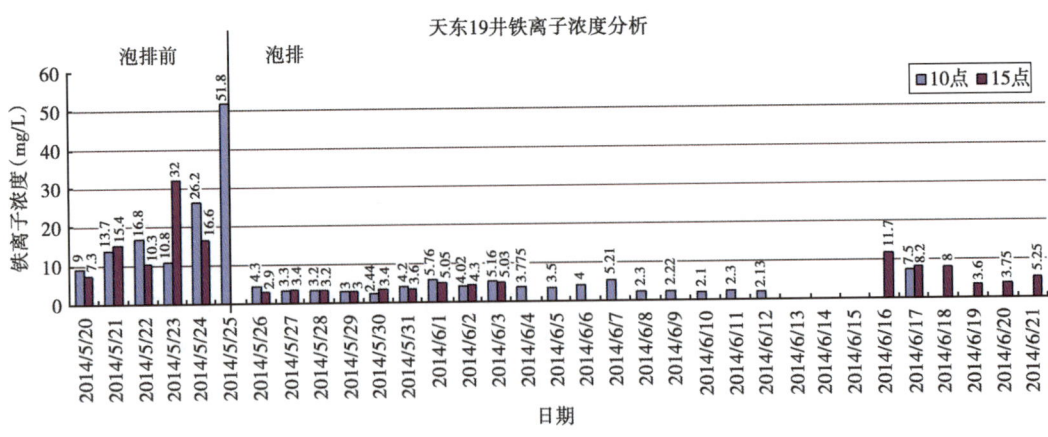

图 4-61　天东19井铁离子浓度分析数据

由图4-62取水样腐蚀挂片的腐蚀速率评价数据可见，泡排后腐蚀速率小于0.10mm/a，泡排后缓蚀率达到63.25%～76.59%，表明该复合缓蚀起泡剂可大幅度降低对油套管的腐蚀。

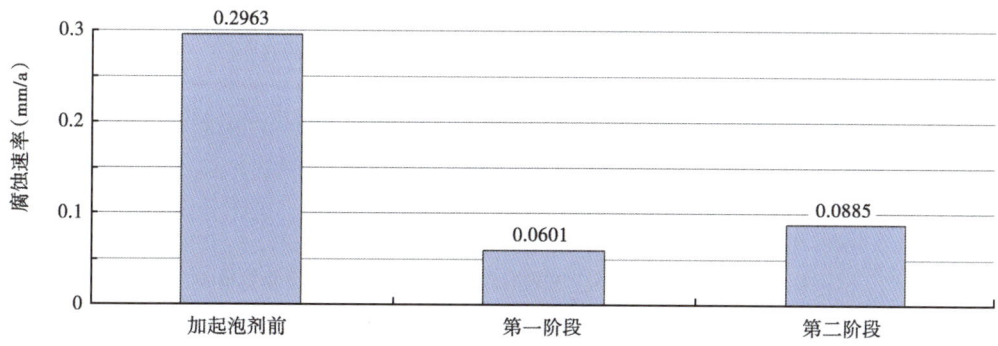

图4-62 天东19井腐蚀挂片缓蚀率评价数据
腐蚀挂片评价条件为现场试验中带出的水样、温度80℃、常压、72h、BG95SS材质

由表4-12可见，应用高含硫气井泡沫排水性能评价实验技术研制的复合缓蚀起泡剂在5口井的应用中取得了较好的泡排和防腐效果，油套压差降低，产气、产水量增加，铁离子浓度降低58.8%～81.2%，缓蚀率60%～80%。

表4-12 现场应用井效果评价

井号	泡排前				泡排后				压差降低	增产气		增产水		铁离子浓度降低（%）	缓蚀率（%）
	套压(MPa)	油压(MPa)	产气(m³/d)	产水(m³/d)	套压(MPa)	油压(MPa)	产气(m³/d)	产水(m³/d)	(MPa)	(m³/d)	(%)	(m³/d)	(%)		
天东19	5.56	2.64	43403	1.27	4.21	3.04	46422	2.07	1.76	3019	7.0	0.80	63.0	81.2	70
天东18	4.61	3.00	46502	0.71	4.00	3.24	50200	0.96	0.85	3698	8.0	0.25	35.2	—	60
大天002-1	9.71	3.98	25606	0.38	4.79	4.17	41643	0.55	5.11	16037	62.6	0.17	44.7	58.8	—
威36-1	5.44	4.37	14016	13.03	5.18	4.24	15281	14.56	0.13	1265	9.0	1.53	11.7	—	70
磨50	1.53	1.43	7051	0.13	3.01	2.51	29233	1.47	—	22182	314.6	1.34	1030.8	80.2	80
合计	—	—	136578	15.52	—	—	182779	19.61	—	46201	33.8	4.09	26.4		

参 考 文 献

陈健，田播源，刘玉文，2010. 压缩式封隔器胶筒失效因素分析及措施［J］. 科技资讯, 31：103-106.

黄振琼，徐燕东，杜春朝，2013. 高温高压深井用液压封隔器研制及试验［J］. 石油矿场机械, 42（10）：33-36.

蒋泽银，李伟，陈文，等，2015. 酸性气藏泡沫排水复合缓蚀起泡剂研究［J］. 石油与天然气化工, 44（2）：70-72，90.

蒋泽银，唐永帆，石晓松，等，2006. 中21井泡沫排水技术研究及效果评价［J］. 天然气工业, 26（7）：97-99.

金忠臣，杨川东，张守良主编，2004. 采气工程［M］. 北京：石油工业出版社.

李伟，蒋泽银，艾天敬，等，2015. 抗温抗盐复合缓蚀起泡剂的室内评价及应用［J］. 石油与天然气化工,

44（1）：59-62．

刘永辉，付建红，林元华，等，2007．封隔器胶筒结构参数优化分析［J］．机械工程师，7：66-67．

刘玉章，2000．采气工艺技术现状和发展方向［M］．北京：石油工业出版社．

吕芳蕾，伊伟锴，衣晓光，等，2014．高温高压封隔器性能试验装置研制及应用［J］．石油矿场机械，43（7）：77-80．

檀朝东，周晓东，饶鹏，1999．一次多层压裂封隔器的研制及应用［J］．石油钻采工艺，4：99-101．

王强，2011．试油排液求产中几种常见封隔器泄压原因及应对措施［J］．油气井测试，20（6）：58-59．

王守芳，刘猛，周普清，2002．上提加压式封隔器坐封高度的确定［J］．油气井测试，4：40-43．

巫扬，刘世常，2007．气井泡沫排水中起泡剂的研究与应用［J］．天然气技术，1（2）：46-48．

吴建，徐兴平，王龙庭，等，2008．常规高压封隔器密封胶筒力学分析［J］．石油矿场机械，37（6）：39-41．

闫乐好，段长军，2002．油田注水用封隔器密封性能的分析与研究［J］．阀门，3：22-24．

张蔚红，张建华，王卫锋，等，2014．基于感应加热的封隔器高温高压试验装置研制［J］．石油矿场机械，43（2）：25-28．

MAREK P, RICHARD M, 2001. Synergism and Antagonism of Foaming Agents and Corrosion Inhibitors［J］. SPE 65016.

SAMUEL C, SUNDER R, KEITH B, 2001. Corrosion Inhibition/ Foamer Combination Treatment to Enhance Gas Production［J］. SPE 67325.

第五章 高含硫天然气腐蚀防护实验评价技术

腐蚀防护技术是确保高含硫气田安全开发的一个关键技术。本章从腐蚀实验、材料评价、缓蚀剂防腐等方面介绍了高含硫气田开发实验评价技术取得了成果和认识,涵盖了元素硫腐蚀评价、高压电化学腐蚀评价、金属非金属及复合管的腐蚀评价和缓蚀剂筛选评价等内容,形成了一系列高含硫开发的特色腐蚀防护实验评价技术。

第一节 高含硫特殊环境下的腐蚀实验评价技术

一、元素硫腐蚀实验评价技术

高含硫天然气中存在元素硫,H_2S 含量越高,发生元素硫沉积的可能性越大;井底到井口的压力和温差越大,气体中析出的元素硫越多,硫沉积的可能性越大。

元素硫的出现进一步恶化了原本就已十分苛刻的高含 H_2S 和 CO_2 腐蚀环境,即使部分镍基耐蚀合金也可能在元素硫沉积的作用下发生点蚀,大大增加了油套管以及集输管线的腐蚀失效风险。一旦因腐蚀导致泄漏或开裂,就会引起爆炸或 H_2S 气体扩散,将造成重大安全事故、人员伤亡和环境污染。因此,正确认识目前广泛使用的抗硫钢及耐蚀合金管材在元素硫沉积条件下的腐蚀状况,是高含硫气田开发过程中正确选材和防护的必要前提。

(一)**实验原理**

天然气中硫含量超过一定温度、压力条件下的溶解度就会导致气井中发生硫沉积。沉积的元素硫或以固态颗粒的形式附着在管道或阀门等部位,或与管道内的析出水混合形成硫悬浮溶液,或在较高温度和压力环境中以液态硫形式存在,或液态硫随环境温度和压力的降低又重新结晶形成固态硫覆盖在管道内壁。因此,通过模拟元素硫的存在形式及环境,研究与其接触的金属材料性能的变化,进而确定其对腐蚀行为的影响。

采用应力腐蚀敏感性指数 ID_s 来表征材料的应力腐蚀开裂敏感程度。

$$ID_s = 1 - \frac{\sigma_f^s(1+E^s)}{\sigma_f^n(1+E^n)} \tag{5-1}$$

式中 ID_s——应力腐蚀开裂敏感程度的大小;

S——表示腐蚀介质;

n——表示空气介质;

σ_f^s,σ_f^n——试样分别在腐蚀介质和空气拉伸后的最大破断应力,MPa;

E^s,E^n——试样分别在腐蚀介质和空气介质中拉伸的延伸率,%。

(二)**实验设备**

元素硫腐蚀实验设备主要包括高温高压釜、交流阻抗仪、应力腐蚀实验机。

（三）实验方法与步骤

目前国内外最常用的元素硫腐蚀评价方法是失重挂片法及电化学极化测试方法，根据高酸性气田元素硫沉积的特殊环境及有可能出现的腐蚀类型，采用以电化学极化测试、电化学阻抗测试、失重挂片腐蚀测试、应力腐蚀测试为组合的评价方法体系对元素硫腐蚀行为及机理进行评价。

失重挂片测试方法为国内外公认的试验方法，可以用于元素硫腐蚀评价，其方法为在玻璃容器或高压釜中放入试片及加入元素硫和腐蚀溶液，于一定时间后取出，测量其腐蚀失重，及观察表面形貌和腐蚀产物分析。采用失重挂片法开展不同元素硫沉积方式（涂抹法、掩埋法、悬浮法）对材料腐蚀的影响。

电化学极化测试和阻抗测试选用的试验材料为碳钢（L245）。试样为电极面积为 $1cm^2$ 的圆柱体，采用环氧树脂密封，只暴露一个表面。试验前用砂纸逐级打磨，去离子水冲洗，无水酒精脱水，至于干燥器中备用。腐蚀介质为不同元素硫含量的化学溶液，元素硫加入方法为涂敷法及悬浮法。氯化钠浓度为5%，饱和 H_2S。反应容器为玻璃电解池。采用 Tafel 极化曲线技术进行分析，采用三电极体系进行测试，辅助电极为铂电极，参比电极为饱和甘汞电极。电化学阻抗测试使用设备为2273交流阻抗仪，采用三电极体系进行测试，辅助电极为铂电极，参比电极为饱和甘汞电极。测试频率为 $0.1\sim10^4 HZ$。

慢应变速率拉伸试验方法是以一个恒定的、相当缓慢的拉伸速率对置于腐蚀环境中的试样施加拉应力，通过强化应变状态来加速应力腐蚀的产生和发展过程。一般体系的 SCC 裂纹扩展速度通常在 $10^{-6}\sim10^{-3} mm/s$ 范围内，这是确定 SSRT 应变速率的基础。SSRT 拉伸速率对 SCC 试验体系具有选择性，一般为 $10^{-7}\sim10^{-4} mm/s$，试验周期为 $2\sim3d$ 比较合适。而 NACE 标准认为：通常采用的拉伸速率为 $2.5\times10^{-6}\sim2.5\times10^{-4} mm/s$。SSRT 方法提供了在传统应力腐蚀试验条件下不能迅速激发 SCC 的环境里，确定延性材料 SCC 敏感性的快速试验方法，它能使任何试样在很短的时间内发生断裂，因此它是一种相当苛刻的加速试验方法。慢应变速率试验最常用的加载方式是采用单轴拉伸的方法，即在拉伸机上将试件的卡头以一定位移速度移动，使试样发生慢应变，直至把试件拉断。该实验一般使用特制的慢应变速率拉伸试验机，对于试验机的要求是：（1）在试样所承受的载荷下，设备有足够的刚度，不至变形；（2）能提供可重现的恒应变速率；（3）配备有能维持试验条件的试验容器及其他控制和记录的仪器、仪表。

（四）实验结果分析与应用

1. 元素硫对碳钢电化学腐蚀行为的影响

碳钢（L245）在不同硫含量下的极化曲线（常温）如图 5-1。随着元素硫含量的增加阴极 Tafel 斜率变大，阳极变化不大，说明阳极反应历程不变，元素硫的加入促进了阴极反应。涂敷元素硫后，改变了极化曲线的形状，涂敷元素硫的阴极表示为扩散特征。随着元素硫含量的增加，其腐蚀电流增加。

L245 在常温、不同元素硫含量及沉积形式下的阻抗图如图 5-2 所示，可以看出，随着元素硫含量增加到 30g/L，阻抗图谱由双容特征，转变为出现 warburg 特征图谱，在低频率区出现扩散特征阻抗。反应由电化学反应的电荷转移控制转变为扩散控制。warburg 特征图谱的出现说明电极表面出现厚的腐蚀产物，反应离子只能通过扩散过程由腐蚀产物膜孔到达膜/基体界面。

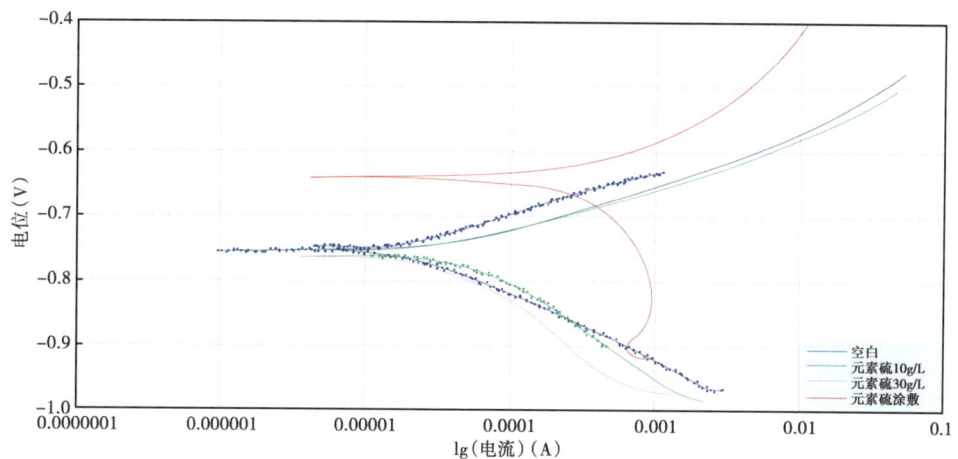

图 5-1 常温条件下元素硫对碳钢电化学腐蚀行为的影响

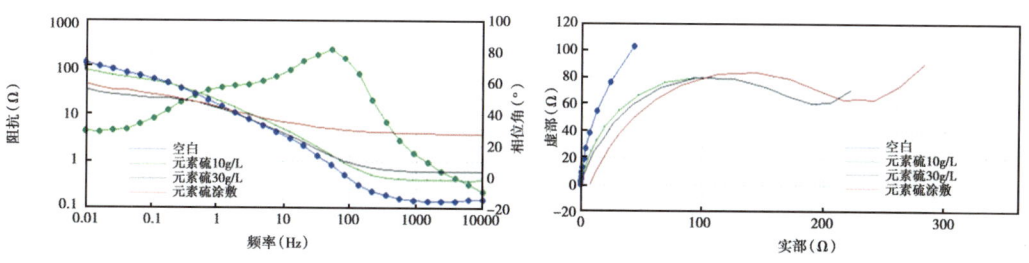

图 5-2 常温 L245 在不同元素硫条件下的阻抗谱

2. 元素硫应力腐蚀行为研究

应力腐蚀开裂是金属材料在应用过程中的一大潜在危险,已有研究表明,在元素硫存在的条件下,825 镍基合金的应力腐蚀开裂倾向增大。

试验条件:H_2S 1.4MPa, CO_2 1.4 MPa, NaCl 5%。试验的初始应力为 100kgf❶,拉伸速率为 2.54×10^{-5}mm/s,对应的应变速率为 $1.0\times10^{-6}s^{-1}$。试验结果见表 5-1 和图 5-3。

表 5-1 不同温度下 SCC 试验数据(Cl^-:5%)

实验条件	空白试验	无元素硫			有元素硫		
		30℃	60℃	90℃	30℃	60℃	90℃
耗时(s)	97	19.8	21.9	36.5	28.2	27.5	19.3
最大拉力(kgf)	1189.7	1039.2	1008.1	1002.5	1076.7	934.1	500.5
延伸率(%)	31.7	5.9	6.4	10.9	8.7	8.4	5.7
ID_s(敏感度指数)	0	0.297	0.315	0.290	0.253	0.302	0.460

从表 5-1 中看出,对无元素硫的腐蚀试件来说,温度对其应力腐蚀敏感性指数影响不是很明显,对含有元素硫的腐蚀试件来说,其应力腐蚀敏感性指数随着温度的上升而增加,即越容易发生应力腐蚀开裂。

注:❶ 1kgf=9.80665N。

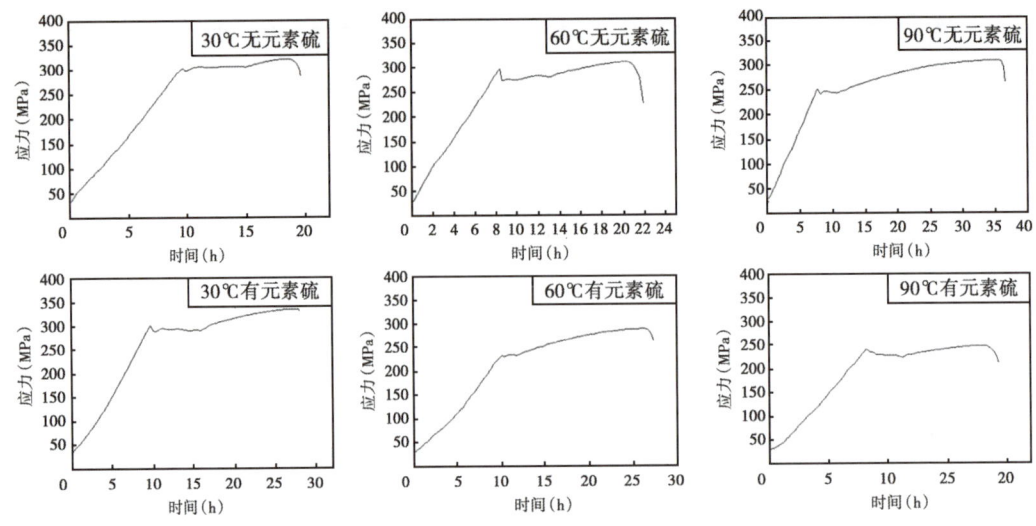

图 5-3　不同温度和有无元素硫条件下拉力与时间曲线

图 5-4 和图 5-5 是 60℃ 有无元素硫的情况下的试件及断口形貌。

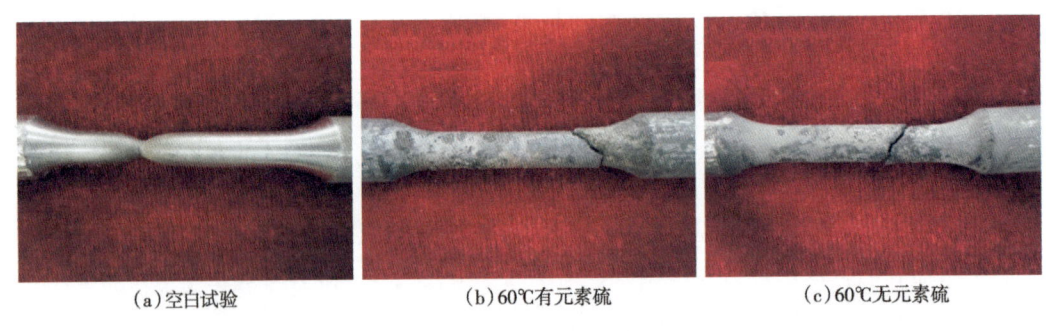

图 5-4　试件拉断形貌

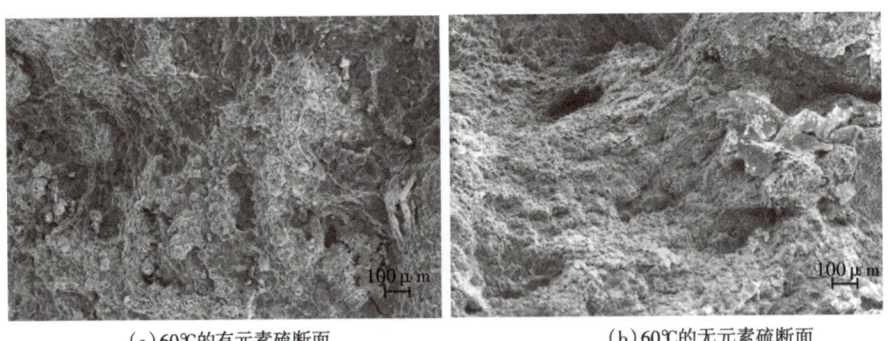

图 5-5　试件断口微观形貌

从宏观和微观形貌上都可以看出，60℃ 的情况下断面没有明显的塑性变形特征，断口面平齐而光亮，断口面上主要为放射区，纤维区比例几乎为零，有明显解理花样和撕裂岭，为准解理断口，属于典型的脆性断裂，在有元素硫的情况下脆性断裂更加明显。

3. 温度对材料电化学失重腐蚀性能影响

试验条件：L245，H_2S 1.4MPa，CO_2 1.4MPa，NaCl 5%，试验周期 3d，结果见表 5-2。

表 5-2 温度对 L245 腐蚀的影响

试验条件		试验结果（mm/a）		
		20℃	40℃	60℃
有元素硫	气相	0.805	2.410	5.686
	液相	0.854	2.906	4.706
无元素硫	气相	0.614	1.324	0.581
	液相	0.776	2.549	0.661

从试验数据可以看出，无论在气相还是在液相，元素硫的存在都加速了 L245 的腐蚀，对于涂有元素硫的腐蚀试片，其腐蚀率都随着温度的升高而增大；对无元素硫的腐蚀试片，在 40℃时的腐蚀速率明显要高于其他温度下的腐蚀速率。图 5-6 是 20℃、40℃及 60℃的无元素硫气相、元素硫液相、有元素硫气相和有元素硫液相的试样腐蚀原貌。可以看出，对于有元素硫的试样，随着温度的增加，腐蚀产物膜逐渐变厚，腐蚀速率增大。对于无元素硫的试样，40℃腐蚀速率要高于其他温度下的腐蚀速率。

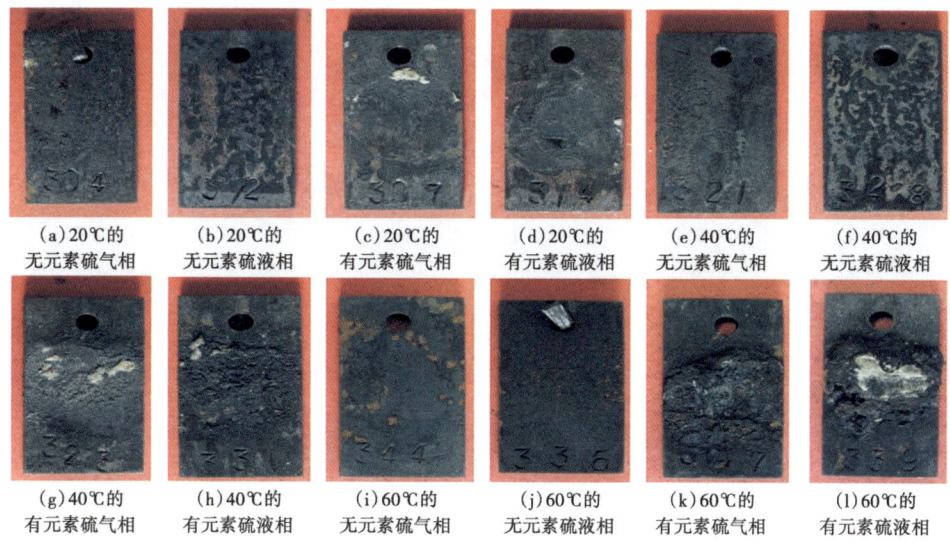

(a) 20℃的无元素硫气相　(b) 20℃的无元素硫液相　(c) 20℃的有元素硫气相　(d) 20℃的有元素硫液相　(e) 40℃的无元素硫气相　(f) 40℃的无元素硫液相
(g) 40℃的有元素硫气相　(h) 40℃的有元素硫液相　(i) 60℃的无元素硫气相　(j) 60℃的无元素硫液相　(k) 60℃的有元素硫气相　(l) 60℃的有元素硫液相

图 5-6 L245 钢除锈前的宏观照片

图 5-7 是 20℃、40℃和 60℃的无元素硫气相和液相的试样带膜的表面形貌扫描图，表明了不同条件下的腐蚀表面形貌。从形貌上看，气相中的膜有开裂，液相中的腐蚀点蚀坑明显，膜比较疏松，腐蚀程度大于气相。

图 5-8 是 20℃、40℃和 60℃的有元素硫气相和液相的试样带膜的表面形貌扫描图，表明了不同条件下的腐蚀表面形貌。从形貌上看，有元素硫存在情况下腐蚀明显加剧，膜更加疏松。随着温度的升高，腐蚀加剧。

结合腐蚀产物膜的 XRD 图谱分析结果（图 5-9），可以看出几种条件下的腐蚀产物都主要以马基诺矿型晶粒（Mackinawite，FeS_{1-x}）为主。随温度的升高，在无元素硫的条件下，

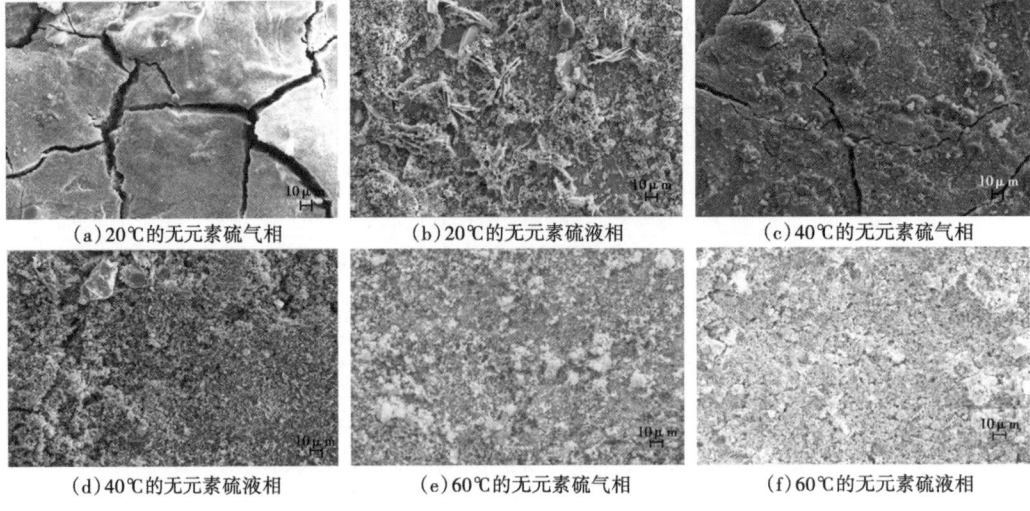

图 5-7　L245 不同腐蚀产物的微观形貌

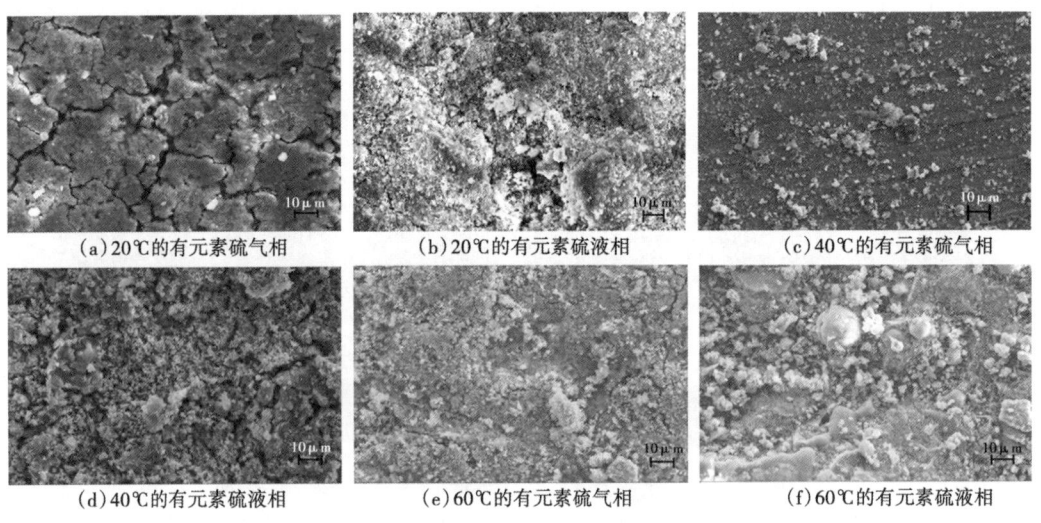

图 5-8　L245 不同腐蚀产物的微观形貌

逐渐有硫复铁矿（Greigite）型晶粒 Fe_3S_4 形成，有元素硫的条件下硫复铁矿型晶粒 Fe_3S_4 逐渐消失。

4. 元素硫腐蚀控制技术

1）醇胺硫溶剂

醇胺硫溶剂以及溶解了元素硫后的醇胺硫溶剂对常用的高酸性气田材质 L360 的腐蚀评价结果见表 5-3 和表 5-4，评价结果表明醇胺硫溶剂对材质腐蚀轻微。

表 5-3　40℃下醇胺硫溶剂对 L360 材质的腐蚀速率

溶剂组成	醇胺	醇胺+3%元素硫
腐蚀速率（mm/a）	0.0033	0.011
评价	均匀腐蚀	均匀腐蚀

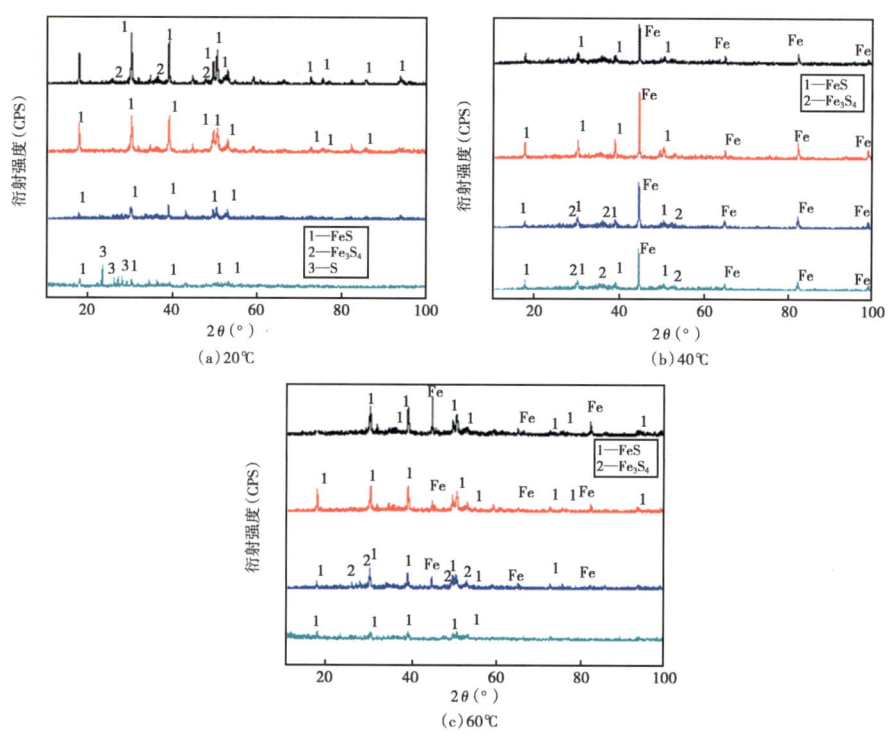

图 5-9 L245 钢腐蚀产物的 XRD 图谱

表 5-4 80℃下醇胺硫溶剂对 L360 材质的腐蚀速率

溶剂组成	醇胺	醇胺+3%元素硫
腐蚀速率（mm/a）	0.012	0.019
评价	均匀腐蚀	均匀腐蚀

注：评价时间为 72h。

2）烷基萘硫溶剂

烷基萘硫溶剂以及溶解了元素硫后的烷基萘硫溶剂对常用的高酸性气田材质 L360 的腐蚀情况见表 5-5，结果表明烷基萘类硫溶剂对材质腐蚀性轻微。

表 5-5 烷基萘硫溶剂腐蚀性评价结果

溶剂组成		烷基萘	烷基萘+3%元素硫
40℃	腐蚀速率（mm/a）	0.0119	0.0066
	评价	均匀腐蚀	均匀腐蚀
60℃	腐蚀速率（mm/a）	0.0092	0.0099
	评价	局部腐蚀	局部腐蚀
80℃	腐蚀速率（mm/a）	0.0165	0.0198
	评价	局部腐蚀	局部腐蚀

注：评价时间为 72h。

3）DADS 硫溶剂

加拿大硫黄研究所的研究结果表明，在含硫气井中应用 DADS 等二烷基二硫硫溶剂可能给材质带来腐蚀,加拿大硫黄研究所对 DADS 腐蚀性的测试结果见表 5-6。

表 5-6　DMDS 硫溶剂腐蚀性试验结果

序号	DMDS	H_2S 分压（MPa）	液相腐蚀速率（mm/a）
1	有	0	0.153
2	无	10	0.356
3	有	10	9.93

注：总压为 33MPa。

试验结果表明,在 H_2S 存在的情况下,DADS 硫溶剂引入后材质的腐蚀速率由 0.356mm/a 剧增到 9.93mm/a。

由此可见,有的硫溶剂会增加材质的腐蚀速率,因此考虑加入缓蚀剂。

4）缓蚀剂

常温常压,5%氯化钠,饱和硫化氢溶液,试验时间 3d。试验结果见表 5-7 和表 5-8,从结果可以看出,无论是元素硫悬浮还是涂敷,加入缓蚀剂都会抑制腐蚀的产生,因此,对于地面管线,推荐加入缓蚀剂抑制元素硫腐蚀的发生,但是缓蚀剂不能完全抑制点蚀的发生。

表 5-7　缓蚀剂在元素硫腐蚀过程中的作用

试验溶液	元素硫	H_2S	腐蚀速率（mm/a）
5%NaCl	涂敷	饱和	0.415
5%NaCl +CT2-19　1000mg/L	涂敷	饱和	0.007
5%NaCl	10g/L	饱和	0.523
5%NaCl +CT2-19　1000mg/L	10g/L	饱和	0.020

表 5-8　现场模拟水环境中缓蚀剂对元素硫腐蚀的控制

试验介质	腐蚀速率（mm/a）	缓蚀率（%）	试片表面状况
峰 15 现场水+元素硫	4.706	—	局部腐蚀
峰 15 现场水+元素硫+CT2-19	0.060	98.7	光亮

5. 耐蚀合金

由于缓蚀剂对元素硫存在条件下的点蚀不能完全抑制,因此需要根据气田实际情况,选用耐蚀合金钢,研究发现,028 合金在 9MPaH_2S、6MPaCO_2、15%的 NaCl 盐水和 1g/L 元素硫的腐蚀环境中,在 130℃和 205℃的温度下,经 720h 后,合金发生了局部腐蚀,130℃条件下的局部腐蚀非常微小,205℃条件下的点蚀坑相当明显；点蚀坑萌生于晶界附近（陈长风 等,2010）。镍基合金 825 在高于元素硫熔点的温度、存在 Cl^- 和元素硫的条件下易发生局部腐蚀,点蚀以沿晶为主,穿晶为辅（蔡晓文 等,2010）。Edward L（2000）等研究同样表明：在相同的实验条件下 028 合金和 825 合金具有显著的局部腐蚀倾向,而 G-3 和 625 合金却不发生局部腐蚀。Miyasaka 等人的研究表明,在元素硫存在的条件下,825 合金的均匀腐蚀和局部腐蚀明显加速,应力腐蚀开裂倾向增大；而 625 合金的耐蚀性能明显优于 825 合金。由此可见,在特定环境下,选用耐蚀合金钢可以抑制元素硫腐蚀,具体合金钢种类选择需要进一步研究。

二、微生物腐蚀实验评价技术

微生物腐蚀一直以来就在油气田生产中存在，特别是随着二次采油、三次采油技术的发展，多数油气田进入高含水开发期。油气田注、采水量的不断增加，采出液含水率的增高，加上聚合物驱的应用，这些都给微生物在油气田系统中的繁殖创造了有利条件，使得微生物腐蚀问题日益严重。油气田系统中微生物的生长、代谢和繁殖可造成钻采设备和注水管线及其他金属材料的腐蚀和损坏、管道和注水井的堵塞；使油层孔隙渗透率下降，妨碍注水采油采气；甚至可以降解其他油田化学品并且降低药剂的使用效率。这些危害给工业和油气田生产运行带来巨大的经济损失。因此，在高含硫气藏开采中必须要考虑微生物的腐蚀及其抑制措施。

（一）实验原理

微生物腐蚀的本质是微生物新陈代谢的产物通过影响腐蚀反应的阴极过程或阳极过程，从而影响腐蚀速率和类型，因此，人们常按影响腐蚀的机制的不同来划分微生物的种类：如硫酸盐还原菌、产酸菌、产黏泥菌、产氨菌等。硫酸盐还原菌是一种专性厌氧菌，它是一些能够把 SO_4^{2-} 还原成 S^{2-} 而自身获得能量、在生理和形态上完全不同的多种细菌的统称，几乎对所有的金属和合金（钛合金除外）的腐蚀都能产生影响，如碳钢、不锈钢、铜和铜合金、镍及其合金。产酸菌能够将可溶性硫化物或氨转变为硫酸或硝酸，降低局部的 pH 值而加速金属的腐蚀。产黏泥菌也是海水中数量较多的一类细菌，它们能产生一种胶状的、附着力很强的沉淀物，这种沉淀物附着在金属或合金的表面，形成差异腐蚀电池而导致局部腐蚀。产氨菌是能够产生 NH_4^+ 的细菌，该类细菌对于铜和铜合金的腐蚀影响特别大，能大大提高铜合金应力腐蚀开裂的敏感性。图 5-10 为微生物腐蚀的形成及发展。

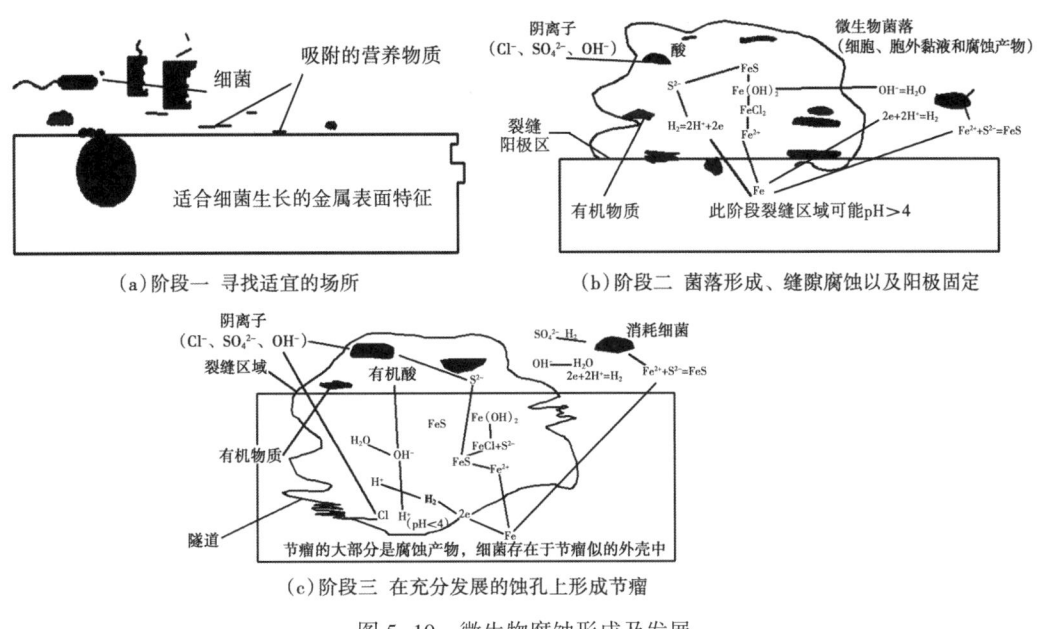

图 5-10　微生物腐蚀形成及发展

微生物腐蚀实验包含两个部分：第一部分是对现场水样或垢样中微生物种类及数量的检测，掌握现场的细菌存在情况；第二部分是根据第一部分的试验结果模拟现场的实际情况，进行腐蚀试验，以判断细菌可能产生危害的程度。细菌的检测方法有很多，其中目前在中国油气田最主要和最通用的方法是培养计数法。具体方法是：从系统中采集样品，再按绝迹稀释法培养计数，从中求得细菌的最大可能。

（二）实验设备及材料

1. 细菌检测所需设备及材料

生化培养箱、高压灭菌锅、万分之一天平、微生物测试瓶等。

2. 腐蚀实验所需设备及材料

根据现场实际情况，参照的相关试验方法所需的腐蚀实验设备及材料以及培养出的细菌。

（三）实验方法与步骤

1. 细菌的检测

1）采样

采集的水样或垢样（针对附着菌，如硫酸盐还原菌，它易附着于管线上，不易被水带出，因此需取其垢样）应具有代表性。

取样前，取样容器必须灭菌，推荐使用湿热灭菌。

取样前的准备：取样人穿戴好工作服、手套、防护眼镜，带上酒精棉球、棉纱、卫生纸、记录本和记号笔等。与油井管理人员联系，取得许可后进入井区。

取样：在正常生产的情况下，在井口或集输小站分离器前的取样口进行取样。取样时，将取样阀打开，使水以 5~6L/min 的流速畅流 3min 后，再用水样洗涮容器三遍，然后接取样品。

样品装满后立刻加塞塞紧，盖上盖子，随即贴上标签，注明取样日期、时间、地点、取样条件及取样人、样品数等，并将相关信息同时记录在取样记录本上面。同一样品最好取 2~3 个，以便进行对比和平行样分析。

清洁现场：取样结束后，要对取样现场进行清洁处理，经油井管理人员验收合格后离开现场。

样品保藏和运输：运输过程中避免曝晒或霜冻。如取样现场距离分析检测地较远，应将样品在低温保藏箱中保藏。建议取样后尽快进行分析，如不能立即分析，样品取回后保存于 6℃ 冰箱中，从取样到检测样品最好不超过 24h。

2）样品的预处理

对含砂、泥等杂质样品分析前应静置。

对于垢样用灭菌后的蒸馏水进行溶解后使用。

3）分析步骤

（1）估计水样中细菌的量，将数个装有相应菌类培养基的测试瓶排成一组并依次编上序号。

（2）用75%的酒精溶液消毒操作者的手及测试瓶顶盖。

（3）用无菌注射器吸取1mL水样注入1号瓶内，摇匀。

（4）另取一只无菌注射器，从1号瓶中吸取1mL液体注入2号瓶中，摇匀。

（5）重复上述操作程序，根据含菌量多少稀释到最后所需浓度。

（6）放入培养箱中培养。

（7）培养结果的判断。

①腐生菌：培养7d，测试瓶中液体由红色变为黄色或浑浊，即表示有腐生菌生长。

②硫酸盐还原菌：培养 14~21d，测试瓶中液体变为黑色，即表示有硫酸盐还原菌生长。

③铁细菌：培养 7d，测试瓶中液体由红色变为棕黑色或浑浊有沉淀，即表示有铁细菌生长。

（8）细菌计数法。

①一个试样单组测试瓶（管）细菌计数法：测细菌含量范围，宜用一个试样做 5 个稀释度，按稀释度的大小依次排列。如 1 号瓶（管）有细菌生长，其余 4 个瓶（管）无菌生长，表明细菌含量范围为 1~10 个/mL。若 2 号瓶（管）有细菌生长，则细菌含量范围为 $10~10^2$ 个/mL。以此类推，细菌含量范围计数见表 5-9。

表 5-9 单组细菌计数表

出现细菌生长的瓶（管）编号	菌数（个/mL）
1 号	1~10
2 号	$10~10^2$
3 号	$10^2~10^3$
4 号	$10^3~10^4$
5 号	$10^4~10^5$

②一个试样多组测试瓶（管）细菌计数法：为较准确的测出细菌数量，常用两管法。两管法是指每个水样、每个稀释倍数做 2 个平行；水样应稀释到最高稀释度不长菌为宜。

细菌计数方法举例：用两管法分析某水样腐生菌含量，见表 5-10。

表 5-10 两管法分析水样中的腐生菌含量

稀释倍数（倍）	10	10^2	10^3	10^4
有菌生长管数（管）	2	2	1	0
指 数	221			

选相邻 3 个稀释倍数中有菌生长的管数，得指数为 221，查表 5-11 细菌数为 70 个/mL，再乘以第一位上的稀释倍数 10，即得水样中腐生菌含量为 $7.0×10^2$ 个/mL。

计算方法用公式表示：

1mL 水样中的菌数（个）= 菌数个/mL×指数第一位数上的稀释倍数

稀释法测数统计表见表 5-11。

表 5-11 两个平行管最大可能的菌数

指数	菌数（个/mL）	指数	菌数（个/mL）	指数	菌数（个/mL）
1	0.5	110	1.3	210	6.0
10	0.5	111	2.0	211	13.0
11	0.9	120	2.0	212	26.0
20	0.9	121	3.0	220	25.0
100	0.6	200	2.5	221	70.0
101	1.2	201	5.0	222	110.0

2. 腐蚀测试

根据现场实际情况,进行腐蚀模拟实验。在腐蚀试验中根据现场取样的微生物测试结果,引入菌种进行腐蚀试验。

同时作不含细菌的空白腐蚀试验。

(四) 实验结果分析与应用

取某气田垢样及水样,分析发现主要含有硫酸盐还原菌和异养菌,模拟现场条件作静态腐蚀挂片,结果见表5-12,现场挂片试验结果见表5-13。

由表5-12和表5-13可见微生物会加速对金属材质的腐蚀,添加杀菌剂可有效地控制微生物所造成的腐蚀,室内模拟的所得腐蚀数据与现场实际结果趋势是一致的。

表5-12 室内模拟腐蚀评价结果

材质	试前菌(个/mL)	试后菌(个/mL)	腐蚀速率(mm/a)	备注
N80	0	0	0.0475	空白
N80	10^7	1.0×10^6	0.2468	引入细菌环境
N80	10^7	10	0.0086	引入细菌环境及杀菌剂

表5-13 现场腐蚀评价结果

材质	腐蚀速率(mm/a)	备注
N80	0.7120	空白
N80	0.0322	加杀菌剂后

对干燥后试片进行分析,腐蚀试样表面有黑色物质,其表面形貌如图5-11所示。腐蚀产物的扫描电镜图(图5-12),腐蚀表面出现硫化物所特有的珊瑚状图样。对腐蚀产物进行元素分析发现,腐蚀产物是由Fe、S元素组成的化合物。由此可见,随着硫酸盐还原菌(SRB)的生长和繁殖,其代谢产物H_2S与Fe及溶液中Fe^{2+}生成的FeS覆盖于管壁,形成一层保护膜,腐蚀速率降低。但随SRB数量增多,水中H_2S含量上升,保护膜成分由FeS转化为FeS_{1-x},既而又转化为$Fe_{1-x}S$。由于$Fe_{1-x}S$晶粒较大,且晶格不完整,使得硫化物$Fe_{1-x}S$膜较疏松,容易脱落,阳极Fe暴露于腐蚀介质中,从而,又加速了金属材质的腐蚀。

图5-11 腐蚀试片表面形貌

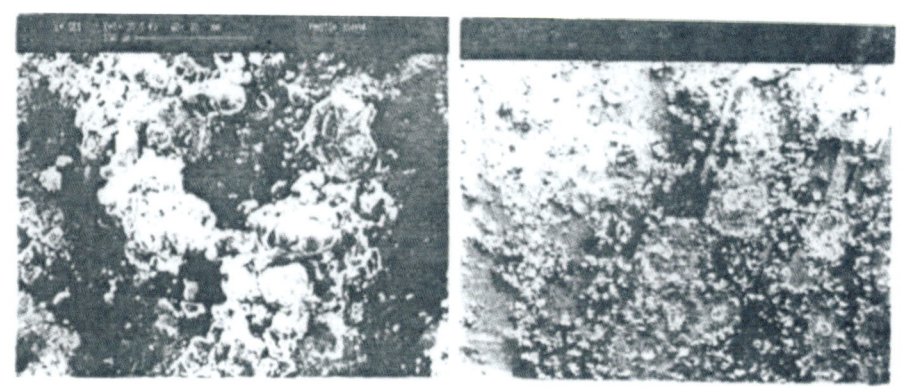

图 5-12 腐蚀产物 SEM 照片

三、氢渗透实验评价技术

在石油天然气输送管线、锅炉酸洗过程中,由于腐蚀析氢使得原子氢在没有形成氢分子之前就已经渗入钢铁的内部,使其内部原子氢的浓度不断增加,原子氢在钢的内部积累导致钢制设备的韧性下降脆性增加。尤其是当有 S^{2-}、CN^- 存在时,进入金属基体内部的氢原子更为可观,结果引起材料的脆裂——"氢脆",引发突发性恶性破坏事故。自从 1962 年电化学科学家 Devanathan 和 Stachurski(1962)提出了一种电化学方法来研究氢在金属中的渗透速率以后,人们不断开发许多适合于工程应用的原子氢电化学传感器,Nishimura 等(1996)设计的氢传感器是采用 1mol/L 的 NaOH 溶液为电解液,氧化汞电极为参比电极,在被测的金属构件表面镀镍用恒电位仪控制极化电位范围为 0.15V(vs Hg/HgO)来进行氢渗透监测,在监测氢之前先要进行表面镀镍处理。

(一)实验原理

Devanathan-Stachurski(1962)发明的测定金属中原子氢的扩散速率的电化学方法如图 5-13 所示。测量装置是由两个互不相通的电解池组成,左端是充氢室(阴极室),电解充氢时试样的阴极面是施加的是阴极电流,发生反应 $H^+ + e \longrightarrow H$,产生原子氢一部分复合成分子氢放出,另一部分扩散进入试样内部;试样阳极面是另一电解池的阳极,当加上阳极

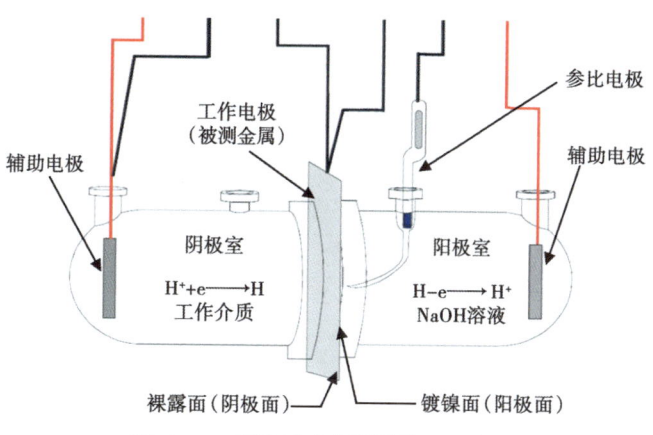

图 5-13 氢渗透速率测量装置示意图

恒定电位后，从阴极面扩散过来的氢原子在试样的阳极面被电氧化，即 H-e ⟶ H⁺ 而产生阳极电流。

通过在碳钢表面镀钯或镀镍以及加上足够大的阳极电位就可抑制表面反应的进行，镀镍配方参见表 5-14。如果阳极面不存在表面反应 H+H ⟶ H_2，则经过一定的时间后从阴极面产生的原子氢在到达阳极面后将全部被氧化，这时原子氢的氧化电流达到最大值，称为稳态电流密度，用 i_{max} 表示，根据 Fick 第一定律得

$$i_{max} = -FD\frac{c_1 - c_0}{\Delta x} \tag{5-2}$$

式中 i_{max}——稳态电流密度，$\mu A/cm^2$；
F——法拉第常数，C/mol；
D——材料氢扩散系数，cm^2/s；
Δx——试样的厚度，cm；
c_1——阳极面原子氢浓度，$\mu mol/cm^3$；
c_0——阴极面原子氢浓度，$\mu mol/cm^3$。

因为阳极端 H 原子已全部氧化成为 H⁺，试样阳极面上的原子氢浓度 $c_1 = 0$，故式（5-2）也可写成

$$i_{max} = FDc_0/\Delta x \text{ 或 } c_0 = \Delta x i_{max}/FD \tag{5-3}$$

通过测量渗氢电流密度 i_{max} 和扩散系数 D，即可由式（5-2）计算出钢中的原子氢的浓度，进一步还可以判断某些缓蚀剂对氢渗透的抑制作用。

（二）实验设备
恒电位仪、两个互不相通的电解池。

（三）实验方法与步骤
1. 试片预处理
实验时所用试片为钢圆形薄片，实验前，薄片表面依次用 400#、600#、800#氧化铝砂纸打磨，再用 W7 金相砂纸将工作面磨至镜面，水洗，再用乙醇、丙酮擦拭，冷风吹干。然后将其在 1:1 的盐酸中浸泡 3min，用水冲洗，再在 6mol/L NaOH 溶液中浸泡 3min，再用水冲洗，最后用冷风吹干，放入干燥器，备用。

2. 试片镀镍
采用电化学工作站的恒电流极化对试片表面镀镍，电流密度为 $3mA/cm^2$，镀镍时间为 10min。镀镍完成后，用蒸馏水小心冲洗金属片，然后放入干燥器，备用。

实验所用镀镍配方见表 5-14。

表 5-14 镀镍配方

组　分	指　标
硫酸镍 $NiSO_4 \cdot 7H_2O$ (g/L)	150~200
氯化钠 NaCl (g/L)	8~10
硼酸 H_3BO_3 (g/L)	30~35
无水硫酸钠 Na_2SO_4 (g/L)	40~80

续表

组　　分	指　　标
十二烷基硫酸钠 $C_{12}H_{25}SO_4Na$（g/L）	0.05~0.10
pH 值	5.0~5.5
温度（℃）	18~35
电流密度（A/cm²）	0.005~0.010

3. 渗氢测试

在进行渗氢测试实验时，将钢圆形薄片的镀镍面面向扩散面，即参比电极一面，在扩散面电解池中加入 0.2mol/L 的 NaOH 溶液，整个实验在室温（20℃）下进行，采用电化学工作站进行恒电位极化，极化电位为-150mV（VS Hg/HgO）。待残余电流 i_a^0 低于/MA/cm² 后，在极化面电解池中加入测试溶液，待电流再次达到稳定后，加入一定浓度的缓蚀剂，并记录阳极电流—时间曲线直至达到新的稳定值。

缓蚀剂的渗氢抑制效率按式（5-4）计算：

$$\eta = \frac{(i - i_a^0) - (i_i - i_a^0)}{(i - i_a^0)} \times 100\% \tag{5-4}$$

式中　η——渗氢抑制效率，%；
　　　i_a^0——钢材料中残余电流，$\mu A/cm^2$；
　　　i——加入测试溶液后的渗氢电流，$\mu A/cm^2$；
　　　i_i——加入缓蚀剂后的渗氢电流，$\mu A/cm^2$。

（四）实验结果分析与应用

测试过程中，在极化面产生氢原子，在扩散面用恒电位仪保持一定的电位（-150mV VS Hg/HgO），在此电位下，仅能使氢原子完全电离（H ⟶ H⁺+e），而不发生其他的电化学反应。析氢过电位较低的金属（如 Ni、W、Pd、Pt 等）对氢原子反应有较好的催化活性，实验中在扩散面上镀镍有利于氢原子放电反应。在金属片的极化面产生的氢原子部分或全部被金属吸收，然后通过金属向扩散面扩散，并在扩散面上电离，产生阳极电流，此阳极电流与氢通过金属达到的扩散面的速度相对应。图 5-14 为记录的渗氢电流—时间曲线及参数拟合结果。

从图 5-14 可以看出，在扩散面加入 NaOH 后（测试开始），极化面加入测试溶液前，阳极电流先是急剧下降，再慢慢趋于一稳定值，这一稳定值即阳极残余电流，它是由钢片内部残留的氢或扩散面溶液中含有能被氧化的杂质产生的。在加入测试溶液后，电流迅速地增大，说明在金属腐蚀时又有大量的原子氢渗入金属内部。而加入缓蚀剂后，电流迅速下降，说明加入缓蚀剂后有效地抑制了渗氢过程。在介质中加入不同的缓蚀剂时，与不加缓蚀剂前的空白溶液相比，阳极电流都有降低。通过对比还可以发现，相比于复配前单独使用缓蚀剂 A 时，复配后的缓蚀剂的渗氢抑制能力大大提高，缓蚀率从复配前的 66.7% 提高到 88.6%；但相比于单独使用缓蚀剂 B 时，渗氢抑制能力则有所下降，由 91.3% 降至 88.6%。

杜元龙等以 Devanathan-Stachurski 电池为基础，研制成功了新型的原子氢渗透速率测量传感器，它是一种密封型 Devanathan-Siachurski 结构的原子氢/金属氧化物燃料电池传感器（余刚等，1999）。敏感阳极用钯银合金，因为其对氢有很强的吸附性，阴极为金属氧化物

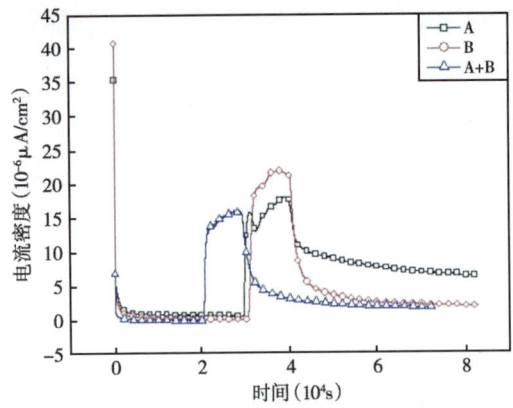

图 5-14 不同缓蚀剂的氢扩散电流-时间曲线及对应的渗氢参数拟合结果

粉末电极。两个电极表面之间用浸透了氢氧化钾溶液的隔膜与电极相接触。以原电池钯银合金（原子氢）/氢氧化钾溶液/金属氧化物的短路放电电流作为原子氢扩散速率的度量。这种传感器响应时间短，信号输出强，灵敏度高，成本低廉，能直接接触腐蚀介质而本身无明显的腐蚀。

中国石油西南油气田分公司和华中科技大学设计了一种凝胶电解质和以镍电极为参比电极的新型电化学渗氢探针 CST820。该探针采用控制电势阶跃暂态方法进行测试，既具有传统电化学渗氢探针优点，又克服了传统电化学渗氢探针稳态渗氢电流测量的缺点，不受被测管道和装置金属材料厚度的影响，时间快、灵敏度高、不渗漏、探针寿命长等优点，大大提高了现场实用的方便性、精度和灵敏度，测试如图 5-15 所示。

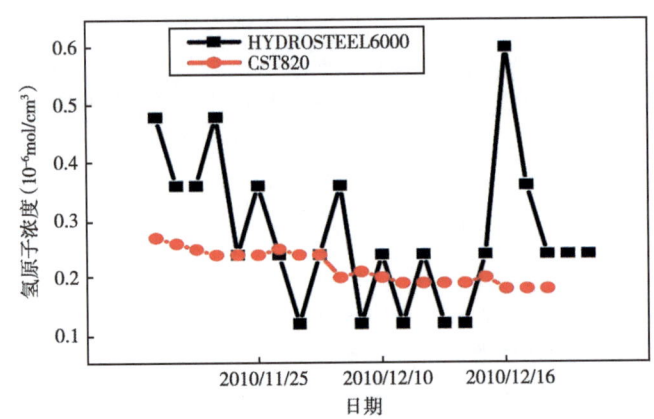

图 5-15 CST820 探针和 HYDROSTEEL6000 氢通量测量仪监测结果对比

四、高压电化学腐蚀实验评价技术

相对于传统的高温高压失重挂片法，高温高压电化学腐蚀测试系统能在模拟油气管线的现场高温高压及含复杂腐蚀介质的腐蚀环境下，可以快速得出实验结果，广泛应用于含硫油气田中腐蚀液、腐蚀气体介质，及高温高压特性环境中各种金属材质优先以及腐蚀规律等研究领域。

(一) 实验原理

腐蚀电池可在两种不同金属元素间形成，由于不同金属本身的电偶序（即电位）存在着差别，当两种金属处于同一电解质中，并由导体连接这两种金属时，腐蚀电池就形成了。电流通过导体和电解质形成电流回路，此时两种金属之间的电位差越大，则电路产生的电压越大。腐蚀电池一旦形成，阳极金属表面因不断地失去电子，使金属原子转化为正离子，形成以氢氧化物为主的化合物，也就是说，阳极遭到了腐蚀；而阴极金属则相反，它不断地从阳极处得到电子，其表面因富集了电子，在电解质中几乎没有离子产生，金属表面始终原子状态，即没有腐蚀现象发生。同一种金属内的腐蚀电池也是普遍存在的，它同样导致了金属的电化学腐蚀。同种金属内部不同部位的电位差是因为金属内部不可避免地存在着晶间、应力、疲劳、电偶、缝隙等诸多因素而产生的，这些诸多的因素又是金属结构在冶炼、加工、安装、焊接等过程中造成的。这就导致在同一金属结构内部存在着众多小范围的阳极区和大片的阴极区。金属一旦处于电解质的环境中，腐蚀电池即开始工作。

腐蚀电池形成的缺一不可的条件如下：

(1) 必须有阴极和阳极；

(2) 阴极和阳极之间必须有电位差（这种电位差因金属内晶间、应力、疲劳程度、电偶等的差异的存在以及金属表面缝隙、氧浓差等现象的存在，极容易在同一金属结构体内形成），亦可在两个不同电位金属间形成；

(3) 阴极和阳极之间必须有导电的电流通道；

(4) 阴极和阳极必须浸在同一电解质中，该电解质中有流动的自由离子。

极化曲线可以表示电极电位和电流之间的关系，通过对实验测量的极化曲线进行分析，可以从电位与电流密度之间的关系来判断极化程度的大小，由曲线的倾斜程度可以看出极化程度，极化率是电极电位随电流密度的变化率。

$$\rho = \Delta E / \Delta I \tag{5-5}$$

式中　ρ——极化率；

　　　ΔE——电位差；

　　　ΔI——电流密度差。

极化率越大，电极极化的倾向也越大，电极反应速率的微小变化就会引起电极电位的明显改变，电极过程不容易进行，受到阻力比较大，反之极化率越小，则电极过程越容易进行。

高温高压电化学腐蚀试验包括动电位扫描、电化学阻抗、恒电位法、恒电流法。

1. 动电位扫描

动电位扫描法，也叫线性电位扫描法，就是控制电极电位（φ）以恒定的速度变化，即 $d\varphi/dt$ = 常数，同时测量通过电极的电流就可得到动电位扫描曲线。这种方法在电化学分析中常称为伏安法。此法又分为单程动电位扫描法、三角波电位扫描法和连续三角波电位扫描法等。伏安法获得的 $i—\varphi$ 曲线称为动电位扫描曲线、伏安曲线、循环伏安曲线、连续循环伏安曲线等。动电位扫描法也是暂态法的一种，扫描速度对暂态极化曲线图的形状和数值影响很大。

(1) 对于溶液中的化学种类，可判别其是否可以发生电化学反应，并可判定何时发生；对于合金或金属，可以判别选择性腐蚀可否发生，如发生时可进行相分离。

（2）对于给定的电极体系，不管电极反应中逆与否，当电位扫描速度一定时，为定值，与浓度无关；而且与电容成正比。根据这一原理，可进行定性和定量分析，电分析化学上通常称其为示波极谱。

（3）不管电极反应是否可逆，峰值电流的大小与多种因素有关。当其他因素不变时，峰值电流与扫速的平方根成正比，即扫描速度影响极化曲线测量。在给定电位下，电流密度随扫描速度增大而增大，极化曲线的斜率也随扫描速度而变化。因此，在利用极化曲线比较各种因素对电极过程的影响时，必须在相同的扫描速度下进行才有意义。

（4）电位扫描速度越慢，所需电量越大。这是因为溶液中的反应物来得及更多地补充到电极表面的缘故。如果反应物是吸附在电极表面上，由于吸附反应物的数量固定，所以反应物消耗完毕所需的电量为固定值，与扫描速度无关。

（5）根据动电位扫描曲线的形状，可以判断电极反应的可逆性。虽然它们的峰值电流都与扫速的平方根成正比，但它们的曲线形状不同：对于不可逆反应，在波形的根部与扫速无关而且与稳态极化曲线相同。可逆反应的峰值电位与扫描速度无关；不可逆反应的峰值电位随扫描速度而改变。

2. 电化学阻抗

电化学阻抗谱用于研究电极的电化学行为，具体到金属的钝化或钝化膜，通过电极阻抗可以建立起体系的等效电路，等效电路中的不同电路元件与金属/膜和膜/溶液界面以及膜内发生的反应，离子扩散等存在对应关系。因此，由等效电路中有关元件的参数值不但可以估算钝化膜的电荷转移电阻、膜电阻以及膜电容等参数，还可以获得电极系统所包含的动力学和机理上的信息，通过测定不同条件下钝化膜的阻抗行为，研究钝化膜结构及界面反应信息，对深入钝化膜的耐蚀性、生长及破坏过程极有帮助。

1）测量条件

（1）因果性条件：输出的响应信号只是由输入的扰动信号引起的。

（2）线性条件：输出的响应信号与输入的扰动信号之间存在线性关系。电化学系统的电流与电势之间是动力学规律决定的非线性关系，当采用小幅度正弦波电势信号对系统扰动，电势和电流之间可以近似看作呈线性关系。

（3）稳定性关系：扰动不会引起系统内部结构发生变化，当扰动停止后，系统能够恢复到原先的状态，可逆反应容易满足稳定性条件，不可逆电极过程，只要电极表面的变化不是很快，当扰动幅度小、作用时间短，扰动停止后，系统也能够恢复到离原先状态不远的状态，可以近似认为满足稳定性条件。

2）特点

（1）由于采用小幅度的正弦电势信号对系统进行微扰，电极上交替出现阳极和阴极过程（也就是氧化和还原过程），二者作用相反。因此，即使扰动信号长时间作用于电极，也不会导致极化现象的积累性发展和电极表面状态的积累性变化。因此电化学阻抗谱法是一种"准稳态方法"。

（2）由于电势和电流间存在着线性关系，测量过程中电极处于准稳态，使得测量结果的数学处理简化。

（3）电化学阻抗谱是一种频率域测量方法，可测定的频率范围很宽，因而可以比常规电化学方法得到更多的动力学信息和电极界面结构信息。

3. 恒电位法

恒电位法是控制被测电极的电位,测定相应不同电位下的电流密度,把测得的一系列不同电位下的电流密度与电位值在平面坐标系中描点并连接成曲线,即得恒电位极化曲线。恒电位法的精确度比恒电流法差,但是测量起来比较简便。

稳态恒电位法既可测定阳极极化曲线,也可测定阴极极化曲线,尤适合测定电极表面状态发生某种特殊变化的极化曲线,如缓蚀剂吸附过程的阴极极化曲线和具有钝化行为的阳极极化曲线,这类具有复杂开关的极化曲线用恒电流法是测量不出来的,只能用恒电位法才可得到真实完整的极化曲线。测定恒定电极电位,目前主要采用恒电位仪,它可以通过电子线路的反馈作用自动控制电极电位恒定。由于恒电位仪具有测量迅速、准确、测量过程可以自动控制等优点,因而获得广泛应用。

金属的阳极过程是指金属作为阳极电化学溶解的过程。当阳极变化还不大时,阳极过程的速度随着电位的变正而逐渐增大,这是金属的正常阳极溶解。但当电极电位移到某一数值时,阳极溶解速度随着电位变正反而大幅度地降低,这种现象称为金属的钝化现象。处在钝化状态下的金属,其溶解速度只有极小的数值。

4. 恒电流法

对于构成腐蚀体系的金属电极,在外加电流的作用下,阴极的电位偏离其自腐蚀电位向负的方向移动,这种现象称为阴极极化。电极上通过的电流密度越大,电极电位偏离的程度也越大。控制外加电流密度,使其由小到大逐渐增加,便可测得一系列对应于各电流值的电位值。阴极电位与电流密度的关系曲线,即为恒电流阴极极化曲线。

(二) 实验设备

高温高压电化学试验装置主要由 VersaSTAT3F-400 电化学工作站、磁力驱动装置、高温高压反应釜、高压气瓶、三电极系统、信号传导通路、控制箱组成。

(三) 实验方法与步骤

实验采用油套管及集输管线实际使用材质加工成圆柱体形式,并以螺纹形式安装在电极支架上,实验前分别用 320#、600#、1000#砂纸逐级打磨,冲洗,丙酮除油,电化学测试由 VersaSTAT3F-400 电化学工作站完成,辅助电极选用铂电极,参比电极用 Ag—AgCl 电极,高温高压设备采用动态高温高压釜。实验前,预先通入高纯氮气除氧,再装入实验液体,加热到预定温度,按要求充装 H_2S、CO_2 至分压要求。实验进行过程中实时测量开环电位,然后开时测量极化曲线。

(1) 电极处理。工作电极先后 800#,1000#砂纸打磨,然后用水和乙醇清洗。

(2) 线性扫描伏安法测量铁的极化曲线在工作站中选择线性扫描伏安法,置电位范围为 $-0.6 \sim +1.9V$,扫描速率为 $25 \sim 50mV/s$,扫描间隙设为 $0.002V$,由仪器自动获得整个的极化曲线。采用的扫描速率(电势变化的速率)要根据研究体系的性质选定。

(3) 测完之后,使仪器复原,洗电极,把参比电极放回原处。

(四) 实验结果分析与应用

数据处理:作阳极极化曲线和阴极极化曲线,两条切线的交点 Z 求腐蚀电位和腐蚀电流,再求出实验中的腐蚀速率。图 5-16 的极化曲线图中,阴极区的外推和开路电位的交叉点可以作为求自腐蚀电位的方法。原因在于 Tafel 区为强极化区,对于大多数金属,这个区域至少也在 50mV 以外。切线明显不能作为求解电流的方法。正确的方法应该用 $50 \sim 100mV$ 间的连线和阴极区的氧浓差扩散斜率相交求得,不一定相交在开路电位上。

图 5-17 是镍基合金 UNS N08825 在不同实验条件下的极化曲线，可以看出，未经腐蚀的镍基合金 UNS N08825 的极化曲线有明显的钝化区，其钝化区宽度约为 0.8V，在高含 H_2S/CO_2 环境中，经过 130℃ 和 150℃ 腐蚀后，相较于未腐蚀试样，钝化区缩小，自腐蚀电位升高。经过 205℃ 腐蚀后，钝化区进一步缩小，自腐蚀电位比 130℃ 和 150℃ 腐蚀后有所下降。

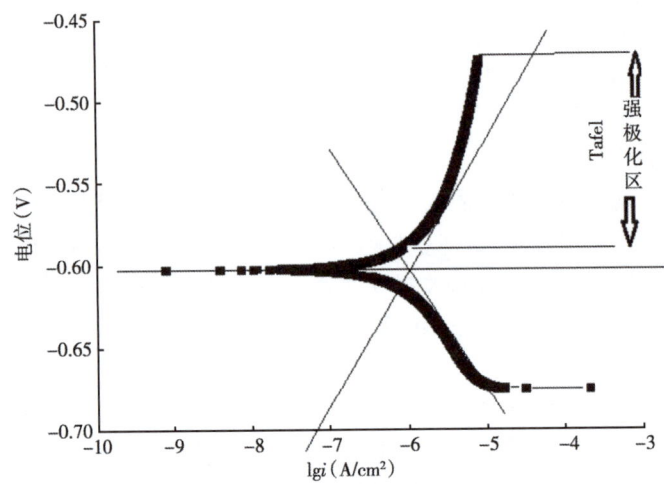

图 5-16 氧浓差控制的腐蚀金属电极的极化曲线

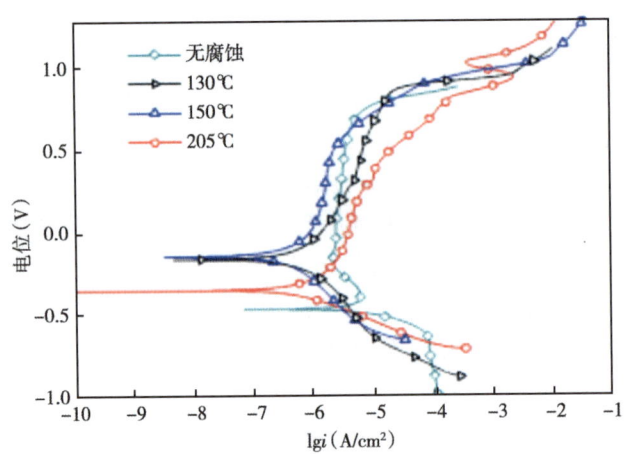

图 5-17 镍基合金不同条件下的电化学极化曲线

第二节　材料实验评价技术

一、碳钢及低合金钢实验评价技术

碳钢和低合金钢在高含硫气藏开采中起到很重要的作用，掌握其腐蚀评价技术，对于了解材料腐蚀机理和规律、估计材料的腐蚀速率和使用寿命或者根据介质和使用环境指导材料的选用，都有重要意义。目前常用碳钢及低合金钢材料腐蚀评价技术包括失重腐蚀实验、氢致开裂实验和硫化物应力开裂实验。

（一）失重腐蚀实验

失重腐蚀实验主要评价碳钢及低合金钢在高含硫腐蚀介质中的腐蚀速率，根据评价出的腐蚀速率，确定管材的壁厚和腐蚀裕量等，为材料选择打下基础。

失重腐蚀实验通常按照现场腐蚀工况条件进行，主要包括常压和高压实验。实验标准主要有 ASTM G111—2006《高温或高压环境中或高温高压环境中的腐蚀试验》、ASTM G31—2004《金属的实验室浸渍腐蚀试验》、JB/T 7901—1999《金属材料实验室均匀腐蚀全浸试验方法》和 ASTM G46—2005《斑蚀检验和评定的标准指南》。

1. 实验原理

通过模拟高含硫气田现场的温度、压力，将试样浸泡在模拟溶液中，根据试验前后试件损失的质量计算均匀腐蚀速率，由试件表面最深的点蚀深度，计算点蚀速率。

2. 实验设备

高温高压失重腐蚀实验主要在高温高压反应釜内进行，高压釜与实验介质接触的材料一般为哈氏合金 C276，且釜体有足够大的容积，保证试验溶液体积与试样总表面积的最小比率为 $20mL/cm^2$，并保证试样不与容器内壁相接触。若气体介质中硫化氢、二氧化碳、氮气等的压力超过其临界压力，还会用到气体增压机。

3. 实验方法与步骤

1）试样制备

失重腐蚀实验所用试样的形状和尺寸主要取决于实验的目的、实验环境的状态、材料的性质、介质的腐蚀性、试验设备装置以及评定方法和指标等。一般采用平板试样或圆形挂片试样。推荐的样品尺寸为：平板试样建议取 50mm×25mm×（2~5）mm 的试样，圆形试样可采用 φ30mm×（2~5）mm。每组试验至少取三个平行试样。为了方便悬挂平板试样，通常在一端距边线 4mm 处钻一直径为 4mm 的小孔并在其对侧打号。每个试样表面积不应小于 $10cm^2$。

2）实验时间的选择

失重腐蚀实验时间是指试样进入实验溶液并达到实验规定的温度和压力条件后开始计时，直到试样取出时间为止。一般情况下，长时间试验的结果较准确，但发生严重腐蚀的材料则不需要很长的试验时间。对能形成钝化膜的材料，需要延长试验时间，从而得到较为准确的结果。最常用的试验周期是 48~168h，具体选择时可参阅表 5-15。

表 5-15 实验时间的选择

估算或预测的腐蚀速率 （mm/a）	试验时间 （h）	更换溶液与否
>1.0	24~72	不更换
1.0~0.1	72~168	不更换
0.1~0.01	168~336	约 7d 更换 1 次
<0.01	336~720	约 7d 更换 1 次

注：预测试验时间为 24h，溶液量为 $20mL/cm^2$。

3）试验步骤

将实验所需溶液赶氧后注入高压釜中，然后根据实验需求将试件全部或部分浸入溶液中，也可以先将试件挂好后再注入溶液。试样应尽量放置在溶液中间位置，不允许与容器壁接触。试样间距要 1cm 以上。之后根据实验总压进行试压。若密封不好，则检查漏点并再次试压，直到无泄漏为止；高压釜无泄漏现象后，开始再次赶氧。

赶氧结束后，开始升温；待温度升到目标温度后，开始通入气体加压。在气体加压时，一般按照硫化氢、二氧化碳和惰性气体的顺序加压。达到设定条件后，开始计时。如果温度过高，可先加气体，再升温。

到达预定时间后取出试样，先用清水冲洗除去试验溶液，再用乙醇脱水，随后立即用冷风吹干，避免样品生锈影响试验结果。样品吹干后，立即进行宏观观察、拍照。随后，选取一件样品留作进一步的腐蚀产物成分分析和腐蚀产物膜微观观察，其余两件样品去除腐蚀产物后计算腐蚀速率。

4）腐蚀产物去除方法

实验后需要去除样品表面的腐蚀产物，计算样品的失重，常用的方法为化学清洗法。

（1）去膜液的配制

在 960mL 蒸馏水中缓缓加入 27.7mL 98% 的硫酸，搅拌均匀，待溶液温度降至室温后，加入 12.5mL 有机缓蚀剂，移入具塞瓶中保存，备用。

（2）去除腐蚀产物

将取出的试件放在盛有中性去污粉的台布上擦拭，擦掉表面腐蚀产物，再用工业滤纸或纱布擦掉试件表面的去污粉。

将擦净的试件放入盛有去膜液的容器内浸泡 5min，同时用镊子夹棉球轻轻擦试件表面及钻孔处。然后立即用自来水冲掉表面残酸，并迅速用纱布或滤纸擦干。

4. 实验结果分析与应用

1）宏观检查

宏观检查是用肉眼或低倍放大镜对金属材料在腐蚀前后及去除腐蚀产物前后的形态进行仔细的观察和检查，初步确定试样的腐蚀形态、类型和程度。

全面腐蚀导致壁厚均匀减速薄，应在去除腐蚀产物之后测量试样厚度，局部腐蚀应记录腐蚀位置，并重点观察局部腐蚀形貌，当发现特殊变化时，应拍照以供分析。如有需要，可使用低倍放大镜进一步观察。

2）微观分析

通过扫描电镜、X 射线衍射仪等大型仪器分析腐蚀后试样的表面和腐蚀产物，进一步确定试样的腐蚀形貌、腐蚀产物组成等信息。

3）腐蚀程度评价方法

宏观检查和微观分析只能定性说明试样的腐蚀形貌和程度，而且腐蚀形貌的记述易受到人为因素的影响，因此，还要建立统一的标准评定方法，一般为全面腐蚀和局部腐蚀两种。

全面腐蚀通过试件的均匀腐蚀速率作为试验结果的表达形式。腐蚀速率的计算见式（5-6）。

$$R = \frac{8.76 \times 10^7 \times (M - M_1)}{STD} \tag{5-6}$$

式中　R——平均腐蚀速率，mm/a；

　　　M——试验前的试样质量，g；

　　　M_1——试验后的试样质量，g；

S——试样的总面积，cm²；
T——试验时间，h；
D——材料的密度，kg/m³。

局部腐蚀程度一般用最大点蚀速率来表征。最大点蚀速率的计算见式（5-7），其中最大点蚀深度可用金相显微镜来测试。

$$PR = \frac{d \times 365}{T} \tag{5-7}$$

式中 PR——最大点蚀速率，mm/a；
d——最大点蚀深度，mm；
T——试验时间，d。

失重腐蚀实验在高含硫气藏开发过程中得到广泛的应用，包括罗家寨、龙岗、阿姆河等气田开发过程中材料的腐蚀评价、腐蚀机理研究等。

（二）氢致开裂（HIC）实验

碳钢和低合金钢材料在含硫化物水溶液的腐蚀环境中，由于腐蚀析氢会引起过饱和的氢原子在金属内部的各种缺陷处结合成分子氢，在不同平面上或金属表面邻近的氢鼓泡相互连接而逐步形成的内部开裂即氢致开裂其形成不需要有外部作用力，开裂的驱动力是由于氢鼓泡内部压力的累积而在氢鼓泡周围形成的高压。

目前氢致开裂实验主要参照 ANSI/NACE TM028—2003《耐逐级断裂的管道钢的评价》、GB/T 8650-2015《管线钢和压力容器钢抗氢致开裂评定方法》。

1. 实验原理

将加工好的试样浸泡在含有硫化氢的水溶液中，96h 后取出，观察试样内部裂纹，计算裂纹敏感率、裂纹长度率和裂纹厚度率，从而了解材料抗氢致开裂的性能。

2. 实验设备

氢致开裂实验容器应该具有硫化氢气体的出入口，并且有足够的容积放置实验样品。实验装置中涉及的任何一种材料都不应污染实验环境或者与实验环境发生反应。由于硫化氢是有毒气体，还必须有硫化氢气体处理措施。典型实验装置简图如图 5-18 所示。

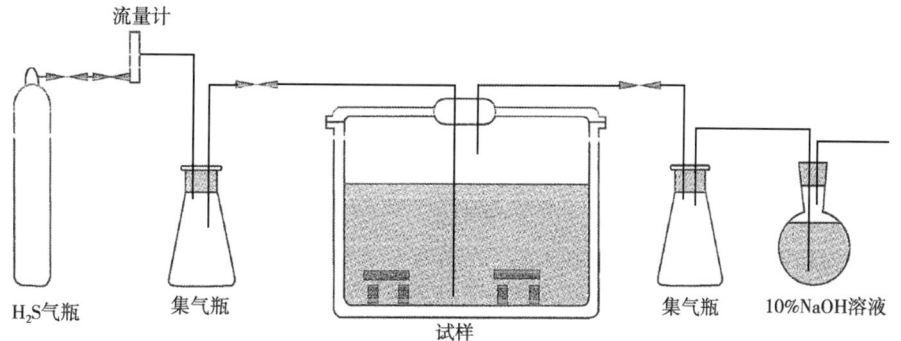

图 5-18 典型的氢致开裂实验装置

3. 实验方法与步骤

1）试验溶液

实验溶液有 A 溶液和 B 溶液两种。A 溶液由含 5%（质量分数）NaCl 和 0.50%（质量分数）CH_3COOH（质量分数）的蒸馏水或去离子水构成。B溶液为人工海水，其配制依据 ASTM D1141《海水代用品制备规程》来制备。实验溶液体积与试样的总表面积的最小比率为 $3mL/cm^2$，并应保证试样完全浸没在溶液中。

2）试样制备

(1) 管线钢。

试样长度为 100mm±1mm，宽度为 20mm±1mm，厚度为管或板的整个壁厚，最大 30mm。如果样品的整个壁厚超过了 30mm，则试样最大厚度限制在 30mm 内。每个表面（即内表面和外表面）最多只能各去掉 1mm。对小直径、薄壁电阻焊管和无缝管线钢管，试样厚度最少应为管壁厚度的 80%，在这种情况下，应从钢管上取弧形试样进行实验，试样不允许矫平。

每根实验管上取三件试样。对于焊接管试样应从焊缝、与之成 90°和 180°处取样。对于无缝管按圆周距 120°处取样。无缝管和直缝焊管的母材部位取样方向应平行于管的纵轴，螺旋焊管的母材金属应平行于焊缝，焊管的焊接部位取样应垂直于焊缝。小直径电阻焊管的焊接部位取样应沿焊缝方向，焊缝应近似位于试样的中线上。试样的取样方向和浸泡后切取和检查的位置具体见 GB/T 8650—2015《管线钢和压力容器钢抗氢致开裂评价方法》。

(2) 压力容器板。

试样长度为 100mm±1mm，宽度为 20mm±1mm，轧制表面最多可去掉 1mm，试样坯料可不矫平。厚度为板的厚度，最大 30mm。

试样应在钢板宽度的中间位置取样，并使试样的纵轴平行于钢板的主轧制方向。对于厚度不大于 30mm（包括 30mm）的钢板，取 3 个试样。对于厚度在 30~88mm（包括 88mm）的钢板，应在靠近板的两个表面和中心线的位置取 3 个试样，每个试样厚度均为 30mm。对于厚度大于 88mm 的钢板，应取 5 个或更多的试样（必须为奇数个），每个试样厚 30mm，每两个相邻试样应该有最小 1mm 的重叠。

(3) 清洗和储存。

试验前用脱脂溶液脱脂，然后用合适的溶液清洗，例如丙酮。

脱脂后的试样在干燥器中储存时间不能超过 24h。如果需要储存更长的时间，试样在试验前应再次脱脂处理。

实验结束后，清洗每个试样以便去除腐蚀产物。试样的清洗可以用去污剂，但不允许酸洗或其他可能促进氢吸收的清洗方法。

3）实验步骤

将试样宽面垂直放入实验容器中，并用最小直径 6mm 的玻璃棒或其他非金属棒把试样与容器及试样与试样彼此隔开，试样的纵轴可以是相互垂直或者水平（图 5-19）。实验溶液量与试样表面积之比应不小于 $3mL/cm^2$。在确保满足规定的比值并保证试样完全浸没在溶液中且相互不接触的情况下，可以在一个容器中放置尽可能多的试样。

随后，按照每升实验溶液 $100cm^3/min$ 的速度通入氮气吹扫配好的实验溶液，时间不少于 1h。同时用氮气吹扫实验容器 1h 以上。实验溶液转移到实验容器后再按照每升实验溶液 $100cm^3/min$ 的速度通入氮气吹扫配好的实验溶液，时间不少于 1h。

除氧后，将 H_2S 气体通入溶液。前 60min，通气速度至少应为每升溶液 $200cm^3/min$，随后需保持 H_2S 气体为正压，以确保实验溶液中的 H_2S 气体达到饱和状态。为了确定溶液中的 H_2S 气体是否达到饱和，可以采用碘量法滴定来测试溶液中的 H_2S 浓度，测试结果不应低于 2300mg/L。

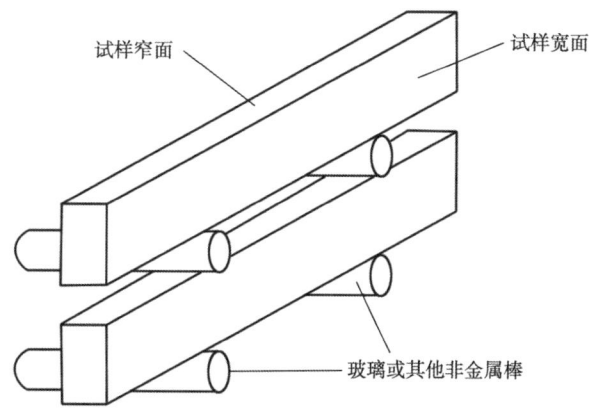

图 5-19 试样在容器中的放置方法

实验过程中要测量溶液的 pH 值。实验开始前硫化氢饱和后应立即测试溶液的 pH 值，如果为 A 溶液，pH 值不得超过 3.3，如果为 B 溶液，pH 值为 4.8~5.4。

实验结束时，对于溶液 A，pH 值不应超过 4.0，对于溶液 B，pH 值应在 4.8~5.4。

实验时间为 96h，充入 H_2S 气体 60min 后开始计时。

实验溶液的温度应控制在 25℃±3℃。

4. 实验结果分析与应用

实验结束后，应对试样进行清洗，去除表面的铁锈及沉积物。可用清洁剂和金属钢丝刷或轻度喷砂法清洁试样。严禁使用酸或其他会促进吸氢量增加的方法。清洗后，首先对试样表面进行观察和拍照，记录样品表面宏观形貌和氢鼓泡情况。随后按照 GB/T 8650 规定切割试样，并检查剖面。如有必要，应对每个剖面进行金相抛光与浸蚀处理，将裂纹与小的夹杂物、分层、擦痕或其他不连续区别开来。处理时应只对剖面进行轻微浸蚀处理，重的浸蚀处理可导致小裂纹模糊。

裂纹测量按照图 5-20 所示方法进行。测量裂纹的长度和宽度时，相距小于 0.5mm 的裂纹应视为一个裂纹。所有放大 100 倍可识别的裂纹均应计算在内，但全部位于内、外表面 1mm 内的裂纹除外。

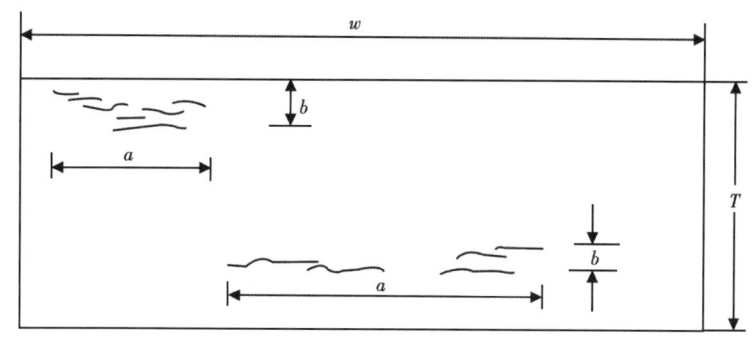

图 5-20 裂纹长度和宽度测量图

每一截面应用式（5-8）至式（5-10）计算和报告比值，并计算出每个试样的平均值。

$$CSR = \frac{\sum (a \times b)}{(W \times T)} \times 100\% \qquad (5-8)$$

$$CLR = \frac{\sum a}{W} \times 100\% \qquad (5-9)$$

$$CLR = \frac{\sum b}{T} \times 100\% \qquad (5-10)$$

式中 CSR——裂纹敏感率，%；
CLR——裂纹长度率，%；
CTR——裂纹厚度率，%；
a——裂纹长度，mm；
b——裂纹厚度，mm；
W——截面宽度，mm；
T——试样厚度，mm。

氢致开裂实验在高含硫气藏开发过程中得到广泛的应用，包括罗家寨、龙岗、阿姆河等气田开发过程中材料评价，为现场选材提供数据支撑。

(三) 硫化物应力开裂实验 (SSC)

在有水和硫化氢存在的情况下，高强度的碳钢和低合金钢往往在低于屈服强度时过早地失效，这种开裂被称为硫化物应力开裂。硫化物应力开裂与氢致开裂一样，具有不可预见性，在高含硫天然气的开发过程中通常会带来较大的安全隐患，因此，必须将开展含硫工况下碳钢和低合金钢材料抗硫化物应力开裂性能的评价实验。

目前评价碳钢和低合金钢材料抗 SSC 性能的标准主要有 ANST/NACE TM 0177—2016《金属在硫化氢环境中抗应力腐蚀开裂试验》和 GB/T 4157—2017《金属在硫化氢环境中抗硫化物应力开裂和应力腐蚀开裂的实验室试验方法》。这两个标准规定了五种评价方法：拉伸试验、三点弯曲试验、C 形环试验、双悬臂梁 (DCB) 试验、四点弯曲试验。

本部分仅讨论目前最常用的拉伸试验和四点弯曲法。其中四点弯曲法试样的制备可参照 GB/T 15970.2—2000《金属和合金的腐蚀 应力腐蚀试验 第 2 部分：弯梁试样的制备和应用》。

1. 实验原理

将施加了应力的试样浸泡在含有硫化氢的酸性水溶液中，720h 后取出，观察试样是否有裂纹或断裂，从而了解试样抗 SSC 性能。

2. 实验设备

拉伸试验可在应力环实验装置中进行。该实验装置包括应力加载装置、应力测量装置以及带有进气口和出气口的环境容器（图 5-21）。

四点弯曲通过负载螺栓使样品产生一定的挠度来施加应力，试样的挠度用独立的量规来测定。实验装置可采用 HIC 实验装置。

3. 实验方法与步骤

1) 实验溶液

拉伸试验所用溶液主要是溶液 A，四点弯曲法所用溶液主要根据现场溶液实际组成配制

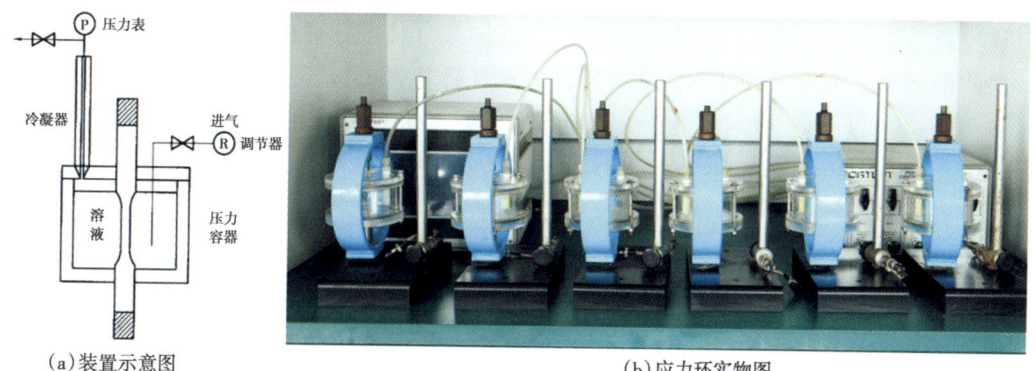

(a)装置示意图　　　　　　　　　　(b)应力环实物图

图 5-21　实验装置

而成。

溶液 A 由含 5.0%（质量分数）氯化钠和 0.50%（质量分数）冰醋酸的蒸馏水或去离子水组成。接触试样之前，硫化氢饱和溶液的 pH 值应在 2.6~2.8，实验过程中 pH 值会升高，但不应该超过 4.0。

2）试样制备

（1）拉伸试验试样。

通常拉伸试样的工作段应长 25.4mm、直径 6.35mm±0.13mm，而对于壁厚较小、不足以截取上述标准尺寸试样的材料，也可使用长 15mm、直径 3.81mm±0.05mm 的非标准试样。为了避免应力集中，拉伸试样的过渡圆弧半径不小于 15mm。

（2）四点弯曲法试样。

四点弯曲试样尺寸可根据实验实际情况来定，推荐尺寸为 110mm×20mm×1.85mm 薄片试样。

（3）试样数量。

每组实验通常取 3 件平行试样。取样的位置和方向应与产品受力方向保持一致，以确保实验结果能够真实反映产品在特定工况下的抗开裂性能。

（4）试样处理。

所有试样表面的粗糙度不大于 0.81μm。试样的每个边缘都应该通过相似的打磨或机加工处理工艺，以减小冷加工材料的初始切应变。任何可导致试样表面吸氢的处理方法均不应采用。加载前，需对试样表面进行脱脂和清洁。

3）实验步骤

（1）拉伸试验。

将试样放入应力环，按计算出的载荷与对应应力环的载荷—位移工作曲线加载到相应的挠度（挠度可用量规或位移传感装置来测定）。

将除氧的试验溶液立即注入实验容器，用氮气赶氧 20min。

以 100~200mL/min 通入 H_2S，按 20min/L 的时间进行 H_2S 饱和，并开始计时。试验期间，以低流速（每分钟几个气泡）维持。

实验期间溶液的温度应控制在 24℃±3℃。

试样断裂或通过 720h，试验结束。

(2) 四点弯曲法。

将试样放入四点法夹具中，按计算出的挠度加载（挠度计最小刻度为0.0025mm）。

将除氧的试验溶液立即注入实验容器，用氮气赶氧20min。

以100~200mL/min通入H_2S，按20min/L的时间进行H_2S饱和，并开始计时。每周补充三次H_2S，以100~200mL/min通入H_2S，按30min/L计算时间。

试样断裂或通过720h，试验结束。

4. 实验结果分析与应用

实验完成后，检查试样是否断裂。若无断裂，放大10倍通过肉眼观察样品工作段是否有裂纹存在。可运用金相技术、扫描电镜方法或者机械测试来判定裂纹是否为环境影响导致的开裂，如果证明开裂不是环境影响开裂，那么试样仍然通过测试。

硫化物应力开裂实验在高含硫气藏开发过程中得到广泛的应用，包括罗家寨、龙岗、阿姆河等气田开发过程中材料评价，为现场选材提供数据支撑。

二、镍基合金实验评价技术

高含硫气田开发中的镍基合金主要用作油套管及井下工具，其失效形式主要表现为环境辅助开裂（EC）和局部腐蚀（点蚀）。环境辅助开裂是金属材料在腐蚀和拉伸应力共同作用下发生的开裂破坏，室温下发生时被称为硫化物应力开裂（SSC），高温下发生时被称为应力腐蚀开裂（SCC），此外还包括应力导向氢致开裂（SOHIC，即氢脆，是腐蚀、应力和氢共同作用的结果）。

应力腐蚀开裂是应力腐蚀的阳极过程，是Cl^-、H_2S、pH值和氧化剂（元素硫）共同作用的结果；氢脆的发生是氢引入的过程，或者是由镍基合金的腐蚀析氢，或者是由电偶腐蚀的阴极析氢。

镍基合金点蚀的发生与界面处活性较高以及出现贫Cr区有关，同时点蚀坑内局部介质酸化以及S^{2-}、HS^-的富集，将会破坏钝化膜的自修复能力，加速蚀坑内金属的溶解，从而导致点蚀坑的快速扩大。点蚀的发生分为3个阶段，即钝化态、亚稳态、局部腐蚀状态。

（一）实验原理

金属在硫化氢环境中开裂试验方法主要包括：NACE标准拉伸测试法、NACE标准弯梁测试法、NACE标准C环测试、NACE标准双悬臂梁测试，除此之外，还有四点弯曲法、慢应变速率测试法（SSRT，TM0198）和整管段测试法。欧洲腐蚀联合会将四点弯曲法作为评价耐蚀合金的首选方法，用于评价金属恒定应力条件下的抗SCC、SSC的性能，特别适用于样品较多、焊缝和涂层的评价试验，还可以用于评价材料的HIC和SOHIC性能，因此将四点弯曲法作为评价镍基合金EC性能的方法。

四点弯曲测试的原理是将试件加载纯弯曲载荷，使其截面承受一定应力水平，以得到破裂/不破裂的结果。四点弯曲试样加载后，凸形表面部分将产生均匀的纵向张应力，从内支点起到外支点止，应力线性地降为零，材料均匀受力区域较大，优于两点或三点加载试样。GB/T 15970.2给出了四点弯曲加载应力与加载挠度的关系式：

$$\sigma = 12YTE/(3H^2 - 4A^2) \tag{5-11}$$

式中　σ——最大拉应力，MPa；

　　　Y——外支点间的最大挠度，mm；

T——试样的厚度，mm；
E——弹性模量，MPa；
H——外支点间的距离，mm；
A——内外支点间的距离，mm。

采用动电位法测量合金在服役环境中的点蚀电位来反映合金发生点蚀的可能性是研究镍基合金点蚀的一种较好方法。通过恒电位仪控制试样的电位，使之按照规定的程序从自然腐蚀电位向正极极化，将阳极极化曲线上在析氧电位以下由于点蚀而使电流急剧连续上升的电位定义为点蚀电位，如果没有发生电流的急剧上升，取电流密度为 $10\mu A/cm^2$ 或 $100\mu A/cm^2$ 对应的电位为点蚀电位。

（二）实验设备

设计的四点弯曲加载装置如图5-22所示。装置由工作面板、定位销、百分表、百分表夹持器、基架、压块、加载螺钉和玻璃棒支点组成。通过读出试件加载后百分表测得的挠度数据由式（5-12）可计算出试件弯曲凸面受到得最大张应力。

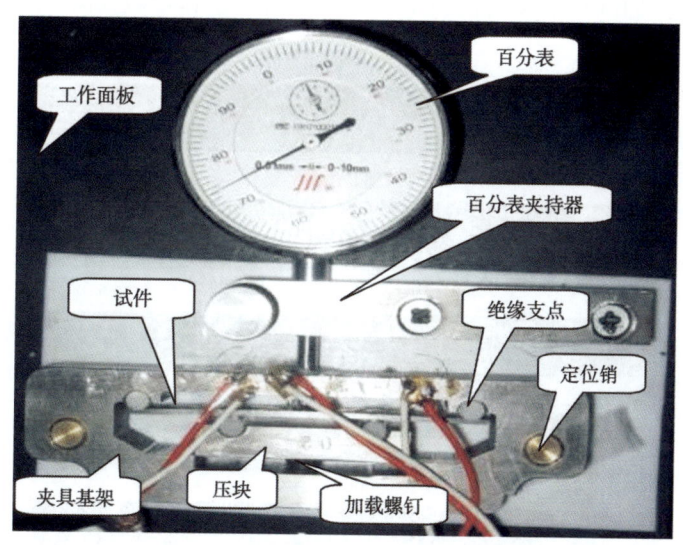

图 5-22 四点弯曲试件加载系统

将加载后的试样放置于高压釜中进行模拟环境中的腐蚀评价，试验结束后取出、观测表面形貌、分析腐蚀产物成分、测试机械性能和点蚀电位。

（三）实验方法与步骤

由于镍基合金的EC敏感性随着温度的升高而增大，此外腐蚀环境中的 Cl^- 浓度、pH值、H_2S 分压、元素硫也都是影响EC的重要因素，而在 MR 0175/ISO 15156 第三部分中也明确规定，当 p_{H_2S} 大于 1.0MPa，应进行模拟现场条件的 SSC、SCC 和电化学腐蚀试验评价，因此实验采用苛刻的模拟环境，NaCl 浓度为 250g/L 的模拟水；p_{H_2S} 值为 6MPa，p_{CO_2} 值为 4MPa，总压为 60MPa；pH 值为 3.5；元素硫 1g/L；实验温度 200℃；实验时间 720h。

采用四点弯曲法评价镍基合金在模拟环境中的 EC 性能，将未出现裂纹和未发生开裂的样品按照 GB/T 228—2002 进行室温拉伸试验（比较试验前后抗拉强度、屈服强度和延伸率的变化情况，观察断口），以确定试验合金在模拟环境中发生 EC 的可能性和服役环境对合金性能的影响。

参照 GB/T 17899—1999《不锈钢点蚀电位测量方法》进行镍基合金点蚀性能测试，即采用动电位法、在 3.5%的 NaCl 溶液中（30℃）、以 20mV/min 的电位扫描速度进行阳极极化，从极化曲线来确定点蚀电位。试验面面积 1cm^2，参比电极是饱和甘汞电极，辅助电极是石墨电极。测试前向测试溶液通入氮气 40min 进行预除氧，测试过程中持续通入氮气，通气速度控制在每升试验溶液 0.5L/min 左右。测定从自然腐蚀电位（开路电位）开始阳极扫描，直至阳极电流密度达到 500-1000μA/cm^2 为止，将极化曲线上对应电流密度为 10μA/cm^2 或 100μA/cm^2 的电位作为点蚀电位。

（四）实验结果分析与应用

在模拟环境中进行了 4 种国产镍基合金和 2 种进口镍基合金的 EC 试验，EC 试件形貌如图 5-23 所示。

从图 5-23 中可以看出，6 种国产合金在该试验条件下都未发生 EC 或裂纹，但是试件表面出现了局部腐蚀。

试验结束后的拉伸试验结果见表 5-16；拉伸试样的断口形貌如图 5-24 所示。

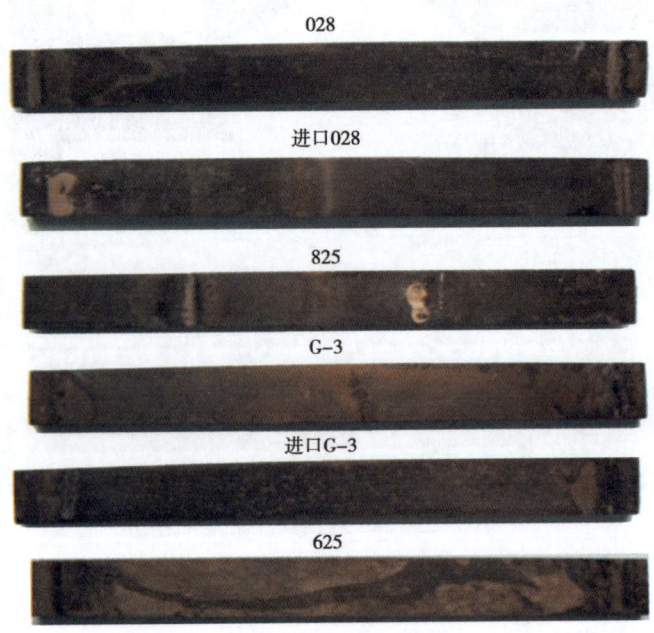

图 5-23　条件 B 下的镍基合金 EC 试件

表 5-16　条件 B 下试样的机械性能

条件 B	抗拉强度（MPa）	屈服强度（MPa）	延伸率（%）
625	600	250	72
825	435	193	56
028	760	560	21
G-3	755	570	25
进口 028	790	565	18
进口 G-3	845	745	11

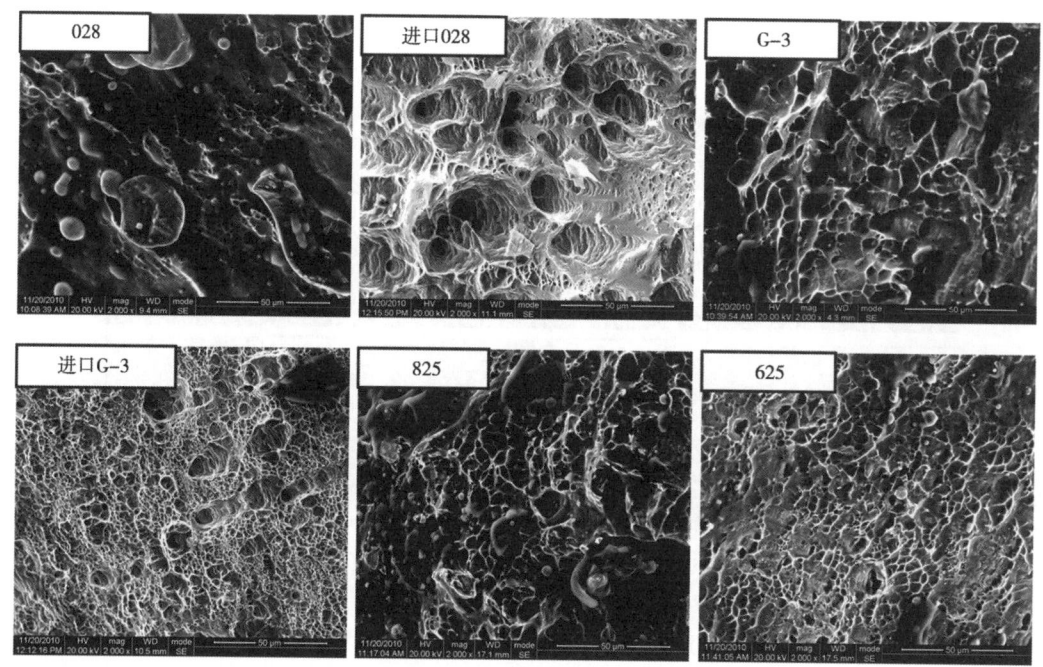

图 5-24 EC 试样拉伸断口形貌

在模拟腐蚀环境中，镍基合金都未发生 EC 或出现 EC 裂纹，表明合金具有很好的耐 EC 性能，国产合金与进口合金在耐 EC 性能方面不存在明显差异。

但是，一般说来，EC 过程包括孕育期和扩展期，整个过程分为氧化膜的破裂、腐蚀坑的形成、裂纹的萌生和亚临界扩展、裂纹的不断扩展等几个阶段，因此虽然在本试验周期内国产合金和进口合金都没有发生 EC，但是不能因此断定试验合金在模拟环境中一定不发生 EC。

合金的拉伸断口存在明显的韧窝，表明合金发生的是韧性断裂，但是韧窝的大小和形态发生了变化。

将 825 合金试样切割后进行金相分析，没有发现可见的 HIC 裂纹，表明国产镍基合金发生 HIC 的可能性很小，如图 5-25 所示。

镍基合金的 EC 不是以氢致开裂为主的，而是阳极溶解的结果。腐蚀环境对镍基合金性能产生的影响主要表现在两个方面：一是由于在晶界处发生了局部腐蚀（在第四节进行详细论述），同时生成的［H］可能沿着晶界扩散到合金内部，产生内压或形成氢化物，进而造成合金试样的强度和塑性降低；另一方面，由于腐蚀环境的温度相对较高，在相对较长的时间内可能促进了合金中某些相的析出，进而产生强度增加，塑性降低的现象。Chandler 等人的试验证明原子氢的进入对镍基合金抗拉强度的影响不大，一般降低量不超过 10%，而原子氢的进入对合金屈服强度

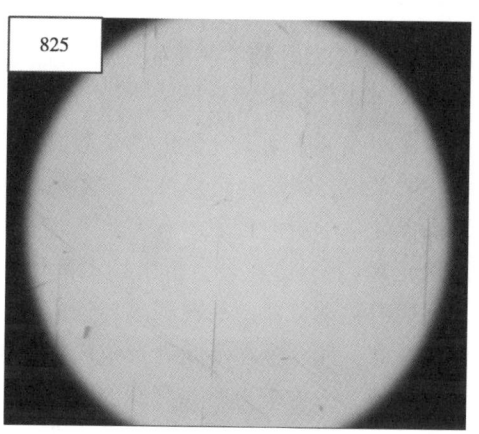

图 5-25 试验合金横截面的金相照片

的影响没有一定的规律，可能升高也可能降低，一般也都在10%的范围内，但是氢的进入却能够造成合金延伸率减小，但是变化程度也不大，与本实验结果一致。

6种合金（4种国产，2种进口）的表面腐蚀形貌如图5-26所示。

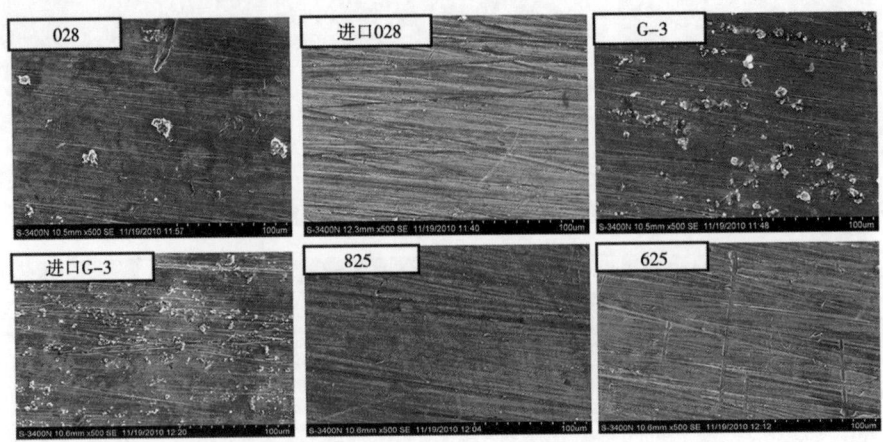

图5-26　条件B下试样的表面腐蚀形貌

从图5-28可以发现，825和625的表面状况相对较好；无论是国产G-3还是进口G-3，合金表面出现了大量的白色残留物，进口合金的残留物尺寸明显小于国产合金；进口028的表面状况同样好于国产028，虽然国产028合金表面存在的残留物数量不多，但是尺寸最大。

点蚀电位测试结果见表5-17。

表5-17　点蚀电位测试结果　　　　　　　　　　　　　　　　单位：V

合金类型	原始试件	条件B
028	1.08	0.85
进口028	0.95	1.0
825	1.05	1.05
G-3	1.05	1.1
进口G-3	1.01	1.05
625	1.03	0.87

由于样品表面出现了严重的局部腐蚀，028合金表面颗粒状残留物进行能谱分析（图5-27），结果表明：颗粒状物质主要是Fe的碳化物和硫化物，而硫化物恰恰是镍基合金点蚀的敏感位置，表明在该温度下合金依然具有发生点蚀的倾向。

一般来说，镍基合金点蚀坑大多数出现在晶界处，原因是当合金处于特定的腐蚀介质中时，晶界处化学活性较高，有害元素容易偏聚，因此相对于基体而言，耐蚀性较差；同时由于耐蚀元素Cr、Mo在合金析出物中富集导致晶界贫Cr和贫Mo，造成晶界和晶粒本体显现出不同的电化学特征，晶粒和晶界构成腐蚀原电池，晶界是阳极，晶粒是阴极，产生大阴极小阳极效应，使合金在晶间处形成局部腐蚀坑。随着腐蚀的进行，晶间腐蚀会转化为沿晶应力腐蚀开裂，成为应力腐蚀开裂的裂纹源。

镍基合金点蚀机理是由于晶界、非金属夹杂物（如硫化物）周围的区域存在紊乱状态，影响了钝化膜的保护性甚至阻碍其生成，因而铁离子渗透性加强，导致Cl-发生聚集、水

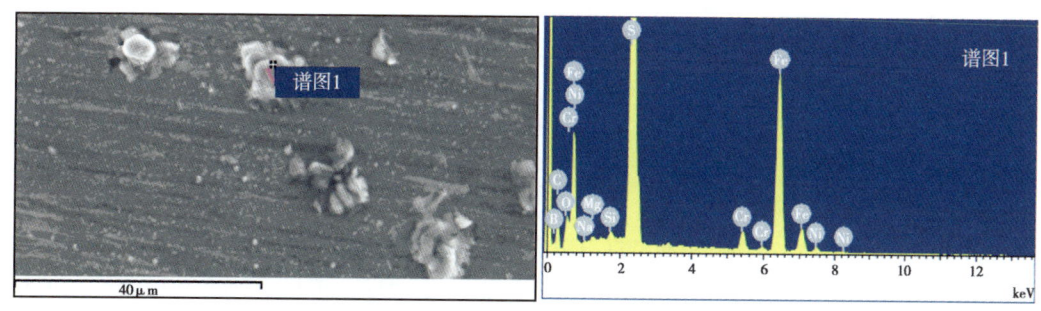

图 5-27　028 合金表面的颗粒状物质的能谱图

解，产生酸性环境来侵蚀夹杂物及其周围的金属。

点蚀电位测试结果表明，在模拟的腐蚀环境中，试验合金确实可能发生点蚀；相同牌号的国产合金与进口合金相比，进口合金的耐点蚀性能优于国产合金，可能与其成分控制更加精确有关。

该评价方法能够指导镍基合金的选择和应用，具有较高的工程意义。

三、涂层及非金属材料实验评价技术

涂层及非金属材料评价实验技术主要针对用于酸性气田的涂层及非金属材料评价，通过物理测试技术和化学测试技术确定涂层及非金属材料在不同腐蚀工况条件下性能的变化，筛选材料以及评价其适用性。涂层应用于气田环境主要为陶瓷金属涂层、环氧树脂、环氧酚醛树脂涂层。此外，随着高含硫酸性气田的不断开发利用，硫黄回收装置的规模越来越大，其腐蚀问题也日益突出，氟树脂用于液流池防腐效果满意。非金属管材在气田的应用主要为玻璃钢管、高压柔性复合管、聚乙烯管。

（一）实验原理

1. 涂层及非金属材料评价实验原理

通过将涂层及非金属材料试样在酸性气田腐蚀工况模拟环境中浸泡一段时间，通过物理或化学测试技术探测涂层及非金属材料性能的变化，评价材料在腐蚀模拟环境中的适应性，也可以用于筛选不同涂层及非金属材料在该腐蚀工况条件下短期的性能优劣。

2. 涂层及非金属材料物理测试技术原理

1）外观测试原理

外观测试可采用目视直接观测与可采用金相显微镜、扫描电镜等设备进行观测。

涂层外观测试可包括涂层厚度、颜色、鼓泡开裂情况。厚度测定分为非破坏性检验和破坏性检验两种。非破坏性检验有磁性法、涡流法、X 射线荧光测量法、β 射线反向散射法、光切显微镜法、能谱法等。破坏性检验有点滴法、液流法、化学溶解法、电量法（库仑法）、金相显微镜法、轮廓法、干涉显微镜法等。

玻璃钢外观检测可包括厚度变化、气泡、裂纹、凹凸、泛白等情况描述。厚度变化可采用游标卡尺检测。气泡、裂纹、凹凸、泛白等采用目测。

2）力学性能测试原理

涂层力学性能可分为涂层本身的力学特性及涂层与金属之间的力学特性。涂层本身的力学特性可以采用耐磨性及抗冲击韧性进行测试。涂层与金属之间的力学特性即涂层附着力，涂

层附着力的好坏取决于两个关键因素：一是涂层与被涂物表面的结合力；二是涂装施工质量尤其是表面处理的质量。常用的测试涂层附着力的方法有划圈法、划格法、胶带法、拉开法。

橡胶材料的力学性能主要指标为橡胶的拉伸强度、拉断伸长率、定伸应力、定应力伸长率、屈服点拉伸应力和屈服点伸长率，其中屈服点拉伸应力和应变的测量只适用于某些热塑性橡胶和某些其他胶料。

玻璃钢力学性能可根据不同的施工工艺从本体上切割试样也可用整管段试样，低压接触成型试件的测定方法与长丝缠绕试件的测定方法在原理上都一致，都是靠拉伸/压缩来测定力学性能，只在试样的切取上有些区别，低压接触成型试样在板材上取方型样，长丝缠绕试样在管材上取样。

此外，力学性能可通过硬度反应，硬度是表示涂层及非金属材料机械强度的重要性能之一，其物理意义可理解为材料被另一种硬的物体穿入时所表现的阻力。

涂层硬度测定一般采用铅笔硬度，其原理即选取不犁伤涂层的最高铅笔硬度代表所测涂层的铅笔硬度。

橡胶硬度测定类型分邵氏硬度计或便携式硬度计与定负荷测试，其区别在于定负荷测试方法采用配重产生试验力，而邵氏硬度计或便携式硬度计由弹簧产生试验力。GB/T 531.1—2008《硫化橡胶或热塑性像胶 压入硬度试验方法 第 1 部分：邵氏硬度计法（邵尔硬度）》对硬度计进行了规定：邵氏 A 型硬度计适用于中硬度范围，邵氏 D 型硬度计适用于硬质材料，AM 型显微硬度计适用于薄样品，以及 AO 型硬度计适用于软质材料。GB/T 531.2—2009《硫化橡胶或热塑性像胶 压入硬度试验方法 第 2 部分：便携式橡胶国际硬度计法》则详细介绍了采用球形压针的便携式橡胶国际硬度计测试试验方法。

玻璃钢则一般采用巴柯尔硬度，巴柯尔硬度是一种压痕硬度，它以特定压头在标准载荷弹簧的压力作用下压入试样，以压入的深浅来表征试样的硬度。

3. 涂层及非金属材料化学测试技术原理

1）极化曲线测试原理

将一种金属（电极）浸在电解质溶液中，在金属与溶液之间就会形成电位，这种电位称为该金属在该溶液中的电极电位。而当有外加电流通过此电极时，其电极电位会发生变化，这种现象称为电极的极化。如果电极为阳极，则电极电位将向正方向偏移，称为阳极极化；对于阴极，电极电位将向负方向偏移，称为阴极极化。

2）红外光谱分析原理

一定波长的红外光照射被研究物质的分子，若辐射能等于振动基态的能级与振动激发态的能级之间的能量差时，分子可吸收红外光能量，由基态向激发态跃迁，从而产生吸收光谱。

3）示差扫描量热法分析原理

示差扫描量热法（DSC）是测量输入到试样和参比物的热流量差或功率差与温度或时间的关系。

4）交流阻抗谱分析原理

交流阻抗谱技术是通过对电化学体系施加一定振幅不同频率的交流信号，获得频域范围内相应电信号反馈的交流测试方法，之后再通过建立对应于被测体系物理模型的等效电路模型，借助数学手段拟合进行定量分析和解释。

（二）实验设备

1. 评价实验设备

实验设备应满足的条件：（1）动态高温高压釜能够提供足够的液体流速、压力和温度，配置相应的压力表和温度控制器，以满足实验的要求；（2）动态高温高压釜应配有连续记录器，用以监视整个试验周期内釜内的温度和压力；（3）动态高温高压釜本身的材料应能耐试验介质的腐蚀。

2. 评价测试设备

涂层及非金属材料物理测试设备包括万能材料试验机、涂层测厚仪、附着力测试仪、涂层耐磨性测试仪等。

涂层及非金属材料化学测试设备包括电化学工作站、差示扫描量热仪、红外光谱仪等。

（三）实验方法与步骤

1. 涂层及非金属材料评价实验方法

通过将涂层及非金属材料试样在酸性气田腐蚀工况模拟环境中浸泡一段时间，通过物理或化学测试技术探测涂层及非金属材料性能的变化，评价材料在腐蚀模拟环境中的适应性，也可以用于筛选不同涂层及非金属材料在该腐蚀工况条件下短期的性能优劣。

2. 涂层及非金属材料物理测试技术方法

1）外观测试方法

涂层外观测试方法中颜色可用比色卡，也可采用试验前后对比目视观测。鼓泡评价可参照 ASTM D714—2009《涂料起泡程度评价的标准试验方法》执行。玻璃钢外观检测方法可参照 HG/T 21633—1991《玻璃钢管和管件》执行。

2）硬度测试方法

涂层硬度测试方法可参照标准 GB/T 6739—2006《色漆和清漆 铅笔法测定漆膜硬度》。橡胶硬度测定方法可参照 GB/T 531.1—2008《硫化橡胶或热塑性橡胶 压入硬度试验方法 第 1 部分：邵氏硬度计法（邵尔硬度）》和 GB/T 531.2—2009《硫化橡胶或热塑性橡胶 压入硬度试验方法 第 2 部分：便携式橡胶国际硬度计法》。玻璃钢巴柯尔硬度测定方法可参照标准 GB/T 3854—2017《增强塑料巴柯尔硬度试验方法》。

3）力学性能测试方法

涂层本身的力学特性可以采用耐磨性及抗冲击韧性进行测试，可参照 GB/T 1768—2006《色漆和清漆 耐磨性的测定 旋转橡胶砂轮法》利用旋转橡胶砂轮法以及 GB/T 23988—2009《涂料耐磨性测定 落砂法》采用落砂法对涂层进行耐磨性测定。冲击韧性的可参照 GB/T 1732—1993《漆膜耐冲击测定法》GB/T 20624—2006《色漆和清漆 快速变形（耐冲击性）试验 第 1 部分：落锤试验（大面积冲头）》和 GB/T 20624.2—2006《色漆和清漆 快速变形（耐冲击性）试验 第 2 部分：落锤试验（小面积冲头）》进行试验。涂层与金属之间的力学特性即涂层附着力，可参照 GB/T 5210—2006《色漆和清漆 拉开法附着力试验》采用拉开法进行附着力测定及 ISO 21809—2—2014《石油和天然气工业—外墙涂料在管道运输系统用掩埋或淹没管道 第 2 部分：单层熔结环氧涂料》采用划×法进行附着力测定等。橡胶材料的力学性能可根据 GB/T 528—2009《硫化橡胶或热塑性橡胶 拉伸应力应变性能的规定》来测定。玻璃钢力学性能可根据不同的施工工艺从本体上切割试样，低压接触成型试件的测定方法可按 GB/T 1447《纤维增强塑料拉伸性能试验方法》和 GB/T 1449《纤维增强塑料弯曲性能试验方法》的规定进行；长丝缠绕试件的测定可按 GB/T 5349《纤维增强热固性塑料管轴向拉伸性能试验方法》和 GB/T 5350《纤维增强热固性塑料管轴向压缩性能试验方法》。

3. 涂层及非金属材料化学测试技术方法

1）极化曲线测试方法

极化曲线测量技术一般可分为两类。

（1）控制电流法：以电流为自变量，遵循一定的电流变化程序，测定相应的电极电位随电流变化的函数关系。其实质是，在每一个测量点及每一瞬间，电极上流过的电流都被恒定在规定的数值，故也统称恒电流法。

（2）控制电位法：以电位为自变量，遵循一定的电位变化程序，测定相应的极化电流随电位变化的函数关系。其实质是，在每一个测量点及每一瞬间，电极电位都被恒定在规定的数值，故也统称恒电位法。

2）红外光谱分析方法

红外光谱分析方法可参照 GB/T 6040—2002《红外光谱分析方法通则》。

3）示差扫描量热法分析方法

示差扫描量热法可按照 GB/T 19466.1—2004《塑料 差示扫描量热法（DSC）第1部分：通则》。

4）交流阻抗谱分析方法

交流阻抗法采用小幅度交流信号测量，属暂态电化学技术。

（1）微弱信号检测。极化电位通常小于 10mV，极化电流常为微安级甚至更低。

（2）测试频率范围宽。电化学阻抗测量可在超过 7 个数量级的频率范围内进行，常用频率范围为 1mHz~10kHz。

（3）腐蚀体系稳定性的影响。自腐蚀电位 E_k 等参数的变化均会影响阻抗测量的精度。

测试方法即给黑箱（电化学系统）输入一个扰动量 X，它就会输出一个响应信号 Y。若系统内部结构是线性的稳定结构，则输出信号就是扰动信号的线性函数。

（四）实验结果分析与应用

通过模拟实验前后物理和化学检测结果变化，对比分析涂层及非金属材料性能的变化，优选材料，也可以通过实验前后性能的变化判断材料能否继续使用。

1. 涂层评价实验技术应用情况

1）涂层外观检测

将四种涂层在介质为 H_2S 1.5MPa、CO_2 1.5MPa、总压 8MPa、时间 168h、温度分别为 40℃ 和 80℃ 条件下进行浸泡实验后进行外观对比，结果见表 5-18。由实验结果可知，Belzona 1391 涂层、ATP 涂层在试验条件下不出现起泡失效，CK 涂层、ZJH 涂层则出现起泡失效。

表 5-18 四种涂层试验外观评价结果

试验条件	Belzona1391	ATP 涂层	CK 涂层	ZJH 涂层
试验前	银灰色、表面不平整	墨绿色、表面平整	银灰色、表面平整	灰红色、表面平整
40℃	明显变色、无起泡、无开裂、无锈点、无剥落	无变色、无起泡、无开裂、无锈点、无剥落	轻微变色、有少量起泡、无开裂、无锈点、无剥落	较大变色、有较多起泡、无开裂、有锈斑、有剥落
80℃	较大变色、无起泡、无开裂、无锈点、无剥落	无变色、无起泡、无开裂、无锈点、无剥落	较大变色、有中等数量起泡、无开裂、无锈点、无剥落	严重变色、有较多起泡、无开裂、有锈斑、有剥落

2）涂层厚度检测

将四种涂层在介质为 H_2S 1.5MPa、CO_2 1.5MPa、总压 8MPa、时间 168h、温度分别为 40℃、80℃条件下进行浸泡实验后试样涂层厚度进行对比分析，使用涂镀层测厚仪对涂层进行测厚，结果见表 5-19。

表 5-19 四种涂层试样试验前后厚度变化结果

涂层类型	40℃试验前/后厚度（μm）	40℃增量（试后-试前）×100/试前（%）	80℃试验前/后厚度（μm）	80℃增量（试后-试前）×100/试前（%）
Belzona1391 涂层	346/326	-6	303/427	41
ATP 涂层	146/137	-6	176/181	3
CK 涂层	121/118	-2	135/160	19
ZJH 涂层	105/188	79	113/180	59

由表 5-19 可知，40℃条件下 ZJH 涂层厚度增量最大，外观可见涂层明显鼓泡。80℃条件下 ZJH 涂层、CK 涂层、Belzona1391 涂层厚度均出现较大增量，依次为 ZJH 涂层>1391>CK 涂层>ATP 涂层。

3）涂层耐磨性检测

将四种涂层在介质为 H_2S 1.5MPa、CO_2 1.5MPa、总压 8MPa、时间 168h、温度分别为 40℃、80℃条件下进行浸泡实验后试样涂层耐磨性进行对比分析，落砂法测耐磨性结果如图 5-28 所示。

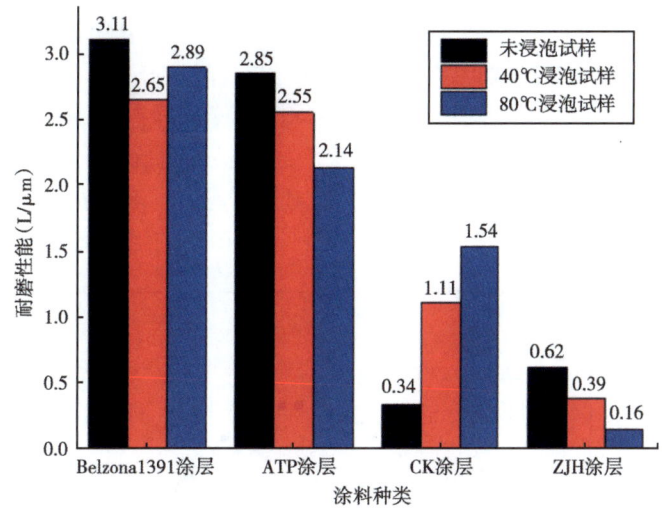

图 5-28 不同涂层浸泡前后耐磨性能变化结果

由图 5-28 可知，涂层耐磨性能 Belzona 1391 涂层>ATP 涂层>CK 涂层>ZJH 涂层。随着浸泡温度的增加，Belzona1391 涂层、ATP 涂层耐磨性能变化较小，在试验期间耐磨性可达到钻杆涂层使用标准 2L/μm。

4）涂层附着力检测

将四种涂层在介质为 H_2S 1.5MPa、CO_2 1.5MPa、总压 8MPa、时间 168h、温度分别为

40℃、80℃条件下进行浸泡实验后试样涂层附着力进行对比分析,使用数显拉开法附着力测试仪对涂层附着力进行拉拔测定,结果如图5-29所示。

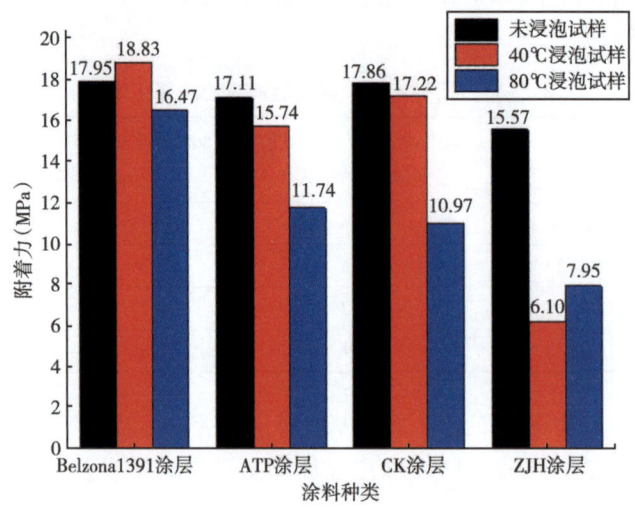

图5-29 不同涂层浸泡前后附着力变化结果

由图5-29可知,经不同条件浸泡后,Belzona1391涂层附着力下降较少,ATP涂层次之、CK涂层再次、ZJH涂层最差。

5) 涂层交流阻抗分析检测

将三种不同厂家的内涂层油管(1#、2#、3#)上取下规格试样,并用环氧树脂封装完好,在5%NaCl溶液、1.5MPa H_2S、1.5MPa CO_2、120℃、试验周期7d、液体流速分别为0m/s、2m/s和4m/s条件下,试验后涂层前后进行交流阻抗分析。

图5-30至图5-33是三种涂层材料分别在空白试样、静态浸泡、流速为2m/s和流速4m/s时所测得的交流阻抗谱。一般来讲,对于涂层材料,阻抗谱中的半圆半径反应涂层的电阻大小,即就是说阻抗谱半径越大,材料的电阻也就越大,表面材料的抗腐蚀能力也就越强。从图5-30空白试样阻抗谱可以反映出1#材料空白试样的阻抗谱半径与2#接近,具有相

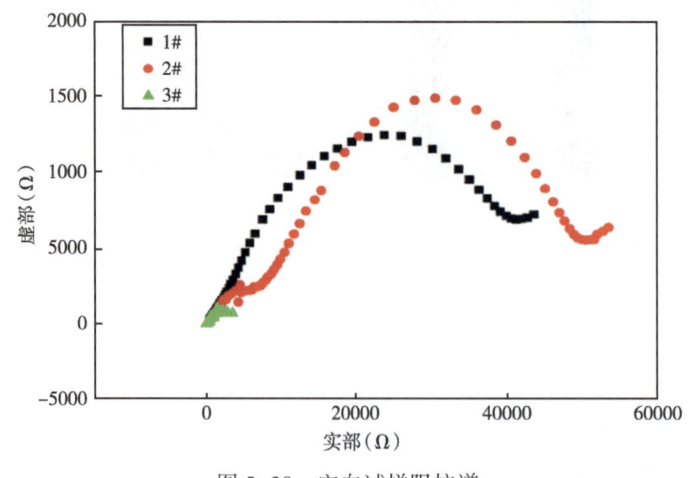

图5-30 空白试样阻抗谱

近的抗腐蚀能力,而 3#的阻抗谱数据由于在整个测试频率范围内没有显示完整的数据,仅显示高频区域,在低频区域数据离散性较大,在数据处理过程中做了删除处理,产生这种现象的原因通常是在涂层封装时存在漏点,导致局部金属基体裸露,导致测试阻抗很小。故而该数据不能对 3#的耐蚀性做出客观评价。随着流速的不断增加,可以发现三种涂层的阻抗谱半径在不断减小,说明涂层的电阻在不断降低,表明涂层的耐腐蚀性能是随着流速的增大而减小的。当流速增加至 4m/s 时,如图 5-33 所示,涂层标示为 3#的阻抗谱半径最大,说明标示为 3#的涂层具有相对较好的耐腐蚀性,这一点与腐蚀试验形貌结果相一致。

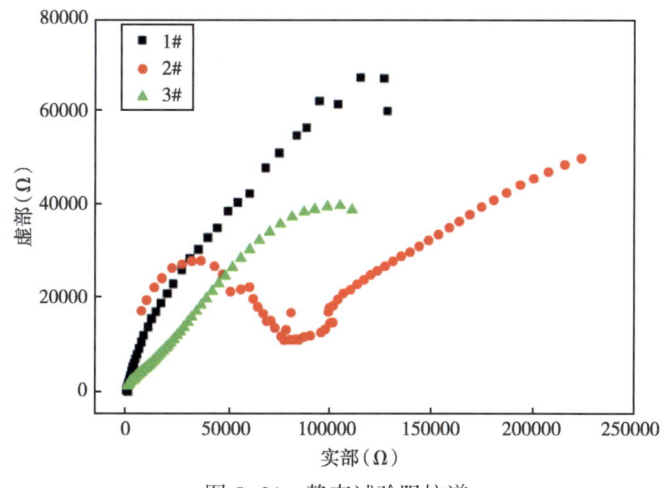

图 5-31　静态试验阻抗谱

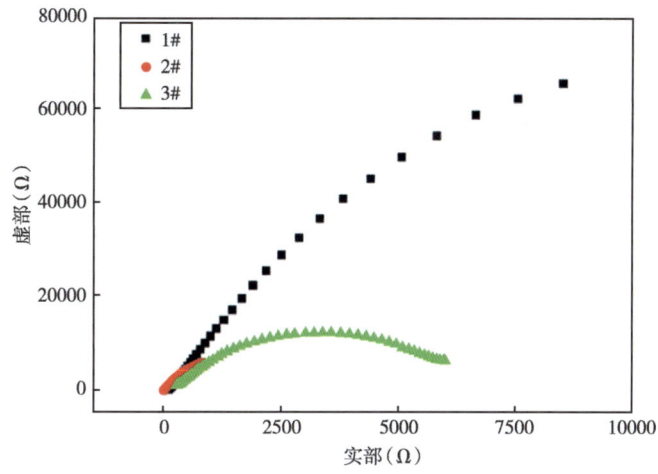

图 5-32　流速为 2m/s 的交流阻抗谱

　　对于阻抗谱数据的处理,通常采用等效电路来研究。而等效的电路的设计往往以测试体系的物理意义来进行。根据涂层金属材料在溶液中的电化学测量体系的基本物理意义以及相关文献报告,对三种涂层的阻抗谱数据的处理采用图 5-34 所示的等效电路来进行。图 5-34 中的 R_s 表示金属涂层在测试体系中溶液本身是电阻;C_{coat} 和 R_{coat} 分别表示涂层的电容和电阻;C_{dl} 和 CPE 分别代表金属基体所形成的界面双电层和常相位角元件(可以认为是金属基体所形成的阻抗)。根据此等效电路,对试验测试所获得的阻抗谱进行数据拟合。

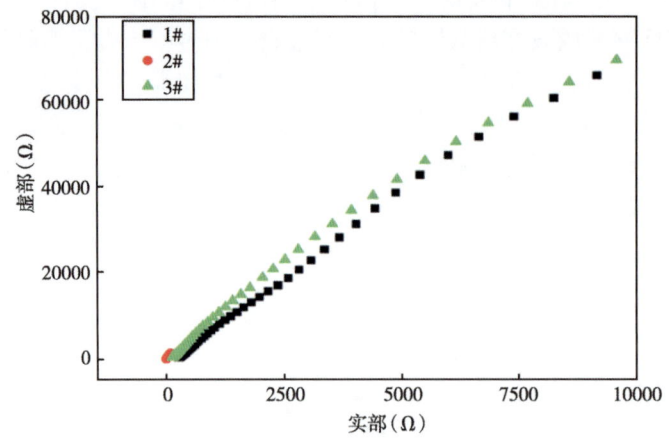

图 5-33 流速为 4m/s 的交流阻抗谱

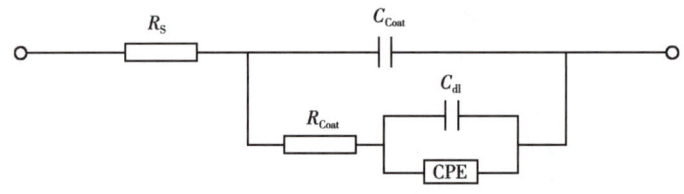

图 5-34 涂层金属阻抗谱等效电路图

经过对测试阻抗的等效电路拟合，可以获得 R_{coat} 值，通常该值在阻抗谱中的表现是阻抗谱半径的大小。在拟合结果中，提取出来 R_{coat} 值的大小，列于表 5-20 中。从结果可以看出，标示为 2#的涂层在空白试样和静态浸泡过程中具有相对较大的涂层电阻，表明其具有较好的耐腐蚀性。然而，随着流速的增加，其耐蚀性的衰减非常厉害。相比较而言，1#和 3#的衰减程度要小很多。但当流速达到 4m/s 时，三种涂层的抗腐蚀能力处于相近数量级水平。另外，1#和 2#涂层都随着流速的增加，涂层电阻均有较为明显的下降，在流速为 2m/s 和 4m/s 的动态腐蚀后，涂层表面均出现不同程度的鼓包现象。相比较而言，3#的涂层阻抗也有所下降，直到速度为 4m/s 时，涂层局部才出现鼓包现象，这一点与阻抗谱结果也相吻合。

表 5-20 涂层电阻拟合结果

种类条件	1#R_{coat}（Ω）	2#R_{coat}（Ω）	3#R_{coat}（Ω）
空白试样	640	4129	82
流速 $v=0$m/s	130	2443	425
流速 $v=2$m/s	98	15	132
流速 $v=4$m/s	49	7	102

6）涂层极化曲线分析检测

在三种内涂层油管（1#、2#、3#）上取样，用环氧树脂封装完好，在 5%NaCl 溶液、1.5MPa H_2S、1.5MPa CO_2、120℃、试验周期 7d、液体流速分别为 0m/s、2m/s 和 4m/s 条件下，试验后涂层前后进行极化曲线分析。

从图 5-35 至图 5-38 可以看出，对于空白试样和流速较低时，三种涂层的自腐蚀电位

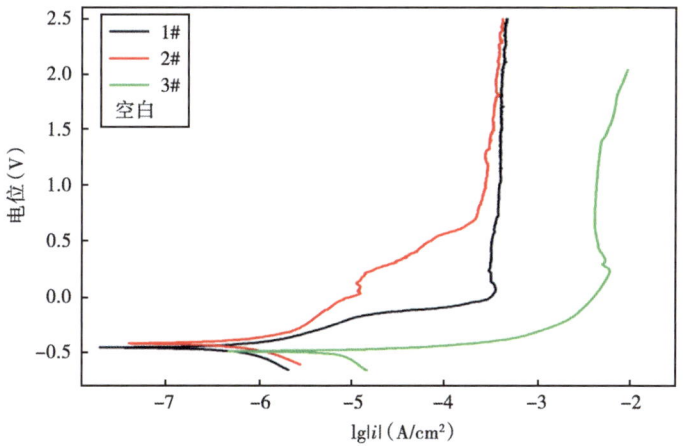

图 5-35 空白试样极化曲线

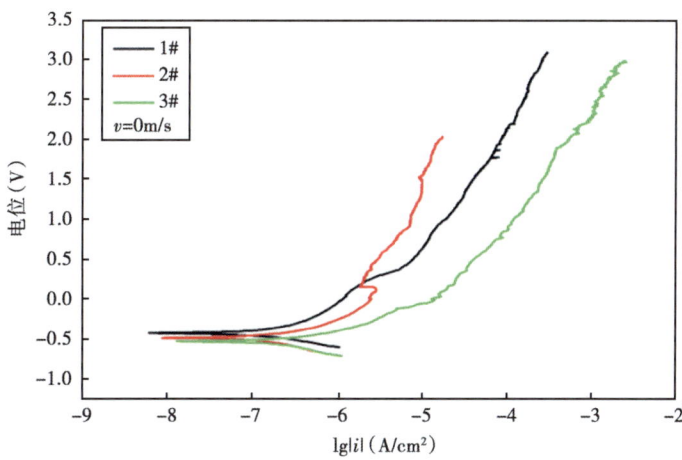

图 5-36 流速为 0m/s 时极化曲线

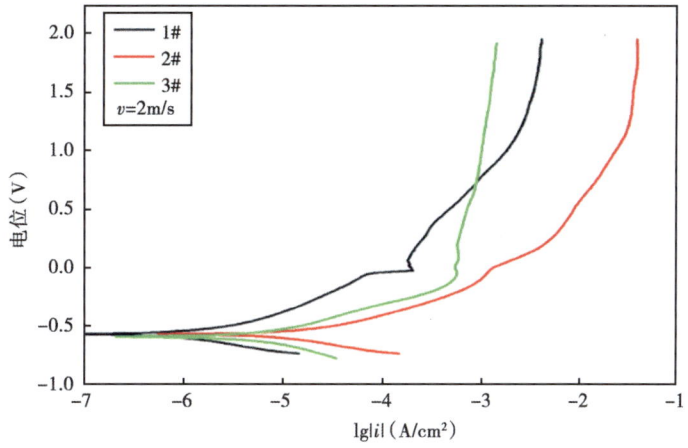

图 5-37 流速为 2m/s 时极化曲线

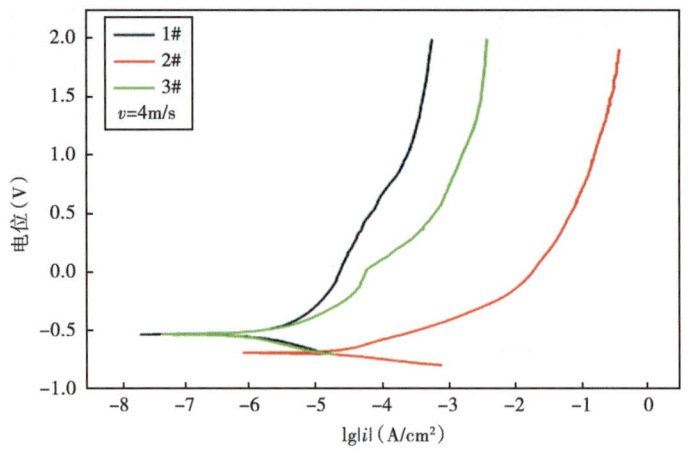

图 5-38 流速为 4m/s 时极化曲线

处于几乎相当的水平，表面三种涂层在低流速环境下具有水平相当的腐蚀倾向。而当流速为 4m/s 时，标示为 2#的涂层自腐蚀电位明显较负，同时腐蚀电流密度也较大。说明在该环境下，其腐蚀倾向大，而且腐蚀速度较快。说明，较其他两种涂层，其耐腐蚀性相当较弱。为了获得较精确的自腐蚀电位和腐蚀电流密度数据，我们借助电化学相关软件 Corrware 对极化曲线数据进行了 Tafel 拟合，并将拟合数据结果列于表 5-21 中。从结果可以看出，在不同测试条件下，三种涂层空白的自腐蚀电位相接近，即其腐蚀倾向性大小差异不大。

表 5-21 极化曲线测试结果汇总表

种类 条件	1#		2#		3#	
	腐蚀电位 （mV）	腐蚀电流密度 （A/cm^2）	腐蚀电位 （mV）	腐蚀电流密度 （A/cm^2）	腐蚀电位 （mV）	腐蚀电流密度 （A/cm^2）
空白试样	-453	7.29×10^{-7}	-416	1.63×10^{-6}	-487	1.16×10^{-5}
流速 $v=0$m/s	-419	1.35×10^{-7}	-480	3.28×10^{-7}	-524	5.56×10^{-7}
流速 $v=2$m/s	-573	1.21×10^{-6}	-572	9.32×10^{-6}	-595	9.32×10^{-6}
流速 $v=4$m/s	-537	2.03×10^{-6}	-695	2.36×10^{-5}	-537	1.14×10^{-6}

从以上耐冲刷性能评价的实验表明，介质的流动促进了介质在涂层孔隙的渗透性能，降低了涂层的耐渗性能。

7）涂层极化红外谱图分析检测

将封装好的涂层试样在质量分数为 5% 的 NaCl 和 H_2S 饱和的溶液中，室温条件下浸泡 90d，并将试验前后涂层进行红外谱图分析，结果如图 5-39 和图 5-40 所示。

由结果可知，1#涂层在 1500~1675 波数段出现峰型，较为可能存在 C=C、C=N 振动，在 1000~1300 波数段出现峰型，较为可能存在 C-O 振动。浸泡后峰型消失，表明 1#涂层在含 H_2S 环境下会被硫化氢腐蚀破坏。2#涂层在浸泡前后峰型变化不大，涂层耐硫化氢性能较高。

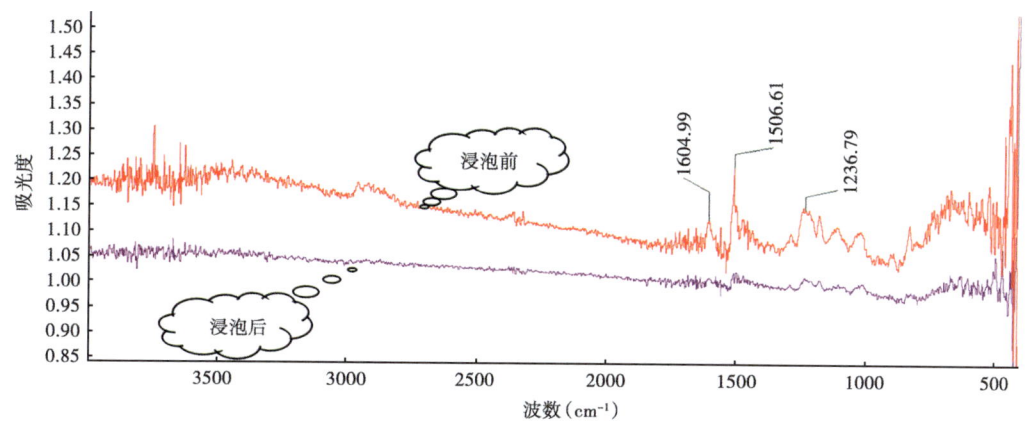

图 5-39 1#涂层 H_2S 浸泡前后红外分析结果

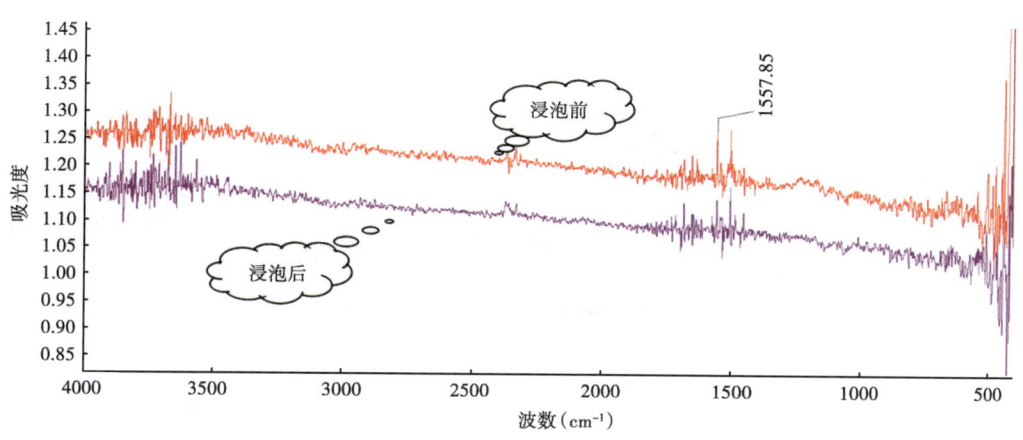

图 5-40 2#涂层 H_2S 浸泡前后红外分析结果

2. 非金属材料评价实验技术应用情况

1）橡胶材料外观检测

将橡胶材料在介质硫化氢分压 1.5MPa、二氧化碳分压 1.4MPa、氯离子含量 150000mg/L 条件下浸泡时间 3d、浸泡温度 90℃，发现橡胶表面无明显的缺口、鼓泡等现象。

2）橡胶材料力学性能检测

将橡胶材料在介质硫化氢分压 1.5MPa、二氧化碳分压 1.4MPa、氯离子含量 150000mg/L 条件下浸泡时间 3d、浸泡温度 90℃，试验前后对其拉伸强度、拉断伸长率、拉断永久变形进行检测，检测结果见表 5-22。

表 5-22 橡胶力学性能检测结果

时间	样品编号	拉伸强度（MPa）	拉断伸长率（%）	拉断永久变形（%）
试验前	1#	21.7	156	7.0
	2#	26.1	204	8.2
	3#	26.0	200	8.3
	中位值	26.0	200	8.2

续表

时间	样品编号	拉伸强度（MPa）	拉断伸长率（%）	拉断永久变形（%）
试验后	4#	24.9	200	7.8
	5#	26.1	192	8.2
	6#	25.6	196	8.0
	中位值	25.6	196	8.0

由表 5-22 可知，浸泡前后，橡胶材料力学性能基本无变化。

3）玻璃钢油管外观检测

将玻璃钢油管切成长度为 3cm 的圆环，在介质 H_2S 0.45MPa，CO_2 0.22MPa，总压 20MPa（使用 CH_4 加压）；试验温度 95℃；液体为 CT 胶凝酸配方（含 20%盐酸）条件下浸泡 3d，试验前后外观如图 5-41 所示。

（a）试验前截面　　（b）试验前表面　　（c）试验后截面　　（d）试验后表面

图 5-41　试验前后玻璃钢油管外观检测

从结果可知试验后横截面颜色稍微变绿，外表面颜色加深。表面起泡较为明显，新起的泡用手指可以按下去。

4）玻璃钢油管巴氏硬度检测

将现场气田水回注井使用一段时间的玻璃钢油管在不同层位取样进行巴氏硬度检测，结果见表 5-23。

表 5-23　不同层位玻璃钢油管巴氏硬度检测　　　单位：HBa

取样位置	1	2	3	4	5	6	平均值
200m	58	60	60	60	61	61	60
1030m	50	61	52	54	55	54	54.33
1380m	51	53	60	60	62	58	57.33
接箍	65	70	72	70	71	61	68.17

由表可知，随着井深越深，巴氏硬度有变小的趋势，但其值均大于 40，表明，玻璃钢油管能可继续使用。

5）玻璃钢油管玻璃化温度检测

将玻璃钢油管切成长度为 3cm 的圆环，在介质 H_2S 0.45MPa，CO_2 0.22MPa，总压

20MPa（使用 CH_4 加压）；试验温度 80℃ 和 95℃；液体为 CT 胶凝酸配方（含 20% 盐酸）条件下浸泡 3d，试验前后玻璃钢油管进行玻璃化温度检测，结果见表 5-24。

表 5-24　试验前后玻璃钢油管玻璃化温度检测

95℃	试验前（℃）	162
	试验后（℃）	141
	降低（%）	13.0
80℃	试验前（℃）	162
	试验后（℃）	161
	降低（%）	0.61

由表 5-24 可知，随着温度升高，玻璃钢油管玻璃化温度下降明显。

四、复合管实验评价技术

为了兼顾防腐性和经济性，内衬耐蚀合金的复合管防腐技术在高含硫气田得到了越来越广泛的应用。复合管防腐技术的关键是焊缝的耐蚀性能，复合管焊缝试样基本上能够代表整个复合管的耐蚀性能，但不可能完全代表整个复合管管段的耐蚀性能；另外，对普通规格的复合管焊缝而言，要取得标准试样十分困难；此外，复合管成型后，内外层之间存在残余结合力，因此焊缝试样不能完全反映内层的力学状态，不能反映复合管在复合状态下的耐蚀性能。

采用整管段进行耐蚀性能评价是将复合管置于腐蚀环境中，直接检验其耐蚀性能。虽然该方法耗费资源大，设备成本高，但其试验结果比取样评价方法更具可靠性，且反映了复合管在复合管状态下的耐蚀性能。开展整管段试验的意义在于：对取样评价方法的验证和补充；直接检验复合管焊接质量，为优选复合管焊接方法和焊接工艺提供依据；为复合管的现场应用试验提供可靠数据。

（一）实验原理

通过模拟高含硫气田现场的温度、压力，以及腐蚀介质工况，将试件内部置于模拟环境下，并对其在特定工况下的耐蚀性能进行评价，获得具有针对性的腐蚀数据，从而指导现场选材、寿命预测，并实现材料的腐蚀机理研究。

（二）实验设备

图 5-42 为采用焊接封堵的整管段试验装置主体结构图。若气体介质压力较高，还会用到气体增压机。

（三）实验方法与步骤

1. 试样制备

考虑到 H_2S 腐蚀评价试验的安全性、压力容器密封特性以及试验过程的可操作性，本文选用了采用复合管两端焊接封堵的结构方案。图 5-43 为复合管两端采用焊接的封堵方案，该方案与国外文献所报道的方案基本一致。复合管焊接接头两端为 825 或 625 合金的堵头，复合管与堵头之间采用焊接。因此，两端堵头耗费耐蚀合金多，且只能使用一次，一只复合管需要两节耐蚀合金堵头，试验成本高。而复合管与两端堵头采用焊接连接，试验装置结构简单，装配过程简单，但对焊接工艺要求高。

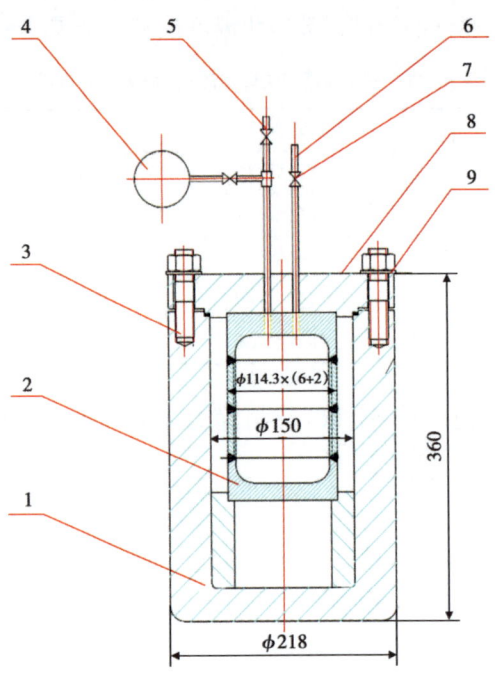

图 5-42 采用焊接封堵的整管段试验装置主体结构（单位：mm）
1—保护釜釜体；2—整管试件；3—高强度螺栓；4—压力表组件；5—排气阀；
6—高压硬管；7—进气阀；8—保护釜法兰盖；9—压紧螺帽组件

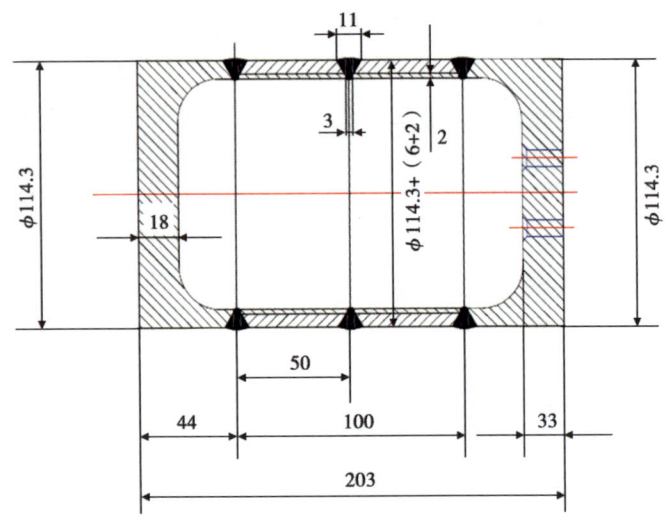

图 5-43 采用焊接的封堵方案（单位：mm）

2. 试验条件

试验条件（模拟川东北高含硫气田地面集输管线腐蚀环境）。

(1) 温度：70℃。

(2) 压力：9MPa。

(3) 介质：溶液为罗家寨 8 号井模拟水，气中 H_2S 含量 17%，CO_2 含量 11%，气相和液相比为1:2。

(4) 试验周期：720h。

3. 试验步骤

(1) 整管段试件焊接后首先应对三条焊缝进行100%射线探伤，确保无焊接缺陷。然后进行水压试验，确保整个试件具有足够的强度。然后将高压硬管与整管试件进行连接，并将压力表、进出气阀门等气密封系统进行连接，检查高压气密性。

(2) 将压力表、进出气阀门拆除，将带硬管连接的复合管试件插入保护釜既定位置。然后将复合管试件放入釜体既定位置，再将保护釜体立放并固定。此时旋入2~3支螺栓使保护釜体和法兰盖连为一体。将准备好的罗家寨模拟溶液通过进气硬管装入试件。

(3) 将整管釜体旋转至水平位置固定，将桶式加热带分别从左端和右端套入，并将温度传感器旋入既定位置。然后将进出气控制阀门、三通及压力表等外部组件进行连接，再将保护釜法兰盖螺栓全部旋入并拧紧。再将高压干气硬管与增压机出口阀门和试验装置入气阀门相连。

(4) 采用N_2对试验装置密封系统进行试压，试压压力13MPa。试压成功后卸载，将温控系统电源开启，并设定为70℃。

(5) 待整个系统温度恒定后，将试验标定气瓶连接增压机入口管线，并启动增压机增压至9MPa。将增压机剩余气体排放完成后，将干气硬管卸下。然后将保护外罩盖上，再将整个试验装置推到安放有H_2S泄漏监测仪的位置。

(6) 试验期间对温度、压力和H_2S监测仪读数值进行监测，观察有无异常情况。试验完成后将加热系统关闭，将设备推至排气区，开启排气阀将压力卸载为常压。再用常压N_2驱赶容器中剩余的H_2S气体。

(7) 拆除外部组件，将复合管试件取出。然后将试件内的溶液排出，再对其进行无损检测。

(四) 实验结果分析与应用

经过30d腐蚀试验后取出的冶金复合管整管试件和机械复合管整管试件。从试件排出的溶液颜色，可以推断复合管管内无剧烈的电化学腐蚀。在整个试验过程中，两支管子都未出现泄漏，取出的试件通过肉眼观察，无损伤痕迹。将试件进行100%射线探伤，照片结果良好。这说明复合管焊接接头在一个月的模拟工况下腐蚀后未产生应力腐蚀裂纹。

在天东5-1在线腐蚀试验装置上进行了初步应用，对于双金属复合管在现场的推广应用具有指导意义。

第三节 缓蚀剂实验评价技术

一、实验室缓蚀剂筛选技术

在油气开采过程中，添加缓蚀剂是简便、有效、经济且灵活的防腐措施，在国内外得到了广泛应用。但缓蚀剂对腐蚀环境和生产工况具有较强的针对性，目前现有油气田在缓蚀剂筛选过程中过于注重缓蚀效率，并未对缓蚀剂对现场工况的适应性试验进行评估测试，因此在现场产生了堵塞管道、影响正常生产的事故。如何才能在品种繁多的候选缓蚀剂中快速、有效地筛选出适合不同油田、不同生产环节的高效缓蚀剂成为困扰油田经营者的主要问题。

(一) 实验原理

在模拟环境中进行挂片等相关实验，以确定缓蚀剂的腐蚀控制效果及现场适应性，筛选出与现场相适应的高效缓蚀剂。

(二) 实验设备

试管、广口瓶等常用玻璃容器。

(三) 实验方法与步骤

1. 缓蚀剂筛选流程

前期，人们普遍接受的缓蚀剂筛选流程如图 5-44 所示。

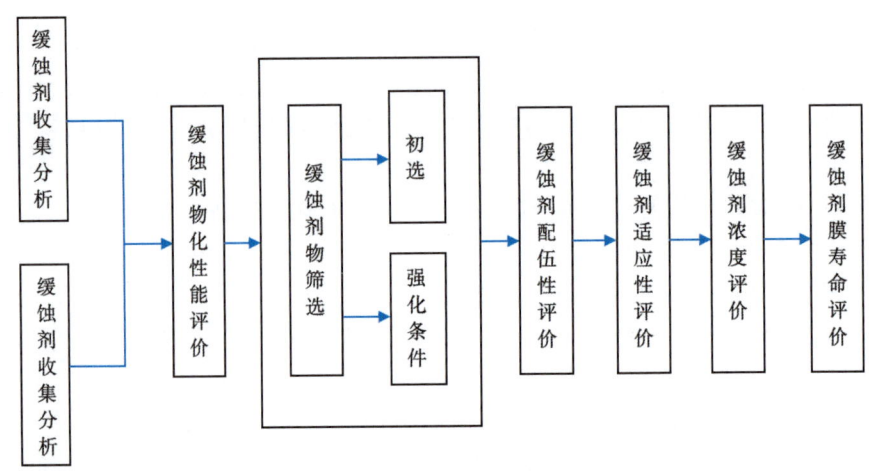

图 5-44　缓蚀剂筛选流程

通常，在收集到缓蚀剂样品后会首先开展物化性能评价，接着就进行缓蚀剂缓蚀能力评价，最后再开展配伍性等其他方面的评价。但是，就评价实验而言，缓蚀性能是其中操作最烦琐、危险性最高的实验，因此在前期缓蚀剂筛选流程的基础上，建立新的缓蚀剂筛选评价程序如图 5-45 所示。

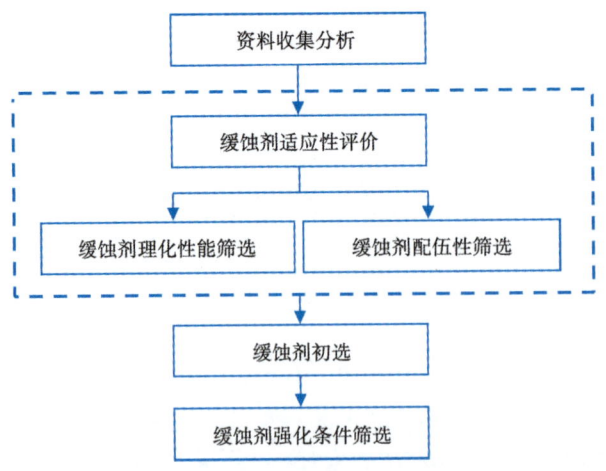

图 5-45　缓蚀剂优选评价流程图

1) 资料收集分析

(1) 生产资料收集分析。

酸性气田的腐蚀主要取决于地层特征和生产状况。地层特征决定了油气井的温度、压力、油气比、油水比、产水量、酸气含量及比例、地层水中的 Cl^- 与 HCO_3^- 含量等参数；而生产状况决定了集输系统中介质流速与流动状态、压降、凝析液析出量及析出位置等参数。这些都是影响缓蚀剂性能的因素，其他因素，如变化的生产条件、固相含量、管线的高差与走向、缓蚀剂加注装置与方式、其他药剂的加量和加注位置等有时也可能对缓蚀剂性能产生影响。可见，酸性气田中影响缓蚀剂性能的因素是大量和复杂的。这就要求对诸多腐蚀因素进行科学分析，抓住主要矛盾，建立有代表性的评价模型。

各因素的相互关系及重要性等级可由图 5-46 表示。

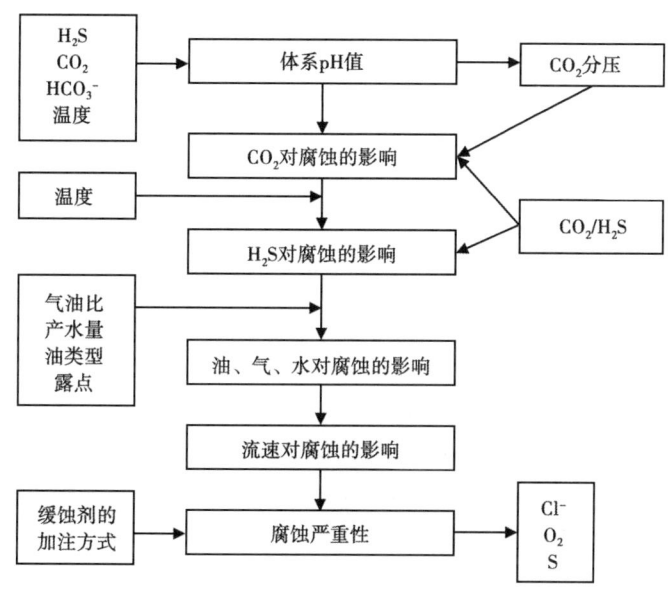

图 5-46 腐蚀因素的关系

由图 5-46 可见，腐蚀模型建立过程中，应考虑 H_2S、CO_2 分压及比例、HCO_3^- 含量与温度、气油比（GOR）或水油比（WOR）、产水量，考虑介质流速和 Cl^- 含量、O_2 含量及是否存在元素 S。

腐蚀参数收集是否正确、齐全，主要腐蚀因素确定是否得当，将直接影响下一步物化性能、腐蚀性能和配伍性能评价的准确性和可靠性，从而对最终的筛选结果产生直接影响。

(2) 缓蚀剂品种收集、分析。

评选程序的第一步为收集缓蚀剂。为确保评价结果具有代表性，收集的缓蚀剂应是商品缓蚀剂，而不应包括中试或室内小试产品。收集缓蚀剂样品时，应注意其生产日期、外观等，确保测试的缓蚀剂为合格产品。同时，还应收集以下信息。

①HSE 性能：如毒性、闪点等。
②物化性能：如溶解性、油水分散性、乳化倾向、凝点、闪点数据等。
③使用说明：主要是用法、用量、加注周期。
④产品标准：特别是评价方法、条件和结果。

将以上信息与现场资料进行综合分析，重点是溶解性、凝点、闪点等指标，将明显不符合现场要求的缓蚀剂排除，使下一步评价试验减少试验量，节约试验成本。

2）缓蚀剂适应性评价

缓蚀剂对现场的适应是缓蚀剂在现场应用的重要指标。适应性包括溶解性、毒性、乳化倾向、存储稳定性、倾点、闪点、配伍性等，表5-25列出了不同环境下推荐的缓蚀剂物化性能评价项目。

表 5-25　不同环境推荐缓蚀剂物化性能评价项目

试验项目	井下	集输管线
溶解性	√	√
毒性	√	√
乳化倾向①	√	√
存储稳定性	√	√
配伍性	√	√
倾点	√	√
闪点	√	√

注："√"表示需要评价的项目；①乳化倾向仅需在产油的环境中开展。

3）防腐性能筛选

当供选择的缓蚀剂较多时，防腐性能筛选应包括初筛和强化条件筛选。

(1) 初步筛选。

初步筛选评价应具有简单、快速、低成本、结果明确等特点，一般在温和条件下进行电化学测试或静态挂片即可满足这种要求，快速筛选掉大部分缓蚀剂，使下一步成本更高的强化试验目标数降低。在缓蚀剂品种很少时，也可略去这一步，直接进行强化条件下的腐蚀评价。

(2) 强化条件筛选。

强化条件下的腐蚀筛选评价一般必须考虑高流速、温度、压力的影响。根据现场腐蚀因素的不同，也可考虑其他试验。

腐蚀评价的最大困难在于实验室评价条件是否能代表现场条件，二者通过何种关系关联起来。只有明确了这个问题，经室内评选出的缓蚀剂才能安全应用于现场。

某些情况下，实验室采用配制水作为试验介质。但有时现场水和配制水在腐蚀严重程度和缓蚀剂效果上不大相同。因此，缓蚀剂筛选所用介质最好为现场水，若无法获得，则室内筛选结果必须经过小范围的现场试验，以验证室内筛选结果是否正确。

2. 缓蚀剂筛选方法及指标

缓蚀剂筛选重点涉及缓蚀剂溶解性、毒性、乳化倾向、存储稳定性、倾点、闪点、配伍性和防腐性能等方面的指标和方法。其中，闪点、倾点、溶解性、毒性、乳化倾向、防腐性能等方面的内容属于缓蚀剂必须评价的内容。

1）缓蚀剂品种

缓蚀剂按溶解性分类可以分为油溶型、油溶水分散型和水溶型三种；按适用的腐蚀环境分类可以分为抗二氧化碳腐蚀、抗硫化氢腐蚀、抗酸腐蚀等类型。缓蚀剂种类应该由各油气田根据自身工况环境要求进行指定。

2）缓蚀剂适应性

缓蚀剂适应性主要包括了溶解性、起泡性、乳化倾向、热稳定性、存储稳定性、配伍性等方面的内容。其具体指标见表 5-26。

表 5-26 缓蚀剂适应性评价指标

试验项目	指标
溶解性	无不溶物
毒性	低毒
乳化倾向①	无乳化倾向
存储稳定性	不分层，无不溶物
配伍性	配伍
倾点②	≤0℃
闪点	≥50℃

注：①仅产油环境开展；

②对于寒冷地区，倾点不高于当地最低气温。

缓蚀剂适应性的评价方法主要参考了国内各类标准方法。

（1）溶解性。

溶解性主要是指缓蚀剂在现场产出液中的溶解性如何，加入现场产出液中以后会不会有沉淀或不溶物产生。

测试方法参照 SY/T 5273—2014《油田采出水用缓蚀剂性能评价方法》中 4.5.1 条的规定。

①接通恒温油浴电源，由 20℃±1℃ 开始，每隔 20℃ 设置为一实验温度，至现场工况温度±1℃。

②用量筒量取 30mL±1mL 采出液，加入 50mL 具塞试管中，用移液管向具塞试管中加入 3mL±0.1mL 的缓蚀剂样品，盖上瓶盖，摇动 5min 混合均匀。

③将已混合均匀含缓蚀剂溶液的具塞试管放入已恒温的油浴中。

④分别观察并记录模拟现场温度恒温 4h 后的现象。

（2）毒性。

缓蚀剂毒性评按 GB/T 21603—2006 的规定执行

（3）乳化倾向。

测试方法参照 SY/T 5273—2014《油田采出水用缓蚀剂性能评价方法》中 4.6 条的规定。

（4）存储稳定性。

目前尚无专门的针对缓蚀剂存储稳定性的相关方法报道。因此该指标的筛选方法仅能参考其他相关标准的方法。在具体操作中，主要参考了 GB/T 16497—2008《表面活性剂 油包水乳液贮藏稳定性的测定》中 5.2 条低温至室温循环法，并做了相应的改进。主要步骤如下：

①用量筒量取 15mL±1mL 缓蚀剂，加入 50mL 具塞试管中，盖上瓶盖，用恒温油浴加热至 50℃ 并恒温 24h，观察并记录现象。

②将上述样品冷却至 0℃，并保持 24h，观察并记录现象。

③交替重复上述两步骤，共计9次，观察并记录现象。

（5）配伍性。

配伍性主要包括与其他化学剂配伍性和与橡胶的相容性。缓蚀剂的配伍性包含了缓蚀剂与生产体系相互作用的一切方面，并不仅仅指防腐性能的配伍。也就是说，缓蚀剂必须与现场生产的所有部分（包括材质、化学药剂、地层水和凝析油等）配伍。

其中，与地层水和凝析油配伍性见溶解性实验方法。

与其他化学剂的配伍性筛选方法参考 SY/T 7025—2014《酸性油气田用缓蚀剂性能实验室评价方法》中 11 条，具体方法如下。

①将含缓蚀剂的溶液与现场使用的化学剂按现场比例混合。

②在封闭的透明容器中放置 24h。观察是否形成分离新相或固体物质。

③分别测试其他化学剂的性能指标是否满足要求。

④测试缓蚀剂缓蚀能力是否满足要求。

与橡胶的相容性参照 GB/T 1690—2010《硫化橡胶或热塑性橡胶耐液体试验方法》的要求，将试验橡胶浸泡在缓蚀剂、气田采出水混合溶液中，通过考察外观、质量、体积和物理性质，判断缓蚀剂与橡胶是否相容。

（6）倾点。

按 GB/T 3535—2006《石油产品倾点测定法》的规定执行。

（7）闪点。

主要测试缓蚀剂的闭口闪点，按 GB/T 261《闪点的测定—宾斯基—马丁闭口杯法》的规定执行。

3. 缓蚀剂防腐性能筛选

1）腐蚀控制指标的确定

防腐性能评价的第一步是确定腐蚀控制指标，为下一步腐蚀评价提供依据。目前各国制定的判定标准尚不统一，现将中国金属耐蚀性四级标准、美国金属耐蚀性六级标准和日本金属耐蚀性三级标准，分别列于表 5-27 至表 5-29 中。

表5-27 中国金属耐蚀性四级标准

级别	腐蚀速率（mm/a）	耐蚀性评价
1	<0.05	优良
2	0.05~0.5	良好
3	0.5~1.5	可用，腐蚀较重
4	>1.5	不适用，腐蚀严重

表5-28 美国金属耐蚀性六级标准

腐蚀速率（mm/a）	相对腐蚀性
<0.02	极好
0.02~0.1	较好
0.1~0.5	好
0.5~1.0	中等
1.0~5.0	差
>5.0	不适用

表 5-29 日本金属耐蚀性三级标准

腐蚀速率（mm/a）	适用范围
<0.1	用于严格要求耐蚀性
0.1~1.0	用于不严格要求耐蚀性
>1.0	耐蚀性差，实用价值低

2）评价方法

防腐性能评价方法分为初选和强化条件筛选。其中初选主要是指使用电化学方法或常压挂片方法进行筛选。在一系列缓蚀剂中选择出效果最好的缓蚀剂开展下一步强化条件选择。强化条件筛选的方法即使用高温、高压腐蚀挂片方法。通过模拟现场工况环境进行缓蚀剂筛选评价，最终得到合适的缓蚀剂。

电化学方法参考 SY/T 5273—2014《油田采出水用缓蚀剂性能评价方法》中 4.9 条的规定。

常压挂片法参考 SY/T 5273—2014《油田采出水用缓蚀剂性能评价方法》中 4.7 条的规定。

高压挂片法参考 SYT 7025—2014《酸性油气田用缓蚀剂性能实验室评价方法》中 9.2 条（高压静态）和 10.2 条（高压动态）。

（四）实验结果分析与应用

缓蚀剂筛选结果以在现场实际应用后，应该能够将腐蚀控制在良好的程度，并不引起其他后续问题。

二、缓蚀剂室内实验评价技术

在油气田开发过程中，油气中含有大量的硫化氢、二氧化碳和氯化物等腐蚀介质，这些腐蚀介质与地层水、凝析水的共同作用，是导致油气田设备和集输管线破坏的主要原因。加注缓蚀剂具有成本低、见效快、操作简单等特点，是油气井及集输系统中最常用的防护措施之一。

（一）实验原理

缓蚀剂对金属的保护作用研究可分为非电化学方法（腐蚀挂片失重法）与电化学方法两类。

1. 非电化学方法（腐蚀挂片失重法）

失重法的基本原理是通过测量金属在腐蚀介质中放置一定时间后所损失的质量而求出其腐蚀速度。失重法测定的条件比较稳定，方法简单，准确性较高，但测出的是金属表面腐蚀速度的平均值，无法反映出金属表面的局部腐蚀或点蚀现象，也不能及时反映腐蚀的状况。

2. 电化学方法

电化学方法可以直接或间接地用于研究缓蚀作用，电化学测试技术的发展使其快速、简单、信息丰富及原位测量的特点更加突出，是缓蚀剂研究的最基础的方法。

（1）极化电阻法：将试样通以外加电流，在自然腐蚀电位附近，当极化电位不超过 $\pm 10\mathrm{mV}$ 时，外加电流与极化电位呈线性相关，其斜率为极化电阻。极化电阻与腐蚀速度成反比，若再知道阴阳极极化曲线的塔菲尔常数，则可以计算腐蚀电流及腐蚀速度。

（2）极化曲线法：在电化学反应中，反应速度参数之间遵循一定的规律。通过控制电极电位或电流密度的值大小，测定相应的电流密度或电位的变化而得到的电极电位与电流密度的关系曲线，被称为极化曲线。动电位扫描测定极化曲线在缓蚀剂筛选与研究中已广为使用，其优点是可以由曲线上的特征电位值（如自腐蚀电位，孔蚀电位等）比较金属的腐蚀特性，还可以直接获得曲线的 Tafel 参数，由曲线计算得到添加缓蚀剂前后的腐蚀电流密度，从而直接计算缓蚀效率，为研究缓蚀剂的作用机理提供信息。

（3）交流阻抗技术：该法用小幅度正弦交流信号扰动电极，并观察体系在稳态时对扰动的跟随情况，测量电极的阻抗。该法的突出优点是对体系的干扰小；可将电极过程以电阻和电容、电感组成的电化学等效电路来表示；从多种角度提供了界面状态与过程的信息，便于分析缓蚀作用机理；数据分析过程相对简单，结果可靠。

（4）恒电量法：恒电量法的基本原理是将已知的电荷注入电解池，对所研究的金属电极体系进行扰动，同时记录电极电位随时间的变化，对曲线分析可得到各电化学参数。在测量过程中因为没有电流通过被测体系，一般不受溶液介质阻力的影响，所以特别适于在高阻低腐蚀介质中的应用。

（5）电化学噪声技术：电化学噪声是指来自电化学系统本身的金属电极/溶液界面的电流（或电位）的自发波动，其最大特点是灵敏、无损、原位和真实地反映了金属表面状态及变化。

（二）实验设备

1. 电化学试验设备

用于金属腐蚀测试的电化学仪器种类较多，如 M237A 恒电位仪和 M5210 锁相放大器。电解池选用 1L 容积的玻璃电解池，辅助电极选用大面积石墨惰性电极，参比电极选用饱和甘汞电极。电化学阻抗测试的频率范围：5MHz~100kHz，阻抗测量信号幅值为 5mV 正弦波。

2. 静态全浸腐蚀挂片装置

静态全浸腐蚀挂片法操作方便，结果准确、直观。通过腐蚀评价可以测定缓蚀剂的缓蚀性能。静态评价主要参考 Q/CY 176-92、CT 2-1 气井缓蚀剂评价方法，在其上部增加气相挂片，可同时测定气液相缓蚀效果。试验周期一般为 72h。

3. 旋转腐蚀评价釜

该设备是一个容积为 1L 的哈氏合金釜，釜盖上有一根搅拌轴，可在 0~2500r/min 的转速下稳定工作，搅拌轴上端、中端、下端均带有挂具，用于悬挂试片（试片规格 30mm×15mm×3mm，ϕ6mm 单孔）。釜盖上具备进气/液口和排气口，试验介质容积定为 650mL，使试片表面积与试液容量之比大于 20mL/cm^2，符合标准 NACE TM 0169—2000 的规定。该评价釜结构图如图 5-47 所示。

4. 转轮评价装置

转轮评价装置如图 5-48 所示。

通过恒温箱控制试验温度，用电动机通过变速器带动转轮转动，调节转速，试件在试罐内可固定，也可不固定（加保护套，以免与罐体碰撞），转动时试件与介质发生相对运动，从而模拟动态条件下的腐蚀状况。

5. 高温高压循环流动腐蚀实验仪

图 5-49 和图 5-50 是国内实验室自主设计建造的高温高压循环流动腐蚀实验仪。该仪器最大密封工作压力 70MPa、最高工作温度 200℃、容积 8L、整体材料用 C276 合金锻造、蓝宝石视窗观察流动状况，可模拟的最高流速 15m/s，用于模拟生产环境下缓蚀剂的评价。

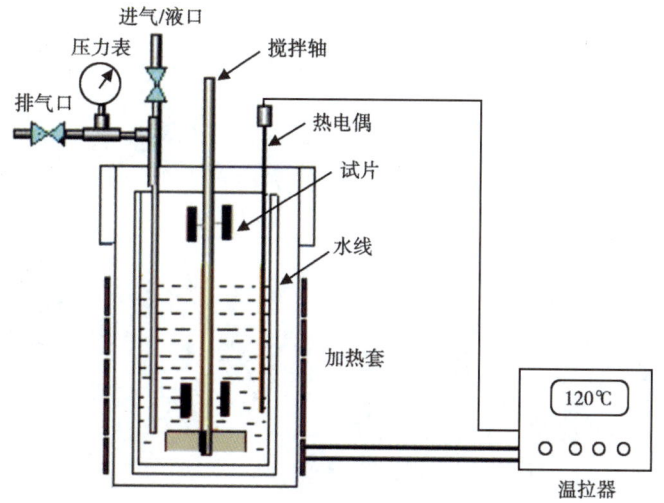

图 5-47 旋转腐蚀评价釜结构图

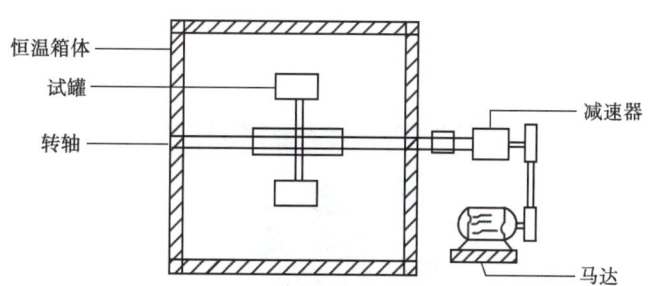

图 5-48 转轮评价装置

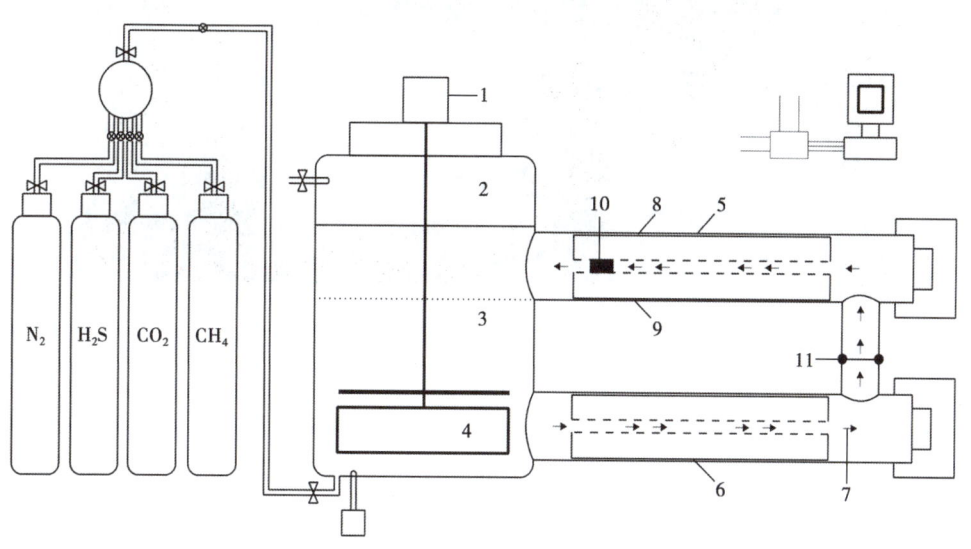

图 5-49 高温高压釜动态腐蚀测试原理结构图
1—搅拌电动机；2—C276 合金釜；3—腐蚀液；4—搅拌叶片；
5，6，11—蓝宝石视窗；7，10—挂片装置；8，9—温度测试仪

图 5-50 高温高压釜实物图

6. 高温高压模拟腐蚀试验仪

如图 5-51 所示，该套设备为试验压力 35MPa 动态高压釜试验系统。

图 5-51 高温高压动态腐蚀试验装置

（三）实验方法与步骤

目前国内外对于高含硫酸性气田用缓蚀剂的评价没有统一的方法。由于缓蚀剂的使用效果受介质组分、温度、H_2S/CO_2 分压、气体流速及材质影响很大，不是广泛适用的，可能在一个气田使用效果很好而在另一个气田却不起作用。同时由于缓蚀剂对解决均匀的电化学腐蚀效果较好，但是对于局部腐蚀的效果不确定，因此在使用前，必须模拟气田的实际工况环境对缓蚀剂进行评价。

缓蚀剂的评价主要有挂片失重法和电化学法。挂片失重法是一种可靠的直接测量方法，用途广泛，除直接用于评价、筛选缓蚀剂外，还被用于验证其他测试方法的准确性；电化学法主要包括电位极化曲线法、塔菲尔曲线外推法、恒电量法和交流阻抗法等。

1. 腐蚀控制指标的确定

防腐性能评价的第一步是确定腐蚀控制指标，为下一步腐蚀评价提供依据。目前各国制定的判定标准尚不统一，中国金属耐蚀性四级标准、美国金属耐蚀性六级标准和日本金属耐蚀性三级标准，分别见表5-27至表5-29。以上分类只针对均匀腐蚀，而不适用于局部腐蚀。

2. 缓蚀剂防腐性能评价原则

当供选择的缓蚀剂较多时，防腐性能评价应包括初选评价和强化条件评价。

3. 模拟试验条件的建立

腐蚀评价的最大困难在于实验室评价条件是否能代表现场条件，二者通过何种关系关联起来。只有明确了这个问题，经室内评选出的缓蚀剂才能安全应用于现场。

4. 配伍性评价

缓蚀剂的配伍性包含了缓蚀剂与生产体系相互作用的一切方面，并不仅仅指防腐性能的配伍。缓蚀剂必须与现场生产的所有部分（包括材质、化学药剂、地层水和凝析油等）配伍。

5. 缓蚀剂适应性评价

由于高含硫气藏井下温度较高，井底温度大多在120℃左右，现场缓蚀剂多采用间歇加注方式，这就要求缓蚀剂必须在加注周期内在井下保持性能的相对稳定，防止缓蚀剂中重质组分沉积在井底、黏附在管壁，因此缓蚀剂的热稳定性也是一项重要的考察指标。

缓蚀剂热稳定性测试，即将缓蚀剂在环境温度甚至更高温度下放置一段时间，再评价其防腐性能是否降低或有效基团是否减少，以考察缓蚀剂在现场高温下的稳定性。

6. 缓蚀剂膜寿命评价

评价缓蚀剂膜的持久性，可用于现场缓蚀剂加注周期的确立。

（四）实验结果分析与应用

通过室内各种评价技术评选出来的缓蚀剂，需要综合考察缓蚀剂的理化性能、防腐效果及与系统内其他化学添加剂同时使用的配伍性能，只有这样的缓蚀剂才能满足现场防腐蚀的需要。

第四节 腐蚀防护中间放大现场试验技术

一、腐蚀防护中间放大现场试验系统

（一）天东5-1井在线腐蚀试验基地

高酸性气田在线腐蚀试验装置是国内第一座用于高含硫气田腐蚀研究的装置，该装置的最高设计压力为32MPa、温度为90℃，可以进行井下和地面金属材料的三点弯曲、四点弯曲、失重腐蚀、电化学腐蚀、电阻法和线形极化法的腐蚀评价与监测以及非金属材料的抗腐蚀性能评价、缓蚀剂的效果评价等现场试验的需要。天东5-1井现场腐蚀试验基地在线腐蚀试验装置由混合试验撬、化学剂加注、仪表、供配电、电加热等辅助系统组成。

引自天东5-1井井口经水套加热炉加热前或后的天然气原料气（可根据现场试验的需要选择单独进气与混合进气）经预留阀门由旁通管线先进入PN35MPa/PN16MPa撬装试验

装置，经两级节流减压后，再进入 PN16MPa/PN10MPa 橇装试验装置。之后，由旁通管线经预留阀门回到天东 5-1 井工艺装置生产管线，经分离和计量后出站。

两个橇装试验装置的原料气放空管线分别接入天东 5-1 井的原料气高压和中压放空管线；在橇装试验装置入口设置了紧急放空阀，直接接入天东 5-1 井的原料气高压放空管线；排污管线接入天东 5-1 井的排污管线。

橇装试验装置的净化气吹扫管线接自天东 5-1 井站净化气管线；试验装置的净化气放空进入天东 5-1 井净化气中压放空管线，其中，PN16MPa/PN10MPa 橇装试验装置中的腐蚀监测试验管段上的净化气放空管线，由于受橇装试验装置上安装位置及空间的限制，与该管段上的原料气放空管线合并，放空均进入天东 5-1 井的原料气中压放空管线。

2005 年 2 月 16 日开始在天东 5-1 连续开展了材料评价试验、缓蚀剂评价试验、流速对腐蚀的影响评价试验、模拟罗家寨水质条件下的腐蚀评价试验等。

2008 年初对试验装置进行腐蚀检测，根据检测情况，对部分腐蚀严重的阀门、测温测压装置进行维护和更换。2009 年结束试验后，对试验橇进行氮气置换，2013 年在进、出试验橇安装盲板阻断高含硫天然气进入试验橇，对试验橇充氮保护。2014—2015 年在地面腐蚀试验橇为腐蚀探针安装太阳能供电装置，并对试验橇充氮保护。

（二）峰 15 缓蚀剂应用现场试验基地

为了对缓蚀剂的地面现场应用效果进行监测，在峰 15 井和高峰站设计加工了旁通腐蚀试验装置，并对配套于该装置的电化学监测设备进行了选型。结合现场实际，考虑到操作上的可行性、监测效果的有效性、经济上的合理性，项目组优化了旁通装置的设计方案，并选择了电化学探针及失重挂片进行腐蚀监测。

峰 15 井和高峰站的旁通装置都由两段管线组成，即 $\phi114.3\times8.8$mm 管段（根据目前峰 15 井产量 16×10^4m^3/d，该管段流速 2.8~2.9m/s）和变径后的 $\phi88.9\times8$mm 管段（根据目前峰 15 井产量 16×10^4m^3/d，该管段流速 5.47~5.56m/s）。在每个流速段上设置两个电化学接口座，这样在每个旁通上都是四个电化学接口座。旁通装置的设计中同时考虑了压力表和温度计以及与井站原有 $\phi22\times6$mm 放空管线的连接。

在每个流速段的电化学接口座中，一个用于安装电化学探针，一个用于安装挂具。电化学探针根据试验要求选择使用线性极化探针或电阻探针。两套旁通配套的电化学监测设备包括：探针安装接口座 4 套、失重挂片安装接口座 4 套、电阻探针 2 套、线性极化探针 2 套。探针延伸接头 4 套。电阻探针腐蚀监测仪器 2 套，线性极化探针腐蚀监测仪器 2 套。电阻探针腐蚀数据传输器 1 套、线性极化探针腐蚀数据传输器 1 套，腐蚀数据处理软件 1 套，失重挂片 12 套。

一套旁通装置安装在峰 15 井井场，另一套安装在高峰站站内，2015 年对高峰站内的探针进行了更坏。

二、材料评价中间放大现场试验技术

为了更好地模拟材料的实际服役环境，使腐蚀评价结果（数据）更加真实可靠，依托天东 5-1 井的高含硫腐蚀环境，建造了在线腐蚀试验装置，用于模拟井下和地面集输系统的内部腐蚀环境以进行材料评价试验。同时，试验装置还应具备进行水合物动力学抑止剂现场评价试验、缓蚀剂评价试验和复合管评价实验的功能。

（一）实验原理

将天东 5-1 井的高含硫天然气直接引入试验装置，先后通过整管试验段（进行整管耐蚀试验）、卧式试验罐（进行材料耐蚀性能试验）和腐蚀监测试验段（进行腐蚀监测试验），最后，经调压（与天东 5-1 井站内中压管线的生产压力一致）和计量后再回到原中压生产管线。

实验装置能够调节流体流速、温度、压力，具备药剂加注的能力，以实现材料评价和腐蚀控制技术验证的要求。

（二）实验设备

在线腐蚀试验装置由一套 PN35 MPa/PN16 MPa 试验装置、一套 PN16MPa/PN10MPa 试验装置及化学剂加注系统、仪表、供配电、电加热等辅助系统组成。

PN35 MPa/PN16 MPa 试验装置主要由模拟井下腐蚀环境的 PN35MPa 高压试验系统和 PN16 MPa 水合物抑制剂试验系统组成，并可在高压腐蚀试验系统进行缓蚀剂评价试验。

高压立式试验罐内的流速可调节，在天东 5-1 井产气量为 $12\times10^4 m^3/d$ 时，试验罐内的最高流速可达到 5m/s；天然气加热采用电加热方式，可使经过试验罐的天然气温度在水套加热炉出口温度的基础上增加 20℃ 或更高；药剂加注采用计量泵加注方式。

PN16 MPa/PN10 MPa 试验装置主要用于模拟地面集气管线内部腐蚀环境，进行各种材料耐蚀性能评价现场动态试验和缓蚀剂对集气管线保护效果评价动态试验。

试验装置主要由卧式试验罐、卧式试验段、腐蚀监测试验段及计量系统组成。装置具备流体流速调节、压力调节（最高 16MPa）、温度调节（30~60℃）药剂加注（采用计量泵）、取样、腐蚀监测、试验参数采集的能力。

试验装置选用符合 GB 5310—2017 要求的 20G 高压锅炉用无缝钢管，同时对其化学组分进行规定，并提出专门的检验要求。对放空及排污管道选用 20 号无缝钢管代替，并应符合 GB/T 8163—2018 的相关要求。

在研制设计在线腐蚀试验装置过程中，主要采取以下措施来保证在线腐蚀试验装置的安全性及制造质量。

（1）在试验装置的设计过程中，严格执行国家现行有关技术规程规范。

（2）对于无标准规范可循的设计内容，编制专门的技术文件，在试验装置的设计、材料采购、制造、检验及验收过程中遵照执行。

（3）对试验装置的总进出口，在工艺流程设计上采用双阀截断设计，以确保安全可靠。

（4）设置 H_2S 及可燃气体浓度检测仪表，出现问题及时报警。

（5）试验装置放空进入天东 5-1 井放空系统燃烧。

（三）实验方法与步骤

整个装置的试验流程如图 5-52 和图 5-53 所示。

PN35MPa/PN16MPa 试验装置的工艺流程与水合物抑止剂试验系统工艺流程采用串联方式连接。为了不影响正常生产，立式高压试验罐设置旁通管线。现场试验时，关闭原天东5-1井高压生产管线上的截断阀，来自井口的天然气经过水套加热炉加热后，由旁通管线进入35MPa试验装置，经过试验装置上的加热系统再次加温后，进入高压试验系统。天然气通过高压试验罐后，经节流降压至 16MPa 以下后，进入水合物抑止剂试验系统。

天然气进入 PN16 MPa/PN10 MPa 试验装置后，先后通过整管段试验段（进行整管耐蚀试验）、卧式试验罐（进行材料耐蚀性能试验）和腐蚀监测试验段（进行腐蚀监测试验），最后，经调压（与天东 5-1 井站内中压管线的生产压力一致）和计量后再回到原中压生产管线。在试验装置上的试验段、卧式试验罐和腐蚀监测试验段均应设置旁通管线。

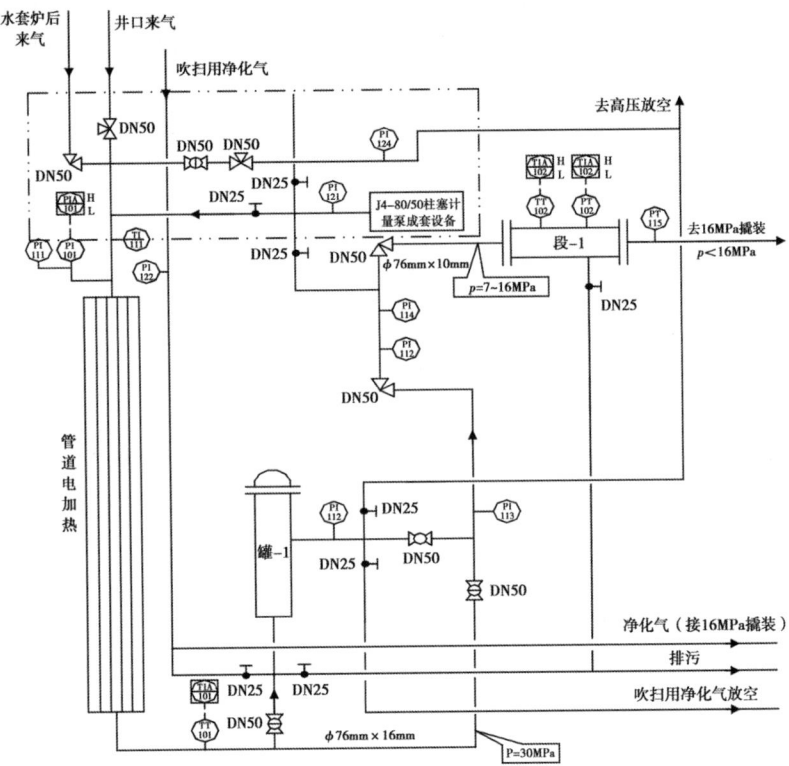

图 5-52　PN35MPa/PN16MPa 试验装置工艺流程示意图

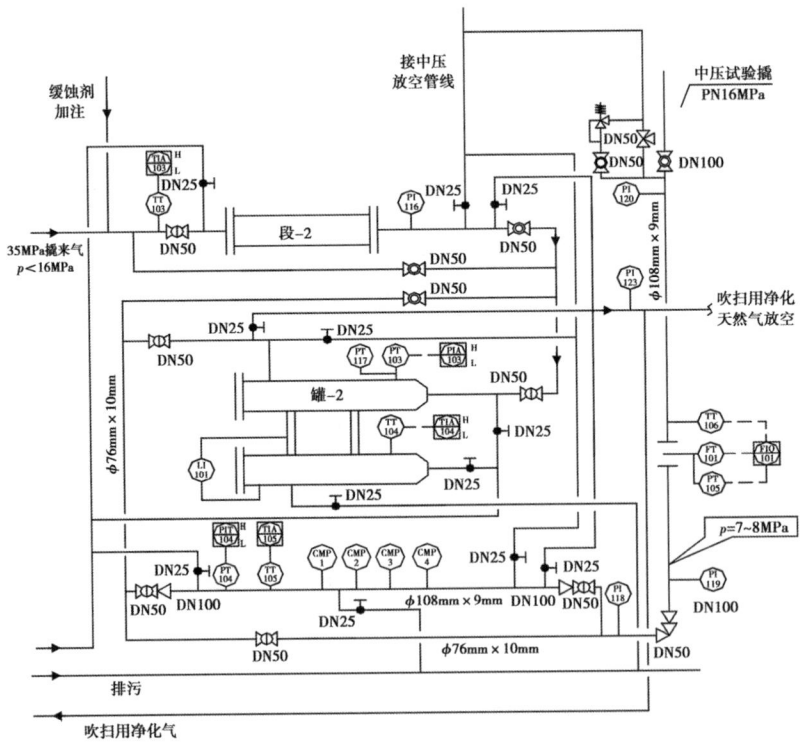

图 5-53　PN16MPa/PN10MPa 在线试验装置工艺流程示意图

（四）实验结果分析与应用

1. 油井管材料电化学试验结果

油井管材料电化学失重腐蚀数据见表 5-30；部分输送管、容器钢、阀门钢和仪表钢电化学失重腐蚀数据见表 5-31。

表 5-30 油井管材料电化学失重腐蚀数据

序号	材料牌号	腐蚀速率（mm/a）	表面腐蚀状态	试验周期
1	BG3Cr-80	0.1678	环内表面可见明显点蚀	第一期
		0.0333	环内表面可见明显点蚀	第二期
2	BG90SS	0.0875	环内表面有很轻微的点蚀	第一期
		0.0252	环内表面有非常轻微的点蚀	第二期
3	NT80SS	0.0813	可见较明显的局部腐蚀	第二期
4	TN90SS	0.0392	轻微局部腐蚀	第二期
5	G3-110	0.0218	非常轻微的局部腐蚀	第二期
6	VM80SS	0.0106	轻微局部腐蚀加轻微点蚀	第三期
7	825-110	0.0083	试片表面光亮，可见轻微点蚀形核	第三期

注：表中所列数据均为平均值。

表 5-31 输送管材料、容器钢、阀门钢和仪表钢电化学失重腐蚀数据

材料类别	序号	材料牌号	挂片位置	腐蚀速率（mm/a）	表面腐蚀状态	试验周期
管线钢	1	L245NB（母材）	气相	0.0168	轻微局部腐蚀，少量点蚀	第三期
			气液相	0.0641	有较明显的均匀腐蚀	第一期
			液相	0.0037	轻微局部腐蚀	第三期
	2	L245NB（焊缝）04-H$_2$S-12	气液相	0.0471	表面均匀腐蚀	第一期
	3	L245NB（焊缝）04-H$_2$S-16	气液相	0.0304	表面均匀腐蚀	第一期
	4	X52（母材）	气相	0.0331	轻微局部腐蚀	第三期
			气液相	0.0776	较明显的均匀腐蚀，I12片有少量氢鼓泡	第一期
			液相	0.0040	轻微局部腐蚀	第三期
	5	X52（焊缝）04-H$_2$S-15	气液相	0.0820	均匀腐蚀，表面可见焊缝痕迹	第一期
	6	20G	气相	0.0190	局部腐蚀，少量点蚀	第三期
			气液相	0.0719	均匀腐蚀	第一期
			液相	0.0035	轻微局部腐蚀，少量点蚀	第三期
	7	20#	气相	0.0163	点腐蚀，有少量氢鼓泡	第三期
			气液相	0.0822	均匀腐蚀，表面可见少量氢鼓泡	第一期
	8	Inconel 625（母材）	气液相	0.0009	表面光亮，未见明显点蚀	第三期
	9	Incoloy 825（母材）	气相	0.0004	表面光亮，未见明显点蚀	第三期
	10	Incoloy 825（焊缝）	气液相	0.0010	表面光亮，未见明显点蚀	第三期

续表

材料类别	序号	材料牌号	挂片位置	腐蚀速率（mm/a）	表面腐蚀状态	试验周期
容器钢	1	16MnR	气液相	0.0801	均匀腐蚀，表面可见少量氢鼓泡	第一期
容器钢	2	20R	气液相	0.0804	均匀腐蚀，表面可见少量氢鼓泡	第一期
阀门钢	1	35GrMo	气相	0.0957	均匀腐蚀	第一期
阀门钢	1	35GrMo	气液相	0.0198	局部腐蚀，少量点蚀	第三期
阀门钢	1	35GrMo	液相	0.0047	局部腐蚀，少量点蚀	第三期
仪表钢	1	1Cr18Ni9Ti	气相	0.0105	表面光亮，非常轻微点蚀	第一期
仪表钢	1	1Cr18Ni9Ti	气液相	0.0123	表面光亮，少量轻微点蚀形核	第三期
仪表钢	2	316	气相	0.0016	表面光亮，非常轻微点蚀	第一期
仪表钢	2	316	气液相	0.0008	表面光亮，少量非常轻微局部蚀	第三期
仪表钢	3	316L	气相	0.0010	表面光亮，未见点蚀	第一期
仪表钢	3	316L	气液相	0.0014	表面光亮，少量非常轻微点蚀形核	第三期
仪表钢	4	318	气相	0.0012	表面光亮，非常轻微点蚀	第一期
仪表钢	4	318	气液相	0.0020	表面光亮，少量非常轻微局部腐蚀	第三期
仪表钢	5	3yc-7	气相	0.0022	表面光亮，非常轻微点蚀	第二期
仪表钢	5	3yc-7	气液相	0.0023	表面光亮，非常轻微点蚀	第三期

试验条件						
试验周期	$p_{总}$（MPa）	p_{H_2S}（MPa）	p_{CO_2}（MPa）	温度（℃）	流量（$10^4 m^3/d$）	流速（m/s）
第一期	7.2	0.516	0.184	32	11.3	1.80
第二期	8.2	0.588	0.209	37	12.2	1.73
第三期	8.36	0.599	0.213	38.7	11.9	1.75

注：（1）表中所列数据均为平均值；
（2）试验条件中所列数据为气相及气液相平均值；试验过程液相温度均低于30℃。

1）油井管

（1）NT80SS、TN90SS、VM80SS、NKAC110这几种目前川渝地区油气田常用的抗硫油套管材料，在天东5-1井的腐蚀环境中，其腐蚀类型均属于局部腐蚀和点蚀，总体而言，这些材料的平均腐蚀速率均较低，且腐蚀速率在一个数量级上，腐蚀程度轻微。

分析认为，腐蚀产物膜对试验材料有一定保护作用，加上腐蚀介质中Cl^-含量较低且水中含有HCO_3^-，使溶液的pH值升高，是试验材料腐蚀速率较低的主要原因。

（2）825-110、G3-110这二种镍基合金油套管材料，在天东5-1井的腐蚀环境中，表现出良好的耐电化学失重腐蚀性能。

（3）上海宝钢生产的BG90SS抗硫油管，在天东5-1井的腐蚀环境中，现场试验得到的腐蚀速率，与日本的NT80SS、TN90SS和德国的VM80SS抗硫油管基本一致。

（4）BG3Cr-80这种抗CO_2腐蚀的油管，在H_2S与CO_2共存的天东5-1井酸性环境中，其耐电化学失重腐蚀的能力不如其他被评价的油管材料，腐蚀形态主要表现为较严重的点蚀。

根据GB/T 18590—2001《金属和合金的腐蚀：点蚀评定方法》，在实验室对试验后的BG3Cr-80试件的点蚀程度进行检测，检测数据见表5-32。

表 5-32　BG3Cr-80 点蚀检测数据

最大孔深（mm）	平均点蚀速率（mm/a）	最大点蚀速率（mm/a）	最大直径（mm）	蚀坑开口面积（mm²）	蚀坑密度（个/m²）
0.1440	2.3603	3.5040	1.04	0.8495	54763

根据 SY/T 0087.1—2006《钢制管道及储罐腐蚀评价标准 埋地钢制管道外腐蚀直接评价》对金属腐蚀性的评价指标划分，BG3Cr-80 的最大点蚀速率大于 2.438mm/a，属于严重级别。

2）管线钢

(1) 进行试验的 7 种碳钢类管材（含 3 种焊缝），腐蚀类型主要属于局部腐蚀，平均腐蚀速率均较低，且腐蚀速率在一个数量级上，腐蚀程度轻微。

(2) 进行试验的 Inconel 625、Incoloy 825 镍基合金输送管（包括焊缝），在天东 5-1 井的腐蚀环境中，表现出良好的耐电化学失重腐蚀性能。

3）容器钢、阀门钢

现场试验评价的 3 种容器钢、阀门钢材料，在天东 5-1 井的腐蚀环境中，平均腐蚀速率均较低，腐蚀程度轻微，其腐蚀形态主要表现为局部腐蚀和点蚀；但在试验中随着腐蚀环境中 H_2S 及 CO_2 分压的增加，液相部分的腐蚀速率明显增加。

4）仪表钢

被评价的 5 种仪表钢材料，平均腐蚀速率均较低，且腐蚀速率在一个数量级上，腐蚀程度轻微，在天东 5-1 井的腐蚀环境中，表现出良好的耐电化学失重腐蚀性能。

2. 金属材料抗硫化物应力腐蚀（SSC）性能评价试验结果

试验采用三点弯曲法和四点弯曲法，参照 ANSI/NACE TM 0177—2016《金属在硫化氢环境中抗应力腐蚀开裂试验》和 ASTM G39—2011 Standard Practice for Preparation and Use of Bent-Beam Stress-Corrosion Test Specimens 中规定的相关要求进行现场试验。

应力试验安排在卧式试验罐的下层罐内进行，试验过程中，应力试片处于液相环境，腐蚀介质处于静止状态。试验周期：720h。

三点弯曲试验采用可接受的临界应力值对材料的抗 SSC 进行评价。通常随着材料强度的提高，可接受的临界应力值也增大。对 C90 钢级的最低 SSC 门槛值的规定，其临界应力值大于 12MPa 作为判据。现场试验结果见表 5-33。

表 5-33　金属材料抗硫化物应力腐蚀性能评价试验结果（三点弯曲）

序号	材料牌号	屈服强度（MPa）	应力值（最大）	试验周期	结果
1	NT80SS	639（实测值）	21	第三期、第四期	未断
2	VM80SS	586（实测值）	20	第三期、第四期	
3	BG3Cr-80	595（实测值）	18	第一期、第二期	
4	TN90SS	630（实测值）	18	第三期、第四期	
5	BG90SS	680（实测值）	20	第四期、第五期	
6	NKAC-110	778（实测值）	20	第三期、第四期	
8	318	525（实测值）	20	第三期、第四期	
9	316L	255（实测值）	20	第三期、第四期	
10	3yc-7	700（名义值）	20	第三期、第四期	

注：表中所列的试验周期为应力值最大时的试验周期。

四点弯曲试验评价了 L245NB 和 X52 的焊缝，考察其抗硫化物应力腐蚀（SSC）性能。试验结果见表 5-34。

表 5-34 管线钢抗硫化物应力腐蚀性能评价试验结果（四点弯曲）

序号	材料牌号	屈服强度（MPa）	应力比（$\sigma/\sigma_{t_{0.5}}$）	试验周期	结果
1	L245NB（焊缝）04-H_2S-12	340（实测值）	90%	第一期、第二期	未见裂纹 未开裂
2	L245NB（焊缝）04-H_2S-16	340（实测值）	90%	第二期、第三期	
3	X52（焊缝）04-H_2S-15	434（实测值）	80%	第一期、第二期	
4	20G	335（实测值）	90%	第三期、第四期	
5	20#	335（实测值）	90%	第三期、第四期	
6	20R	350（实测值）	90%	第四期、第五期	

注：加载应力按试验材料屈服强度的实测值进行加载。

试验数据分析表明：

（1）在现场试验条件下，三点弯曲得到的试验材料的 S_C 值，均符合可接受的抗 SSC 性能指标。

（2）影响材料抗 SSC 性能的因素与本次现场试验的条件。

在影响材料抗 SSC 性能的因素中，p_{H_2S} 对 H_2S 在水中的溶解度（C_{H_2S}）有极大的影响，会造成 C_{H_2S} 的增大，而 C_{H_2S} 的增大又必然增大溶液中氢离子的浓度，从而增大氢原子的生成量和向钢中的渗氢量，因而增大了材料对 SSC 的敏感性。

当 p_{H_2S} 为 2MPa、温度为 24℃±3℃时，在标准 NACE 溶液中，井下高强度碳钢、低合金钢在三点弯曲法中临界应力 S_C 值出现最低值。

此外，介质的 pH 值是影响金属材料 SSC 敏感性的另一个重要因素，根据 SSC 机理，随着 pH 值升高，H^+ 的浓度下降，材料 SSC 敏感性降低。研究成果表明，随着 pH 值升高，S_C 值增大，说明材料的 SSC 敏感性随着 pH 值升高而降低。

（3）在现场试验条件下，进行四点弯曲试验的 L245NB（焊缝 04-H_2S-12）和 X52（焊缝 04-H_2S-15）这两种材料，符合 ISO 3183—3 规定的"试样在贯穿厚度方向的可见裂纹，不得超过 0.1mm"的评价指标。

（4）在进行的金属材料抗硫化物应力腐蚀（SSC）性能评价试验过程中，腐蚀环境中的 p_{H_2S}、温度、Cl^- 浓度、pH 值等影响 SSC 敏感性的因素，均未处于发生 SSC 的最敏感条件。

3. 金属材料抗氢致开裂（HIC）评价试验结果

试验在卧式试验罐的下层罐内进行，试验过程中，试片处于液相环境，腐蚀介质处于静止状态。

试验周期：720h。目前已取得的试验结果见表 5-35。

表 5-35 抗 HIC 评价试验数据

序号	材料牌号	试验周期	结 果
1	L245NB（焊缝）（04-H$_2$S-12）	第一期	CSR＝0、CLR＝0、CTR＝0
2	X52（焊缝）（04-H$_2$S-15）	第一期	
3	L245NB（焊缝）（04-H$_2$S-16）	第四期	
4	20R	第四期	
5	16MnR	第五期	
6	20#	第五期	

试验数据分析表明，通过试验结束对试样的检测，这两种材料的抗氢致开裂（HIC）能力，均符合 ISO 3183—3 和 ISO 15156—2 规定的"裂纹敏感率（CSR）≤2%；裂纹长度率（CLR）≤15%；裂纹厚度率（CTR）≤5%"的评价指标。

三、缓蚀剂评价中间放大现场试验技术

（一）技术概况

缓蚀剂评价中间放大现场试验技术分为两部分：缓蚀剂评价预膜技术和缓蚀剂评价日常加注技术。

1. 缓蚀剂评价预膜技术

1）大剂量批处理预膜技术

大剂量批处理工艺主要是依靠缓蚀剂加注泵一次性将缓蚀剂加注到集气管线中，在管线内壁形成缓蚀剂保护膜，从而保护管线。该工艺主要用在现场不具备清管器发送和接收装置的管线。

2）常规清管器预膜技术

常规清管器预膜是在两个清管球之间注入缓蚀剂，通过压差的推动使之在管道内运行，在管道内壁涂抹缓蚀剂的工艺。该工艺的优点是设备简单，操作简便。缺点有两个：一是该工艺只适用于内壁清洁的管道。对于腐蚀严重的酸性气田地面管线，必须先进行清洁和干燥，才能进行缓蚀剂预膜；二是该工艺采用的清管器为球状或圆柱状，在清管预膜后，特别是在下坡、弯道等位置没有对缓蚀剂膜的补强措施，容易加剧腐蚀。

3）清管球、预膜球结合喷射式清管器的预膜技术

该技术是在常规清管预膜之后，使用喷射式清管器，对管道底部的缓蚀剂进行一次旋转喷涂，优化缓蚀剂的防护效果。

2. 缓蚀剂评价日常加注技术

1）喷射式加注法

用泵或旁通高压气将缓蚀剂以雾状喷入管道内，使缓蚀剂雾滴均匀分散于管道气流中，被气流带走，吸附于管道内壁上。喷雾嘴安于气体管道中心，用泵直接加压，使喷管按气体流动方向喷雾，或在紧靠喷嘴的管道前部安装一套节流孔板，压力降在 0.07~0.14MPa，气由高压孔板一侧流出，经过滤器到缓蚀剂罐顶部，然后进行喷滴。此法使缓蚀剂喷成雾滴，增大接触面积，促进了缓蚀剂在金属表面上的吸附。雾滴的重量比液滴更轻，更易被气流带走，它特别适用于管线内。

2）柱塞隔膜计量泵加注法

在现场缓蚀剂加注系统上选用合适排量的柱塞隔膜计量泵进行缓蚀剂的加注。可行的情况下将小排量的柱塞隔膜计量泵加工成橇装装置，可以机动灵活调节缓蚀剂的加量和连续加注的频率，保证最好的缓蚀剂使用效果。

3. 现场试验加注工艺选择

缓蚀剂评价中间放大现场试验多采用以下两种方法组合。

（1）大剂量批处理+连续注入工艺。

（2）清管器注入+"蛛头球"优化工艺。

（二）试验流程

1. 缓蚀剂加注前管线的清洗和清管

根据井站现有药剂贮罐的容积大小、注入泵的排量等条件，确定清洗液。利用缓蚀剂加注装置，将清洗液注入，对须预膜的管线进行清洗。化学清洗结束后，在关井条件下，按清管通球作业程序，对管线进行清管通球作业，排除集输管线内的积液和堵塞物。

2. 缓蚀剂预膜加注

1）大剂量批处理

在不具备清管器预膜的设备与条件时，采用大剂量批处理的方式对管线的内壁进行预膜。

2）清管器预膜

（1）准备管道发球装置（双球）。现场井站管线首尾两端设计有清管器发送系统和清管器接收系统。

（2）清洁管道。在进行管道预膜前首先要对管道进行清洁，去除残留在管道内壁上的腐蚀产物、污垢等物质，以便缓蚀剂的涂抹。

（3）定量加缓蚀剂。在经过通球清洁后，使用两个弹性密封球来加注定量的缓蚀剂。预膜通球至少两次，每次都要确定收球端收到一定量剩余的缓蚀剂。

（4）优化缓蚀剂效果。预膜通球后，缓蚀剂可以完全涂抹在管道、弯头的任何一个部位，发挥很好的防护效果。但是由于时间的推移及重力作用，缓蚀剂可能会顺管壁流到管道底部，顶部管道就会得不到缓蚀剂的保护。这时使用喷射式清管器的方法，对管道底部的缓蚀剂进行一次旋转喷涂，优化缓蚀剂的防护效果。

3. 缓蚀剂日常加注

在采用大剂量批处理工艺或清管预膜对管道内壁进行预膜后，试验转入正常加注阶段。加注缓蚀剂采用现场配置的缓蚀剂加注泵或者橇装小排量试验泵进行。

4. 缓蚀剂用量计算

目前主要的缓蚀剂预膜加量公式有以下两种。

$$V = 2.4DL$$

式中　V——预膜量，L；

　　　D——管径，cm；

　　　L——管长，km。

该公式已被国外管道防腐所使用，在国内的应用也较为普遍。

$$Q = d\pi SL\sigma$$

式中　Q——缓蚀剂用量，L；

d——输气管线内径，mm；

L——输气管线长度，km；

σ——预膜厚度，取 0.1mm；

π——圆周率，取 3.1415926。

（三）腐蚀监测与检测

现场采用以下监测、检测手段来评价缓蚀剂的应用效果。

（1）失重腐蚀挂片。腐蚀挂片需要暴露在介质中一段时间后才能取出进行评价，适合于监测整个暴露周期内的平均和局部腐蚀。

（2）线性极化探针和电阻探针。这两种监测方法都是实时监测，可以用于评价缓蚀剂的保护效果。

线性极化探针可以测量瞬时的腐蚀速率，探针必须用于连续的导电液体中。

电阻探针测量的是累积的金属损失，用于计算平均腐蚀速率。探针可以用于导电的、非导电的液体和气体中。

（3）目视检测。在停产期间对容器和设备进行目视检测，以提供补充信息。

（4）化学分析。试验期间在峰 15 井分离器和高峰站分离器取水进行分析，分析项目包括 pH 值、氯离子浓度、缓蚀剂残余浓度以及铁离子浓度等。

（5）腐蚀产物分析。对失重挂片或探针上附着的腐蚀产物进行分析，可以得到补充信息。

（6）氢监测技术。采用缓蚀剂预膜的管道可采用氢探针或便携式氢通量测试仪，用于评价缓蚀剂预膜效果及缓蚀剂膜有效保护周期。

参 考 文 献

陈长风，姜瑞景，张国安，等，2010. 镍基合金管材高温高压 H_2S/CO_2 环境中局部腐蚀研究 [J]. 稀有金属材料与工程，3（39）427-432.

蔡晓文，戈磊，于浩波，等，2010. 镍基合金 825 在元素硫环境中的局部腐蚀特征 [J]. 材料科学与工程学报，2（28）226-231.

余刚，张学元，柯克，等，1999. 高温设备中氢渗透速率测量电化学传感器 [J]. 传感器技术，2（18）：25-27.

DAVANATHAN MAV，STACHURSKI Z，1962. The Adsorption and Diffussion of Electro Lytic Hydrogen in Palladium. Proc Royal Soc. A270：90-102.

HIBNER E L，TASSEN C S，2000. Corrosion Resistant Octg's for a Range of Sour Gas Service Conditions [J]. Corrosion. paper No：00149.

NISHIMURA R，TOBA K，YAMAKAWA K，1996. The Development of a Ceramic Sensor for the Prediction of Hydrogen Attack [J]. Corrosion Science. 4（38）：611-621.

第六章　高含硫天然气净化实验评价技术

高含硫天然气净化包括天然气脱硫脱碳、脱水、硫黄回收及尾气处理等工艺技术。经过多年的攻关，国家能源高含硫气藏开采研发中心在天然气净化实验评价技术方面取得长足的进步，在脱硫脱碳溶剂和硫黄回收催化剂性能评价、醇胺溶液分析、硫黄回收及尾气处理催化剂分析方面形成了一大批新的实验室评价技术，同时还建成了完整的天然气净化中间放大试验系统，可以更近贴近模拟工况实际，对实验室开发的各类技术进行现场验证，有利应用技术的推广使用。

第一节　脱硫脱碳溶剂及硫回收催化剂性能实验评价技术

一、醇胺脱硫脱碳溶剂性能实验评价技术

醇胺脱硫脱碳溶剂性能实验评价技术是一种室内评价技术，主要用于新开发或生产的脱硫脱碳溶剂进行性能评价。它在脱硫脱碳溶剂产品的开发过程中，介于小试和中试试验之间。醇胺脱硫脱碳溶剂性能评价技术在工艺流程上，完全模拟了天然气净化厂脱硫工段的吸收、闪蒸、溶剂再生等单元和气液分离器、循环泵、压缩机等动设备。与小试试验相比，其流程更为完整，模拟结果更为贴近实际生产运行情况，但规模上又远小于中试试验，能通过相对低廉的成本，较为方便快捷地获取溶剂在工业运行中的关键数据，为溶剂的中试放大试验及工业化应用提供重要的基础数据。另一方面，评价装置也一定程度上替代小试装置，在新溶剂研发方面，可以通过评价装置开发多种醇胺法配方型溶剂。

（一）**实验原理**

由于模拟的是天然气脱硫脱碳工艺，脱硫脱碳溶剂评价技术在原理上也和天然气净化厂脱硫工段的工艺完全一致。贫胺液被循环泵打入吸收塔上部，在重力作用下自然下落，与吸收塔底进入的含硫（含碳）气体逆向接触，在接触过程中发生气液两相间的传质过程，从而将 H_2S、CO_2 等组分从原料气中分离出来。分离后的净化气从吸收塔顶输出，而含硫（碳）的富胺液从吸收塔底部流出进入闪蒸罐，在闪蒸罐内，由于蒸汽压突降的情况下，闪蒸出吸收的烃类物质和少部分 CO_2。闪蒸后的富液经预热后，从顶部进入再生塔，在高温低压的条件下，吸收的 H_2S 和 CO_2 被大量解吸出来，形成酸气从再生塔顶引出，进入后端硫黄回收装置。而胺液得到再生后，重新进入贫液储罐，循环利用。流程如图6-1所示。

（二）**实验设备**

醇胺法脱硫脱碳溶剂评价需要一套室内评价装置，装置一般根据需求定制和建造。图6-2是中国石油西南油气田分公司天然气研究院自主研发和建造的一台典型的评价装置，它包含了电气单元、动力单元、脱硫单元和再生单元四大单元。其中，电气单元主要负责设备的电力供应和控制，而动力单元则主要包括压缩机、循环泵两个动设备以及相应的调节阀门和管线。脱硫单元以吸收塔为主体，包含闪蒸罐（多级闪蒸）、净化气分离器等设备，再生单元

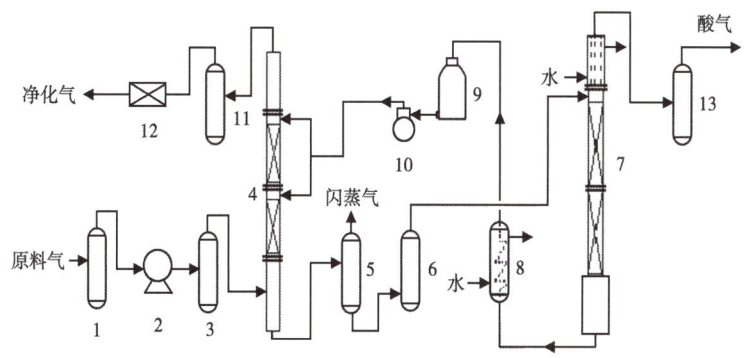

图 6-1 醇胺脱硫脱碳流程示意图

1—原料气混合罐；2—压缩机；3—原料气缓冲罐；4—吸收塔；5—富液闪蒸罐；6—富液预热罐；
7—再生塔；8—贫液冷却罐；9—贫液贮罐；10—计量泵；11—净化气分离器；12—燃气表；13—酸气分离罐

则包含再生塔及其附属的加热设备，以及再生塔后的贫液储罐。该装置从流程上来讲，跟采用醇胺法脱硫脱碳工艺的净化厂完全一致。

图 6-2 10MPa 胺法脱硫脱碳溶剂评价装置

该评价装置最大原料气处理量为 $2m^3/h$，最大可调压力为 10MPa，可根据需求对 H_2S、CO_2 和有机硫按任意比例配气，从而真实模拟国内外各种原料气气质条件的除脱。

（三）实验方法及步骤

1. 实验方法

在评价装置上，可以模拟各种条件的原料气，并对各种可调参数的影响进行考察。但是一般来说，对于溶剂性能的评价，主要还是通过在特定的条件下得出的试验数据，与同样条件下同等浓度的 MDEA 水溶液的数据进行比较，从而判断其性能。

将待评价脱硫脱碳溶剂配成胺质量分数为 40% 水溶液，通入含有一定量 H_2S 和 CO_2 的原料气，测定净化气中 H_2S 和 CO_2 含量，然后在相同的操作条件下，比较待评价溶剂胺质量分数为 40% MDEA 水溶液的脱硫脱碳性能。

2. 评价条件

醇胺脱硫脱碳溶剂性能评价条件见表6-1。

表6-1 醇胺溶剂性能评价条件

填料高度（mm）	溶液循环量（L/h）	原料气中 H_2S、CO_2 体积分数		气体流量（L/h）	原料气温度（℃）	贫液温度（℃）	操作压力（MPa）
		ϕ_{H_2S}（%）	ϕ_{CO_2}（%）				
500	1.0	0.4~0.6	2.0~5.0	500	20~25	39~41	4.0

3. 操作步骤

将醇胺脱硫脱碳溶剂配成胺质量分数为40%的水溶液，加入贫液储罐中。当原料气中 H_2S 和 CO_2 体积分数、溶液循环量、气体流量、原料气温度、贫液温度和吸收压力均达到了到表6-1中规定值并稳定0.5h后，可以进行溶剂性能评价实验。每0.5h分析一次原料气以及净化气中 H_2S 和 CO_2 含量，连续测定5次，测定方法按行业标准SY/T 6537—2016 的5条和8条规定执行。

（四）实验结果分析与应用

1. 实验结果计算

CO_2 脱除率按式（6-1）计算。

$$E = \left(1 - \frac{V_f \times \phi_f}{V_i \times \phi_i}\right) \times 100\% \tag{6-1}$$

式中 E——CO_2 脱除率，%；

ϕ_i——原料气中 CO_2 的体积分数，%；

ϕ_f——净化气中 CO_2 的体积分数，%；

V_i——原料气流量，L/h；

V_f——净化气流量，L/h。

CO_2 脱除率的减少率按式（6-2）计算。

$$\eta = \frac{E_2 - E_1}{E_2} \tag{6-2}$$

式中 η——加强 H_2S 选吸型醇胺溶剂对 CO_2 脱除率的减少率，%；

E_1——加强 H_2S 选吸型醇胺溶剂对 CO_2 的脱除率，%；

E_2——40% MDEA 溶剂对 CO_2 的脱除率，%。

表6-2是西南油气田天然气研究院选择性脱硫溶剂CT8-5的评价数据。从表中数据可以看到，CT8-5相对于 MDEA 溶剂，在同样的条件下，对 H_2S 的脱除能力更强，净化气中 H_2S 含量降低了将近一半，CO_2 脱除率比同样条件下采用 MDEA 时降低约10%，说明CT8-5表现出更好的选择脱硫性能。

从醇胺法脱硫脱碳溶剂评价实验中，可以得到很多关于溶剂性能的数据，这些数据对于溶剂的开发，起到了关键性的理论支撑作用。

表 6-2 CT8-5 性能评价数据

样品	气液比	胺浓度（%）	原料气 H_2S（%）	原料气 CO_2（%）	净化气 H_2S（mg/m^3）	净化气 CO_2（%）	CO_2 脱除率（%）
CT8-5（1#）	500	40.25	0.55	4.97	5.83	2.89	41.85
CT8-5（2#）	500	40.37	0.56	4.91	6.51	2.82	42.57
CT8-5（3#）	500	40.18	0.55	5.08	5.92	2.92	42.52
MDEA	500	40.15	0.57	4.95	11.65	2.41	51.37

2. 技术应用

醇胺法脱硫脱碳溶剂性能评价技术的应用主要有两个方面：一是对现有溶剂进行性能评价，二是利用该装置来开发新溶剂。在性能评价方面，一方面面向川渝地区乃至全国各大天然气处理厂提供溶剂评价服务，解决溶剂长期运行后出现的问题；另一方面对于自身生产的溶剂，逐批进行性能评价，评价内容主要针对脱硫性能、溶剂选择性和胺浓度（表 6-3），以确保产品达到技术指标的要求。同时，西南油气田天然气研究院采用这套性能评价装置成功开发出了多种配方型醇胺溶剂，其中选择性脱硫溶剂成功应用在龙王庙 $3000×10^4 m^3/d$ 天然气脱硫装置上，取得了良好的运行效果（表 6-4）。

表 6-3 典型的选择性脱硫溶剂性能评价表

检测项目	指标（%）	检验结果（%）	测试方法
N-甲基二乙醇胺	≥90.0	93.2	SY/T 6537
脱硫性能（H_2S 脱除率）	>99.5	99.9	Q/74034532-X·50—2016
脱碳性能，与同浓度 MDEA（40%水溶液）比较，CO_2 脱除率的减少值	≥6.0	8.4	Q/74034532-X·50—2016

表 6-4 龙王庙 1200+1800 万脱硫装置运行数据

项目		Ⅰ列装置	Ⅱ列装置	Ⅲ列装置	Ⅳ列装置	Ⅴ列装置	Ⅵ列装置	Ⅶ列装置
原料气	H_2S（g/m^3）	9.20	9.20	7.82	7.82	9.19	9.29	9.08
	CO_2（g/m^3）	34.9	34.9	34.7	34.7	40.9	41.2	39.8
产品气	H_2S（mg/m^3）	9.04	9.81	3.03	3.28	2.06	2.64	2.78
	CO_2（%）	1.26	1.13	1.30	1.23	1.45	1.42	1.48
酸气 H_2S（%）		47.1	46.1	46.1	48.4	47.5	47.6	48.5
贫液	H_2S（g/L）	0.071	0.11	0.11	0.024	0.11	0.24	0.083
	CO_2（g/L）	0.066	0.060	0.060	0.088	0.10	0.077	0.083
溶液循环量（kg/h）		75811.7	74140.6	68765.6	69320.1	88695.3	88392.4	91847.3
重沸器蒸汽量（kg/h）		7779.8	8004.3	6223.6	6123.4	9640.7	7503.1	8799.5
吸收塔压差（kPa）		8.668	8.730	9.642	8.282	8.019	8.372	8.793
再生塔压差（kPa）		17.200	12.326	9.243	7.114	16.752	12.265	11.939

二、液相氧化还原脱硫溶剂性能实验评价技术

液相氧化还原络合铁脱硫技术主要用于天然气、胺法脱硫酸性气、排放废气中硫化氢的

脱除，可把气体中的硫脱至环保要求直接排放的水平。一些中低潜硫量炼厂由于酸气产生波动，现有硫回收技术由于装置无法稳定操作，会导致二氧化硫排放浓度不达标。另一种情况，更严格的排放标准使炼油厂新增硫负荷，无法进入原已满负荷的硫回收单元。这种中低潜硫量硫黄回收采用胺法+克劳斯的处理路线，工艺复杂、费用昂贵，当酸气波动时也不能保证装置平稳运行。在这几种情况下，络合铁法或胺法+络合铁法的组合工艺在工艺技术先进性和经济性上都是最具竞争力的脱硫技术。

络合铁法脱硫工艺在国内广泛推广应用，为确保络合铁脱硫装置的正常运行，可采用本技术对络合铁脱硫溶液系统进行评价。另一方面，液相氧化还原脱硫类科研项目研究，也可采用本技术对液相氧化还原络合铁溶液进行评价。

此实验装置具有模拟常规工艺流程和自循环工艺流程的特点，装置可以根据工业应用中的气质条件进行配气，包括炼厂气中的氨气、硫化氢、低分子气态烃和水蒸气复杂气质；含二氧化硫、硫化氢和水分的克劳斯尾气；胺法脱硫酸气等气质条件。

（一）实验原理

液相氧化还原络合铁法脱硫技术是一种利用络合铁剂直接将气体中的硫化氢转化成元素硫的工艺技术，在常温下无热力学限制，可以把气体中的硫化氢脱至极低的水平。该法集脱硫、硫回收和尾气处理为一体，具体化学反应机理如下：

$$HS^- + 2Fe^{3+}（络合态） = 2Fe^{2+}（络合态） + 1/8 S_8 + H^+ \quad (6-3)$$

$$2Fe^{2+}（络合态） + 1/2 O_2 + H_2O = 2Fe^{3+}（络合态） + 2OH^- \quad (6-4)$$

液相氧化还原络合铁脱硫溶剂性能评价采用两种工艺流程评价溶液性能。常规工艺流程可以评价不同气质条件下溶液硫容、溶液消耗、溶液碱度、氧化还原电极电位变化情况等参数；自循环工艺流程可以评价溶液在不同气质条件下的消耗、溶液负荷、溶液参数变化等。

1. 常规流程

原料酸性气经预处理后由吸收塔底部进入吸收塔内，与从塔顶进入络合铁溶液进行逆流接触反应，脱除硫化氢。吸收了硫化氢的络合态脱硫溶液由于压力差进入再生塔内，在再生塔中脱硫溶液直接与空气接触发生再生反应。再生后经过滤后的溶液经循环泵泵入吸收塔内，溶液循环使用，单质硫黄颗粒聚集沉降后回收。

2. 自循环流程

脱硫酸性气通过酸气喷嘴进入反应器，在内导流筒内侧与络合铁溶液发生反应。酸气中的硫化氢被氧化成单质硫进入溶液，剩余废气通过内导流筒上升到反应器顶部经排气筒外排。同时，再生空气经空气分配器进入内导流筒外侧，将溶液中的亚铁离子氧化成三价铁离子，使溶液得到再生。由于导流筒内、外侧的溶液存在密度差，在导流筒内侧气体的举力下，溶液在导流筒两侧形成自动循环，从而完成硫回收、再生过程。

（二）实验设备

用于液相氧化还原络合铁脱硫的评价装置如图6-3所示，此装置集常规工艺流程和自循环工艺流程于一体。

（三）实验方法及步骤

液相氧化还原络合铁脱硫溶剂性能评价装置流程：装置有四条气体线路和一条液相线路，气体路线包括天然气、H_2S、CO_2、空气和备用气源，同时可以外接氨气和惰性气体。液体线路主要用于常规工艺流程，液体经循环泵在两塔之间循环。

图 6-3 液相氧化还原脱硫评价装置

1. 评价装置工艺流程

空气经计量后进入水饱和器，然后可分别进入气体混合罐，并能进入反应器。H_2S、CO_2 及天然气经计量和水饱和器后进入气体混合罐。经过气体混合罐后的混合气体经气体预热罐预热到指定温度后作为原料气进入相应的脱硫反应器。在脱硫反应器内，来自气体预热罐的原料气与在反应器内的液相氧化还原脱硫剂发生反应，达到脱除 H_2S 的目的。净化气经处理后通过流量计计量后放空。脱硫溶液由反应器出来后经过滤器过滤。

在常规工艺流程中，清液经循环泵在两反应器内循环使用。自循环流程无溶液循环泵，溶液通过气体带动液体在反应塔内循环，添加溶液从反应器上部加入。

2. 评价项目

1) 硫容评价

评价流程采用常规工艺流程，硫化氢吸收在吸收塔内，溶液再生在再生塔内，两塔之间采用溶液计量泵进行溶液循环。溶液控制参数见表 6-5。

表 6-5 液相氧化还原络合铁脱硫溶液评价参数

溶液参数	总铁含量（%）	pH 值	电极电位（mv）	总碱度（mol/L）	$S_2O_3^{2-}$ 含量（g/L）	溶液浓度（g/L）	溶液温度（℃）
控制值	0.12	8.3~9.0	-150~-50	0.25~0.35	50~100	≤1.2	20~30
操作参数	溶液再生时间（min）	气液接触时间（s）	溶液循环速度（L/h）	再生空气量（L/h）	酸气流量（mL/h）	—	—
控制值	15~18	25	1.5~5.0	150~250	5~100	—	—

溶液硫容计算方法如下：

$$S = \frac{H \times C}{L} \tag{6-5}$$

式中 S——溶液硫容，g/L；

H——酸气流量，L/h；
C——酸气中硫化氢含量，g/L；
L——溶液循环速度，L/h。

2）自循环单位硫黄化学品消耗评价

根据不同气质条件下需要控制的溶液参数，在自循环流程中进行溶液脱硫溶液单位硫黄化学品消耗评价。在自循环装置上连续进行100h运转评价，在保持脱硫尾气中的硫化氢含量小于10mg/kg的情况下，统计各化学添加剂消耗和计算脱除硫黄量，得到脱除单位质量硫黄所需各化学品消耗量。

$$E = (m_1 \times C_1 + m_2 \times C_2 + m_3 \times C_3 + m_4 \times C_4 + m_5 \times C_5 + m_6 \times C_6) \div M_S \div 1000 \qquad (6-6)$$

式中　E——脱硫溶液吨耗，元；
　　　C——化学品单价，元/kg；
　　　m——化学品消耗质量，kg；
　　　M_S——实验中脱除硫质量，kg。

（四）实验结果分析与应用

1. 硫容评价

对液相氧化还原脱硫而言，硫容是衡量溶液脱硫能力的重要性质。当脱硫溶液硫容大时，脱除相同的硫黄量使用溶液量较少。可以节省循环溶液量，从而减少电费，提高脱硫溶液的经济性。当压力过高时，泵电费可占整个脱硫消耗的60%以上，因此需要循环泵进行溶液循环的工艺原则上应提高溶液硫容。

一般液相氧化还原脱硫溶液硫容为0.1~1.0g/L。如当脱硫溶液硫容为1.0g/L时，在相同潜硫量时溶液循环量比硫溶液0.1g/L的溶液少10倍，大大节省了电耗。但过高硫容会引起硫堵和化学品消耗过高的问题，因此在不同的压力下要求不同的硫容，可以达到经济合理性。

2. 化学品单耗评价

化学品单耗是液相氧化还原脱硫溶液经济性能的重要指标，一般用每吨硫黄消耗化学品进行衡量（徐双金 等，2004）。

每吨硫黄消耗化学品与液相氧化还原脱硫液使用的络合剂、各化学品成分和价格不同而不同，同时也会因各溶液控制参数不同而有所差异。生物脱硫采用生物菌种起催化氧化作用，可减少化学品消耗，但会产生副反应。

液相氧化还原络合铁脱硫溶剂性能评价主要用于不同气质条件络合铁脱硫技术对脱硫溶剂性能要求、新型络合铁脱硫溶液开发工作、类似液相硫溶液评价（如生物脱硫溶液）。目前可模拟炼油厂酸性气，胺法脱硫尾气、天然气和废气处理液相氧化还原脱硫溶液，生物脱硫溶液评价。

此评价技术可以用于相氧化还原脱硫方面的脱硫液评价及有关液相氧化还原脱硫的课题研究需要，如络合铁法内循环处理酸气项目、生物脱硫项目，同时，经优化后可以进行络合铁结晶法脱硫技术研究。

三、硫黄回收催化剂性能实验评价技术

目前，对于天然气脱硫过程中产生的酸性气，工业上大都采用克劳斯工艺进行硫黄回

收,以减轻由装置尾气污染物排放超标引起的相关环境问题。随着全球对环境保护的重视程度越来越高,各个国家对硫黄回收装置尾气污染物排放的控制要求也越来越严格。因此,为满足环保要求,国内外开发出了一系列先进的硫黄回收工艺和技术,并在此基础上进行了配套硫黄回收催化剂的开发研究,形成了一系列硫黄回收催化剂。例如,国外有代表性的是Alcoa公司的DD系列和S系列、Axens公司的CR系列(含AM)、UOP公司的Seletox系列和N系列等,国内则有西南油气田分公司天然气研究院(以下简称天研院)的CT系列和齐鲁石化研究院(以下简称齐鲁院)的LS系列。

在硫黄回收系列催化剂的开发过程中,催化剂的性能评价一直是一个重要环节。评价数据的可靠性及准确性是催化剂开发成功的保证,且催化剂性能评价方法的高效、快捷能够提高硫黄回收催化剂的开发效率,缩短催化剂开发周期。

硫黄回收催化剂的性能评价主要分为物化性能测试和催化活性评价,在物性测试方面,国内外催化剂研究机构一般引用相关的国家标准或行业标准进行测试,方法较为简单,因此本书中不对其进行详细阐述,本书重点介绍硫黄回收催化剂的活性评价方法。虽然国内外各催化剂生产厂家活性评价的基本方法各家有一定的共同点,然而在实施过程中,评价方法较多,测试的目的也不一样。在选择何种方法上存在差异,甚至有较大差异。加上在实施细节上的不同,很难找到统一的评价方法(温崇荣 等,2008)。中国石油西南油气田分公司天然气研究院一直致力于硫黄回收及尾气处理催化剂的研究与开发,在催化剂的活性评价方面具有独特的见解。

(一)实验原理

1. 常规硫黄回收催化剂

常规硫黄回收催化剂级适用于从含硫化氢的酸性气中回收硫黄的克劳斯工艺过程,可用于克劳斯硫黄回收装置第一级、第二级、第三级反应器。常规硫黄回收催化剂的活性评价一般是模拟反应器入口气质条件进行的。在常规反应器内,会发生如下的化学反应:

克劳斯反应:

$$2H_2S+SO_2 \longrightarrow 3/2S_2+2H_2O \tag{6-7}$$

有机硫水解反应:

$$COS+H_2O \longrightarrow CO_2+H_2S \tag{6-8}$$

$$CS_2+H_2O \longrightarrow COS+H_2S \tag{6-9}$$

根据上面的原理,常规硫黄回收催化剂的活性评价中,根据原料气和尾气中含硫化合物的检测结果来计算克劳斯转化率和有机硫水解率。

2. 亚露点硫黄回收催化剂

亚露点硫黄回收催化剂适用于从含硫化氢的酸性气中回收硫黄的克劳斯工艺过程,可用于低温克劳斯硫黄回收装置低温反应器。在低温反应器内,会发生化学反应式(6-8),由于操作温度在硫的露点以下,反应生成的硫黄吸附在催化剂孔道中会使催化剂质量增加,增加的质量与催化剂质量之比即为催化剂的硫容。

3. 硫化氢选择性氧化制硫催化剂

在超级克劳斯反应段,过程气中残余的H_2S在选择性氧化催化剂的作用下直接氧化成元素硫。

$$H_2S + 1/2O_2 \longrightarrow 1/XS_x + H_2O \tag{6-10}$$

$$H_2S + 3/2O_2 \longrightarrow SO_2 + 2H_2O \tag{6-11}$$

在催化剂的活性评价中，根据原料气和尾气中硫化氢和二氧化硫的含量值来计算硫化氢转化率和硫回收率。

（二）实验设备

催化剂活性评价装置为小型硫黄回收反应装置，如图6-4所示。该装置主要由原料气混合器、预热器、加热炉、反应器、分离器和冷凝器构成。气体原料气经混合器混合后，与恒流泵送来的液体原料混合，进入预热器预热，预热后气体进入装填有颗粒状催化剂的固定床反应器中，在催化剂作用下，气体中硫化物发生化学反应，尾气经灼烧系统灼烧后排放。

图6-4 硫黄回收催化剂活性评价装置

（三）实验方法及步骤

1. 硫黄回收催化剂活性评价条件

不同类型的硫黄回收催化剂，因其具体的装填位置不同，其活性评价条件也有所差异。不同类型硫黄回收催化剂的活性评价条件见表6-6至表6-8。

表6-6 常规硫黄回收催化剂活性评价试验条件

项目	试验条件
反应温度（℃）	320±5
反应压力（表压）（kPa）	<50
体积空速（h^{-1}）	5000
催化剂装量（mL）	20
催化剂粒度（mm）	1.5~2.5
反应器规格（mm）	$\phi 25 \times 300$
原料气组成浓度	H_2S, 4.0%；SO_2, 2.0%；CS_2, 0.8%；H_2O, 25.0%；N_2, 余量

注：(1) 液态原料气（如 CS_2、水等）采用高压恒流泵注入；
(2) 表内原料气组成浓度为建议浓度，实际运行时允许误差±10%。

表 6-7 亚露点硫黄回收催化剂活性评价试验条件

项目	试 验 条 件
反应温度（℃）	127±1
再生温度（℃）	325±1
反应压力（表压）（kPa）	<50
体积空速（h^{-1}）	1200
催化剂装量（mL）	20
催化剂粒度（mm）	1.5～2.5
反应器规格（mm）	$\phi25\times300$
原料气组成浓度	A 吸附阶段：H_2S，2%；SO_2，1.0%；H_2O，30%；氮气余量；B 再生阶段：N_2

注：(1) 液态原料气（如 CS_2、水等）采用高压恒流泵注入；
(2) 表内原料气组成浓度为建议浓度，实际运行时允许误差±10%。

表 6-8 硫化氢选择性氧化制硫催化剂活性评价试验条件

项目	试 验 条 件
反应温度（℃）	240±1
反应压力（表压）（kPa）	<50
体积空速（h^{-1}）	2500
催化剂装量（mL）	40
催化剂粒度（mm）	2～3
反应器规格（mm）	$\phi25\times300$
原料气组成浓度	H_2S：1.0%；SO_2：0.05%；H_2O：25.0%；O_2：0.75%；N_2：余量

注：(1) 液态原料气（如 CS_2、水等）采用高压恒流泵注入；
(2) 表内原料气组成浓度为建议浓度，实际运行时允许误差±10%。

2. 硫黄回收催化剂活性评价试验方法与步骤

硫黄回收催化剂在上述活性评价试验条件下进行，评价装置如图 6-4 所示，根据各型号催化剂适用的气质组成和工艺操作条件，引用对应催化剂产品企业标准种规定的催化剂活性评价方法和活性计算方法进行催化剂活性评价试验，连续运转 10h，用气相色谱仪每 2h 分析一次原料气及尾气组成，根据原料气及尾气中各含硫化合物的分析检测结果计算克劳斯转化率和有机硫水解率。

1）准备工作和催化剂装填
(1) 根据反应器体积提供的要求，准备相应型号和数量的催化剂和支撑材料。
(2) 装填之前，认真检查底部格栅和不锈钢丝网，保证催化剂不会漏出。
(3) 按装填催化剂的操作指南正确的将催化剂装装填到反应器内。
(4) 反应器内热偶安装位置合适，才能正确地检测尾气还原催化剂在使用之前的硫化和正常操作中的工作状况。
(5) 用氮气吹扫系统，使反应器出口氧气小于 0.5%。
(6) 所有设施，如夹套管线等的蒸汽都要准备到位以便随时投用，避免设备腐蚀。

2）催化剂床层升温
按照 10～20℃/h 的升温速度控制催化剂床层温升至 120℃，恒温干燥 2h 脱除吸附游离水；然后继续按照10~20℃/h的升温速度将催化剂床层温度升至200℃，恒温干燥2h脱除化学结合水，待引入催化剂活性评价所需原料气。在反应器床层升温过程中，要求每小时必须至少分析一次氧气含量，并控制氧气浓度小于0.5%。

3）过程记录

（1）记录反应器中装填的催化剂牌号、体积或质量、催化剂床层高度。

（2）催化剂装填结束，利用氮气吹扫反应器内催化剂粉尘和杂质30min，每10min取样分析一次反应器出口氧气含量。

（3）反应器升温期间每30min取样分析反应器出口氧气含量。

（4）催化剂活性评价期间每30min分别记录一次反应器入口温度、床层所有热偶温度、反应器出口温度。

（5）每60min取样分析反应器进出口气体组成及含量。

（四）实验结果分析与应用

1. 常规硫黄回收催化剂

常规硫黄回收催化剂的活性评价，主要是考查催化剂克劳斯转化率和有机硫水解率。根据原料气和尾气中含硫化合物的含量数据，根据下列公式进行计算。

体积校正系数 K_V 按公式（6-12）计算：

$$K_V = \frac{100 - (\phi_{H_2S} + \phi_{SO_2} + \phi_{O_2} + \phi_{CS_2})}{100 - (\phi'_{H_2S} + \phi'_{SO_2} + \phi'_{O_2} + \phi'_{CS_2})} \tag{6-12}$$

克劳斯转化率 η_s 按公式（6-13）计算：

$$\eta_s = 100 - \frac{100 \times K_V \times \sum S'}{\sum S} \tag{6-13}$$

CS_2 水解率 η_{CS_2} 按式（6-14）计算：

$$\eta_{CS_2} = (1 - K_V \times \phi'_{CS_2}/\phi_{CS_2}) \times 100\% \tag{6-14}$$

式中 K_V——体积校正系数；

ϕ_{H_2S}——原料气硫化氢干基含量,%；

ϕ_{SO_2}——原料气二氧化硫干基含量,%；

ϕ_{O_2}——原料气氧气干基含量,%；

ϕ_{CS_2}——原料气二硫化碳干基含量,%；

ϕ'_{H_2S}——尾气硫化氢干基含量,%；

ϕ'_{SO_2}——尾气二氧化硫干基含量,%；

ϕ'_{O_2}——尾气氧气干基含量,%；

ϕ'_{CS_2}——尾气二硫化碳干基含量,%；

η_s——克劳斯转化率,%；

$\sum S' = \phi'_{H_2S} + \phi'_{SO_2}$,%；

$\sum S = \phi_{H_2S} + \phi_{SO_2} + 2(\phi_{CS_2} - \phi'_{CS_2})$,%。

2. 亚露点硫黄回收催化剂

亚露点硫黄回收催化剂的活性评价，主要是考查克劳斯转化率及低温硫容。根据原料气和尾气中含硫化合物的含量数据进行数据处理。其中克劳斯转化率按式（6-13）计算，硫容按照式（6-15）计算：

$$\omega = \frac{m'}{m} \tag{6-15}$$

式中　m'——再生过程中收集的硫黄质量；
　　　m——催化剂的质量。

3. 硫化氢选择性氧化催化剂

硫化氢选择性氧化催化剂的活性评价，主要是考查催化剂硫化氢转化率和硫回收率。根据原料气和尾气中含硫化合物的含量数据，根据下列公式进行计算。

硫化氢转化率η_{H_2S}按式（6-16）计算：

$$\eta_{H_2S} = 100 - \frac{100 \times \phi'_{H_2S}}{\phi_{H_2S}} \tag{6-16}$$

式中　η_{H_2S}——硫化氢转化率，%；
　　　ϕ'_{H_2S}——尾气硫化氢干基含量，%；
　　　ϕ_{H_2S}——原料气硫化氢干基含量，%。

硫回收率η_s按式（6-17）计算：

$$\eta_s = 100 - \frac{100 \times (\phi'_{H_2S} + \phi'_{SO_2} - \phi_{SO_2})}{\phi_{H_2S}} \tag{6-17}$$

式中　ϕ'_{H_2S}——尾气硫化氢干基含量，%；
　　　ϕ'_{SO_2}——尾气二氧化硫干基含量，%；
　　　ϕ_{SO_2}——原料气二氧化硫干基含量，%；
　　　ϕ_{H_2S}——原料气硫化氢干基含量，%。

上述实验技术是在对国内外硫黄回收催化剂性能评价方法进行对比分析的基础上，结合实验室研究结果而形成的催化剂性能评价方法技术，具备国际先进水平。该硫黄回收催化剂性能评价技术，在科研院所和生产单位的科研生产中得到了广泛应用。一方面在新型硫黄回收催化剂开发过程中，应用该技术对催化剂进行活性评价；另一方面，在硫黄回收装置检修期间，可以对所装填的硫黄回收催化剂进行取样分析，评价催化剂性能，而且不仅可以按照评价标准条件进行评价，亦可参考装置工况条件进行性能评价，为厂家及时掌握催化剂性能提供技术支撑。目前，该技术已为西南油气田分公司所属净化厂以及其他炼厂上百个硫黄回收催化剂进行了性能评价。

第二节　醇胺溶剂实验分析技术

一、醇胺溶剂中变质产物实验分析技术

醇胺溶液在天然气净化过程中会因为热分解、氧化、与其他物质化学反应而生成多种变质产物（王开岳，2005）。总的来讲，胺液中的变质产物可分为离子态和非离子态两大类。

胺液中的离子态变质产物即热稳定盐，热稳定盐阴离子会增大醇胺溶剂的腐蚀性，不同的热稳定盐阴离子其腐蚀程度不同（Rooney 等，1997），因此有必要弄清脱硫溶液中热稳定盐阴离子的具体组成，阴离子分析可以帮助我们确定热稳定盐的组成。

醇胺热分解、与 CO_2 发生化学变质的产物以及部分氧化变质产物都是非离子态的有机物，例如二甲基乙醇胺、乙二胺、羟乙基甲基哌嗪等，这类产物大约有十几种（Rooney 等，1998），其中有低分子量低沸点的物质也有分子量较大沸点较高的物质（Chakma 等，1998）。

醇胺变质太复杂、产物种类多，国内一直以来未能建立起测定变质产物的分析方法。虽然国外一些研究机构具备检测变质产物的分析技术，但未见分析方法的详细报道，由于变质产物的复杂性也未形成相关的分析方法标准。本实验技术首次将可检测的变质产物种类从以前的两种提高到目前的几十种，为气体净化生产提供了较全面的醇胺变质产物分析。

（一）实验原理

1. 热稳定盐阴离子

样品由淋洗液带入分离柱，样品中待测阴离子组分在分离柱上因保留特性不同而实现分离。分离后的各阴离子组分随淋洗液先后进入抑制器，其中的阳离子被交换为氢离子，使氢氧根型淋洗液转换为水，碳酸根型淋洗液转换为碳酸，从而降低了淋洗液的背景电导率，提高了待测阴离子的电导率。各阴离子组分最后流经电导检测器检测响应信号。在相同的分析条件下分别测定样品与标准溶液，根据标准溶液中阴离子的保留时间和峰面积（或峰高）对样品中阴离子定性和定量。

2. 非离子态变质产物

醇胺的非离子态变质产物种类多、含量低，采用色谱分离定量是最佳的选择。醇胺的非离子态变质产物沸点均在300℃以下，且在沸点不会发生分解，因此可以采用气相色谱法。由于醇胺脱硫溶液中醇胺的含量是变质产物含量的几百倍，醇胺会对一些变质产物的检测产生干扰甚至完全掩盖，因此采用气相色谱分析前，需要用乙酸乙酯对样品进行萃取预处理以分离大部分醇胺。

（二）实验设备

配电导检测器的离子色谱仪；配氢火焰检测器的气相色谱仪。

（三）实验方法及步骤

1. 热稳定盐阴离子

选择合适的分离柱、保护柱、柱温、样品定量环、检测器、抑制器电流、淋洗液种类与流速。图6-5与图6-6是等度淋洗条件下获得的热稳定盐阴离子组成分析色谱图，图6-5是等度淋洗条件适合于乙醇酸根离子、乙酸根离子、甲酸根离子和氯离子的测定，图6-6是等度淋洗条件适合于硫酸根离子、草酸根离子、硝酸根离子、硫代硫酸根离子和硫氰酸根离子的测定。图6-7是梯度淋洗条件下获得的热稳定盐阴离子组成分析色谱图。

按仪器使用说明书开启仪器，必须在启动淋洗液泵并确认淋洗液流出检测器后，再开抑制器电流。将仪器工作条件设定好后，让淋洗液流经保护柱、分离柱、抑制器和检测器以平衡系统，直至基线稳定，且淋洗液背景电导下降至规定值内。

在选定的仪器工作条件下分析混合标准工作溶液，记录色谱峰出峰时间、峰面积或峰高。在混合标准工作溶液中分别添加适量的各种阴离子标准贮备液再依次分析，对比色谱峰面积或峰高的变化情况，确定各热稳定盐阴离子的保留时间。

在选定的仪器工作条件下分析至少五个浓度水平的混合标准工作溶液，以阴离子质量浓

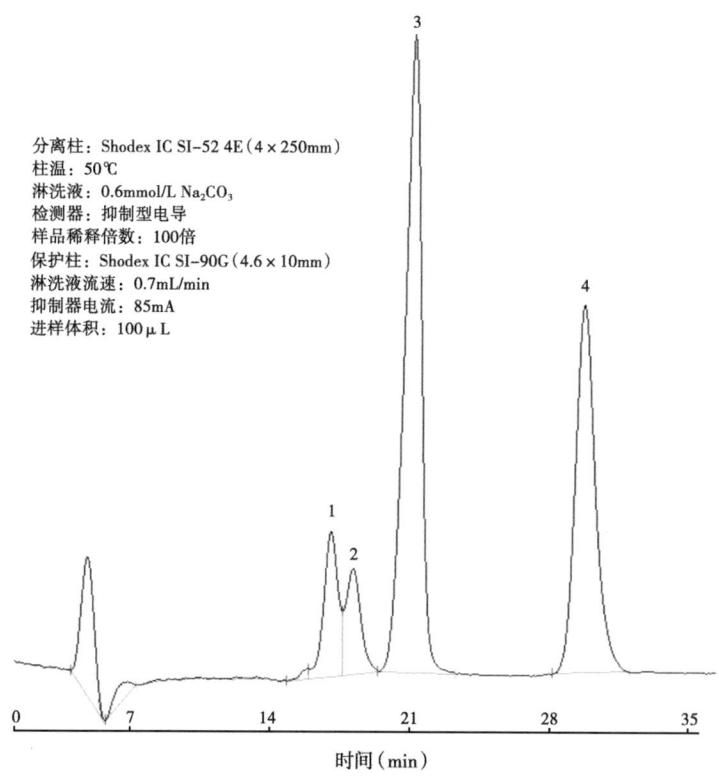

图6-5 醇胺脱硫溶液中热稳定盐阴离子的典型离子色谱图（等度淋洗）
1—$HOCH_2COO^-$；2—CH_3COO^-；3—$HCOO^-$；4—Cl^-

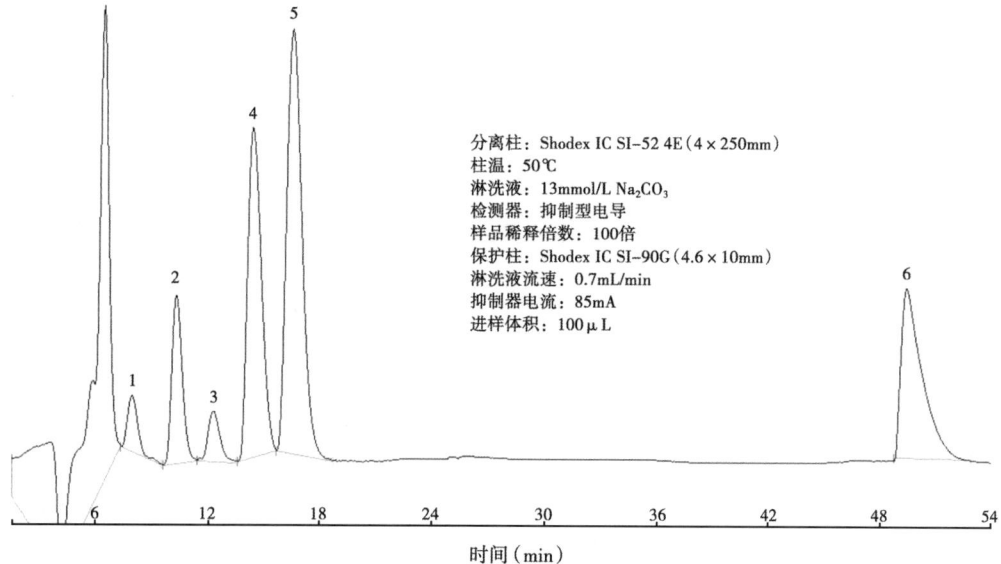

图6-6 醇胺脱硫溶液中热稳定盐阴离子的典型离子色谱图（等度淋洗）
1—Cl^-；2—SO_4^{2-}；3—$C_2O_4^{2-}$；4—NO_3^-；5—$S_2O_3^{2-}$；6—SCN^-

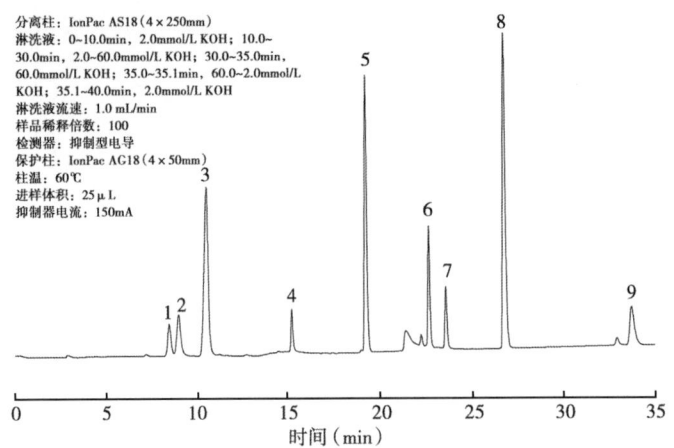

图 6-7 醇胺脱硫溶液中热稳定盐阴离子的典型离子色谱图（梯度淋洗）
1—$HOCH_2COO^-$；2—CH_3COO^-；3—$HCOO^-$；4—Cl^-；5—NO_3^-；6—SO_4^{2-}；7—$C_2O_4^{2-}$；8—$S_2O_3^{2-}$；9—SCN^-

度（mg/L）为横坐标，以峰面积或峰高为纵坐标，绘制标准工作曲线并拟合出回归方程，工作曲线的线性相关系数应不小于 0.999。

选择适宜的比例稀释，稀释后的溶液中各种热稳定盐阴离子浓度应在相应标准工作曲线的线性范围内。在与分析标准工作溶液完全相同的仪器工作条件下分析试样，通过对比各色谱峰的出峰时间与阴离子的保留时间，确定各色谱峰对应的阴离子种类。在与分析标准工作溶液完全相同的仪器工作条件下分析试样，根据被测热稳定盐阴离子的峰面积或峰高，由相应的标准工作曲线计算各热稳定盐阴离子的质量浓度。

2. 非离子态变质产物

准确称取 20g 左右的样品加入分离漏斗，然后再加入相同量的乙酸乙酯，充分混合后静置，弃取下层液体，收集上层液体，自然风干，待乙酸乙酯挥发后，准确称量萃取物，并用气相色谱分析其组成。

气相色谱分析条件：气化室 280℃；柱温 120℃ 恒温 5min，然后以 10℃/min 的速度升温至 220℃，再在 220℃ 恒温 25min；检测器温度 300℃；柱前压 5psig。

（四）实验结果分析与应用

1. 结果分析

取两次测定结果的算术平均值作为分析结果。所得结果大于等于 1mg/L 时，保留三位有效数字；小于 1mg/L 时，保留两位有效数字。用下列准则，判断测定结果是否可信。

由同一操作者使用同一仪器，对同一醇胺脱硫溶液样品重复分析获得的结果，如果连续两个测定结果的差值超过了表 6-9 规定的数值，应视为可疑。

表 6-9 精密度

组分质量分数 （10^{-6}）	重复性（较小测得值的） （%）	再现性（较小测得值的） （%）
0.10~100	10	20
>100	10	15

对同一醇胺脱硫溶液样品由两个实验室提供的分析结果,如果差值超过了表6-9规定的数值,每个实验室的结果都应视为可疑。

2. 应用情况

利用本方法对西南油气田分公司下属十套天然气胺法脱硫装置的醇胺脱硫溶液进行了分析,这十套装置具有以下特点:天然气处理量较大;装置中的脱硫溶液运行时间不低于一年。十套脱硫装置处理量和溶剂使用情况见表6-10。

表6-10 脱硫装置情况汇总

	处理量 ($10^4 m^3/d$)	脱硫溶剂	溶液运行时间 (a)
装置1	>300	CT8-5	>5
装置2	>300	甲基二乙醇胺-环丁砜溶剂	>3
装置3	>300	甲基二乙醇胺	2.5
装置4	300	CT8-5	>3
装置5	300	CT8-5	>3
装置6	200	甲基二乙醇胺	3
装置7	200	甲基二乙醇胺	3
装置8	80	甲基二乙醇胺	>3
装置9	50	甲基二乙醇胺	>2
装置10 (SCOT尾气处理装置)	3	甲基二乙醇胺	>3

十套脱硫装置所处理的天然气中硫化氢、二氧化碳含量分别为0.28%~1.74%,0.54%~1.71%;除装置2的原料气中有机硫含量较高(约$300mg/m^3$)外,其余装置的原料气中有机硫含量很低。

利用本方法分析净化厂醇胺脱硫溶液样品中的变质产物,热稳定盐阴离子分析结果见表6-11,非离子态变质产物分析结果见表6-12。

表6-11 净化厂醇胺脱硫溶液热稳定盐阴离子分析结果　　　　　　单位:10^{-6}(质量分数)

样品来源	乙醇酸根	乙酸根	甲酸根	氯离子	硫酸根	草酸根	硫代硫酸根
装置1	325.7	707.2	691.6	28.1	455.8	528.8	11.8
装置2	230.8	584.0	327.4	6.0	564.5	29.2	30.6
装置3	478.5	612.8	795.0	44.5	283.0	298.7	35.9
装置4	207.4	203.8	309.8	16.4	81.5	206.6	30.7
装置5	175.8	189.4	307.4	3.5	112.8	127.8	22.2
装置6	455.5	348.5	825.3	587.7	658.6	142.2	22.2
装置7	372.4	270.1	713.3	540.3	618.4	118.5	33.9
装置8	322.1	437.7	614.1	665.5	478.6	25.0	3.1
装置9	184.1	251.7	472.0	117.5	367.8	42.8	17.2
装置10	693.4	239.9	1505.4	<1.0	932.6	986.5	74.4

表 6-12 净化厂醇胺脱硫溶液非离子态有机变质产物测定结果

单位：%（质量分数）

样品来源	变质产物种类																
	甲基单乙醇胺	N,N-二甲基-1,2-乙醇胺	二乙二醇	异辛酸	2,2'-氧二（N,N'-二甲基）乙酰胺	二乙醇胺	1-(2-羟乙基)-4-甲基哌嗪	N-羟乙基-N'-氨乙基哌嗪	N-甲基-N,N'-2(2-羟乙基)乙二胺	甲基羟乙基二甘醇二胺	四氢恶嗪-1,3-硫酮-2	月桂酸	1,3-二氨环庚烷-硫酮-2	N,N'-2(2-羟乙基)甘氨酸	N,N,N'-四乙二胺	绕丹宁
45%MDEA新鲜水溶液	0.03	0.02	0.04	—	0.08	—	0.02	—	—	0.09	—	—	—	—	—	—
装置1	0.22	0.10	0.35	—	0.08	0.26	0.02	0.09	—	0.10	—	—	—	0.20	0.05	—
装置2	0.21	0.11	0.30	—	0.09	0.22	0.07	0.13	—	0.09	—	—	—	0.17	0.03	—
装置3	0.25	0.11	0.23	0.005	0.07	0.23	0.07	—	—	0.11	—	—	—	0.10	0.01	—

注："—"表示未检出。

二、醇胺溶剂中二氧化碳实验分析技术

天然气净化厂和炼油厂净化酸性气体（主要是 H_2S 和 CO_2）应用最广泛的溶剂是醇胺溶剂。醇胺溶液中 CO_2 含量的测定是净化厂常规的分析项目之一，该参数的测定对于反映溶液负荷量及再生效果、调整天然气净化生产装置操作参数、降低能耗、保障装置平稳运行的具有重要指导作用。此外，为了更好地降低天然气净化厂硫黄回收装置尾气中 SO_2 含量，减少环境污染，满足日益严格的环保要求，高效可再生型 SO_2 脱除溶剂体系成为研究和应用的热点，而其中 CO_2 含量的测定对开发高效高选择性（较少吸收 CO_2）的尾气 SO_2 脱除溶剂体系具有决定性作用。再者，胺液中 CO_2 平衡溶解度的测定数据也是开发工艺模拟软件的基础数据。胺液中 CO_2 含量测定是非常必要的。

目前，天然气净化厂及炼油厂测定醇胺溶液中 CO_2 含量的传统分析方法为石油天然气行业标准方法 SY/T 6537—2016《天然气净化厂气体及溶液分析方法》，其测定原理：首先是使胺液样品酸化，CO_2 气体被解析出来以后经由氮气吹扫进入碱液被吸收，之后采用酸碱滴定法测定 CO_2 含量。分析 1 个样品用时约 60min。该方法的缺点是操作步骤烦琐、耗时、分析速度慢、需要人工操作。

连续流动分析技术作为一种新兴技术已进入实验室，用于复杂化学反应体系的自动分析，实现了自动化分析。该技术具有操作自动快速、分析结果准确可靠、适合大批量样品连续测定等诸多优点，采用该技术可以弥补传统化学分析方法操作过程烦琐、分析速度慢的不足，在测定天然气净化厂和炼油厂醇胺溶液 CO_2 含量中有良好的应用前景。

（一）实验原理

样品与试剂（氧化剂、解析酸、显色剂）以及氮气在蠕动泵的驱动下进入化学反应单元，样品、解析酸和氧化剂在氮气的鼓动下按特定的比例在混合圈里充分混合反应，醇胺溶液中的 H_2S、CO_2 在酸性介质中被解析出来，H_2S 被重铬酸钾溶液在线氧化，CO_2 气体经过透析膜进入碱吸收液并发生化学反应，使酚酞指示剂褪色，褪色后的反应液进入分光光度检测池进行检测，于波长 550nm 处测定吸光度值。指示剂褪色的程度与醇胺溶液中的 CO_2 含量成正比。

（二）实验设备

1. 连续流动分析仪

自动进样器，化学分析单元（即化学反应模块，由多通道蠕动泵、泵管、混合反应圈、透析器等组成），比色计单元（检测池光程为 10 mm），以及数据处理单元。

2. 电子天平

电子天平精度为 0.0001 g。

3. 一般实验室常用的仪器和器皿

（三）实验方法及步骤

1. 标准溶液的配制

1）进样器清洗液

蒸馏水。

2）曲拉通储备液

量取 50mL Triton-100 曲拉通，以及 50mL 异丙醇，混匀保存。

3) 系统清洗液

量取 2mL 曲拉通储备液,加水稀释至 1L,混匀保存。

4) 解析酸溶液

量取 80mL 硫酸,缓慢加入约 800mL 水中。冷却后,加水稀释至 1L,混匀保存。

5) 氧化剂溶液

称量 40g 重铬酸钾,溶于水中,稀释至 1L,混匀保存。

6) 酚酞储备液

称量 1g 酚酞,溶于约 70mL 异丙醇中,用异丙醇定容至 100mL,混匀保存。

7) 缓冲储备液

称量 5.3g 碳酸钠和 8.4g 碳酸氢钠,溶于约 500mL 水中,加水定容至 1L,混匀,避光保存。

8) 显色剂溶液

移取 1.4mL 酚酞储备液和 0.4mL 曲拉通储备液,量取 85mL 缓冲储备液于 1L 容量瓶中,缓慢加水至 1L,摇匀保存。该溶液每周更新。

9) 标准储备母液

标准储备母液Ⅰ,10g/L(以 CO_2 计):准确称量 2.409g Na_2CO_3 基准试剂,溶于水中,定容至 0.1L。

标准储备母液Ⅱ,50g/L(以 CO_2 计):准确称量 60.227g Na_2CO_3 基准试剂,溶于水中,定容至 0.5L。

10) 标准溶液配制

低浓度 CO_2 标准溶液Ⅰ的配制:准确移取不同体积的标准储备母液Ⅰ于 100mL 容量瓶中,配制 6 个浓度点系列标准溶液,CO_2 质量浓度分别为 0.02g/L、0.06g/L、0.1g/L、0.5g/L、1.0g/L 和 3.0g/L。

高浓度 CO_2 标准溶液Ⅱ的配制:准确移取不同体积的标准储备母液Ⅱ于 100mL 容量瓶中,配制 6 个浓度点系列标准溶液,CO_2 质量浓度分别为 3.0g/L、10.0g/L、20.0g/L、30.0g/L、40.0g/L 和 50.0g/L。

2. 仪器分析

1) 仪器工作参数设定

仪器工作参数设定值见表 6-13。

表 6-13 仪器参数设定

工作参数	设定值
测定波长(nm)	550
取样速率(个/h)	24
取样时间/(s)	90
洗针时间/(s)	60
基线(%)	10
主峰(%)	75

2）开机预热仪器

开机，连接好泵管，压好泵盖，将各试剂泵管放入对应的试剂瓶里，打开自动进样器、泵、检测器电源开关，启动操作软件，激活分析方法，按表6-13设定工作参数，编辑运行文件（包括带过校正、漂移校正、基线校正、标准曲线杯序和浓度以及样品杯序等），待基线稳定后，开始进试剂。

3）标准曲线的绘制

以 CO_2 的质量浓度（g/L）为横坐标，对应的信号值为纵坐标，绘制标准曲线。

4）样品测定——贫液

将标准系列溶液和待测贫液样品装于样品杯，根据设置的杯序把样品杯放于进样器样品盘对应的位置，设置增益，执行运行文件，对标准溶液和样品进行测定，数据处理软件自动绘制标准曲线，并给出分析结果。

5）样品测定——富液

将富液稀释25倍，测定 CO_2 含量。或者连接稀释流路，富液在线自动稀释后的胺液进入反应单元。将标准系列溶液和待测富液样品装于样品杯，根据设置的杯序把样品杯放于进样器样品盘对应的位置，设置增益，执行运行文件，对标准溶液和样品进行测定，得到对应的信号值。

(四) 实验结果分析与应用

1. 结果计算

根据测定的信号值，从标准曲线查出醇胺溶液中 CO_2 质量浓度。醇胺溶液中 CO_2 质量浓度按式（6-18）计算：

$$\rho = \rho_{测} \times f \tag{6-18}$$

式中　ρ——醇胺溶液中 CO_2 的质量浓度，g/L；

$\rho_{测}$——仪器测量的 CO_2 的质量浓度，g/L；

f——稀释倍数（贫液/富液在线稀释时，$f=1$；富液手工稀释时，$f=25$）。

2. 结果报告

取两次平行测定结果的算术平均值作为分析结果，所得结果大于或等于1g/L时，保留3位有效数字，小于1g/L时保留2位有效数字。

3. 应用

连续流动分析新技术已经成功应用于天然气净化厂气体净化醇胺贫富液中二氧化碳含量的自动快速测定，也可以应用于克劳斯硫黄回收尾气脱硫溶剂中二氧化碳含量的测定，在炼油厂尾气脱硫溶剂二氧化碳含量的分析中也有应用。此外，该高效的分析技术也将推动工艺技术进步及产品研发的速度，有助于天然气工业的快速发展。目前，连续流动分析技术在烟草、水质及环保部门应用最多，相关的标准分析方法也多集中在这些领域。有文献报道了该技术在炼油厂及其净化厂中挥发酚及水质分析的应用，由于连续流动分析技术具有在线解析、在线消解、在线氧化及在线蒸馏和在线萃取等多种高效快速的样品前处理手段，并可以连续测定批量样品等优点，未来其在石油化工行业的应用领域将更加广阔。

三、醇胺溶剂中 Na^+、NH_4^+、Mg^{2+}、Ca^{2+} 离子实验分析技术

醇胺溶液中 Na^+、NH_4^+、Mg^{2+}、Ca^{2+} 阳离子含量的定性定量分析对于判断这些离子产生

的来源和途径，以及热稳定盐的类别和溶液的发泡趋势有指导作用。可根据检测的离子种类和含量采取有效控制措施，以保证醇胺溶液的清洁度，这对保障生产装置安全平稳运行具有很好的重要意义。

阳离子分析经典的方法有原子吸收光谱法以及电感耦合等离子体原子发射光谱法。离子色谱法是一个新兴的分析新技术，相对于传统分析方法，离子色谱法的突出优势是灵敏度高、分析速度快，可同时测定 Na^+、NH_4^+、Mg^{2+}、Ca^{2+} 多组分，其对阳离子分析的突出贡献之一是对难以用其他方法检测的铵离子有灵敏分析，所以离子色谱法是醇胺溶液阳离子分析的一种重要手段。

（一）实验原理

离子色谱法的分离机理主要是离子交换，是基于离子交换树脂上可离解的离子与流动相中具有相同电荷的溶质离子之间进行的可逆交换，依据这些离子对交换剂有不同的亲和力而被分离。

离子交换色谱的固定相具有固定电荷的功能基，阳离子交换色谱中，其固定相的功能基一般为磺酸基。在离子交换进行的过程中，流动相（也称淋洗液）连续提供淋洗阳离子。这种淋洗阳离子与固定相离子交换位置的阴离子以库仑力相结合，并保持电荷平衡。进样之后，样品阳离子和淋洗液阳离子竞争固定相上的负电荷位置。当固定相上的阴离子交换位置被样品阳离子替换时，由于样品阳离子和固定相之间的库仑力，样品阳离子将暂时被固定相保留。样品中不同阳离子与固定相电荷之间的库仑力不同，即亲和力不同，因此被固定相保留程度不同，则流出色谱柱的速度不同，从而达到了不同离子被分离开的目的。

样品中的各种阳离子的分离是在色谱柱中完成的。离子色谱柱中装填的是阳离子交换树脂，下面以强酸型阳离子交换树脂为例说明柱分离基本原理。

分析碱金属和 NH_4^+ 时，所用的淋洗剂为毫摩尔级的 H^+，能提供 H^+ 的淋洗剂一般为甲烷磺酸。当样品注入后，样品中的各个阳离子（Na^+、NH_4^+、Mg^{2+}、Ca^{2+}）（用 C^+ 表示）在色谱柱内与柱内阳离子离子交换树脂 $ResinSO_3$—H^+ 上的 H^+ 发生离子交换反应：

$$ResinSO_3—H^+ + C^+ \longrightarrow ResinSO_3—C^+ + H^+ \tag{6-19}$$

由于各种待测离子和树脂间的亲和力不同，随着淋洗液的流动，吸附在树脂上的阳离子和淋洗液中的阳离子发生竞争交换反应，各种离子按先后顺序被洗脱出来进入抑制器。在抑制器中，酸型系列的淋洗液被转变为稀 H_2O：

$$H^+ + OH^- \longrightarrow H_2O \tag{6-20}$$

将本底电导降低，样品中的阳离子被转变成为相应的碱：

$$Na^+F^- + OH^- \longrightarrow F^- + NaOH \tag{6-21}$$

$$NH_4^+Cl^- + OH^- \longrightarrow NH_4^+OH^- + Cl^- \tag{6-22}$$

各个离子在淋洗液的不断流动下先后流经电导池，由于电导值的突然变化（突然升高），此信号被送至数据处理系统绘出谱图。在相同的分析条件下分别测定样品与标准溶液，根据标准溶液中阳离子的保留时间和峰面积（或峰高）对样品中阳离子定性和定量。

（二）实验设备

实验设备为离子色谱仪，其组件包括流动相容器、高压输液泵、进样器、色谱柱、检测器和数据处理系统。此外，也可根据需要配置流动相在线脱气装置、自动进样系统、流动相抑制系统和全自动控制系统等。离子色谱的流动相要求耐酸碱腐蚀系统。因此，凡是流动相流过的管路、阀门、泵、柱子及接头等不仅要求耐高压，而且要求耐酸碱腐蚀。全塑系统和用微机控制的高精度无脉冲往复泵，用色谱工作站控制仪器的全部功能和数据处理，以及在 0~14 的整个 pH 值范围内和 0~100% 与水互溶的有机溶剂中性能稳定的柱填料和全塑管路系统是现代离子色谱系统的主要特点。

醇胺溶液中的 Na^+、NH_4^+、Mg^{2+}、Ca^{2+} 离子在淋洗液中以阳离子形态存在，选择测定这些离子的检测器主要依据离子的性质和淋洗液的种类等因素。这些离子带正电荷，能够导电；因此首先考虑的是对溶液中离子组分具有较高灵敏度的电导检测器。为了提高信噪比，应选择加了抑制器的电导检测器。在抑制型电导检测器上醇胺溶液中 Na^+、NH_4^+、Mg^{2+}、Ca^{2+} 离子均有很好的检测灵敏度。

(三) 实验方法及步骤

1. 标准溶液的配制

(1) 钠离子（Na^+）标准贮备液：1000mg/L。

称取经 500~600℃ 灼烧至恒重的氯化钠 2.542g，溶于水，移入 1000mL 容量瓶，用水稀释至刻度，摇匀。贮于聚丙烯或高密度聚乙烯瓶中，4℃ 冷藏存放。

(2) 铵离子（NH_4^+）标准贮备液：1000mg/L。

称取于 105~110℃ 干燥至恒重的氯化铵 2.966g，溶于水，移入 1000mL 容量瓶，用水稀释至刻度，摇匀。贮于聚丙烯或高密度聚乙烯瓶中，4℃ 冷藏存放。

(3) 镁离子（Mg^{2+}）标准贮备液：1000mg/L。

称取经 800℃ 灼烧至恒重的氧化镁 1.657g 于 100mL 烧杯中，用水润湿，滴加盐酸至溶解，再过量 2.5mL，移入 1000mL 容量瓶，用水稀释至刻度，摇匀。贮于聚丙烯或高密度聚乙烯瓶中，4℃ 冷藏存放。

(4) 钙离子（Ca^{2+}）标准贮备液：1000mg/L。

称取于 105~110℃ 干燥至恒重的碳酸钙 2.497g 于 100mL 烧杯中，用水润湿，滴加盐酸至溶解，再过量 2.5mL，移入 1000mL 容量瓶，用水稀释至刻度，摇匀。贮于聚丙烯或高密度聚乙烯瓶中，4℃ 冷藏存放。

(5) 离子色谱测定用混合标准贮备液（根据实际测定的离子浓度范围）。

移取各离子标准贮备液至容量瓶中，用水稀释至刻度，摇匀。贮于聚丙烯或高密度聚乙烯瓶中，4℃ 冷藏存放。

(6) 离子色谱测定用混合标准工作液（根据实际测定的离子浓度范围）。

移取不同离子色谱测定用混合标准贮备液分别于五个容量瓶中，用水稀释至刻度，摇匀，至少配制五个浓度梯度的混合标准工作溶液，此溶液现用现配。

(7) 阳离子淋洗液。

按分离柱和抑制器的要求配制，贮存期为一个月。

甲基磺酸淋洗液（20mmol/L）：移取 1.3mL 甲基磺酸到 1000mL 的容量瓶中，用去离子水定容至刻度，摇匀。

2. 取样及样品预处理

用聚丙烯或高密度聚乙烯瓶取样，让溶液溢流，赶出空气，盖上瓶盖。采集样品后，用 0.45μm 孔径微膜过滤器过滤，弃去过滤液的前面部分，收集滤液。

1) 仪器准备

（1）仪器预热。

选择合适的分析柱、抑制器及电导检测器；选择仪器工作条件，包括：柱温、抑制器电流、样品定量环、检测器温度、淋洗液种类与流速。

开启仪器，切记在启动淋洗液泵且淋洗液流出检测器后再开抑制器电流。淋洗液经保护柱、分离柱、抑制器和检测器平衡系统直至基线稳定，且淋洗液背景电导下降至规定值内。

（2）标准工作曲线绘制。

在选定的仪器工作条件下分析标准工作溶液，记录色谱峰出峰时间、峰面积或峰高。配制各阳离子标准溶液，再依次分析，确定各阳离子的保留时间。以阳离子质量浓度（mg/L）为横坐标，以峰高或峰面积为纵坐标，绘制标准工作曲线并拟合出回归方程，工作曲线的线性相关系数应大于或等于 0.999。

2) 试样溶液的制备

先用 0.45μm 过滤膜过滤样品溶液。根据样品溶液中实际阳离子含量，量取一定处理后的样品溶液，选择适宜的稀释比例，稀释后的溶液中各种阳离子浓度应在标准工作曲线的浓度范围内。

3) 试样分析

进样前用 0.45μm 一次性针筒微膜过滤器过滤，以免堵塞柱子。应弃去过滤液的前面部分，防止膜对样品的污染。

（四）实验结果分析与应用

1. 定性分析

在与分析标准工作溶液完全相同的仪器工作条件下分析试样，通过对比各色谱峰的出峰时间与阳离子的保留时间，确定各色谱峰对应的阳离子种类。也可以通过在试样中添加适量的各种阳离子标准贮备液的方法，确定各色谱峰对应的阳离子种类。

2. 定量分析

在与分析标准工作溶液完全相同的仪器工作条件下分析试样，根据被测热稳定盐阳离子的峰面积或峰高，由相应的标准工作曲线确定各热稳定盐阳离子质量浓度。

3. 应用

阳离子交换离子色谱法作为一种可靠的分析方法可以同时测定天然气净化厂气体净化醇胺溶液中的钠离子、铵根离子、镁离子和钙离子，样品前处理简单。该方法对难以用其他方法检测的铵根离子分析具有分析灵敏高、分析结果准确可靠等优点。为监测醇胺溶液中无机阳离子含量提供了一种高效先进的技术手段。作为现代发展最快的分离分析技术之一及相关标准的出台，该技术在石油化工领域的应用将有美好的愿景。

第三节　硫黄回收及尾气处理催化剂实验分析技术

一、催化剂积硫积炭实验分析技术

克劳斯工艺回收硫黄是天然气净化厂和炼油厂处理含硫化氢酸性气的主流工艺，该工艺的核心是克劳斯催化反应。工业装置通常含 2~3 级克劳斯催化反应器，每级反应器装填的硫黄回收催化剂通常可达到 50%~70% 的硫转化率，从而使装置达到 92%~97% 的总硫转化率。硫黄回收催化剂使用寿命通常为 3~5 年，影响其寿命的因素较多，其中积硫积炭是最重要的因素之一（王开岳，2005）。

硫黄回收催化剂通常具有丰富的孔道结构，有较大的比表面积和孔容积，能够提供足够的活性位供克劳斯反应进行。而发生积硫积炭后，孔道被堵塞，催化剂的比表面积和孔容积迅速下降，不再能够提供足够的反应活性位，而导致反应活性下降，不能满足活性需求。

通常情况下，催化剂积硫可以通过采用提高反应器温度的方式，达到有效去除催化剂积硫的目的，从而恢复部分催化剂活性。而积炭对催化剂寿命的影响基本不可逆，因此定量研究催化剂积炭情况对评估催化剂使用寿命和开发新催化剂具有重要作用。

（一）实验原理

催化剂上的积硫积炭情况，既可以通过催化剂固体物质组成中的硫和碳含量来表征，又可以通过热处理方式使积硫积炭从催化剂固体颗粒上脱除的方式来表征。

测定催化剂固体物质组成最常用的方式有能谱（EDS）、X 射线荧光光谱（XRF）和 X 射线光电子能谱（XPS）等方式。XRF 测试需要将催化剂粉碎后制样，测试结果仅能表征样品的平均状态，不能表征硫和碳在催化剂上的分布情况，因此一般不选用此方式。XPS 更多是测试固体材料的表面组成和价态，对催化剂内部组成表征能力较弱，因此一般选择 EDS 测定积硫积炭情况。由于催化剂发生积炭现象后，在催化剂表面生成的积炭物质构成具有多样性，如果生成石墨化积炭，则该催化剂彻底不能恢复活性。为表征积炭物质构成，有必要采用同步热分析（TG-DSC）技术来进行分析。通过表征积炭在空气气氛下的分解温度，可以初步判断积炭的物质构成。

（二）实验设备

（1）扫描电子显微镜（SEM-EDS），型号 JSM-6510，如图 6-8 所示。

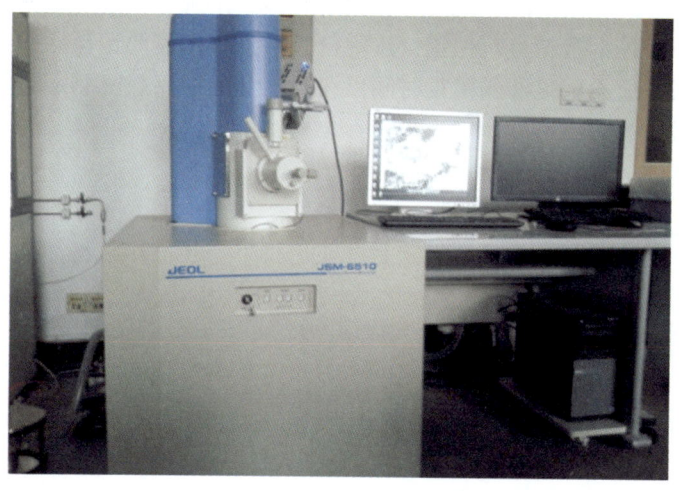

图 6-8　扫描电子显微镜

（2）同步热分析仪（TG-DSC），型号 STA 449 F3，如图 6-9 所示。

（三）实验方法与步骤

1. 扫描电子显微镜（SEM-EDS）

1）样品制备

选取具有代表性的样品，从催化剂中间剖开，要求剖面光滑平整，用导电胶黏结到样品

图 6-9 同步热分析仪

台上,测试面需要水平。样品应具有良好的导电性,防止由于电子束照射使样品表面形成电场。样品应通过导电支架与样品座连接。

2)仪器检查

在启动校正和分析程序前,应首先在适当的真空度和电子束条件下检查束流稳定性和探测器稳定性。

3)分析程序

灯丝应饱和,并有足够的时间让它达到充分稳定;束流设置应使整个样品光谱获得足够的计数率,但该值不应过大,防止纯元素物质的光谱中出现电子畸变或和峰。参照光学图像或扫描电子图像在样品上选择分析位置,选定位置后可根据需要选择点扫描、线扫描和面扫描;任何扫描方式都应设定足够的采集时间以获得足够的感兴趣峰测定需要的总计数,这取决于最终结果中所邀请的精密度。

2. 同步热分析仪(TG-DSC)

1)开机

仪器使用前,需要先开机待仪器稳定后才能进行下一步操作。

2)开气

打开空气和 N_2 钢瓶,调节减压阀至需要压力。

3)装样品

选取有代表性的样品 10mg 左右,放入坩埚内,对比装样品前后坩埚质量变化,计算样品质量。

4)测试

在通空气条件下,选择升温速率 5~20℃/min,升温范围常温到 900℃,测试完成后自动降温。

(四)实验结果分析与应用

扫描结束后,仪器会自动给出样品所有元素的种类和含量,重点关注元素硫和元素碳的含量,如图 6-10 和图 6-11 所示。仪器给出的元素含量是根据相对元素浓度进行估计的,并将总和视为 100%,但如果分析中有未被分析到的元素或元素辨认错误或峰强度的测定有很大的误差,此时将产生错误的结果。这就需要在分析前对催化剂本身有一个较为基础的认识。

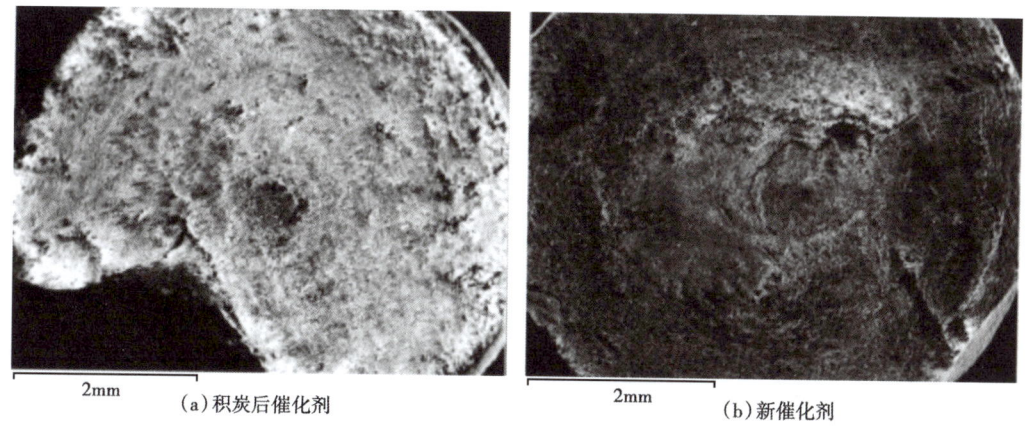

图 6-10 积炭后的催化剂和新催化剂在 50 倍下的电子显微镜图

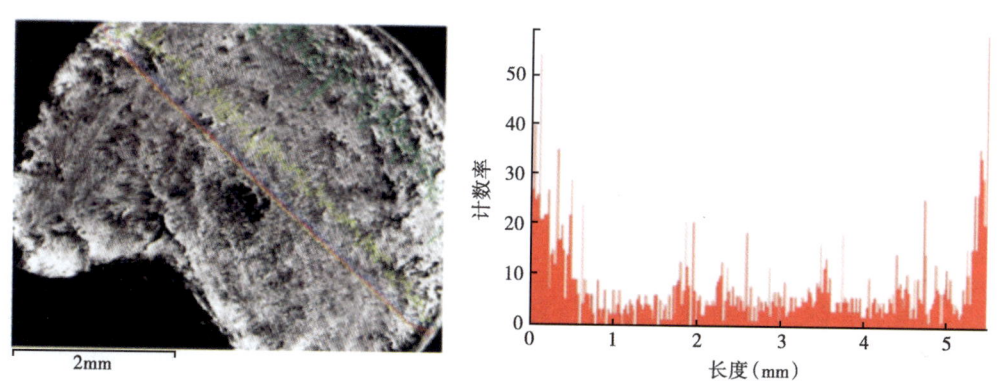

图 6-11 积炭后的催化剂 X 射线能谱线扫描分析结果

表 6-14 积炭后的催化剂 X 射线能谱面扫描分析结果

元素	质量分数(%)	原子分数(%)
C	10.60	16.39
O	49.32	57.25
某金属1	34.71	23.89
S	2.76	1.60
某金属2	2.61	0.87
总量	100.00	100.00

TG-DSC 结果会给出样品的质量变化和热量变化。其中质量变化一般为失水、失硫和失碳过程,其中失水过程一般在 250℃ 以下,失硫过程一般在 250~350℃,失碳过程一般在 450℃ 以上。根据失重曲线可以较为方便的判断催化剂上存在的物质种类。失重过程一般会伴随着热量变化,热量变化是一个很好的辅助手段。

积炭后的催化剂在空气气氛下升温到 900℃ 的过程中,出现 2 个吸热峰,催化剂共失重

14%左右。催化剂表层积炭粉末性质比较稳定，在900℃以下无明显热量变化和质量变化。这表明，催化剂上所附着的碳类物质在900℃以下基本不分解。由图6-12可见，催化剂在150℃左右的吸热/失重过程应该是结晶水的挥发过程，而530℃左右的吸热/失重过程则应该是某金属硫化物转变成金属氧化物的过程。而在整个热分析过程中，积炭后的催化剂表层碳类物质基本不分解，这与SEM+EDS表征结果相吻合。这表明硫黄回收催化剂积炭后，在现有工艺条件下，高温再生过程无法分解积炭，因此对催化剂进行"烧碳"再生并无实际意义。对硫黄回收装置操作来讲，催化剂积炭过程基本不可逆，因此只能采取一些措施来减缓积炭过程，其中减少上游克劳斯燃烧炉产生的碳和适当增强催化剂上层瓷球层厚度是比较切实可行的措施（陈昌介 等，2015）。

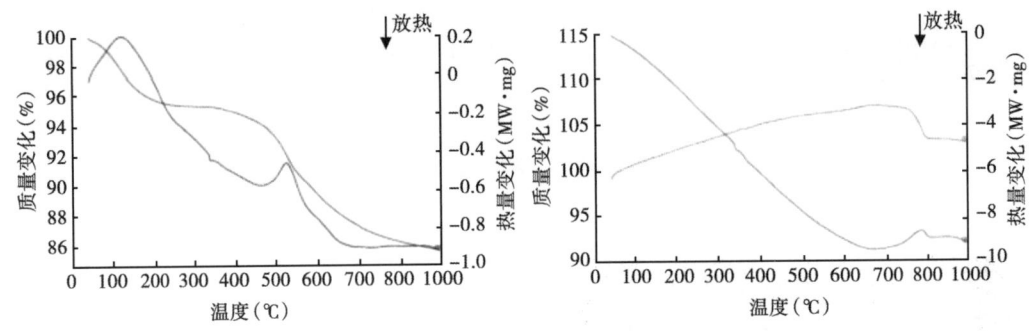

图6-12 积炭后的催化剂热分析结果

积硫积炭分析技术已对遂宁龙王庙净化厂、荣县净化厂、重庆净化总厂万州分厂等大修期间取样催化剂进行了分析，取得了良好的应用效果。

二、高浓度钴、钼快速实验分析技术

流动注射分析法基于物理不平衡和化学不平衡条件下进行动态测定，突出特点是分析速度快、精度高、适应性强、操作方便，是实现溶液化学分析自动化和研究化学理论的有效手段（方肇伦，1999）。

基于流动注射分析技术开发的溶液中高浓度钴、钼离子自动快速分析技术，可以自动快速分析溶液中高浓度钴、钼离子浓度，实现了分析的自动化，极大地提高了工作效率和精度。

（一）实验原理

1. 高浓度钴离子

在一定条件下，样品注入载流中，与下游的硫氰酸钾试剂汇合反应生成蓝色络合物，反应产物在载流的推动下流入流通式分光光度检测器中，在520nm处测定其吸光度，得到一个样品的动态响应信号，根据朗伯—比尔定律计算出钴离子浓度。本技术可用于测定浓度范围在1~80g/L的氧化钴。

2. 高浓度钼离子

在酸性条件下，样品注入载流中，还原试剂抗坏血酸将样品中的MO（VI）还原成MO（V），MO（V）与硫氰酸铵试剂反应生成橙红色络合物，反应产物在载流的推动下流入流通式分光光度检测器中，在465nm处测定其吸光度，得到一个样品的动态响应信号，根据朗伯—比尔定律计算出钼离子浓度。本技术可用于测定浓度范围在 10~250g/L 的三氧化钼。

（二）实验设备和材料

1. 实验设备

流动注射分光光度仪：主要由蠕动泵、多功能进样阀、定量采样环、功能连接块、内置式温控器、流通式分光光度检测器及 SoFIA 控制软件构成（图6-13）。

脱气装置：主要由脱气瓶、真空泵和磁力搅拌器构成。

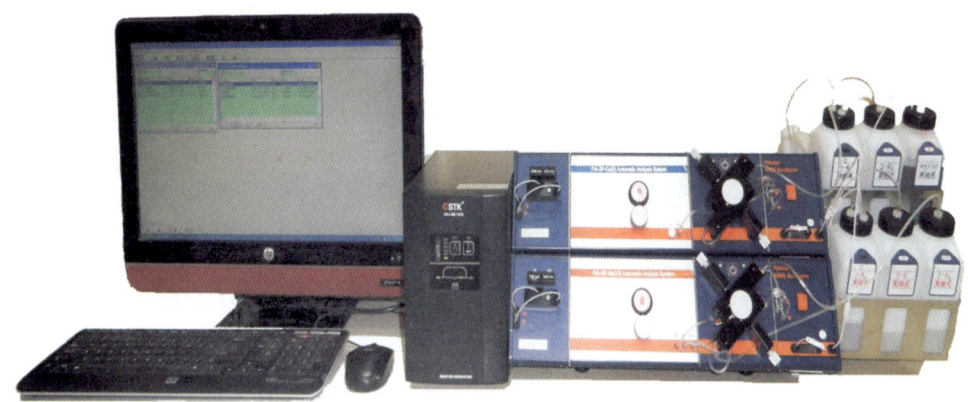

图6-13　流动注射分光光度仪

2. 实验材料

钴离子分析涉及的试剂有 10.0g/L、20.0g/L、40.0g/L、60.0g/L、80.0g/L 系列钴标准溶液、34%的混合反应试剂。

钼离子分析涉及的试剂有 10.0g/L、50.0g/L、100g/L、150g/L、200g/L、250g/L 系列钼标准溶液、2.0mol/L 硫酸溶液、4%抗坏血酸溶液、8%硫氰酸铵溶液。

实验过程中所用的水均为超纯水（电导率>0.1S/cm），所有玻璃器皿均用 4%HCl 浸泡12h，用水清洗干净。

（三）实验方法及步骤

1. 高浓度钴离子

高浓度钴离子自动快速测试技术流程如图6-14所示。多功能采样阀（V）先自动转至"采样"位置，由泵将试样抽进定量采样环（S_L）内进行采样、定量，多余样品由排废口（W_2）排出；同时，在蠕动泵（P_1）的推动作用下，载流试剂（2-R_1）与显色试剂（2-R_2）在反应盘管（RC）中充分混合后流入流通式分光光度检测器（D）进行检测；检测器给出响应信号，并由计算机记录下对应的吸光度信号值。此测定能得到一条稳定的基线吸光度信号。当"采样"过程结束后，多功能采样阀自动切换到"注入"位置，采样环中已定量的"试样塞"被注入载流中、并与下游的显色试剂（2-R_2）汇合，发生显色反应，"试样塞"中的反应产物在载流的推动下流入流通式分光光度检测器中进行检测，在计算机上得到一个样品的动态峰形响应信号。然后，根据吸光度计算机自动定量未知物的浓度。

流动注射分光光度仪分析条件：出口总流量为 0.99mL/min；反应盘管长度为 150cm；采样体积为 25mL；显色剂浓度为 34%；缓冲剂浓度为 0.1mol/L，pH 值为 5.8；掩蔽剂浓度为 30mmol/L。

为了防止浑浊液浊度干扰吸光度、防止溶液中的悬浮物堵塞仪器的流路，样品分析前必

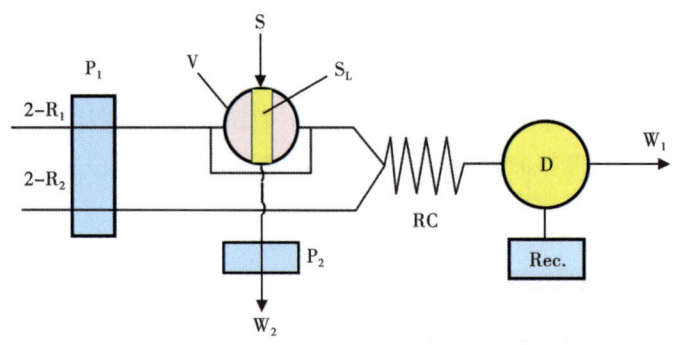

图 6-14 高浓度钴离子自动快速测试技术流程图

P_1、P_2—蠕动泵；2-R_1—载流试剂；2-R_2—显色试剂；V—多功能采样阀；S—试样；S_L—定量采样环；W_1、W_2—排废口；RC—反应盘管；D—流通式分光光度检测器；Rec.—数据处理系统

须先将样品进行抽滤，保证溶液澄清。

按仪器使用说明书开启仪器，主机预热 15min，启动泵注入试剂平衡 10min，直至基线稳定。待基线稳定后，在选定的仪器工作条件下分析至少五个浓度的钴离子标准工作溶液，以钴离子质量浓度（mg/L）为横坐标，以吸光度响应峰峰高为纵坐标，绘制标准工作曲线并拟合出回归方程，工作曲线的线性相关系数应不小于 0.999。

在与分析标准工作溶液完全相同的仪器工作条件下分析试样，根据被测样品钴离子的峰高，由标准工作曲线计算钴离子浓度。

2. 高浓度钼离子

高浓度钼离子自动快速测试技术流程如图 6-15 所示。多功能采样阀（V）先转至"采样"位置，试样（S）在泵（P_1）的推动作用下，与还原试剂（3-R_1）预先在稀释盘管（RC_1）内混合、进行酸度调节后，充满定量采样环（S_L），多余的溶液从排废口（W_1）排出。与此同时，载流试剂（3-R_2）流经旁路管和还原稀释盘管（RC_2），并与显色试剂（3-R_3）在络合反应盘管中（RC_3）混合，然后流入流通式分光光度检测器（D）。检测器给出响应信号，并由计算机记录下对应的吸光度信号值。此时的响应信号为基线空白值。当酸度调节后的试样充满采样环后，采样阀转到"注入"位置，此时采样环与载流流路连通，

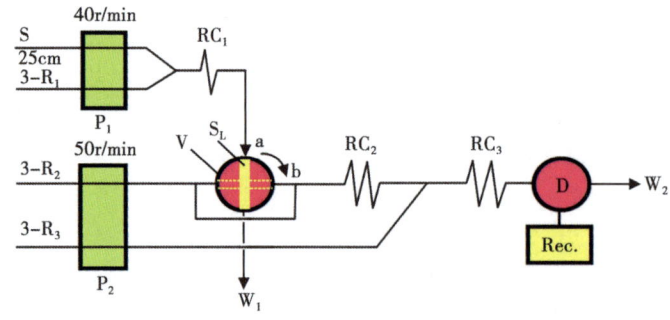

图 6-15 高浓度钼离子自动快速测试技术流程图

P_1、P_2—蠕动泵；3-R_1—还原试剂；3-R_2—载流试剂；3-R_3—显色试剂；V—多功能采样阀；a—采样位；b—注样位；S—试样；S_L—定量采样环；W_1、W_2—排废口；RC_1—稀释盘管；RC_2—还原稀释管盘；RC_3—络合反应盘管；D—流通式分光光度检测器；Rec.—数据处理系统

注入的"试样塞"在载流试剂（3-R_2）的推动下，先在RC_2中被还原稀释；稀释后的"试样塞"与显色示剂（3-R_3）汇合，在RC_3处混合反应，生成橙红色的"试样塞"（465nm），当"产物试样塞"流过检测器时，反应产物在载流的推动下流入流通式分光光度检测器中进行检测，在计算机上得到一个样品的动态峰形响应信号。然后，根据吸光度计算机自动定量未知物的浓度。

流动注射分光光度仪分析条件：出口流量为4.3mL/min；载流浓度为2.0mol/L；还原剂浓度为4.0%；显色剂浓度为8.0%；稀释盘管长度为400cm；反应盘管长度为500 cm。

为了防止浑浊液浊度干扰吸光度、防止溶液中的悬浮物堵塞仪器的流路，样品分析前必须先将样品进行抽滤，保证溶液澄清。

按仪器使用说明书开启仪器，主机预热15min，启动泵注入试剂平衡10min，直至基线稳定。待基线稳定后，在选定的仪器工作条件下分析至少五个浓度的钼离子标准工作溶液，以钼离子质量浓度（mg/L）为横坐标，以吸光度响应峰峰高为纵坐标，绘制标准工作曲线并拟合出回归方程，工作曲线的线性相关系数应大于或等于0.999。

在与分析标准工作溶液完全相同的仪器工作条件下分析试样，根据被测样品钼离子的峰高，由标准工作曲线计算钼离子浓度。

（四）实验结果分析与应用

1. 实验结果分析

取两次测定结果的算术平均值作为分析结果。所得结果大于等于10.0g/L时，保留三位有效数字；小于10.0g/L时，保留两位有效数字。用下列准则，判断测定结果是否可信。

由同一操作者使用同一仪器，对同一溶液样品重复分析获得的结果，如果连续两个测定结果的差值超过了表6-15规定的数值，应视为可疑。

表6-15 精密度

组分浓度（g/L）	重复性（较小测得值的）（%）	再现性（较小测得值的）（%）
1.0~10.0	10	20
>10.0	5	10

2. 应用

本技术主要应用于催化剂循环浸渍液中高浓度钴、钼离子的监测，揭示了钴钼系催化剂中活性组分含量与循环液浓度之间的内在联系。

对6组溶液样品在仪器上进行了分析，得到的结果见表6-16和表6-17。从表中可以看出，仪器测定结果的标准偏差值平均小于1.0g/L，准确度很高。

表6-16 溶液中钴离子的分析结果

样品名称	吸光度（A）		CoO（g/L）	
溶液1#	0.527	0.523	57.7	57.2
溶液2#	0.671	0.676	73.4	73.9
溶液3#	0.530	0.559	59.0	60.1
溶液4#	0.509	0.504	55.7	55.2
溶液5#	0.552	0.548	60.4	60.0
溶液6#	0.481	0.486	52.7	53.2

表 6-17　溶液中钼离子的分析结果

样品名称	吸光度（A）		MoO_3（g/L）	
溶液 1#	0.3867	0.3861	207.3	206.9
溶液 2#	0.3674	0.3685	196.5	197.1
溶液 3#	0.4124	0.4151	221.6	223.1
溶液 4#	0.2868	0.2848	151.5	150.4
溶液 5#	0.3739	0.3795	200.1	203.3
溶液 6#	0.3907	0.3921	209.5	210.3

第四节　天然气净化中间放大现场试验技术

一、天然气净化中间放大现场试验系统

天然气净化中间放大现场试验系统是天然气净化实验室研究配套的专业性中试配套基地，承担天然气净化技术项目从实验室研究到工业应用的过渡研究。中试基地是新产品中间试验的场所，而中间试验是把实验室中研究成果进行放大的实验活动。它是探索科研成果转化为产品的内在规律性，将基础研究转为应用研究。因此，中间放大现场试验系统的任务就是对科研成果进行中间试验，不断研制出新产品的配方及生产工艺和样品，决定了该系统在科研和生产中的桥梁与纽带地位。从科学研究的过程看，中间放大现场试验系统是基础研究的延续和扩大，是新产品开发的必经之路，是研究院所高科技实验室的承接场所，是基础研究的后续部分；从成果看，中试基地的成果不再是基础研究的抽象理论，它有具体的工艺和样品，而这些工艺又是新产品的前提。中间放大现场试验系统又是新产品定产、量产的前置场所。

有机硫脱除中间试验装置位于四川省江油市西南油气田分公司川西北净化厂厂区内（图6-16），可以进行醇胺脱硫脱碳技术、硫黄回收及尾气处理技术、生物脱硫、超音速涡流管脱水和超重力脱硫中间放大试验，并配每天 $1\times10^4 m^3$ 的压力为10MPa压缩机。形成一个完整的天然气净化中试系统，还具备开发各类天然气新工艺和新技术的系统。

（一）试验装置

1. 有机硫脱除中间放大试验装置

该装置是国内第一套用于高含硫天然气净化技术研究的中间放大试验装置，能够完整模拟天然气脱硫脱碳工艺过程，可根据研究需要灵活调整原料气组成、压力、处理量等参数。最高操作压力 9.0MPa、最大处理规模 $1\times10^4 m^3/d$。

2. 硫黄回收及尾气处理中间试验装置

该装置主要用于高含硫天然气净化工艺用硫黄回收催化剂侧线放大试验研究，可适应 $30g/m^3$ 以上硫化氢含量的天然气净化工艺，实现了全流程的自动化控制，为高含硫天然气净化配套催化剂的高效研发和评价提供了硬件支撑（图6-17）。

3. 生物脱硫中试装置

2013年，在中国石油高含硫先导试验基地内，建立了国内首套天然气生物脱硫现场试验装置（图6-18），设计规模 $5000m^3/d$，硫黄产量 50kg/d。通过的现场试验和优化，装置

图 6-16 有机硫脱除中间试验装置

图 6-17 硫黄回收及尾气处理中间试验装置

达到了国外同类技术水平,同时,对气质组分、水质、温度等环境因素表现出更好的适应性。

4. 超音速涡流管脱水试验装置

该装置处理量约为 $(1\sim3)\times10^4 m^3/d$,装置入口压力:$0.5\sim1.3$MPa,装置出口压力:$0.1\sim0.7$MPa,原料天然气含硫量≥35%。该装置可以考察压力降、入口压力等因素对超音速涡流管脱水效果的影响,以及考察预成核剂的引入对超音速涡流管脱水及分离效果的影响(图 6-19)。

5. 超重力脱硫中试装置

超重力中试装置主要应用于中低压含硫天然气的高效净化技术开发(图 6-20),主要由反应器、液位控制、转速控制等系统组成。该装置利用高速旋转的反应器内填料床产生的离心力及剪切力,增强液体在填料表面的分散作用,使得传质以高于常规填料塔数倍至数百倍

图 6-18　生物脱硫中试装置

图 6-19　超音速涡流管脱水试验装置

的速度进行，最高操作压力 4.0 MPa，设计规模 $1\times10^4 m^3/d$，转速 1000 r/min。反应器外密封采用自润滑高强度材质平衡型动环设计，确保系统耐压内密封。

（二）试验方法

1. 有机硫脱除中试装置

按需要的比例配置溶液到混合槽，泵入溶液储罐。在仪控室内设置好各个控制点位的操作参数并使其稳定控制。采用氮气对吸收塔、闪蒸罐、再生塔进行充压，使不同设备间的压差足以驱动溶剂进行循环。启动溶液循环泵，等到所有设备液位到达设定值后，开启蒸汽加热至再生塔顶温度不再升高，引入配置需要比例的原料气，并调节气液比、贫液温度、吸收压力、回流比等参数至待试验状态。稳定运行一段时间后，取原料气、净化气、贫液等进行

图 6-20 超重力脱硫中试装置

分析,通过各项分析指标来判断溶剂的运行效果。

2. 硫黄回收及尾气处理中试装置

装置原料气以西南油气田川西北净化厂硫黄回收单元一级冷凝器后过程气为主气源,根据不同项目研究的气质要求再配入钢瓶气如氮气、空气、硫化氢、二氧化硫、氢气、二硫化碳、水等来模拟工业装置气质组成。单级反应器最大催化剂装填量可达 10L,酸气处理量达 540m³/d,尾气进入工业装置焚烧炉。

3. 生物脱硫中试装置

含硫气体首先通过入口分离器进入吸收塔。含有 H_2S 的原料气进入吸收塔后与塔顶喷淋下来的溶剂逆向接触,吸收液 pH 值控制在碱性范围内,净化气从吸收塔顶部输出经气液分离后进入净化厂原料气管线。吸收了 H_2S 的溶液从塔底进入生物反应器,生物反应器温度控制在 30~40℃ 范围内。在生物反应器的底部,用鼓风机将空气吹入气体分布器,控制通氧量,使得氧与硫化物发生不完全氧化反应。空气的吹入还有利于生物反应器中各种物料的充分混合。可溶性硫化物在空气和微生物细菌共同作用下,硫化物与氧反应生成元素硫或硫酸盐,生成的硫黄从溶液中沉降出来。

4. 超音速涡流管脱水装置

超音速涡流管脱水侧线试验的主要目的是通过对超音速涡流管的脱水特性研究确定其结构。试验介质采用天然气。考虑到其工作为低温环境,试验管材质为不锈钢。通过侧线试验测试超音速涡流管在不同压降条件下的干气露点温度以获得测试数据。

5. 超重力脱硫中试装置

超重力脱硫中试试验以常规 40% 质量浓度 MDEA 水溶液为脱硫溶剂,通过调节转速、原料气量、溶液循环量、原料气中酸气含量等试验运行参数，考察超重力中试装置不同条件下的脱硫性能。

二、醇胺脱硫脱碳溶剂中间放大现场试验技术

中试是指产品在大规模正式投产前的较小规模试验，是科技成果向生产力转化的必要环节，对于成果转化的成败有至关重要的作用。醇胺法脱硫技术开发经历了室内评价试验，然而评价装置虽具有和天然气净化厂完全一致的流程和完备的操作单元，但受制于试验场地和投资的限制，不可能每一个设备都按照生产装置的结构来建造，因此并不能完全反应工业实际运行情况。而中试装置则可以做到完全按工业装置等比缩小来设计建造，在模拟效果上强于室内评价装置，能更好地反映实际生产中可能遇到的问题。随之而来的代价则是更大的投资和更加复杂的操作。

（一）实验原理

中试装置在实验原理上和室内小试装置及净化厂脱硫装置基本一致，也包括了气体吸收、富液闪蒸、贫液再生、酸气和净化气气液分离等基本过程。这其中涉及的物理和化学原理，包括气液平衡、传质推动力、物料和热量平衡等，和工厂实际生产装置完全相同，可以很好地模拟实际生产过程中的情况。

（二）实验装置

中试装置在溶剂产品的产业化中具有非常重要的地位，但是由于其投资大，维护保养成本高，且占地面积较大，很多机构并没有条件建立中试装置。这在高校和中小企业中特别明显，形成了所谓的"中试空白"现象，直接影响了研发的溶剂产品的最终规模化应用。对于有条件的科研机构和大型企业，中试装置的建立是极其必要的。

醇胺法脱硫中试技术的实验装置完全按照天然气净化厂的脱硫装置设计建造，与室内评价装置相比，各个单元更接近工厂实际装置，而不是用简单的罐、釜来替代。图 6-21 是中国石油西南油气田分公司天然气研究院设计建造的一套醇胺法有机硫脱除中试试验装置，采用了工业用的大功率压缩机和循环泵，在热量供应上则采用高压蒸汽，这比室内评价装置的电加热更加贴近工业装置。该装置处理量约为 400m³/h，比室内评价装置大 200 倍，可通过

图 6-21　天然气研究院胺法脱硫中试实验装置

原料气和净化气掺混的方式来调节配气中 H_2S、CO_2 和有机硫含量,也可以在进气端直接配入高纯 H_2S、CO_2 及有机硫,从而可以更加精细地对原料气配比进行调节。此外,该装置还建立了专业的仪控系统,可以通过室内操作来控制每一个关键点位的参数,大大降低了操作难度,提高了试验效率。

(三)实验方法

将待试验溶剂按照要求的浓度配置好后,用潜水泵打入贫液储罐。在仪控室内设置好各个控制点位的操作参数并使其稳定控制。采用氮气对吸收塔、闪蒸罐、再生塔进行充压,使不同设备间的压差足以驱动溶剂进行循环。启动贫液循环泵,等到所有设备液位到达设定值后,开启蒸汽加热至再生塔顶温度不再升高,引入原料气,并调节气液比、贫液温度、吸收压力、回流比等参数至待试验状态。稳定运行一段时间后,取原料气、净化气、贫液等进行分析,通过各项分析指标来判断溶剂的运行效果。

(四)实验结果分析与应用

中试试验技术主要用于溶剂正式投产前进行中试放大试验,可以考察溶剂在较大规模较长周期运转时的性能水平,中试成功的产品,正式投产后其成功率比未经历中试的产品大大提高,投产后的问题也更少,调试期更短。西南油气田天然气研究院近年研发的所有溶剂产品,均经历了中试试验阶段,以配方型脱硫溶剂 CT8-22 为例,通过中试试验,对其有机硫脱除性能进行了研究。其中,对于羰基硫(COS)的脱除性能见表 6-18。

表 6-18 不同气液比及 COS 含量下 CT8-22 的吸收性能数据

气液比	吸收压力(MPa)	原料气			净化气			COS脱除率(%)
		H_2S(%)	CO_2(%)	COS(mg/m³)	H_2S(mg/m³)	CO_2(%)	COS(mg/m³)	
200	2.0	7.52	5.08	212.9	2.1	0.51	72.6	70.1
200	2.0	7.66	5.01	410.4	2.2	0.53	134.9	71.2
250	2.0	7.77	5.17	292.3	3.9	0.90	154.6	53.5
300	2.0	7.64	5.19	298.7	8.2	1.14	184.5	45.54

可以看出,CT8-22 在吸收压力为 2.0MPa,气液比为 200 时对 COS 的脱除率达到了 70.1%,当气液比提高到 300 时,吸收率也能达到 45.5%,对 COS 的脱除能力优于国内外绝大多数同类溶剂。

此外,在中试试验装置还上考察了配方脱硫溶剂 CT8-22 脱除硫醇的性能,结果见表 6-19。从该表可知,在吸收压力 2.0MPa、填料高度 6.5m 和所考察的气液比范围内,该配方脱硫溶剂对硫醇的脱除率均超过 50%,而在 200 的气液比下,对硫醇的脱除率可达 63.4%,表明该脱硫溶剂不仅对 COS 具有较强的脱除能力,而且对硫醇也有良好的脱除效果。

溶剂的腐蚀性也是实际生产运行中需要重点考虑的一个因素。中试试验装置因为更加接近生产装置,可以更好地模拟实际生产中的腐蚀情况。同时,由于中试试验管线管径和设备体积均较大,可以比较方便地设置腐蚀挂片试验点位。西南油气田天然气研究院中试试验装置设置了 8 个不同腐蚀监测点位,可以对流程中各段的腐蚀情况进行全方位监测。在线腐蚀监测点示意图和 CT8-22 腐蚀监测数据如图 6-22 和图 6-23 所示。

表 6-19 配方脱硫溶剂 CT8-22 脱除硫醇的性能数据

气液比	填料高度（m）	吸收压力（MPa）	原料气			净化气			硫醇脱除率（%）
			H_2S（%）	CO_2（%）	硫醇（mg/m³）	H_2S（mg/m³）	CO_2（%）	硫醇（mg/m³）	
200	6.5	2.0	7.64	5.12	413.1	2.5	0.56	172.2	63.4
250	6.5	2.0	7.68	5.11	442.9	3.9	0.90	241.7	52.0

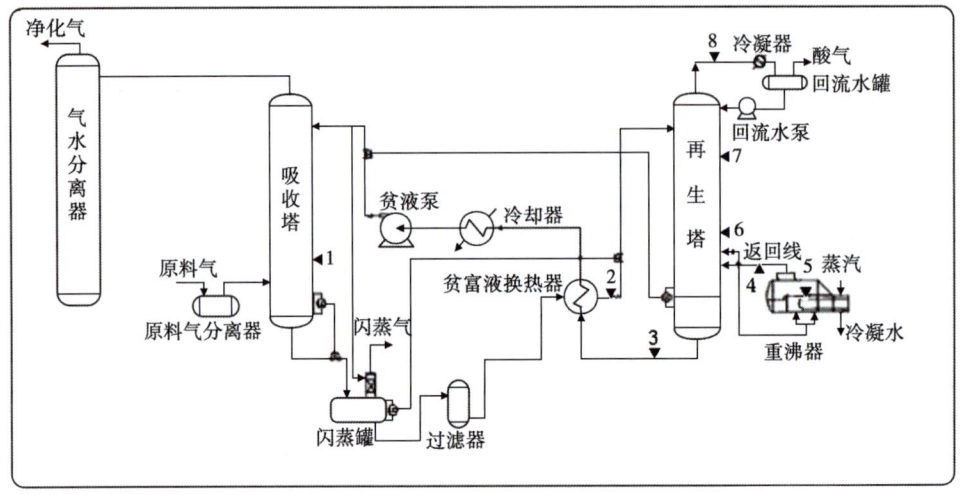

图 6-22　在线腐蚀监测点示意图

1—吸收塔底；2—换热后富液管线；3—再生塔出塔高温富液管线；4—重沸器蒸汽返回管线；
5—重沸器；6—再生塔底；7—再生塔顶；8—再生塔出塔酸气管线

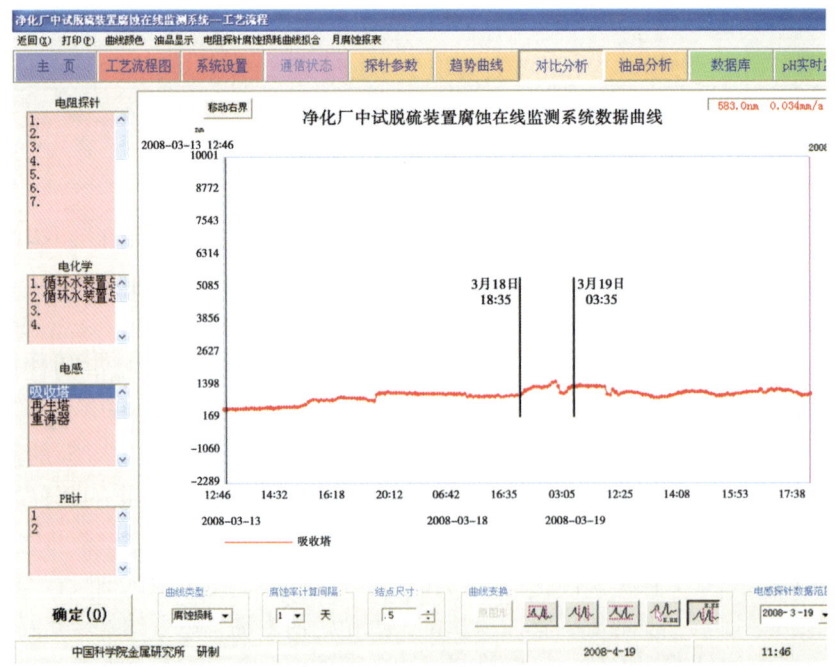

图 6-23　吸收塔在线腐蚀监测情况（CT8-22 溶液试验期间）

从腐蚀失重变化曲线可以计算出，在CT8-22溶液试验期间，吸收塔平均腐蚀速率为0.0340mm/a。在腐蚀监测曲线上有一个比较明显的波动，这段时间内监测平均腐蚀速率为0.2620mm/a。分析装置操作工艺参数发现，这期间贫液入吸收塔的位置和温度都有变化。贫液入吸收塔位置由4.0m处升高至6.5m处，贫液入塔温度由33.5℃左右提升至41℃以上。由此推测，溶液入塔位置和入塔温度对吸收塔的腐蚀有影响。

三、硫黄回收及尾气处理催化剂中间放大现场试验技术

硫黄回收及尾气处理单元是中国石油高含硫气藏开采先导试验基地重要组成部分，可为高含硫气田科学合理、安全快速开发奠定重要基础。通过试验基地的建设，形成高含硫气藏开采的标准化、模式化技术体系，能满足高含硫气藏安全、高效和经济开发的需求，解决高含硫气藏开采过程中的关键技术问题，培养专业技术人才。硫黄回收及尾气处理单元装置主要用于考察实验室研究开发的硫黄回收及尾气处理工艺和催化剂在工业气质组成和操作条件下的适应性，同时硫黄回收单元的中试成果将为高含硫试验平台中硫黄回收及尾气处理的特色技术、专用硫黄回收催化剂的核心技术提供技术支持和保障。

由于实际工业生产中的硫黄回收工艺过程较为复杂，且燃烧炉等设备虽结构复杂，但技术相对成熟，考虑科研需要并尽量节约投资，因此取消了燃烧炉等设备，以西南油气田川西北天然气净化厂硫黄回收单元的过程气作为原料气，并用气体钢瓶配入氮气、氧气、二氧化碳、硫化氢、二氧化硫、氢气等气体和计量泵注入二硫化碳和水的形式来模拟各种工况。

硫黄回收工艺和配套催化剂开发过程通常包括实验室研究、中试试验研究和工业试验研究。实验室研究主要是在室内现有的小型硫黄回收及尾气处理催化剂评价装置上完成的，中试试验研究则需要中试（侧线）试验装置，以满足工艺研发的要求。一般而言，实验室研究反应器中的催化剂装填量是按毫升级考虑，工业试验研究反应器中的催化剂装填量按吨级考虑，按照逐级放大的原则，并考虑到实验室研究和工业试验研究反应器中催化剂装填量的情况，中试试验研究的催化剂装填量按最大10L考虑。

（一）实验原理

工业硫黄回收及尾气处理装置一般包括燃烧炉和废热锅炉、反应器、冷凝器和换热器等设备，含硫化氢酸性气体在燃烧炉中按一定比例燃烧生成二氧化硫，酸性气中的碳氢化合物和氨完全氧化，经过废锅回收热量后的过程气在催化剂作用下发生克劳斯反应、直接氧化反应、加氢反应等回收硫化物，剩余废气通过焚烧炉燃烧转化为二氧化硫排放（陈庚良，2007）。

克劳斯反应段：在常规或低温克劳斯工艺中，过程气中硫化氢、二氧化硫在催化剂作用下发生克劳斯反应生成硫黄，有机硫羰基硫和二硫化碳水解转化为硫化氢，发生的反应如下：

$$2H_2S+SO_2 \longleftrightarrow 3/xS_x+2H_2O \tag{6-23}$$

$$COS+H_2O \longrightarrow H_2S+CO_2 \tag{6-24}$$

$$CS_2+H_2O \longrightarrow H_2S+CO_2 \tag{6-25}$$

超优克劳斯段：在低温SO_2选择性加氢催化剂的作用下，SO_2与H_2和CO发生还原反

应,生成了硫蒸气和 H_2S,H_2 和 CO 在克劳斯工艺气体中已经存在(郑彦彬 等,2006),发生的反应为

$$SO_2+2H_2 \longrightarrow 1/xS_x+2H_2O \quad (6-26)$$

$$SO_2+3H_2 \longrightarrow H_2S+2H_2O \quad (6-27)$$

$$SO_2+2CO \longrightarrow 1/xS_x+2CO_2 \quad (6-28)$$

超级克劳斯段:在选择性氧化制硫催化剂的作用下,过程气中硫化氢与空气中氧气发生化学反应直接转化为硫黄,进一步回收硫黄,发生的反应为

$$2H_2S+O_2 \longrightarrow 2S+2H_2O \quad (6-29)$$

加氢处理段:硫黄回收装置制硫单元的尾气中含硫化合物在加氢催化剂作用下,SO_2 和硫蒸汽加氢转化为 H_2S,有机硫羰基硫和 CO_2 水解转化为硫化氢,含硫化氢加氢尾气通过后续胺液吸收脱除 H_2S,净化尾气经过焚烧后通过烟囱排入大气。

$$SO_2+3H_2 \longrightarrow H_2S+2H_2O \quad (6-30)$$

$$S_8+8H_2 \longrightarrow 8H_2S \quad (6-31)$$

$$COS+H_2O \longrightarrow H_2S+CO_2 \quad (6-32)$$

$$CS_2+H_2O \longrightarrow H_2S+CO_2 \quad (6-33)$$

(二)实验设备

硫黄回收及尾气处理中试试验单元建设规模为 $288m^3/d$(图6-24),主要包括进气计量控制系统、克劳斯反应系统、尾气处理系统以及自动控制系统。装置原料气以西南油气田川西北净化厂硫黄回收单元一级冷凝器后过程气为主气源,根据不同项目研究的气质需要再配入钢瓶气如氮气、空气、硫化氢、二氧化硫、氢气、二硫化碳、水等来模拟工业装置气质组成。单级反应器最大催化剂装填量可达 10L,酸气处理量达 $540m^3/d$,尾气进入工业装置焚烧炉。

试验装置具备硫黄回收及尾气处理催化剂和新工艺开发的双重功能。配套的克劳斯反应系统由三列预热器、反应器、冷凝器组成,通过阀门切换可以模拟一级、二级、三级常规克劳斯反应工艺;可模拟低温克劳斯工艺如 CPS、CBA 等;也可以模拟超级克劳斯工艺(SUPERCLAUS)、超优克劳斯工艺(EUROCLAUS)、克劳斯尾气还原吸收处理工艺(包括标准SCOT 和 LT-SCOT)、克劳斯尾气氧化工艺(包括吸附和再生)等多种硫黄回收及尾气处理工艺。中试试验装置作为室内研究手段的必要补充,可促进室内研究成果向工业应用的快速转化,也进一步验证室内研究开发的工艺技术及催化剂配方的工业适应性。

从西南油气田分公司川西北天然气净化厂 MCRC 工业装置燃烧炉后一级冷凝器后的过程气引出一股(温度约200℃,流量约 $2\sim10m^3/h$)作为现场试验主气源,与经过钢瓶减压、计量后的 H_2、N_2 等补充气进入试验装置的混合器,混合后的气体进入预热器预热至 200~220℃之后,进入装填有催化剂的反应器1、反应器2、反应器3进行克劳斯反应、有机硫水解反应或加氢反应,反应完后的气体进入分离器,分离出产生的液体硫黄,之后剩余气体引入尾气焚烧装置处理(图6-25)。

图 6-24 中试试验装置

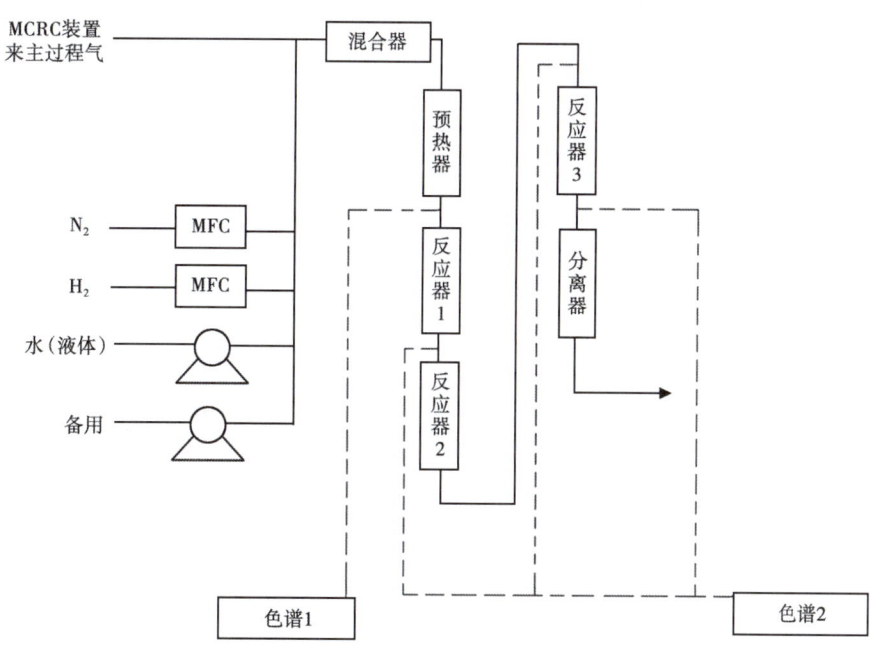

图 6-25 现场试验装置流程示意图

(三) 实验方法与步骤

1. 准备工作和催化剂装填

（1）按大气环境装填催化剂的操作指南正确的将催化剂装填到反应器内，注意避免在装填时催化剂被雨淋。

(2) 根据反应器体积提供的要求,准备相应型号和数量的催化剂和支撑材料。

(3) 装填之前,要认真检查底部出口丝网,如开工的大小、丝网与反应器器壁的距离等,保证催化剂不会泄漏。

(4) 反应器内热偶安装位置合适,才能正确地检测尾气还原催化剂在使用之前的硫化和正常操作中的工作状况。

(5) 用 N_2 吹扫系统,使反应器出口 O_2 小于 0.5%。

(6) 所有设施,如夹套管线等的蒸汽都要准备到位以便随时投用,避免设备腐蚀。

2. 催化剂预硫化

按照 10~20℃/h 的升温速度控制加氢催化剂床层温升至 120℃,恒温干燥 2h 脱除吸附游离水;然后继续按照 10~20℃/h 的升温速度将催化剂床层温度升至 200℃,恒温干燥 2h 脱除化学结合水,上述期间需注意入口温度不大于 300℃。如使用在线加热炉加热,在反应器床层升温过程中,为了确保燃料气体的完全燃烧,要求每小时必须至少分析一次 O_2 和 H_2 含量,O_2 含量控制 0.5% 以下。在升温过程中,催化剂在没有 H_2S 存在时,应避免在大于 200℃ 的高温条件下与 H_2 接触,以免损害催化剂,影响加氢活性。

(1) 催化剂干燥结束后,打开加氢反应器入口 H_2 管线控制反应器入口 H_2 含量保持在 3% 左右,同时打开原料酸性气的开工副线引入尾气加氢反应器并控制反应器入口 H_2S 含量在 0.5%~1%。

(2) 加氢反应器入口温度恒温控制 200℃,等待 H_2S 穿透床层,当反应器出口检测到 H_2S 且含量大于 0.2% 后,反应器入口的 H_2S 含量提高到 1%~3%,反应器入口温度按 20℃/h 的速度继续升温至 230℃,恒温控制入口温度继续进行硫化。

(3) 当温度穿过下部床层并且出口的 H_2S 浓度大于 1% 后,反应器入口按 20℃/h 的速度继续升温至 280℃,继续进行硫化,当反应器入口出口的 H_2S 浓度平衡,才认为催化剂已预硫化完毕,也可考虑床层温升变化情况,当床层温度不再上升或略有下降时,据此判定催化剂预硫化结束。

3. 硫化过程记录

(1) 开工前和硫化过程中每 30min 取样分析反应器出口 O_2 含量;

(2) 每 30min 分别记录一次反应器入口温度、床层所有热偶温度、反应器出口温度;

(3) 每 30min 取样分析反应器出口氢气含量;

(4) 每 60min 取样分析反应入口和出口硫化氢含量。

(四) 实验结果分析与应用

西南油气田天然气研究院近年研发的催化剂产品,均经历了中试试验阶段。以天然气研究院 Claus 尾气低温加氢水解催化剂为例,中试试验在空速 $1000h^{-1}$,反应器入口温度为 220℃,工厂气质条件下,开展了催化剂的活性稳定性考察试验,试验结果见表 6-20。在 500h 连续运转期间,经过催化剂床层的尾气总硫始终小于 $200\mu L/L$,表明催化剂具有良好的活性稳定性。此外,在 500h 连续运转期间,工厂气质组成不断发生变化,反应器入口的硫化物浓度变化范围为 0.12%~0.86%,由表 6-20 可见,工厂的气质组成在一定范围内发生变化并没有影响到催化剂的活性,经过催化剂床层的尾气总硫始终小于 $200\mu L/L$。

表 6-20 Claus 尾气低温加氢水解催化剂 500h 连续运转催化剂活性

时间（h）	反应器入口硫化物浓度（%）	尾气总硫（μL/L）
1	0.13	88.8
10	0.25	52.4
20	0.75	19.7
30	0.86	52.4
40	0.74	37.1
50	0.59	16.1
60	0.12	6.9
70	0.25	16.1
80	0.14	18.1
90	0.14	22.5
100	0.55	53.1
120	0.20	37.1
140	0.61	27.0
160	0.13	12.3
180	0.46	31.5
200	0.15	41.8
220	0.13	35.4
240	0.19	44.6
260	0.29	36.7
280	0.12	10.4
300	0.12	9.2
320	0.50	109.3
340	0.19	50.6
360	0.18	134.7
380	0.19	149.1
400	0.33	172.8
420	0.18	142.8
440	0.16	97.8
460	0.18	60.1
480	0.19	32.9
500	0.31	71.0

以低温加氢硫黄回收催化剂为例，在空速 $10000h^{-1}$，反应温度 200℃，工厂气质条件下，开展了催化剂的活性稳定性考察，试验结果见表 6-21，由表可以看出，在 500h 连续运转期间，经过催化剂床层的二氧化硫的总转化率大于 93%，二氧化硫转化为元素硫的选择性大于 90%，表明催化剂具有良好的活性稳定性。

表 6-21 低温加氢硫黄回收催化剂 500h 连续运转催化剂活性

时间（h）	H_2S（%）	SO_2（%）	SO_2 转化为 S 的选择性（%）	SO_2 总转化率（%）
1	0.62	0.23	93.5	93.8
10	0.59	0.24	94.3	94.7
20	0.75	0.28	94.8	94.8
30	0.65	0.31	93.5	94.8
40	0.46	0.26	94.8	93.6
50	0.56	0.31	94.2	93.8
60	0.62	0.37	93.7	94.7
70	0.72	0.28	94.3	94.5
80	0.58	0.32	94.6	93.6
90	0.72	0.38	93.8	93.6
100	0.65	0.43	94.3	95.4
120	0.82	0.37	93.8	94.9
140	0.75	0.36	92.8	93.6
160	0.64	0.38	93.5	94.8
180	0.83	0.42	94.3	93.5
200	0.82	0.38	93.4	95.9
220	0.78	0.41	92.9	95.4
240	0.76	0.38	93.2	94.9
260	0.65	0.35	93.8	93.2
280	0.75	0.34	94.6	95.1
300	0.81	0.40	93.5	95.3
320	0.76	0.35	94.7	94.4
340	0.64	0.43	93.8	93.7
360	0.85	0.47	93.5	93.6
380	0.84	0.46	94.2	93.7
400	0.83	0.48	93.4	94.4
420	0.92	0.50	92.9	95.3
440	0.86	0.48	93.2	94.6
460	0.76	0.45	94.3	94.3
480	0.78	0.47	93.7	95.5
500	0.74	0.48	93.6	95.5

中试试验结果进一步验证了实验室开发的低温加氢水解催化剂和二氧化硫加氢制硫催化剂性能的可靠性、稳定性和工艺适应性，为工业应用推广提供技术支撑，截至2018年6月底，已工业应用28家约300t。

参 考 文 献

陈昌介，朱荣海，涂陈媛，等，2015. 克劳斯工艺回收硫磺中催化剂积碳情况的定量表征［J］. 硫酸工业，3：43-45.

陈赓良，2007. 克劳斯法硫磺回收工艺技术［M］. 北京：石油工业出版社.

方肇伦，1999. 流动注射分析法［M］. 北京：科学出版社.

王开岳，2005. 天然气净化工艺——脱硫脱碳、脱水、硫磺回收及尾气处理［M］. 北京：石油工业出版社.

温崇荣，吴文莉，2008. 硫磺回收及尾气处理催化剂活性评价方法［J］. 石油与天然气化工，37（s1）：121-125.

徐双金，刘旭光，李开，等，2004. LO-CAT工艺技术在隆昌天然气净化厂的应用［J］. 石油与天然气化工，33（1）：23-25.

郑彦彬，谢莹，王威，2006. SUPERCLAUS和EUROCLAUS硫磺回收工艺在煤气化制甲醇和合成氨厂的应用［J］. 甲醇与甲醛，1：8-12.

CHAKMA A, MEISEN A, 1998. Identification of Methyl Di Ethanol Amine Degradation Products by Gas Chromatography and Gas Chromatography-Mass Spectrometry［J］. Journal of Chromatography A, 457（1）：287-297.

ROONEY P C, DUPART M S, BACON T R, 1998. Oxygen's Role in Alkanolamine Degradation［J］. Hydrocarbon Processing, 77（7）：109-113.

ROONEY P C, BACON T R, DUPART M S, 1997. Effect of Heat Stable Salts on MDEA Solution Corrositivity［J］. Hydrocarbon Processing, 76（4）：65-71.

第七章 高含硫天然气安全环保监测检测评价技术

高含硫气藏的开发在安全环保方面面临着天然气泄漏扩散、管道和压力容器缺陷、植被生态影响、地下水影响、气田水硫化物处理等诸多风险与挑战,检测监测及相关评价则是掌握风险现状,保障开发安全的有效手段。

第一节 高含硫天然气泄漏扩散评价技术

在高含硫气藏的开发过程中,天然气泄漏是一个不可忽视的重大风险。采出天然气为混合气体,根据气藏生成条件的不同,往往含有不同比例的硫化氢、二氧化硫、二氧化碳等有毒有害气体,一旦发生泄漏则可能造成生产中断、人员伤亡、环境污染等事故。科学地对高含硫天然气泄漏扩散进行模拟、预测和评价是合理制定应急预案、保障气藏开发安全的前提和基础。在掌握天然气泄漏模型、基本物质传输模型的基础上进行天然气扩散的模拟,是预测和评价高含硫天然气泄漏扩散的有效方法。该方法具有概念明确、易于计算、结果较为准确的特点。

一、评价原理

评价天然气泄漏扩散的基本原理是利用天然气泄漏和泄漏介质的物质传输两个过程的数学模型,模拟天然气的扩散过程,预测其浓度分布,达到评价泄漏影响的目的。

气藏开发产出天然气通常为气态或气液两相态,高含硫天然气主要有毒气体为硫化氢、二氧化硫,其在天然气混合物中均为气态存在。本书仅介绍含硫化氢、二氧化硫天然气的泄漏扩散过程,且不考虑可能发生的化学反应。

(一)泄漏模型

气藏开发采出气无论是在井口装置还是集输系统,均以高压气态呈现。发生泄漏时,高压气体以气态形式直接传输至大气。泄漏口内外压差较大时,介质流动受阻形成滞塞流现象。此时的介质泄漏流速不受容器内外压力差影响,而只取决于容器内的压力和温度。

天然气从裂口泄漏的质量流速与天然气在泄漏裂口处的流动状态有关。在计算天然气泄漏速率前,首先要判断气体流动为音速流动还是亚音速流动(李又绿,2004)。

当式(7-1)成立时,气体流动属音速流动:

$$\frac{p_0}{p} \leqslant \left(\frac{2}{k+1}\right)^{\frac{k}{k-1}} \tag{7-1}$$

当式(7-2)成立时,气体流动属亚音速流动:

$$\frac{p_0}{p} > \left(\frac{2}{k+1}\right)^{\frac{k}{k-1}} \tag{7-2}$$

式中 k——气体的绝热指数,即比定压热容与定容比热容之比,一般取 1.314;
p——管道内气体压力,Pa;
p_0——泄漏环境压力,Pa。

当天然气呈亚音速流动时,其泄漏速率为

$$Q_0 = C_d A p \sqrt{\frac{M}{RT} \frac{2k}{k-1} \left[\left(\frac{p_0}{p}\right)^{2/k} - \left(\frac{p_0}{p}\right)^{(k+1)/k} \right]} \quad (7-3)$$

对于井口、容器、管道等的天然气泄漏,一般属于音速流动,其泄漏速率计算式如下:

$$Q_0 = C_d A p \sqrt{\frac{kM}{RT} \left(\frac{2}{k+1}\right)^{\frac{k+1}{k-1}}} \quad (7-4)$$

式中 p_0——泄漏处环境压力,Pa;
p——气体泄漏前压力,Pa;
k——天然气的绝热指数,1.314;
Q_0——泄漏速率,kg/s;
C_d——泄漏系数,泄漏裂口形状为圆形时取 1,三角形取 0.95,矩形取 0.9,孔口为内层腐蚀形成的渐缩孔(钝角入口),$0.9<C_d<1.0$,孔口为外力机械损伤形成的渐扩孔(钝角入口),$0.6<C_d<0.9$;
A——泄漏裂口的面积,m^2;
M——气体分子质量,kg/mol;
R——理想气体常数,J/(mol·K);
T——泄漏裂口处管道内的天然气温度,K。

(二)扩散模型

国外关于危险性气体在大气中扩散的研究工作始于 20 世纪 70~80 年代,直到现在该领域的研究还比较活跃。在此期间,提出了不少扩散的计算模型,同时也进行了许多大规模试验。表 7-1 列出了几种主要的扩散模型,包括高斯烟羽模型、高斯烟团模型、BM 模型、Sutton 模型及 FEM3 模型等。BM 模型是由一系列重气体连续泄放和瞬时泄放的实验数据绘制成的计算图表组成,属于经验模型,外延性较差;Sutton 模型是用湍流扩散统计理论来处理湍流扩散问题,但在模拟可燃气体泄放扩散时误差较大;FEM3 模型适用于处理连续源泄放及有限时间的泄放,但其计算量很大,用计算机模拟较为困难,且只适用于重气的扩散。高斯模型只适用于中性气体,模拟精度较差,但它可模拟连续性泄漏和瞬时泄漏两种泄漏方式,由于提出的时间比较早,实验数据多,因而较为成熟,模型简单、易于理解、运算量小、计算结果与实验值能较好吻合等特点,致使该模型得到了广泛的应用。如美国环境保护协会 EPA 所采用的许多标准都是以高斯模型为基础而制定的。

表 7-1 各模型特性比较表

模型名称	适用对象	适用范围	难易程度	计算量	计算精度
高斯模型	中性气体	大规模、长时间	较易	少	较差
BM 模型	中性或重气体	大规模、长时间	较易	少	一般
Sutton 模型	中性气体	大规模、长时间	较易	少	较差
FEM3 模型	重气体	不受限制	较难	大	较好

二、评价方法与步骤

(一) 基本微分方程

泄漏出的天然气在大气中的扩散是一个三维非定常的湍流流动过程,其运动规律受牛顿第二定律、质量守恒定律、热力学第一定律控制。在不考虑化学反应的条件下,需联立求解连续性方程、动量守恒方程、能量守恒方程、组分守恒方程以及组分运输方程,才能准确模拟扩散过程。

1. 连续性方程

任何流动问题均须满足质量守恒定律,连续性方程则为质量守恒方程:

$$\frac{\partial \rho}{\partial t} + \frac{\partial (\rho u_x)}{\partial x} + \frac{\partial (\rho u_y)}{\partial y} + \frac{\partial (\rho u_z)}{\partial z} = 0 \tag{7-5}$$

式中 ρ——密度,kg/m^3;
t——时间,s;
x, y, z——直角坐标系中的三个方向;
u_x, u_y, u_z——x, y, z 方向的速度分量,m/s。

2. 动量守恒方程

任何流动系统均须满足动量守恒定律,动量守恒方程为

$$\frac{\partial}{\partial t}(\rho u_i) + \frac{\partial}{\partial x_j}(\rho u_i u_j) = -\frac{\partial p}{x_i} + \frac{\partial \tau_{ij}}{\partial c_j} + \rho g_i + F_i \tag{7-6}$$

其中 τ_{ij} 为应力张量:

$$\tau_{ij} = \left[\mu \left(\frac{\partial u_i}{\partial x_j} + \frac{\partial u_j}{\partial x_i} \right) \right] - \frac{2}{3} \mu \frac{\partial u_1}{\partial x_1} \delta_{ij} \tag{7-7}$$

式中 ρg_i——重力体积力;
F_i——其他体积力。

3. 能量守恒方程

含有热交换的流动系统须满足热力学第一定律,其能量守恒方程为

$$\frac{\partial (\rho T)}{\partial t} + \frac{\partial (\rho u T)}{\partial x} + \frac{\partial (\rho v T)}{\partial y} + \frac{\partial (\rho w T)}{\partial z} = \frac{\partial}{\partial x}\left(\frac{k}{c_p}\frac{\partial T}{\partial x}\right) + \frac{\partial}{\partial y}\left(\frac{k}{c_p}\frac{\partial T}{\partial y}\right) + \frac{\partial}{\partial z}\left(\frac{k}{c_p}\frac{\partial T}{\partial z}\right) \tag{7-8}$$

式中 c_p——比热容;
T——温度;
k——流体传热系数。

4. 组分守恒方程

流动系统须组分守恒定律,其组分守恒方程为

$$\frac{\partial (\rho c_s)}{\partial t} + \mathrm{div}(\rho u c_s) = \mathrm{div}[D_s \mathrm{grad}(\rho c_s)] + S_s \tag{7-9}$$

式中 c_s——体积浓度;

ρc_s——质量浓度；

D_s——扩散系数；

S_s——生产率。

5. 标准 $k\text{-}\varepsilon$ 方程

标准 $k\text{-}\varepsilon$ 模型是目前广泛使用的湍流模型，该模型由两方程组成。

k 方程：

$$\frac{\partial(\rho k)}{\partial t} + \frac{\partial(\rho k u_i)}{\partial x_i} = \frac{\partial}{\partial x_i}\left[\left(\mu + \frac{\mu_t}{\sigma_k}\right)\frac{\partial k}{\partial x_j}\right] + G_k - \rho\varepsilon \qquad (7-10)$$

ε 方程：

$$\frac{\partial(\rho\varepsilon)}{\partial t} + \frac{\partial(\rho\varepsilon u_i)}{\partial x_i} = \frac{\partial}{\partial x_j}\left[\left(\mu + \frac{\mu_t}{\sigma_\varepsilon}\right)\frac{\partial\varepsilon}{\partial x_j}\right] + C_{1\varepsilon}\frac{\varepsilon}{k}G_k - C_{2\varepsilon}\rho\frac{\varepsilon^2}{k} \qquad (7-11)$$

式中 G_k——平均速度梯度产生的湍流动能源项；

u_t——湍动黏度，$\mu_t = \rho C_\mu k^2/\varepsilon$。

根据相关实验验证，模型常数 $c_{1\varepsilon}$，$c_{2\varepsilon}$，σ_k，σ_ε 取值为 $c_{1\varepsilon}=1.44$，$c_{2\varepsilon}=1.92$，$\sigma_k=1.0$，$\sigma_\varepsilon=1.3$。

（二）高斯烟羽模型扩散模拟

高含硫天然气属于混合气体，H_2S、SO_2 等成分占有一定比例，但四川盆地高含硫气田采出天然气最高含硫量也未超过17%。整体来看，混合气体平均相对分子质量尚未大于空气平均相对分子质量。因此，可将高含硫天然气看作中性气体，使用高斯烟羽模型来模拟其扩散行为。

大气紊流导致了泄漏物烟羽中的空气小团与烟羽外的空气混合。这一混合又造成污染物散开。在风力作用下，随着运动距离的增加，泄漏物浓度变得越来越低。在垂直于风向的平面上，离烟羽中轴线越远，则泄漏物浓度越低。高斯模型使用如图7-1所示一系列符合正态分布的钟形曲线，描述了泄漏源下风向不同空间位置的物质浓度。图中以正风方向为 x 轴，侧风方向为 y 轴，z 轴垂直于水平面，δ_y、δ_z 为 y、z 方向上的扩散参数。

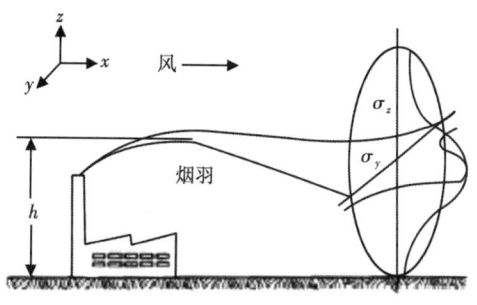

图7-1 点源泄漏的高斯分布

在上述假设的基础上，根据质量守恒定律可推导出泄漏天然气浓度变化的湍流微分方程：

$$\frac{\partial c}{\partial t} + u\frac{\partial c}{\partial x} = K_x\frac{\partial^2 c}{\partial x^2} + K_y\frac{\partial^2 c}{\partial y^2} + K_z\frac{\partial^2 c}{\partial z^2} \qquad (7-12)$$

式中 c——泄漏天然气的瞬时浓度，kg/m^3；

t——扩散时间，s；

u——风速，m/s；

K_x，K_y，K_z——x，y，z 轴方向上的湍流扩散系数，m/s；

式（7-12）中左边为局地扩散和对流扩散项，右边为湍流扩散项。

若天然气泄漏为连续排放，在泄漏开始的一段较长时间内天然气泄漏的流量视为常数。泄漏天然气扩散的流场达到稳定时，扩散空间某一点的浓度应是恒定的，不随时间变化，即 $\dfrac{\partial c}{\partial t}=0$。

在有风的情况下，因风力产生的平流输送作用远远大于水平方向上的分子扩散作用，即

$$u\frac{\partial c}{\partial x} \gg K_x \frac{\partial^2 c}{\partial x^2} \tag{7-13}$$

$$u\frac{\partial c}{\partial x} = K_y \frac{\partial^2 c}{\partial y^2} + K_z \frac{\partial^2 c}{\partial z^2} \tag{7-14}$$

初始条件：$t=0$，$x=y=0$，$c\to\infty$；
边界条件：x，y，$z\to\infty$，$c\to 0$。

对上式求解可得到连续泄漏天然气在空中扩散浓度的分布：

$$c(x, y, z) = \frac{Q_h}{2\pi u \sigma_y \sigma_z} \exp\left[-\frac{1}{2}\left(\frac{y^2}{\sigma_y^2} + \frac{z^2}{\sigma_z^2}\right)\right] \tag{7-15}$$

式中　σ_y，σ_z——天然气在 y、z 方向上的扩散参数，m；
　　　u——平均风速，m/s；
　　　Q_h——泄漏速率，kg/s。

当泄漏天然气沿地面扩散时，因地面对扩散天然气的全反射作用，故地面连续源泄漏天然气在地面上的扩散浓度分布为

$$c(x, y, z) = \frac{Q_h}{\pi u \sigma_y \sigma_z} \exp\left[-\frac{1}{2}\left(\frac{y^2}{\sigma_y^2} + \frac{z^2}{\sigma_z^2}\right)\right] \tag{7-16}$$

（三）模型计算参数

采用式（7-15）及式（7-16）计算天然气泄漏后的扩散浓度分布，必须确定模型中相关的计算参数，确定求解的边界条件，主要参数包括泄漏速率、泄漏面积以及扩散参数 σ_y、σ_z。其中，泄漏速率可由式（7-4）确定，泄漏面积则由事故发生实际情况确定。下面主要介绍扩散参数 σ_y、σ_z 的计算方法。

σ_y、σ_z 的大小与地面粗糙度、泄漏持续时间、风速等因素有关，可以通过统计的方法和经验公式的方法进行计算。

首先根据表 7-2 判断大气稳定度等级，其次由表 7-3 确定地表粗糙度。当地表粗糙度小于 0.1 时，扩散系数可按表 7-4 直接计算获得；当地表粗糙度大于 0.1 时，则需由下式进行修正：

$$\sigma_y = \sigma_{y_0} f_y \tag{7-17}$$

$$\sigma_z = \sigma_{z_0} f_z \tag{7-18}$$

式中的 f_y 和 f_z 为扩散系数修正项，它既与地表粗糙度相关，又与大气稳定度相联系，其具

体计算公式如式（7-19）和式（7-20）所示：

$$f_y(Z_0) = 1 + a_0 Z_0 \tag{7-19}$$

$$f_z(x, Z_0) = (b_0 - c_0 \ln x)(d_0 + e_0 \ln x)^{-1} Z_0^{f_0 - g_0 \ln x} \tag{7-20}$$

常数 a_0、b_0、c_0、d_0、e_0、f_0、g_0 可由表7-5查得。

表7-2 大气稳定度级别划分表

地面风速	白天日照			夜间条件	
（m/s）	强	中等	弱	阴天且去层薄，或低空云量为4/8	天空云量为3/8
<2	A	A~B	B		
2~3	A~B	B	C	E	F
3~4	B	B~C	C	D	E
4~6	C	C~D	D	D	D
>6	C	D	D	D	D

表7-3 地表有效粗糙度

地面类型	地表粗糙度（m）
草原、平坦开阔地	<0.1
农作物地区	0.1~0.3
村落、分散的树林	0.3~1
分散的高、矮建筑物	1~4
密集的高、矮建筑物	4

表7-4 扩散参数表

大气稳定度	σ_y（m）	σ_z（m）
A（极不稳定）	$0.22x(1 + 0.0001x)^{-1/2}$	$0.2x$
B（不稳定）	$0.16x(1 + 0.0001x)^{-1/2}$	$0.12x$
C（弱不稳定）	$0.11x(1 + 0.0001x)^{-1/2}$	$0.08x(1 + 0.0002x)^{-1/2}$
D（中性稳定）	$0.08x(1 + 0.0001x)^{-1/2}$	$0.06x(1 + 0.0015x)^{-1/2}$
E（弱稳定）	$0.06x(1 + 0.0001x)^{-1/2}$	$0.03x(1 + 0.0003x)^{-1}$
F（稳定）	$0.04x(1 + 0.0001x)^{-1/2}$	$0.016x(1 + 0.003x)^{-1}$

表7-5 扩散参数计算

	A	B	C	D	E	F
a_0	0.042	0.115	0.15	0.38	0.3	0.57
b_0	1.10	1.5	1.49	2.53	2.4	2.913
c_0	0.0364	0.045	0.0182	0.13	0.11	0.0944
d_0	0.4364	0.853	0.87	0.55	0.86	0.753
e_0	0.05	0.0128	0.01046	0.042	0.01682	0.0228
f_0	0.0273	0.156	0.089	0.35	0.27	0.29
g_0	0.024	0.0136	0.0071	0.03	0.022	0.023

三、评价结果

在天然气扩散预测模拟之后,则可明确泄漏后的硫化氢、二氧化硫等污染物的分布范围,进而对其进行环境影响评价。目前,通常采用较直观、简单的单项评价指数评价大气环境质量(陆书玉,2001),其表达式为

$$I_{(H_2S/SO_2)} = \frac{\rho_{(H_2S/SO_2)}}{\rho_{(H_2S/SO_2)0}} \tag{7-21}$$

式中　$\rho_{(H_2S/SO_2)}$——环境污染物 H_2S 或 SO_2 的预测浓度,mg/m^3;

　　　$\rho_{(H_2S/SO_2)0}$——污染物 H_2S 或 SO_2 的环境质量标准值,mg/m^3。

第二节　高含硫管道及压力容器缺陷检测评价技术

酸性气田的管道和容器存在发生内部腐蚀、开裂失效的可能,因而存在各种类型的缺陷。缺陷的存在和扩展会导致管道、容器失效。尤其是在管道和容器内部的缺陷,不容易被发现,对安全生产的危害尤为显著。如何检测内部缺陷,以判断容器和管道能否继续使用,是保证管道与压力容器安全运行的关键问题。目前的实验技术主要采用的是超声相控阵检测评价实验技术、超声导波检测评价实验技术、传统脉冲超声波检测评价实验技术、X 射线检测评价实验技术、磁粉检测评价实验技术、衍射时差法(TOFD)检测评价实验技术、漏磁检测评价实验技术(MFL)等,这些技术能够针对腐蚀或焊缝缺陷进行量化评价,是管道及压力容器内部缺陷检测评价检验中必不可少的检验手段。

一、管道内部缺陷检测评价实验技术

管道内部缺陷检测评价实验技术是基于风险的原则,通过检测、分析、判断,确定管道的安全状态,为管道的维护、检查、管理提供技术支持。

管道内部缺陷检测评价实验技术具有以下特点:管道处于运行状态、检测方法实时性、检测对象为被检管道本体。

管道内部缺陷检测评价实验技术的主要目的:

(1) 管道内部缺陷敏感点检测。用户自己或委托专家机构对管道的缺陷机理进行了全面分析后,为了验证分析结论,在运行中对管道的腐蚀敏感点进行检测。

(2) 监视操作条件变化对管道缺陷的影响。操作条件的变化会影响内部缺陷的发展,通过对腐蚀敏感点的检测,可以掌握管道腐蚀的发展情况。

管道内部缺陷检测评价实验技术按照检测缺陷的类型分成腐蚀缺陷检测评价实验技术和焊缝缺陷检测评价实验技术。腐蚀缺陷检测评价实验技术主要包括传统脉冲超声波实验技术、超声导波实验技术、涡流检测评价实验技术。焊缝缺陷检测评价实验技术主要有磁粉检测评价实验技术、数字射线检测评价实验技术,其中后者可同时应用于两类缺陷的检测评价。

(一) 超声导波检测评价实验技术

1. 实验原理

超声导波检测采用低频扭曲波或纵波,超声导波可以在较远的距离上传播而信号的衰减很小,因此管道不开挖状态下在一个位置固定脉冲回波阵列就可做大范围的检测(图 7-2)。仪

器的探头阵列发出一束超声能量脉冲,此脉冲充斥整个圆周方向和整个管壁厚度,向远处传播,导波传输过程中遇到缺陷时,缺陷在径向截面上有一定的面积,导波会在缺陷处返回一定比例的反射波,因此可由同一探头阵列检出返回信号——反射波来发现和判断缺陷的大小(汪永康,2014)。

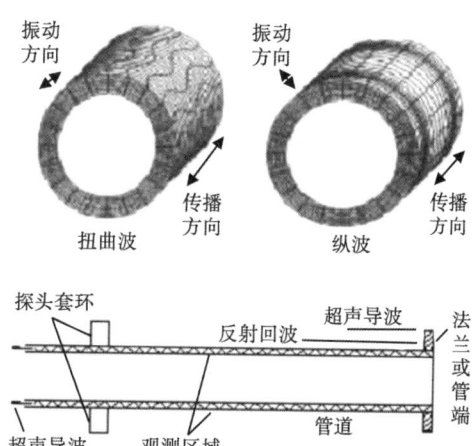

2. 实验设备

超声导波检测评价实验设备主要由固定在检测面上的探伤套环(探头矩阵)、检测装置本体和用于控制和数据采样处理的计算机三部分组成,如图7-3所示。探头套环由一组并列的等间隔的环能器阵列组成,组成阵列的换能

图7-2 超声导波检测原理图

器数量取决于容器直径和使用波型,接触探头套环的容器表面需要进行清理但无须耦合剂,亦即除安放探头环的位置外,无须在清除和复原大面积包覆层或涂层上花费功夫,这也是超声导波检测的优点之一。超声导波探头套环上的探头矩阵架在一可个探测位置,就可向套环两侧远距离发射和接收100kHz以下的回波信号,从而可在探头环两侧实现长距离的容器腐蚀缺陷的100%全面检测。

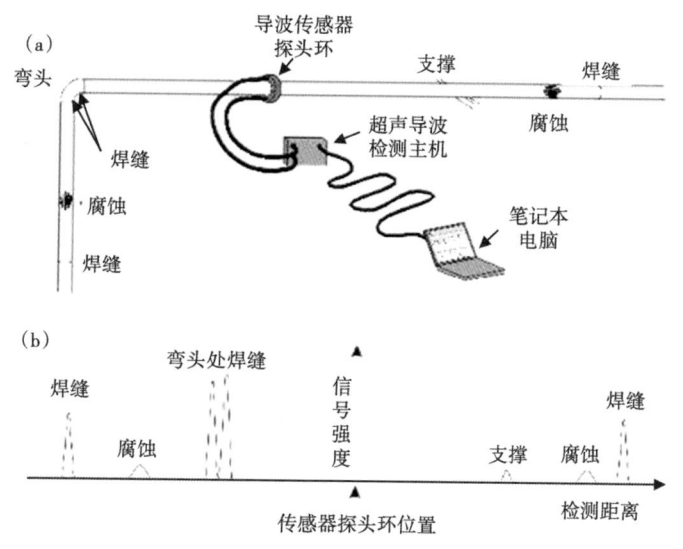

图7-3 超声导波检测实验设备

3. 实验方法及流程

目前超声导波检测灵敏度可达到截面缺损率3%以上,其实验方法如下。
(1)选择合适的探头放置位置,并将防腐层剥除干净。
(2)在已经剥离了防腐层的位置放置传感器环,使用超声导波设备对管道进行检测。
(3)记录下管道所有特征物(法兰、焊缝、支管、弯头等)的位置和检测结果。
(4)对超声导波检测信号进行分析,得出缺陷的位置及缺陷尺寸。

超声导波检测多采用 A 扫描图和 C 扫描图来进行缺陷信号显示。C 扫描直观的显示出容器的缺陷在轴向上的分布，并且有助于判断周向上缺陷的个数；而 A 扫描不能判断缺陷在周向上的个数，有可能漏检同环上的缺陷，但 C 扫描没有 A 扫描定位精确，在工作中可以结合两种方式进行检测，更利于结果分析。

（1） A 扫描图的横坐标为超声导波在被检测材料中的传播时间（传播距离），纵坐标为超声导波反射波的幅值。由于超声导波能量会随着传播距离的增加而呈现指数衰减，所以回波幅值会随着传播距离的增加呈现指数衰减，远距离幅值较低的回波和近距离幅值较大的回波有可能是相同大小的缺陷，因此要绘制 DAC 曲线作为参考标准。此外，缺陷的类型也会影响回波幅值大小，为了能够清晰地将缺陷回波分类，需要调整 DAC 曲线。

（2） C 扫描图是对容器进行 360°剖析，横坐标为超声导波在被检测材料中的传播时间或者传播距离，纵坐标为管道沿周向全面展开，用颜色来表示反射回波的幅值大小。

（二）漏磁检测评价实验技术

1. 实验原理

漏磁检测是建立在管壁铁磁性材料的高磁导率这一特性之上，管道中缺陷处磁导率远小于钢管的磁导率（图 7-4）。若存在缺陷，磁力线发生弯曲，并且有一部分磁力线泄漏出钢管表面。利用传感器缺陷处的漏磁场，对缺陷信号进一步的处理和分析，从而可判断缺陷是否存在及缺陷有关的尺寸参数（汪永康，2014）。

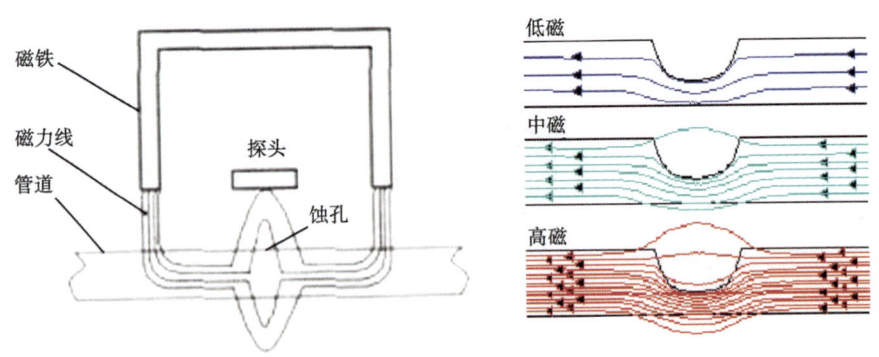

图 7-4 漏磁检测原理图

由于漏磁信号和缺陷之间是非线性关系，器壁的受损需通过检测信号间接推断出来，其检测精度相对于超声波检测法较低，适用于最小腐蚀深度为 20%~30%壁厚的腐蚀状况检测。

2. 实验设备

漏磁检测评价实验设施主要是由电子主机和机械扫描装置两个基本部分组成。电子主机由磁化装置、磁场探头、信号显示组成。

3. 实验方法及流程

（1）调整探头的高度。应保证探头与检测表面之间的距离为 1mm。

（2）标定。进行标定的试件其壁厚必须与被检测管道的壁厚一致。标定程序是通过扫描器反复地在标定的试件表面上爬行，根据爬行时的信号来调整仪器的灵敏度以保证能检测到一定程度以上的缺陷。每一次标定扫描结束后，扫描器要反转 180°以相反的方向进行下一次扫描。

（3）检测。在检测过程中扫描探头的方向要与标定程序中的方向一致，行走的速度在

300mm/s 到 500mm/s 之间。发现的任何缺陷应该用其他的方法（例如 UT）来确定该处的剩余壁厚。

（三）脉冲涡流检测实验技术

1. 实验原理

脉冲信号输入波加到探头的激励线圈两端，周期性的宽频谱脉冲电流感生出快速衰减的脉冲磁场。而变化的磁场在金属管道中感应出脉冲涡流，向金属管道内部传播，并感应出快速衰减的涡流场（图7-5）。随着涡流场的衰减，检测线圈上就会感应出随时间变化的电压。由于脉冲涡流在金属管道内的传播过程是逐渐衰减的，因而管道厚度不同，最终得到的检测线圈上的瞬态感应电压信号的波形也不同。所以，通过接收瞬态感应电压信号，并对信号进行处理和分析，就可以得到金属管道壁厚与瞬态感应电压信号的管线，进而利用这种关系对导体试件厚度进行检测。

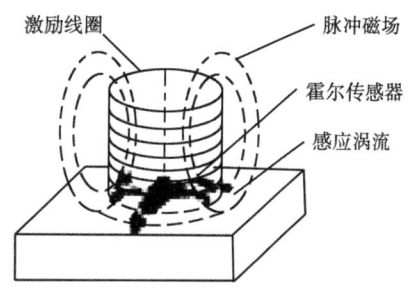

图 7-5 脉冲涡流检测原理图

2. 实验设备

脉冲涡流检测评价实验技术是由脉冲信号发生器、脉冲涡流传感器和信号采集系统三部分组成。

3. 实验方法及流程

（1）准备工作。确定检测目标管道表面无大面积的锈蚀层、焊疤及其他金属连接结构等，覆盖层应连续且厚度均匀。当由于覆盖层的原因影响精度时，应去除部分或全部覆盖层。

（2）参考区域选择。选择已知壁厚区域或可进行超声波测量的区域作为参考区域，并记录参考区域的具体位置、选择原则、实际壁厚等信息。

（3）检测。按照网格轴或周向顺序对各区域进行检测。每个检测区域应重复检测3次，测量误差应保持在±5%以内，最后结果取平均值。检测时要确保探头发射磁场垂直于被检件表面，并保持探头稳定防止移动或振动。

（四）数字射线检测评价实验技术

1. 实验原理

X射线数字化实时检测技术是将光电转换技术与计算机数字图像处理技术相结合，把不可见的X射线图像经增强方法转换为可见的视频图像，再经计算机对图像进行数字化处理，使视频图像的对比度和清晰度达到X射线照相底盘的影像质量，从而提高探伤灵敏度和缺陷识别能力。

如图7-6所示，X射线穿透管道后被数字平板探测器所接收，探测器进行光电转换，将光信号转化为电子信号。图像采集卡将采集到的数字信号转换为数字图像，经计算机处理后，还原在显示器屏幕上，可显示出材料内部的缺陷性质、大小、位置等信息，按有关标准对检测结果进行缺陷等级评定。

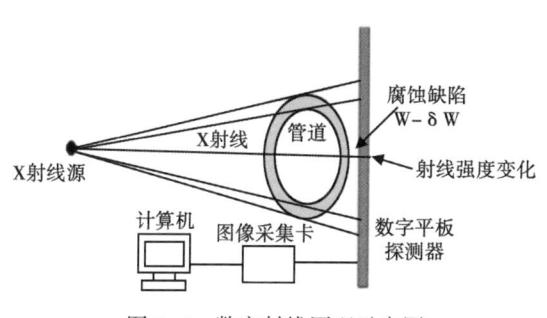

图 7-6 数字射线原理示意图

2. 实验设备

数字射线检测评价实验设备（DR—Digital Radiograph）由成像板、X 射线机、X 射线机同步控制单元、无线控制模块、交流电缆线、数据线、接口盒、待测件、便携式计算机和软件组成，实验设备主要组成如图 7-7 所示。

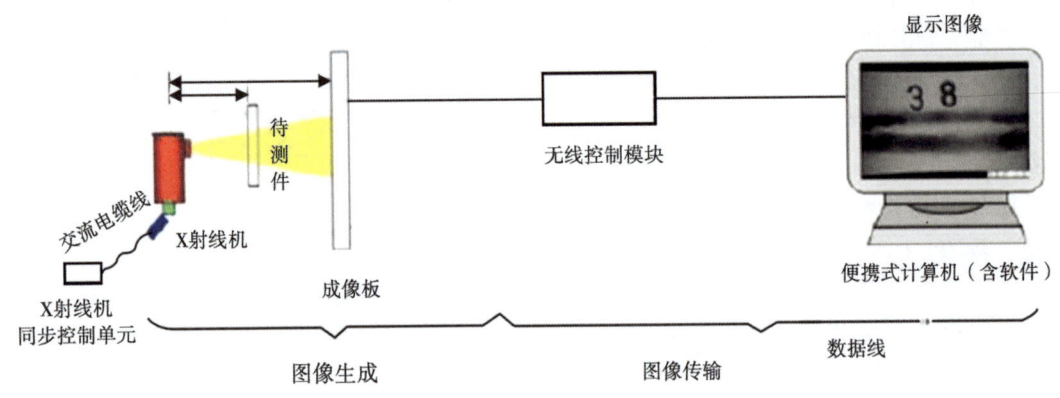

图 7-7　数字射线检测评价实验设备

3. 实验方法及流程

1）曝光曲线的制作

在实验室里利用 10~30 的阶梯块，通过固定管电流和曝光时间而改变管电压的方法，制作出该设备的曝光曲线。

2）透照方法

透照时射线束中心应垂直指向透照区中心，需要时可采用有利于发现缺陷的方向透照。

3）透照参数选择

根据现场检测目标管道的情况结合实验室得到的曝光曲线，选择合适的射线能量、曝光量、透照次数等参数。

4）标记设置

设置像质计、定位标记、识别标记且所有标记不应重叠，且不应干扰有效评定范围的影像。

5）检测

按照选定的透照方法、透照参数对检测目标管道进行透照。

6）图像评定

在计算机处理软件上观察图片；可以调整对比度、正像、反像等手段调整成像底片进行观察。

（五）传统脉冲超声波检测评价实验技术

1. 实验原理

传统脉冲超声波检测评价实验技术是通过垂直于管道的超声波探头，发射超声波脉冲信号，比较管内表面和外表面两次脉冲反射波之间的脉冲间距，反映出管壁壁厚，从而检测到管壁是否受到腐蚀及腐蚀程度大小（图 7-8）。凡能使超声波以一恒定速度在其内部传播的各种材料均可采用此原理测量。

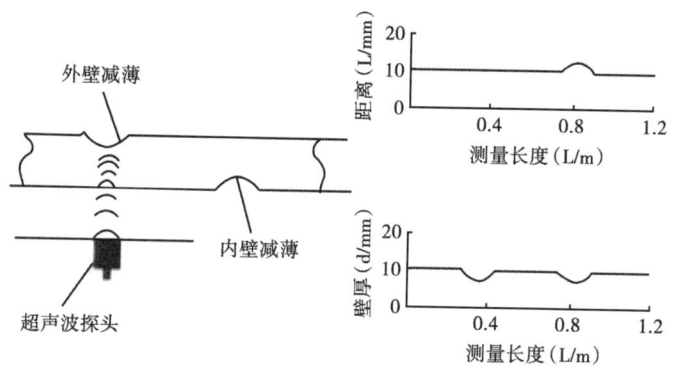

图 7-8　传统脉冲超声波检测原理示意图

2. 实验设备

传统脉冲超声波检测评价实验设备由超声波信号发射装置、超声波收发探头、数字示波器、计算机组成,典型传统脉冲超声波检测评价实验设备如图 7-9 所示。

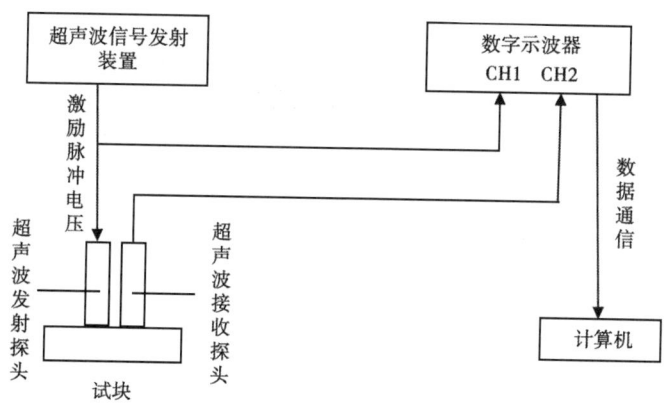

图 7-9　传统脉冲超声波检测评价实验设备

3. 实验方法及流程

(1) 曝光曲线的制作。在实验室里利用 10~30mm 的阶梯块,通过固定管电流和曝光时间而改变管电压的方法,制作出该设备的曝光曲线。

(2) 透照方法。透照时射线束中心应垂直指向透照区中心,需要时可采用有利于发现缺陷的方向透照。

(3) 透照参数选择。根据现场检测目标管道的情况结合实验室得到的曝光曲线,选择合适的射线能量、曝光量、透照次数等参数。

(4) 标记设置。设置像质计、定位标记、识别标记且所有标记不应重叠,且不应干扰有效评定范围的影像。

(5) 检测。按照选定的透照方法、透照参数对检测目标管道进行透照。

(6) 图像评定。在计算机处理软件上观察图片,可以调整对比度、正像、反像等手段调整成像底片进行观察。

(六）磁粉检测评价实验技术

1. 实验原理

利用工件缺陷处的漏磁场与磁粉的相互作用，它利用了钢铁制品表面和近表面缺陷（如裂纹、夹渣、发纹等）磁导率和钢铁磁导率的差异，磁化后这些材料不连续处的磁场将发生畸变，形成部分磁通泄漏处工件表面产生了漏磁场，从而吸引磁粉形成缺陷处的磁粉堆积——磁痕，在适当的光照条件下，显现出缺陷位置和形状，对这些磁粉的堆积加以观察和解释（图7-10）。

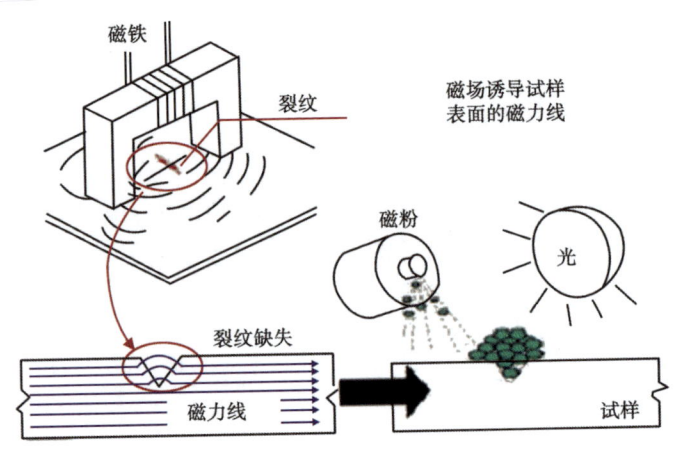

图 7-10 磁粉检测原理示意图

2. 实验设备

磁粉检测评价实验设施包括磁化电源、磁粉和磁悬液喷洒装置、试片或试块和退磁装置等。

3. 实验方法及流程

（1）做好仪器的准备并记录被探伤件的规格、材质、编号、用途等参数以及探伤机型号、灵敏度试片型号。

（2）对被探伤件表面进行表面处理，打磨干净后用洗涤剂清洗。

（3）接好电源并对仪器进行预热，预热时间要求 10min 以上。

（4）配制磁悬液，并将配制好的磁悬液滴出几滴在工件上，看其浓度及润湿性是否合适，若不合适，磁悬液需重新配制。

（5）检查探伤机的提升力是否符合要求。

（6）校验灵敏度：将灵敏度试片用洗涤剂清洗，用胶水把试片紧贴在工件上，再对工件进行磁化，同时施加磁悬液。观察试片上各个方向的磁度是否显示出来，并以此确定磁化次数。

（7）对工件进行探伤，并注意对同部位需要垂直交叉磁化，以及要有复查间距，探伤后关掉电源。

（8）观察磁痕显示，进行磁痕解释、定性、定位及记录磁痕。

（9）取下试片擦洗、涂上防锈油，放回原处。

（七）实验结果分析及应用

各种内部缺陷检测评价实验技术的优缺点见表7-6。

表 7-6 内部缺陷检测评价实验技术的优缺点

缺陷类型	检测技术	优点	缺点
腐蚀	漏磁检测评价技术	（1）能检测出带涂层铁磁性材料母材表面的腐蚀、机械损伤等厚度减薄类体积性缺陷； （2）能确定缺陷的位置，并给出表面开口缺陷的长度或体型缺陷的深度当量； （3）漏磁检测的灵敏度和检测深度，主要由励磁深度和传感器的分辨率决定	（1）难以检测出浅、长且宽的腐蚀缺陷； （2）检测精度随容器壁厚的增加而降低，使用范围通常在 30mm 以下； （3）检测速度影响检测结果准确性； （4）较难检测出与励磁方向平行的缺陷
	超声导波检测评价技术	（1）不需要耦合剂，检测速度快； （2）可以识别腐蚀的部位； （3）一般可靠的精度已达约 3% 截面缺失率	（1）不能直接测量壁厚值； （2）数据分析的专业性较强； （3）需要其他 NDT 方法验证
	传统脉冲超声波检测评价技术	检测灵敏度较高	对腐蚀和分层信号分析、处理的难度较大
	数字射线检测评价技术	能快速发现容器的腐蚀部位	检测范围受射线能量限制、检测精度随容器壁厚的增加而降低
	脉冲涡流检测技术	（1）对导电材料和近表面缺陷的检测灵敏度高； （2）不需要耦合剂，检测速度快； （3）可在高温、薄壁管、细管、零件内孔表面等其他检测方法不适用的场合进行检测	不适用于检测金属材料深层的内部缺陷，无法对缺陷程度做出定量判断
焊缝缺陷	数字射线检测评价技术	（1）能检测出对接接头中存在的未焊透、气孔、夹渣、裂纹和坡口未熔合等缺陷； （2）能确定缺陷平面投影的位置、大小以及缺陷的性质； （3）射线检测的穿透厚度，主要由射线能量确定； （4）图像分辨率主要由数字探测器的像素大小和射线机焦点尺寸决定； （5）可实现静止成像和连续成像； （6）一次透照厚度宽容度大于常规射线检测	（1）较难检测出 T 形焊接接头、角焊缝存在的缺陷； （2）较难检测出焊缝中存在的细小裂纹和未熔合； （3）较难检测出缺陷的自身高度； （4）数字探测器性能受检测环境的温度和湿度影响
	磁粉检测评价技术	对铁磁性材料的表面、近表面检测灵敏度高	不适用于内部缺陷的检测

对 1215km 集输管道开展内缺陷检验评价工作，通过现场检测共计发现 96 处管段存在腐蚀减薄、焊缝内部缺陷、焊接错边等缺陷，典型缺陷图如图 7-11 和图 7-12 所示，各类缺陷统计表见表 7-7。

表 7-7 缺陷统计表

缺陷数量（处）	缺陷类型		检测长度（km）
	焊缝错边（处）	腐蚀（处）	
96	3	93	1215

图 7-11　内腐蚀缺陷图（威 37 井采气管线，最大腐蚀深度 3mm）

图 7-12　焊缝错边陷图（宁付线焊缝错边）

二、压力容器非停机状态内部缺陷检测评价实验技术

压力容器非停机状态内部缺陷检测评价实验技术是基于风险及合于使用的原则，通过检测、分析、判断，确定压力容器的安全状态，为压力容器的巡检、维护、检查、管理提供技术支持。

压力容器非停机状态内部缺陷检测评价实验技术具有以下特点：容器处于运行状态、检测方法实时性、检测对象包括被检压力容器本体及相关因素。

压力容器非停机状态内部缺陷检测评价实验技术按照检测缺陷的类型也分成腐蚀缺陷检测和焊缝缺陷检测。腐蚀缺陷检测主要包括超声波测厚、超声导波检测、漏磁检测。焊缝缺陷检测主要包括超声衍射法检测、磁粉检测。超声波相控阵检测、数字射线检测可同时应用于腐蚀缺陷、焊缝缺陷的检测评价。

压力容器非停机状态内部缺陷检测评价实验技术的主要目的。

（1）高风险容器的损伤情况监测，防止事故发生。

（2）监测同类装置中曾经发生过容器损伤问题的部位，避免类似事故发生。

（3）验证容器损伤可能性分析结果的正确性。

（4）监视操作条件变化对容器的损害，掌握容器出现损伤的可能性。

（5）掌握容器高温蠕变、变形、减薄、材料损伤、材料劣化的损伤规律。

（一）超声相控阵检测

1. 实验原理

超声相控阵换能器的工作原理是基于惠更斯—菲涅耳原理。当各阵元被同一频率的脉冲信号激励时，它们发出的声波是相干波，即空间中一些点的声压幅度因为声波同相叠加而得到增强，另一些点的声压幅度由于声波的反相抵消而减弱，从而在空间中形成稳定的超声场。超声相控阵换能器的结构是由多个相互独立的压电晶片组成阵列，每个晶片称为一个单元，按一定的规则和时序用电子系统控制激发各个单元，使阵列中各单元发射的超声波叠加形成一个新的波阵面。同样，接收反射波时，按一定的规则和时序控制接收单元并进行信号合成和显示。因此可以通过单独控制相控阵探头中每个晶片的激发时间，从而控制产生波束的角度、聚焦位置和焦点尺寸。

2. 实验设备

超声相控阵检测硬件系统主要包括超声发射部分和接收部分（图7-13），目前国内外大型超声检测设备的系统设计方案主要有三种。

（1）发射与接收分离系统。

（2）发射与接收集成且发射与接收板集成。

（3）发射与接收集成但是发射与接收板级分离。

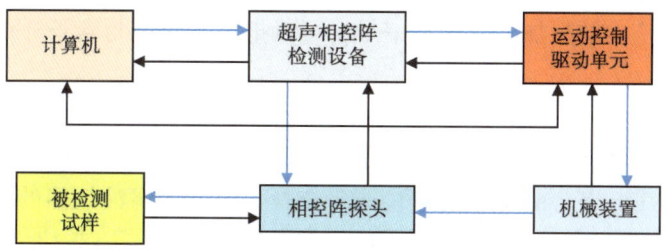

图7-13 超声相控阵检测评价实验设施

3. 实验步骤

1）屏幕线性调整

放置探头在校准试块上，获得两个校准反射体的显示信号；调整探头位置使显示信号达到2:1的比率，使大的显示信号波幅示数在满屏高的80%，小的显示信号波幅示数在满屏高的40%；不要移动探头位置，调整增益使大的显示信号波幅示数达到满屏高的100%，记录小的显示信号的波幅示数，评估信号记录精度为满屏高的1%；继续设置大的显示信号波幅指示从满屏高的100%到20%，其增量为满屏高的10%（如果有好的控制也可以采用2dB的增益增量）；在每一个设置下，观察和记录小的显示信号波幅示数，评估信号记录精度为满屏高的 1%，小的显示信号波幅示数是大显示信号波幅示数的 50%，其误差是满屏高的正负 5%。

2）波幅线性调整

确定探头的位置（在校准区域上从反射体获得最大波幅处）；在所使用设备的增益范围内，确认最小的波幅控制的线性；不要移动探头，通过增加或者减小增益，设置这个显示信号到满屏高的比率，这个评估信号记录精度为满屏高的 1%，并且在清单中记录下来。

3）相控阵探头晶片可操作性确认

校验相控阵探头晶片的性能，确保每一个晶片都有发射和接收超声波的能力；确认每一个发射、接收模组和每一个通道的电缆传导；所有相控阵探头中，如孔径中缺陷晶片小于 25%，此探头晶片校准合格。

4）相控阵系统校准

聚焦法则的确认；时间基准确认；灵敏度和楔块延时校准；角度补偿；距离波幅曲线（DAC）调整。

5）检测覆盖和扫查方案

明确扫查覆盖范围、焊缝、扫查位置；使用绘图或者是计算机模拟出适当的检测角度，确定扫查计划；按照扫查计划设置多个通道进行扇形和电子扫查，扫查覆盖焊缝和热影响区。

6）记录/评价标准和波幅判断

对超过距离波幅曲线或者距离增益补偿曲线（TCG）20%~50%的反射体信号进行分析，确定反射体信号产生的原因，如是缺陷引起，应记录；对超过 DAC 50%的反射体信号，一定是几何学或者冶金学所引起的，记录此信号。

（二）超声导波检测评价技术

1. 实验原理

超声导波检测评价技术的原理前已述及容器厚度中的任何变化，无论内壁或外壁都会产生反射信号，被探头阵列接收到，因此可以检出容器内外壁由腐蚀或侵蚀引起的金属缺损（缺陷），根据缺陷产生的附加波型转换信号，可以把金属缺损与管子外形特征（如焊缝轮廓等）识别开来。

2. 实验设备

超声导波检测实验设施主要由轴向（周向）探头、检测系统两部分组成。轴向（周向）探头由压电陶瓷晶片组成，轴向（周向）探头选择，取决于腐蚀缺陷的方向。超声导波探头可在 1.5m 范围内发射和接收 3MHz 以下的回波信号，从而可实现容器腐蚀缺陷的 100%全面检测。

3. 实验步骤

（1）检测系统时基线调整。

（2）基本参数（增益、声程、声速、显示延时）设置。

（3）激发、接受参数设置。

（4）记录、分析导波信号，确定容器腐蚀的位置和程度。

（三）衍射时差法（TOFD）检测评价技术

1. 实验原理

衍射时差法通常是在焊缝两侧，将一对晶片尺寸、中心频率和折射率等参数相同的探头相向对称放置（入射角的范围通常是 45°~70°），一个作为发射探头，另一个作为接收探头。发射探头发射的纵波从侧面入射到被检焊缝断面,在无缺陷部位,接收探头收到沿工件表面传播的直通波和底面反射波;而在有缺陷存在时,在上述两波之间,接收探头会接收到缺陷上端部和下端部的衍射波。通过测量衍射波传播时间,按照几何声学的原理可以计算出缺陷的尺寸和位置,如图 7-14 所示。理论和实验证明,如果两个衍射信号的相位相反,则在两个信号间一定存在一个连续不间断的缺陷,因此识别相位变化对于评定缺陷尺寸非常重要。

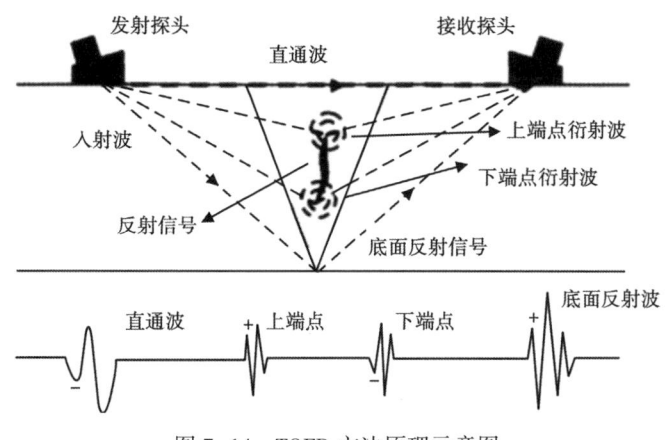

图 7-14　TOFD 方法原理示意图

2. 实验设备

衍射时差(TOFD)检测系统主要包括硬件系统和软件系统。硬件系统主要包括主机、TOFD 检测扫查器、TOFD 检测探头和 TOFD 检测校准试块。扫查器、探头和试块都是 TOFD 检测仪器的功能延伸,试块用来调校仪器、探头和扫查器的参数,探头负责将仪器的发射电脉冲转换成超声波进入检测工件,并将接收到的超声信号转换为电信号传给检测仪器。

3. 实验步骤

1)A 扫描时间窗口设置

A 扫描时间窗口至少应包含规定的扫查分区范围,同时应满足如下要求。

(1)工件厚度不大于 50mm 时,时间窗口的起始位置应设置为直通波到达接收探头前 0.5μs 以上,时间窗口的终止位置应设置为工件底面的一次波型转换波后 0.5μs 以上。

(2)工件厚度大于 50mm 时,需要分区检测。最上区的时间窗口的起始位置应设置为直通波到达接收探头前 0.5μs 以上,最下区的时间窗口的终止位置应设置为底面反射波到达接收探头后 0.5μs 以上;各区的 A 扫描时间窗口在厚度方向应至少覆盖相邻检测区在厚度方向上高度的 25%。应采用对比试块验证时间窗口在厚度方向上的覆盖性。

2)深度调节

对于直通波和底面反射波同时可见的情况,应将其时间间隔所对应的声程校准为已知的工件厚度值;对于直通波或底面反射波不可见或分区检测时,应采用对比试块进行深度校准;深度校准应保证深度测量误差不大于工件厚度的 1%,且不大于 0.5mm。

3)位置编码器的校准

校准时应使扫查装置移动距离不小于 500mm,检测设备所显示的位移与实际位移的误差不大于 1%。

4) 灵敏度设置

当采用对比试块上的衍射体设置灵敏度时,应将被检测厚度范围内较弱的衍射体信号波幅设置为满屏高的40%~80%,并在被检工件表面扫查时进行表面耦合补偿。

5) 检测

非平行扫查和偏置非平行扫查时应保证实际扫查路径与拟扫查路径一致,其最大偏差不超过探头中心间距(PCS)值的10%;扫查速度限于维持超声耦合的机械能力和保证全波采集且不丢失数据的电子系统能力,最大不得超过50mm/s;分段扫查时,相邻段扫查区的重叠范围应不小于25mm;扫查过程中发现直通波、底面反射波、材料晶粒噪声或波型转换波的波幅降低12dB以上或怀疑耦合不好时,应重新扫查该段区域;发现直通波满屏或晶粒噪声波幅超过满屏高20%时,则应降低增益并重新扫查。

6) 检测数据的分析和解释

分析数据之前,应对所采集的数据进行有效性评定;数据丢失量不得超过每次扫查数据量的5%,且不允许相邻数据连续丢失。扫查数据应保证声束足以覆盖检测区域,在分段扫查时其重叠范围应满足的要求;根据超声信号的相位判断缺欠的上下端点,若因信噪比太小而无法判断相位时,则检测数据无效;若所获得数据无效,应采取纠正措施,重新进行扫查直至数据符合要求。

(四) 其他检测评价技术

1. 数字射线检测评价技术原理

数字化X射线照相检测技术是采用电子成像技术的直接数字化X射线成像,利用阵列探测器对射线强度进行检测,形成被测物体的二维数字辐射投影图像。X射线图像数字化之后,可以使用计算机对其进行处理。通过图像降噪,缩放,改善图像细节,对比度调整,数字减影等处理,再加上神经网络和人工智能等技术对图像进行提取分析,得到人们想要的结果(图7-15)。

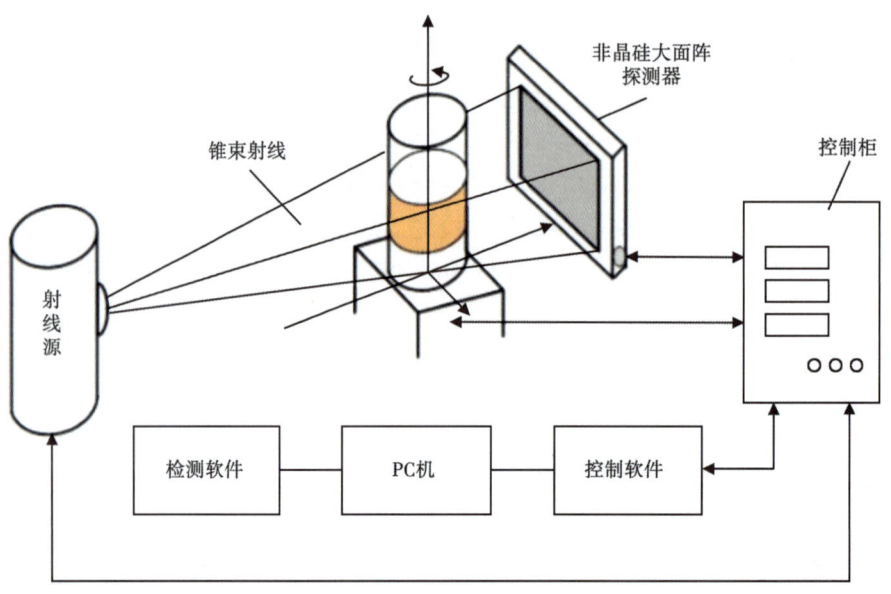

图7-15 数字射线原理示意图

2. 超声波测厚检测评价技术原理

超声波测厚评价实验技术是当探头发射的超声波脉冲通过被测物体到达材料分界面时，脉冲被反射回探头，通过精确测量超声波在材料中传播的时间来确定被测材料的厚度。凡能使超声波以一恒定速度在其内部传播的各种材料均可采用此原理测量。

漏磁检测、磁粉检测的实验原理及漏磁检测、数字射线检测、超声波测厚检测、磁粉检测的步骤见本章第二节。

（五）压力容器非停机状态内部缺陷检测评价流程

压力容器非停机状态内部缺陷检测评价包括数据收集与整理、容器失效模式和部位的确定，然后根据失效模式（腐蚀失效、环境开裂）确定检测方法并进行检测、强度校核应力计算、综合评定，最后确定容器的安全状况。具体技术流程如图 7-16 所示。

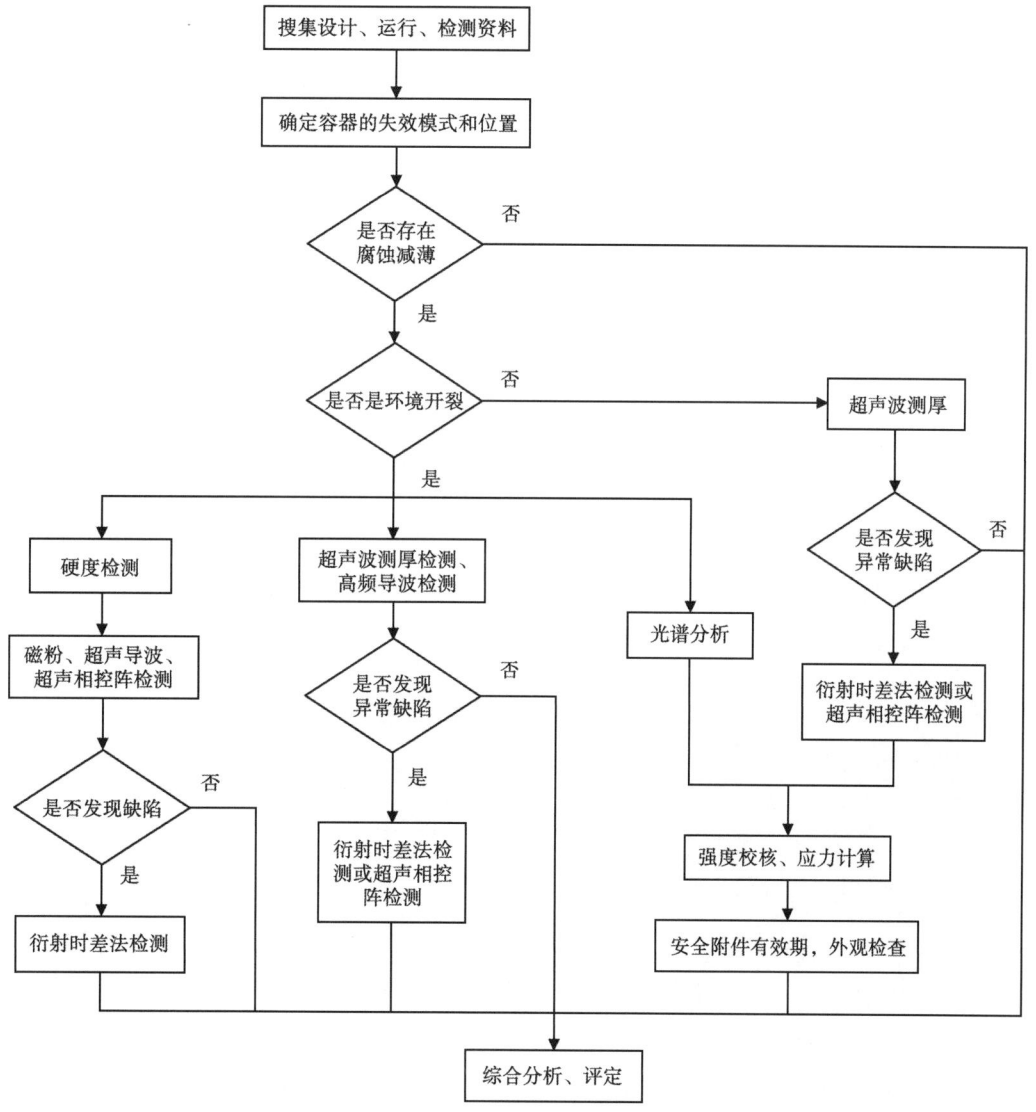

图 7-16 压力容器非停机状态内部缺陷检测评价流程

（六）实验结果分析与应用

漏磁检测（MFL）、超声导波检测、超声波测厚检测、数字射线检测的优缺点见表 7-6。超声相控阵检测和衍射时差法（TOFD）检测的优缺点见表 7-8。

表 7-8 内部缺陷检测技术的优缺点

缺陷类型	检测技术	优点	缺点
腐蚀	超声相控阵检测评价实验技术	（1）对腐蚀缺陷定量精度高； （2）对点蚀、腐蚀和分层检测准确性较高	对曲率变化比较大的工件，检测精度受探头、校准影响大
焊缝缺陷	超声相控阵检测评价实验技术	（1）对焊接接头中的未焊透、气孔、夹渣、裂纹和未熔合等缺陷检出率较高； （2）探头尺寸更小，能对几何形状复杂的工件进行扫描检查； （3）分辨率、信噪比、灵敏度较高； （4）结果较直观，数据可记录和存储； （5）检测速度快，效率高	（1）较难检测出扫查面表面和近表面缺陷； （2）较难检测出复杂结构工件的焊缝； （3）对工件扫查表面要求较高，通用性等存在一定问题
焊缝缺陷	衍射时差法检测评价实验技术	（1）能检测出对接接头中存在的未焊透、气孔、夹渣、裂纹和未熔合等缺陷且检出率较高； （2）能确定缺陷的深度、长度和自身高度； （3）规则、厚壁工件缺陷检测灵敏度较高； （4）检测结果较直观，检测数据可记录和存储	（1）较难检测出扫描检查面表面和近表面存在的缺陷； （2）较难检测粗晶粒焊接接头中存在的缺陷； （3）较难检测复杂结构工件的焊缝； （4）较难确定缺陷的性质

通过对 1299 台压力容器应用压力容器非停机状态内部缺陷检测评价实验技术开展容器检验评价工作，通过现场检测共计发现 219 台压力容器存在裂纹、分层等超标缺陷，典型缺陷如图 7-17 至图 7-20 所示，各类缺陷统计结果见表 7-9。

图 7-17 内腐蚀缺陷图（渠县分厂 C-1101A，腐蚀深度 5mm）

图 7-18　内腐蚀缺陷图（中 4 井-4 分离器封头内表面严重腐蚀）

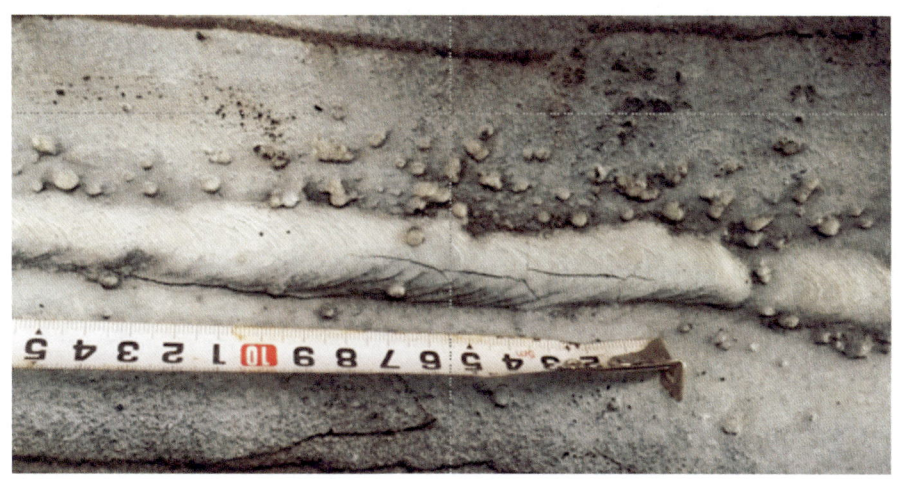

图 7-19　外表面裂纹缺陷图（中 20 井-分 19 井重力式分离器焊缝内表面裂纹）

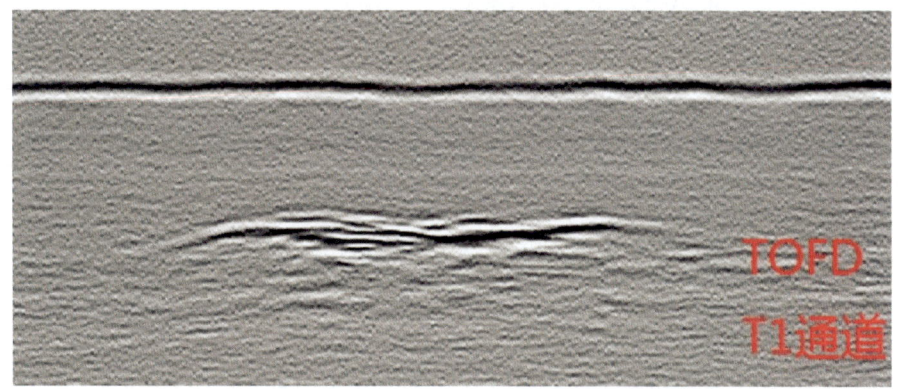

图 7-20　未熔合典型缺陷图（渠县分厂 C-1101A 未熔合长 550mm，缺陷高度 4mm）

表 7-9　缺陷统计表　　　　　　　　　　　　　　　　　　　单位：台

有缺陷台数	缺陷类型				检测台数
	裂纹	埋藏缺陷	裂纹+埋藏缺陷	腐蚀	
219	54	110	29	26	1299

第三节　高含硫气田开发中植被生态环境监测实验评价技术

高含硫气田开发生产现有工艺中的脱硫及硫回收技术非常成熟，国内自主创新高含硫天然气特大规模深度净化技术，使高含硫天然气净化率达 99.99%，总硫回收比例达到了 99.8% 以上，但是仍不可避免地存在 SO_2 外排现象。根据相关研究，大气中 SO_2 经过氧化，生产硫酸根离子，通过降水、沉降和表面吸收等作用进入地表环境中，对植被生态环境的影响具有累积效应，除大气中 SO_2 浓度达到生态环境的急性伤害阈值时，生态环境会受到急性破坏而易被发觉外，其余情况通常较难察觉（张金恒 等，2018）。

高含硫气田开发植被生态环境影响监测意义重大，掌握高含硫气田开发生态环境影响提供重要途径，同时提供生态恢复方案及植被生态环境保护措施，确保高含硫气田安全、高效、有序地开发。

一、植被监测实验技术

在植物尚未出现可见症状情况下，大气中 SO_2 能扰乱植物的光合作用、呼吸作用等生理过程，使其呼吸代谢减弱或亢进，进而影响植被产量等，其有害影响程度与浓度、暴露时间、暴露频率、pH 值和植物种类密切相关。

SO_2 对植被的主要影响因素主要为对植物叶绿素的影响、对植物细胞膜的影响、对酶活性的影响三方面（郑淑颖，2000）。

植物叶绿素在 SO_2 胁迫初期，含量有明显上升或下降趋势，但当空气中 SO_2 浓度达到一定程度后，植物体叶绿素含量多呈下降趋势，结合植物叶片内硫含量和土壤中硫含量变化情况，可以判断植物 SO_2 累积能力和吸收阈值。

自然环境中植物对 SO_2 威胁会产生一定的屏蔽性、忍耐性和适应性的反映。植被受到 SO_2 威胁后，通过控制自身叶片组织结构（关闭气孔、降低细胞膜膜透性等）使污染物不进入或少进入组织、细胞内，或者在污染物已进入植被组织、细胞内，由于一系列生理特性，调整植物体内酶活性（过氧化物酶、游离脯氨酸、超氧化物歧化酶、可溶性蛋白和过氧化氢酶）从而限制其毒性或少受其毒害（杨礼锐 等，1988），还包括生长在污染地区的植物，在一定的大气污染浓度阈值下，伤害不再继续增加，产生一种抗污染的适应机制。

（一）叶绿素测定

1. 实验原理

叶绿素广泛存在于绿色植物组织中，并在植物细胞中与蛋白质结合成叶绿体。当植物细胞死亡后，叶绿素即游离出来，游离叶绿素很不稳定，对光、热较敏感。高等植物中叶绿素有两种：叶绿素 a 和叶绿素 b，都不溶于水，但溶于多种有机溶剂。叶绿素在特定提取溶液中对特定波长的光有最大吸收,用分光光度计测定在该波长下叶绿素溶液的吸光度,再根据叶绿素在该波长下的吸收系数即可计算叶绿素含量。

叶绿素 a 和叶绿素 b 的丙酮溶液在可见光范围内的最大吸收峰分别位于 663nm、645nm 处。叶绿素 a 和叶绿素 b 在 663nm 处的吸光系数分别为 82.04 和 9.27;在 645nm 处的吸光系数分别为 16.75 和 45.60。根据 Lamber—Beer 定律列出以下关系式:

$$A_{663} = 82.04C_a + 9.27C_b \tag{7-22}$$

$$A_{645} = 16.75C_a + 45.60C_b \tag{7-23}$$

解式(7-23)和式(7-24)得

$$C_a = 12.71A_{663} - 2.59A_{645} \tag{7-24}$$

$$C_b = 22.88A_{645} - 4.67A_{663} \tag{7-25}$$

$$C_{a+b} = 20.29A_{645} + 8.04A_{663} \tag{7-26}$$

式中 C_a——叶绿素 a 的浓度,mg/L;
C_b——叶绿素 b 的浓度,mg/L;
C_{a+b}——叶绿素总浓度,mg/L;
A_{645}——叶绿素提取液在波长 645nm 处的吸光度;
A_{663}——叶绿素提取液在波长 663nm 处的吸光度。

2. 实验材料

分光光度计、电子天平、研钵、玻棒、棕色容量瓶、小漏斗、定量滤纸、滴管等。
80%丙酮、石英砂、碳酸钙粉。

3. 实验方法及步骤

(1) 叶绿素的提取。取新鲜植物叶片(或其他绿色组织)或干材料,擦净组织表面污物,剪碎(去掉中脉),混匀。称取剪碎的新鲜样品 0.2g,共 3 份,分别放入研钵中,加入少量石英砂和碳酸钙粉及 2~5mL 80%丙酮,研磨成匀浆,再加 10mL 丙酮,继续研磨至组织变白。在暗处静置 3~5min。取滤纸,置漏斗中,用丙酮润湿,沿玻棒把提取液倒入漏斗中,过滤到 20mL 棕色容量瓶中,用滴管吸取丙酮冲洗研钵、研棒及残渣数次,最后连同残渣一起倒入漏斗中。用滴管吸取丙酮,将滤纸上的叶绿素全部洗入容量瓶中。直至滤纸和残渣中无绿色为止。最后用丙酮定容至 20mL,摇匀。

(2) 测定。把叶绿素提取液倒入光径 1cm 的比色皿内。以 80%丙酮为空白,在波长 663nm、645nm 下测定吸光度。每个样品重复测定 3 次。注意,每次在转换波长时,都要用 80%丙酮调透光率 100%。

(3) 计算。将 663nm、645nm 处测得的吸光度代入式(7-24)、式(7-25)、式(7-26)中计算叶绿素 a 浓度、叶绿素 b 浓度和总叶绿体素浓度。

确定叶绿素的浓度后,根据式(7-27)即可求出叶绿素的含量。

$$叶绿体色素含量 = \frac{色素浓度 \times 提取液体积 \times 稀释倍数}{样品鲜重} \tag{7-27}$$

（二）植物组织膜脂过氧化产物测定

1. 实验原理

丙二醛（MDA）是常用的膜脂过氧化指标，在酸性和高温度条件下，可以与硫代巴比妥酸（TBA）反应生成红棕色的三甲川（3，5，5-三甲基噁唑-2，4-二酮），其最大吸收波长在 532nm。但是测定植物组织中 MDA 时受多种物质的干扰，其中最主要的是可溶性糖，糖与 TBA 显色反应产物的最大吸收波长在 450nm，但 532nm 处也有吸收。植物遭受干旱、高温、低温等逆境胁迫时可溶性糖增加，因此测定植物组织中 MDA-TBA 反应物质含量时一定要排除可溶性糖的干扰。

双组分光光度计法：据 Lamber-Beer 定律，已知蔗糖与 TBA 显色反应产物在 450nm 和 532nm 波长下的比吸收系数分别为 85.40 和 7.40。MDA 在 450nm 波长下无吸收，故该波长的比吸收系数为 0。532nm 波长下的比吸收系数为 155，根据双组分分光度计法建立方程组求解方程得计算公式：

$$C_1 = 11.71 A_{450} \tag{7-28}$$

$$C_2 = 6.45(A_{532} - A_{600}) - 0.56 A_{450} \tag{7-29}$$

式中　C_1——可溶性糖的浓度，mmol/L；

C_2——MDA 的浓度，μmol/L；

A_{450}，A_{532}，A_{600}——分别代表 450mm、532mm 和 600nm 波长下的吸光度值。

2. 实验材料

分光光度计、电子天平、离心机、恒温水浴锅、研钵、离心管、棕色容量瓶等。

石英砂、10%三氯乙酸（TCA）、0.6%硫代巴比妥酸（TBA）。

3. 实验方法及步骤

（1）MDA 的提取。取剪碎的试材 1g，加入 2mL 10%TCA 和少量石英砂，研磨至匀浆，再加 8m LTCA 进一步研磨，匀浆以 4000r/min 离心 10min，上清液为样品提取液。

（2）显色反应和测定。吸取离心的上清液 2mL（对照加 2mL 蒸馏水），加入 2mL 0.6% TBA 溶液，混匀物于沸水浴上反应 15min，迅速冷却后再离心。取上清液测定 532nm、600nm 和 450nm 波长下吸光度。将 532nm、600nm 和 450nm 处测得的吸光度代入式（7-29）中计算 MAD 的浓度。

再由式（7-30）确定 MAD 的含量［单位：μmol/g（FW）］。

$$\text{MAD 的含量} = \frac{2.5 C_2 \cdot V}{FW} \tag{7-30}$$

式中　C_2——MDA 的浓度，μmol/L；

V——提取液总体积，mL；

FW——植物鲜重，g。

（三）过氧化物酶活性测定

1. 实验原理

过氧化物酶广泛存在于植物体中，是活性较高的一种酶。过氧化物酶能催化过氧化酚类，产物为醌类化合物，此化合物进一步缩合或与其他分子缩合，产生颜色较深的化合物。本实验是以邻甲氧基苯酚（即愈创木酚）为过氧化物酶的底物，在该酶存在下，H_2O_2 可将邻甲氧基苯酚氧化成红棕色的 4-邻甲氧基苯酚，该红棕色的物质在 470nm 处有最大吸收，故可用分光光度计测量 470nm 处的吸光度变化测定过氧化物酶活性。

2. 实验材料

分光光度计、电子天平、离心机、研钵、离心管、棕色容量瓶、滴管等。

（1）配制 100mmol/L pH 值为 6.0 的磷酸缓冲液。

（2）反应混合液：100mmol/L 磷酸缓冲液（pH 值为 6.0）50mL 于烧杯中，加入愈创木酚 28μL，于磁力搅拌器上加热搅拌，直至愈创木酚溶解，待溶液冷却后，加入 30% H_2O_2 19μL，混合均匀，保存于冰箱中。

3. 实验方法及步骤

（1）过氧化物酶的提取。称取植物材料 1g，剪碎，放入研钵中，加 2mL 左右磷酸缓冲液研磨至匀浆，以 4000r/min 离心 15min，上清液转入 100mL 容量瓶中，残渣再用 5mL 磷酸缓冲液提取一次，上清液并入容量瓶中，定容至刻度，贮于低温下备用。

（2）测定。取光径 1cm 比色杯 2 只，于 1 只中加入反应混合液 3mL 和磷酸缓冲液 1mL，作为对照，另 1 只中加入反应混合液 3mL 和过氧化物酶液 1mL（如酶活性过高可稀释之），立即开启秒表记录时间，于分光光度计上测量波长 470nm 下吸光度值，每隔 1min 读数一次。

（3）计算。将测得的吸光度代入式（7-31）计算过氧化物酶活性[单位：U/(g·min)(FW)]。

$$过氧化物酶活性 = \frac{\Delta A_{470} V}{0.01 FW \cdot V_s \cdot t} \tag{7-31}$$

式中　ΔA_{470}——反应时间内吸光度的变化；

FW——植物鲜重，g；

V——提取酶液总体积，mL；

V_s——测定时取用酶液体积，mL；

t——反应时间，min。

（四）游离脯氨酸含量测定

1. 实验原理

磺基水杨酸提取植物样品时，脯氨酸便游离于磺基水杨酸溶液中。然后用酸性茚三酮加热处理后，茚三酮与脯氨酸反应，生成稳定的红色化合物，再用甲苯处理，则色素全部转移至甲苯中，色素的深浅即表示脯氨酸含量的高低。在 520nm 波长下测定吸光度，即可从标准曲线上查出脯氨酸的含量。

2. 实验材料

分光光度计、电子天平、恒温水浴锅、研钵、20mL 大试管、小漏斗、滴管等。

3%磺基水杨酸水溶液、甲苯（分析纯）、2.5%酸性茚三酮显色液、脯氨酸标准溶液。

3. 实验方法及步骤

1）制作脯氨酸标准曲线

加入表 7-10 中的试剂后，置于沸水浴中加热 30min。取出冷却，各试管再加入 4mL 甲苯，振荡 30s，静置片刻，使色素全部转至甲苯溶液。用注射器轻轻吸取各管上层脯氨酸甲苯溶液至比色杯中，以甲苯溶液为空白对照，在 520mm 波长处测定吸光度值。以管脯氨酸含量为横坐标，吸光度值为纵坐标，绘制标准曲线。

表 7-10 脯氨酸标准溶液的配制

试　剂	管　号					
	0号	1号	2号	3号	4号	5号
10μg/mL 脯氨酸标准液（mL）	0	0.2	0.4	0.6	0.8	1.0
蒸馏水（mL）	2	1.8	16.	1.4	1.2	1.0
冰醋酸（mL）	2	2	2	2	2	2
2.5%酸性茚三酮（mL）	2	2	2	2	2	2
每管脯氨酸含量（μg）	0	2	4	6	8	10

2）游离脯氨酸的提取

称取不同处理的植物叶片各 0.5g，分别置大试管中，然后向各管分别加入 5mL3%的磺基水杨酸溶液，在沸水浴中提取 10min（提取过程中要经常摇动），冷却后过滤于干净的试管中，滤液即为脯氨酸的提取液。

3）测定

吸取 2mL 提取液于带玻塞试管中，加入 2mL 冰醋酸及 2mL 2.5%酸性茚三酮试剂，在沸水浴中加热 30min，溶液即呈红色。冷却后加入 4mL 甲苯，振荡 30s，静置片刻，取上层液至 10mL 离心管中，在 3000r/min 离心 5min。用吸管轻轻吸取上层脯氨酸红色甲苯溶液于比色杯中，以甲苯溶液为空白对照，在 520mm 波长处测定吸光度值。

4）计算

将测得的吸光度代入式（7-32）计算脯氨酸含量 [单位：μg/g（FW）]。

$$脯氨酸含量 = \frac{C\frac{V}{A}}{FW} \tag{7-32}$$

式中　C——提取液中脯氨酸浓度，μg；
　　　V——提取液总体积，mL；
　　　A——测定时所吸取的体积，mL；
　　　FW——样品鲜重，g。

（五）超氧化物歧化酶活性测定

1. 实验原理

超氧化物歧化酶是含金属辅基的酶。由于超氧自由基为不稳定自由基，寿命极短，测定超氧化物歧化酶活性一般为间接方法，利用各种呈色反应来测定超氧化物歧化酶的活力。实验依据超氧化物歧化酶抑制氮蓝四唑在光照下的还原作用来确定酶活性大小。在有氧化物质存在下，核黄素可被光还原，被还原的核黄素在有氧条件下极易在氧化而产生 O_2^-，O_2^- 将无色（或微黄）的氮蓝四唑还原为蓝色的甲脒，后者可用分光光度计测量在 560nm 处有最大吸收，而超氧化物歧化酶可清除 O_2^-，从而抑制了蓝色甲脒的形成，于是光还原反应后，反应液蓝色越深，说明酶活性越低，反之酶活性越高。据此可以计算出酶活性大小。

2. 实验材料

分光光度计、电子天平、高速冷冻离心机、4500lx 光照箱、研钵、离心管、棕色容量瓶等。

0.05mol/L pH 值为 7.8 的磷酸缓冲液、130mmol/L 蛋氨酸溶液、750μmol/L 氮蓝四唑溶

液、100μmol/L 乙二胺四乙酸钠溶液、20μmol/L 核黄素溶液。

3. 实验方法及步骤

1) 超氧化物歧化酶的提取

称取样品 1g，加少许预先在冰箱中放置的磷酸缓冲液，在 4℃下或冰浴中研磨至匀浆，最终定容制得 10mL 匀浆。转移至 10mL 离心试管中，以 3000 r/min 离心 1min，粗提液再转移至 2 个 5mL 离心管中，在冷冻离心机 13000g、4℃离心 20min，上清液即为酶液，用于 SOD 活性的测定。

2) 显色反应

取 10mL 试管 2 支，1 支为样品测定管，另一只为对照管，按照表 7-11 顺序加入各种溶液进行显色反应。

表 7-11 超氧化物歧化酶显色反应

试剂名称	用量（mL）
0.05mol/L pH 值为 7.8 的磷酸缓冲液	3
130mmol/L 蛋氨酸溶液	0.6
750μmol/L 氮蓝四唑溶液	0.6
100μmol/L 乙二胺四乙酸钠溶液	0.6
20μmol/L 核黄素溶液	0.6
样品酶液	0.2（对照以缓冲液代替）
蒸馏水	1.0
总体积	6.6

混合均匀后，在暗光下将试管放在反应小室中，反应小室壁上贴锡箔纸，将每个试管摆放在接受光强一致的位置。在 25~30℃下用光照度为 4500lx 的荧光灯管进行照射，15~20min 后，颜色出现变化，停止光照。在 560nm 波长下比色测量透光度，用失活酶液的反应体系做对照。至反应结束后，以不照光的对照管作空白，分别测定样品待测液的吸光度。

3) 计算

将测得的吸光度代入式（7-33）计算超氧化物歧化酶活性 [单位：U/g（FW）]。

$$超氧化物歧化酶活性 = \frac{(A_0 - A_s)V_T}{0.5FW \cdot A_0 \cdot V_1} \tag{7-33}$$

式中 A_0——照光对照管的吸光度；

A_s——样品管的吸光度；

V_T——样液总体积，mL；

V_1——测定是样品用量，mL；

FW——样品鲜重，g。

（六）可溶性蛋白含量测定

1. 实验原理

考马斯亮蓝 G-250 染料，在酸性溶液中与蛋白质结合，使染料的最大吸收峰的位置由 465nm 变为 595nm，溶液的颜色也由棕黑色变为蓝色。染料主要是与蛋白质中的碱性氨基酸和芳香族氨基酸残基相结合。在 595nm 波长下测定的吸光度值与蛋白质浓度成正比，故可用于蛋白质的定量测定。

2. 实验材料

分光光度计、电子顶载天平、研钵、离心管、棕色容量瓶、滴管。
考马斯亮蓝 G-250 溶液、标准蛋白质溶液。

3. 实验方法及步骤

1) 制作标准曲线

取 6 支 10mL 具塞试管，按表 7-12 配制 0~100μg/mL 牛血清蛋白液。

表 7-12 可溶性蛋白标准溶液配制

编号	1号	2号	3号	4号	5号	6号
牛血清蛋白（mL）	0	0.2	0.4	0.6	0.8	1.0
蒸馏水（mL）	1.0	0.8	0.6	0.4	0.2	0.0
考马斯亮蓝 G-250（mL）	5	5	5	5	5	5
蛋白质含量（μg/mL）	0	20	40	60	80	100

加入试剂后，使试管中溶液充分混合，放置 2min 后，以 1 号管为空白对照用 10mm 厚的比色杯在 595nm 下比色，以蛋白质含量为横坐标，吸光度为纵坐标，绘制标准曲线，供下一步样品测定吸光度结果来查询蛋白质含量。

2) 样品测定

准确吸取样品蛋白质提取液 0.5mL 加入相应试管，再向各试管中加入 0.5mL 蒸馏水，调节可见光分光光度计至波长 595nm，向每个试管中加入 5mL 考马斯亮蓝 G-250 试剂，充分混合，反应 2min 后，记录吸光度。

3) 计算

将测得的吸光度查询标准曲线，得到的每管蛋白质含量代入式（7-34）计算样品中蛋白质含量 [单位：mg/g]。

$$样品蛋白质含量 = \frac{C \cdot V}{A \cdot W} \tag{7-34}$$

式中 C——查标准曲线所得每管蛋白质含量，mg；

V——提取液总体积，mL；

A——测定所取提取液体积，mL；

W——取样量，g。

（七）过氧化氢酶含量测定

1. 实验原理

H_2O_2 普遍存在于植物的所有组织中，其活性与植物的代谢强度及抗寒、抗病能力有一定关系。H_2O_2 在 240nm 波长下有强烈吸收，过氧化氢酶能分解过氧化氢，使反应溶液吸光度 A_{240} 随反应时间而降低。根据测量吸光值的变化速度即可测出过氧化氢酶的活性。以 A_{240} 每下降 0.1 为一个酶活力单位。

2. 实验材料

分光光度计、电子天平、离心机、恒温水浴锅、研钵、离心管、棕色容量瓶、酸式滴定管。
0.05mol pH 值为 7.0 的磷酸缓冲液、0.1mol/L H_2O_2。

3. 实验方法及步骤

1) 过氧化氢酶的提取

称取样品组织 0.5g 置研钵中，加入 2~3mL 4℃下预冷的 pH 值为 7.0 的磷酸缓冲液和少量石英砂研磨至匀浆后转入 25mL 容量瓶中，并用缓冲液冲洗研钵数次，合并冲洗液，并定容到刻度。混合均匀将量瓶置 5℃ 冰箱中静置 10min，取上部澄清液在 4000r/min 下离心 15min，上清液即为过氧化氢酶粗提液。

2）样品测定

打开紫外分光光度计（需预热 15min，注意提前开启），调节波长至 240nm。蒸馏水调零。在比色皿中加入 0.2mL 酶液和 2.5mL 缓冲液。加入 0.3mL 过氧化氢启动反应，立即记录当前时间（酶液的比例和读数的时间可以根据实际情况调整）。30s 后记录读数，之后每 30s 记录一次，记录 6 次。

3）计算

将测得的吸光度代入式（7-35）计算过氧化氢酶活性 [单位：$U/(g \cdot min)(FW)$]。

$$过氧化氢酶活性 = \frac{\Delta A_{240} \cdot V}{0.1 V_1 \cdot FW \cdot t} \tag{7-35}$$

式中　ΔA_{240}——制样品管吸光度值；

V——制备的酶液总量，mL；

V_1——测定用酶液量，mL；

FW——样品鲜重，g；

t——反应时间，min。

（八）实验结果分析及应用

生态监测技术方法是对生态系统中的指标进行具体测量和判断，从而获得生态系统中某一指标的特征数据，通过统计分析，以反映该指标的现状及变化趋势。在生态环境评价过程中，生态环境评价指标体系设计的优劣直接关系生态监测本身是否能揭示生态环境质量的现状、趋势和变化，从而影响到评价结果的科学性、准确性以及评价预测结果的真实性。除上述指标外，还可以根据检测区域特点自行优化监测指标，最终形成在具有生态系统类型、生态干扰方式的同时还要兼顾人文因素和应急监测的生态监测指标体系。

二、土壤监测实验技术

高含硫气田开发排放气体进入大气后，形成的干、湿酸性沉降物最终进入地表土壤中，可加速土壤酸化，抑制土壤中有机物的分解和氮的固定，淋洗钙、镁、钾等营养元素，促使土壤盐基淋失，土壤趋于贫瘠化。可能使某些毒性元素（铝、锰等）的释出和活化，从而伤害植物根系，阻碍营养物质输送和吸收。经过研究筛选出有效实验室监测指标，用于进一步掌握对高含硫气藏开采对土壤环境质量的影响。

（一）酸碱度测定

1. 实验原理

用于浸提的水或盐溶液（酸性土壤 1mol/L 氯化钾，中性和碱性土壤采用 0.001mol/L 氯化钙）与土之比为 2.5:1，盐土用 5:1，枯枝落叶层及泥炭层用 10:1。加水或盐溶液后经充分搅匀，平衡 30min，然后将 pH 值玻璃电极和甘汞电极插入浸出液中，用酸度计测定。也可用毫伏计测定其电动势值，再换算成 pH 值。

2. 实验材料

酸度计、玻璃电极、饱和甘汞电极或 pH 复合电极。

pH 值为 4.01 的标准缓冲液、pH 值为 6.87 的标准缓冲液、pH 值为 9.18 的标准缓冲液、1mol/L 氯化钾溶液、0.01mol/L 氯化钙溶液。

3. 实验方法及步骤

1）待测液的制备

称取通过 2mm 筛孔的风干土样 10g 于 50mL 高型烧杯中，加入 25mL 无二氧化碳的水或 1mol/L 氯化钾溶液（酸性土测定用）或 0.01mol/L 氯化钙溶液（中性、石灰性或碱性土测定用）。枯枝落叶层或泥炭层样品称 5g，加水或盐溶液 50mL。用玻璃棒剧烈搅动 1~2min，静置 30min，此时应避免空气中氨或挥发性酸等的影响。

2）测定

在与上述相同的条件下，把玻璃电极与甘汞电极插入土壤悬液中，测 pH 值。每份样品测完后，即用水冲洗电极，并用干滤纸将水吸干。

3）结果计算

一般的酸度计可直接读出 pH 值，不需要换算。

(二) 有机质测定

1. 实验原理

重铬酸钾氧化—外加热法是利用油浴加热消煮的方法来加速土壤有机质的氧化，使土壤有机质中的碳氧化成二氧化碳，而重铬酸离子被还原成三价铬离子，剩余的重铬酸钾用二价铁的标准溶液滴定，根据有机碳被氧化前后重铬酸离子数量的变化，就可算出有机质的含量。

2. 实验材料

调温电炉、温度计（250℃）、硬质试管、油浴锅、铁丝笼、锥形烧瓶。

0.8mol/L 重铬酸钾标准溶液、0.2mol/L 硫酸亚铁溶液、N—苯基邻胺基苯甲酸（$C_{13}H_{11}O_2N$）指示剂、邻菲哆啉指示剂、浓硫酸（密度 1.84 g/mL，化学纯）、硫酸银（化学纯）。

3. 实验方法及步骤

1）待测液的制备

用减量法称取 0.1~0.5g（精确到 0.0001g）通过 0.149mm 的风干土样于硬质大试管中，加粉末状的硫酸银 0.1g。用吸管加入 5mL 0.8mol/L 重铬酸钾标准溶液，然后用注射器注入 5mL 浓硫酸，并小心旋转摇匀。预先将油浴锅加热至 185~190℃，将盛土样的大试管插入铁丝笼架中，然后将其放入油锅中加热，此时应控制锅内温度在 170~180℃，并使溶液保持沸腾 5min，然后取出铁丝笼架，待试管稍冷后，用干净纸擦净试管外部的油液。如煮沸后的溶液呈绿色，表示重铬酸钾用量不足，应再称取较少的土样重做。

2）滴定

如溶液呈橙黄色或黄绿色，则冷却后将试管内混合物洗入 250mL 锥形瓶中，使瓶内体积在 60~80mL 左右，加邻菲哆啉指示剂 3 滴，用 0.2mol/L 硫酸亚铁滴定，溶液由橙黄经蓝绿到棕红色为终点；如用 N-苯基邻胺基苯甲酸指示剂，变色过程由棕红色经紫至蓝绿色为终点。记录硫酸亚铁用量。

3）测定

每批分析时，必须做 2~3 个空白标定；空白标定不加土样，但加入 0.1~0.5g 石英砂，其他步骤与测定土样时完全相同，记录硫酸亚铁用量。

4）结果计算

将测得的硫酸亚铁用量代入式（7-36）确定有机碳含量，然后再由式（7-37）确定有机质含量。

$$W_{c.o} = \frac{\frac{0.8 \times 5.0}{V_0}(V_0 - V) \times 0.003 \times 1.1}{m_1 \times K_2} \times 1000 \quad (7\text{-}36)$$

$$W_{om} = W_{c.o} \times 1.724 \quad (7\text{-}37)$$

式中 $W_{c.o}$——有机碳含量，g/kg；

W_{om}——有机质含量，g/kg；

0.8——重铬酸钾标准溶液的浓度，mol/L；

5.0——铬酸钾标准溶液的体积，mL；

V_0——白标定用去硫酸亚铁溶液体积，mL；

V——定土样用去硫酸亚铁溶液体积，mL；

0.003——$\frac{1}{4}$碳原子的摩尔质量，g/mmol；

1.1——氧化校正系数；

1.724——有机碳换算为有机质的系数；

m_1——干土样质量，g；

K_2——将风干土换算到烘干的水分换算系数。

（三）速效钾测定

1. 实验原理

以中性 1mol/L 乙酸铵溶液为浸提剂，铵离子与土壤胶体表面的钾离子进行交换，连同水溶性钾离子一起进入溶液。浸出液中的钾可直接用火焰光度测定。本方法测定结果在非石灰性土壤中为交换性钾，而在石灰性土壤中则为交换性钾加水溶性钾。

2. 实验材料

火焰光度计、容量瓶。

浸提剂（1mol/L 乙酸铵，pH 值为 7.0）、氯化钾（分析纯）。

3. 实验方法及步骤

1）制作钾溶液标准曲线

称取 0.1907g 氯化钾（分析纯），在 110℃下烘干 2h，溶于 1mol/L 乙酸铵溶液中，并定容至 1L，后取 5 支 50mL 容量瓶，按表 7-13 配制 2~40μg/mL 钾溶液，以溶液中钾浓度为横坐标，吸光度为纵坐标，绘制标准曲线。

表 7-13 钾溶液标准溶液配制

编号	1	2	3	4	5
钾溶液（mL）	1	2.5	5	10	20
乙酸铵（mL）	49	47.5	45	40	30
钾浓度（μg/mL）	2	5	10	20	40

2) 待测液的制备和测定

称取 5.0g（精确到 0.01g）通过 2mm 筛孔的风干土样于浸提瓶中，加 50mL 1mol/L 乙酸铵溶液，加塞振荡 30min，用干滤纸过滤，滤液直接供火焰光度计测钾用。记录检流计读数。从工作曲线上查得待测液的钾浓度。

3) 结果计算

将测得吸光度查询标准曲线得到的钾浓度代入式（7-38）计算速效钾含量。

$$W_k = \frac{C \cdot V}{1000 m_1 \cdot K_2 \cdot 10^3} \times 100 \qquad (7-38)$$

式中 W_k——速效钾含量，mg/kg；
C——从工作曲线上查得测溶液钾的浓度，μg/mL；
V——浸提剂体积，本例 50mL；
m_1——风干土样质量，g；
K_2——将风干土换算到烘干的水分换算系数。

（四）盐基总量测定

1. 实验原理

土壤样品用 1mol/L 乙酸铵溶液（pH 值为 0.7）浸提，经蒸干、灼烧，使乙酸铵分解逸出，其他乙酸盐转化为碳酸盐或氧化物。残渣溶解于一定量的 0.1mol/L 盐酸标准溶液中，过量的盐酸以 0.05mol/L 氢氧化钠标准溶液滴定，计算交换性盐基总量。

2. 实验材料

高温电炉、瓷蒸发皿（100mL）。

1g/L 甲基红指示剂、0.05mol/L 氢氧化钠标准溶液、0.1mol/L 盐酸标准溶液。

3. 实验方法及步骤

1) 待测液的制备和滴定

吸取 1mol/L 乙酸铵处理土壤的浸出液 50~100mL 放入瓷蒸发皿中，在水浴锅上蒸干。蒸干后的瓷蒸发皿放入 470~500℃ 高温沪中灼烧 15min，冷后加 0.1mol/L 盐酸标准溶液 10.00mL，用橡皮头玻璃棒小心擦洗瓷蒸发皿的内壁并搅匀，使残余物溶解，慎防产生的二氧化碳气体溅失溶液，低温加热 5min，冷却后，加 1 滴甲基红指示剂，用 0.05mol/L 氢氧化钠标准溶液滴定至突变为黄色。

2) 结果计算

将测得标定用去的氢氧化钠溶液体积代入式（7-39）中计算。

$$交换性盐基总量 = \frac{(C_1 \cdot V_1 - C_2 \cdot V_2) t_s}{W} \times 100 \qquad (7-39)$$

式中 交换性盐基总量——土壤中交换性盐基总量，cmol/kg；
C_1——盐酸标准溶液的浓度，mol/L；
V_1——盐酸标准溶液的体积，mL；
C_2——氢氧化钠溶液的浓度，mol/L；
V_2——标定用去氢氧化钠溶液的体积，mL；
W——土壤重量，g；
t_s——分取倍数。

（五）土壤有效硫测定

1. 实验原理

Ca$(H_2PO_4)_2$-2mol/LHOAc 浸提剂可以浸提酸性土壤的有效硫，除能浸出酸溶性硫酸盐类以外，$H_2PO_4^-$ 能置换出吸附性 SO_4^{2-}，Ca^{2+} 能抑制土壤有机质的浸出，并取得清亮的浸出液。浸出液中的少量有机质用 H_2O_2 氧化除尽后，即可用简单快速的 $BaSO_4$ 比浊法测定 SO_4^{2-}。

2. 实验材料

振荡机、电热板或砂浴、分光光度计、电磁搅拌器。

过氧化氢（分析纯）。1:4 盐酸（分析纯）。2.5g/L 阿拉伯胶水溶液、浸提剂：2.04gCa$(H_2PO_4)_2 \cdot H_2O$ 溶于 1L2mol/LHOAc 中、$BaCl_2 \cdot 2H_2O$ 晶粒、100μg/mL 硫标准溶液。

3. 实验方法及步骤

1) 待测液的制备

取通过 2mm 筛的风干土样 10.00g，加 50mL 浸提剂，在 20～25℃振荡 1h，过滤。吸取滤液 25mL 于 100mL 三角瓶中，在电热板或砂浴上加热，用浓 H_2O_2 3～5 滴氧化有机物。待有机物分解完全后，继续煮沸，除尽过剩的 H_2O_2。加入 1mL 1:4HCl，得到清亮的溶液。

2) 测定

将全部溶液转入 25mL 容量瓶中，三角瓶用水洗涤数次。加入 2mL 2.5g/L 阿拉伯胶，用水定容。转入 150mL 烧杯，加 $BaCl_2 \cdot 2H_2O$ 1.0g，于电磁搅拌器上搅拌 1min。在 5～30min 以内，取一份装入 3cm 比色槽中，用分光光度计在波长 440nm 处比浊。在测定样品的同时，应做试剂空白试验。

3) 工作曲线的绘制

将 100μg/mL 硫标准液用水稀释至 10μg/mL。取 7 支 25mL 容量瓶，按表 7-14 配制 0～4.8μg/mL 硫溶液，以溶液中硫浓度为横坐标，吸光度为纵坐标，绘制标准曲线。

表 7-14 硫标准溶液配制

编号	1	2	3	4	5	6	7
硫溶液（mL）	0	1	3	5	8	10	12
盐酸（mL）	1	1	1	1	1	1	1
2.5g/L 阿拉伯胶（mL）	2	2	2	2	2	2	2
蒸馏水（mL）	22	21	19	17	14	12	10
硫浓度（μg/mL）	0	0.4	1.2	2	3.2	4	4.8

4) 结果计算

将测得的吸光度查询标准曲线，得到的硫浓度代入式（7-40）计算有效硫含量。

$$W_s = \frac{CVt_s}{m} \tag{7-40}$$

式中　W_s——有效硫含量，mg/kg；

　　　C——从标准曲线上查得测硫的浓度，μg/mL；

　　　V——比浊体积，25mL；

m——风干土样质量，g；
t_s——分取倍数（$t_s=2$）。

（六）实验结果分析及应用

由于影响高含硫气田生态环境因素的复杂性，目前尚无通用的评价方法。然而，选择评价方法又是极为关键环节，所选取评价方法之间的差异也使得出现不一样的结论。目前常用的评价方法有：综合指数法、层次分析法、人工神经网络评价法和灰色局势评价法等八种方法。

1. 综合指数法

综合指数法是将量纲不同的各指标标准化，标准化之后的指标值均在 0~100 之间。综合指数评价法是将单个因子进行综合评价的方法，模型由各个单因子指标以及对应权重乘积相加：

$$EQI_i = \sum (Q_j \cdot W_j) \qquad (7-41)$$

式中　EQI_i——评价区域生态环境质量指数；
　　　Q_{ij}——第 i 个区域第 j 个指标；
　　　W_j——第 j 个指标值权重。

综合指数评价法在生态环境质量综合评价中广泛运用，但其适用范围是对评价目的、标准有明确规定的并且所选取的评价指标差异不大的评价体系。

2. 层次分析法

层次分析法是一种多准则评价方法，该方法将难解决的问题用分解为各个定性与定量要素，将复杂的不易分析的问题进行分解，并对分解出的各个分要素进行两两对比，确定其相对重要性排序。

层次分析法的具体内容包括：（1）建立要素递阶层次结构；（2）构造两两比较矩阵；（3）算出各要素相对权重的大小；（4）算出各要素的组合权重；（5）算出各要素的评价得分，对研究区域整体评价。

3. 模糊综合评价法

模糊综合评价法是一种基于模糊数学的综合评价法，该方法核心在于求出某个指标的隶属度，该方法优点在于得到的结论明确，它可以帮助解决那些因研究对象不明确而形成无法正确表述的问题。

4. 人工神经网络评价法

人工神经网络是对数学统计学方法的优化，运用统计学中所提到的标准化的数学方法，得到用函数表示的局部的结构空间，因此人工神经网络评价法是将数学的统计学方法在实际领域的应用。此外在人工感知领域中的问题，可以运用数学统计学方法进行分析研究。因为人工神经网络方法具备类似于人的能力，可以进行不复杂的判别和决定，这种方式更具有效率。

5. 物元分析法

物元分析法用来处理不相容问题，是一种在经典数学和模糊数学的基础上发展起来的新方法。该方法基于生态环境评价多目标中的单因子评价结果的不相容性，物元分析评价法构建出了环境标准物元矩阵及节域物元矩阵，计算出评价区域内的生态环境状况和评价等级之间的关联度大小，最后进行全态环境质量的综合评价。

6. 主成分分析法

主成分分析法是基于原始数据损失最小的前提下，通过线性变换或者舍弃部分信息，对高维数据进行降维，将之前的多变量转变为少量综合指数，所得到的综合指数不仅能够比之前的多变量反映出更多信息，而且还保证了各个综合指标之间的相对独立性。这种方法在引进多方面变量的同时将复杂因素归纳为几个主成分，不仅可以使问题简单化，同时得到的结果也具有更加科学有效的数据信息，该方法还可以避免或减少在专家分析法中产生的主观倾向。

7. 灰色关联度分析法

灰色关联度分析法是基于所选取影响区域生态环境变化的主要因素，求出其他因素和主要因素之间的关联度排序，并在这个基础上得到最终权重。

8. 综合评价模型对比选择

对高含硫气田进行生态环境影响综合评价是一个烦琐过程，所以生态环境综合评价应该采用系统而完整理论以及综合的集成方法，将定性分析与定量分析合理结合起来，并且尽量定量分析为主。

上述所列举的生态环境影响综合评价模型各有优势和局限，不同评价模型优缺点的比较详见表7-15。

一般综合指数法和层次分析法优点突出，因此，推荐选用综合指数法或者层次分析法。

表7-15 不同评价模型比较

评价方法	特点
综合指数法	(1) 形式简单，计算简便； (2) 评价标准的确定较难； (3) 指标值如果出现极值使得评价结果正确性造成偏差
层次分析法	(1) 准确性较强； (2) 可以将不易检测的指标转化为易于检测的指标； (3) 在纵向比较的同时还可以进行横向比较
模糊综合评价法	(1) 当指标数量过多，权向量W与模糊矩阵R不匹配，会使得评价出现误差； (2) 计算复杂，确定指标权重向量的主观性强； (3) 仅仅考虑到主要因子，次要因子的考虑不足，导致评价结果不全面
人工神经网络法	(1) 模拟人脑，具有自主学习功能、联想存储功能等； (2) 体系结构结构性差； (3) 在学习样本数量有限时，难以保证精度
物元分析法	(1) 直观性较好； (2) 关联函数形式的确定不够标准，无法通用
主成分分析法	(1) 在降维的方式将之前的多变量转变为较少的综合变量； (2) 当主要的因子有正负时，综合评价函数内涵不确定； (3) 所转化的综合变量不如原始变量含义清晰、明确
灰色关联度分析法	(1) 思路明确，数据要求不高； (2) 主观性过大

第四节　高含硫气田开发地下水监测技术

《石油天然气开采业污染防治技术政策》（环境保护部公告 2012 年第 18 号）要求在油气开发过程中应设立地下水水质监测井，加强对油气田地下水水质的监控，防止回注过程对地下水造成污染；HJ 610—2016《环境影响评价技术导则·地下水环境》要求气田水回注工程建立地下水环境监测管理体系，设置地下水环境跟踪监测点。目前国内相关的地下水监测技术规范主要包括 GB/T 51040—2014《地下水监测工程技术规范》、HJ/T 164—2004《地下水环境监测技术规范》、DZ/T 0270—2014《地下水监测井建设规范》等，但上述技术规范主要针对省级、市级、县级控制监测井的布设，缺乏针对高含硫气田开发等具体建设项目的地下水监测技术规范。

高含硫气田开发工程对地下水环境影响的环节主要集中在钻井井场、净化厂和气田水回注站场。做好高含硫气田开发地下水环境监测工作，必须在掌握站场水文地质条件的基础上，开展地下水污染物扩散模拟预测，指导地下水监测井的布设，结合高含硫气田水质特征，确定地下水样品的采集和监测项目（谭承军 等，2015）。

一、水文地质条件勘查技术

高含硫气田开发工程对地下水环境影响的环节主要集中在钻井井场、净化厂和气田水回注站场。做好高含硫气田开发地下水环境监测工作，必须综合采用现场水文地质调查、钻探、水文地质实验技术，查明站场的含水层及补径排条件，查明含水层的水文地质参数，为开展地下水污染物模拟预测提供必需的水文地质参数（刘建章 等，2017）。以抽水实验为代表的水文地质实验技术的主要目的是确定含水层的水文地质参数，定量评价含水层的富水性，为地下水溶质运移模拟工作提供依据。

（一）实验原理

《水文地质钻探规程》中规定："在各种比例尺的水文地质普查与勘探中布置，一般要进行单孔稳定流抽水实验，必要时要进行多（群）孔非稳定流抽水实验，以获取不同要求的水文地质参数"。高含硫气田开发地下水监测井布设主要是求取含水层的渗透性，单孔稳定流抽水实验一般可满足需求，根据试抽情况确定降深，对涌水量不大、含水层厚度较薄的钻孔采用 1~2 次降深实验。

1. 潜水—承压水完整井计算公式

$$K = \frac{0.733Q \cdot \lg \dfrac{R}{r_w}}{(2H - M)M - h^2} \tag{7-42}$$

$$R = 2S_w \sqrt{HK} \tag{7-43}$$

式中　K——渗透系数，m/d；
　　　R——影响半径，m；
　　　Q——涌水量，m³/d；
　　　r_w——抽水井半径，m；

H——静止水位至含水层底板深度，m；
h——动水位至含水层底板深度，m；
M——含水层厚度，m；
S_w——抽水孔水位降深值，m。

2. 潜水完整井计算公式

$$K = \frac{0.732Q}{(2H - S_w)S_w} \lg \frac{R}{r_w} \quad (7-44)$$

$$R = 2S_w\sqrt{HK} \quad (7-45)$$

式中 K——渗透系数，m/d；
　　　R——影响半径，m；
　　　Q——涌水量，m³/d；
　　　H——含水层厚度，m；
　　　r_w——抽水井半径，m；
　　　S_w——抽水井的降深值，m。

（二）实验设备

100QJD2-98型多级井用潜水电泵、水位测量仪、三角堰流量仪、柴油机、秒表。

（三）实验方法

稳定流抽水实验一般应进行3次水位降深（图7-21）。水位降深最大降深值应根据水文地质条件，并考虑抽水设备能力确定，其余2次降深值宜分别为最大降深值的1/3和2/3。水位降深顺序，对基岩含水层宜按先大后小，松散含水层宜按先小后大逐次进行。

图7-21 抽水实验现场

稳定时间内，主孔水位波动值不超过3~5cm，主孔涌水量波动值不能超过平均流量的3%。根据含水层的类型、补给条件、水质变化和实验的目的等因素，稳定延续时间可适当调整，中、小降深的抽水稳定延续时间可为8~12h。

(四) 实验结果分析与应用

某回注井周边 4 口钻孔的单孔稳定流抽水实验表明（表 7-16），回注井周边含水层主要为侏罗系中遂宁组（J_3s）风化基岩裂隙含水层，含水层厚度 19.50~40.50m，含水层渗透系数为 0.065~0.210m/d。单孔涌水量 10.77~29.42m³/d，含水层富水性差。

抽水实验的开展，查明了站场周边的水文地质参数，定量评价了含水层的富水性，可为下一步地下水污染物运移模拟预测及监测井布设提供依据。

表 7-16 某净化厂单孔稳定流抽水实验及水文地质参数计算成果表

孔号	地层代号	含水层顶板埋深（m）	含水层厚度（m）	降深（m）	涌水量（L/s）	涌水量（m³/d）	单位涌水量[L/(s·m)]	渗透系数（m/d）	影响半径（m）
1	J_3s	4.20	16.80	9.83	0.211	18.23	0.021	0.158	32.04
2	J_3s	1.70	21.12	11.51	0.272	23.54	0.024	0.131	25.85
3	J_3s	1.01	19.49	10.32	0.341	29.42	0.033	0.210	41.76
4	J_3s	2.71	20.09	11.28	0.125	10.77	0.011	0.065	25.72

二、地下水监测井布设技术

按照 HJ 610—2016《环境影响评价技术导则·地下水环境》要求，高含硫气田开发项目应至少布设 3 口地下水监测井：(1) 背景值监测井，在气田开发项目地下水流向上游布设 1 口监测井；(2) 污染控制监测井，在气田开发项目地下水流向下游布设 2 口监测井。在保证安全和正常运行的条件下，第 1 口监测井应尽量靠近气田开发项目，另 1 口监测井根据水文地质条件及地下水污染物泄漏扩散模拟预测结果确定，地下水污染物泄漏扩散模拟预测的是预测地下水污染物运移方向及距离，指导地下水监测井的布设。

(一) 地下水监测井布设模拟原理

1. 水流模型

对于二维、非均质、各向同性、非稳定地下水流系统，可用如下偏微分方程的定解问题来描述：

$$\begin{cases} \dfrac{\partial}{\partial x}\left(K\dfrac{\partial h}{\partial x}\right)+\dfrac{\partial}{\partial y}\left(K\dfrac{\partial h}{\partial y}\right)+\varepsilon(x,y,t)=\mu_s\dfrac{\partial h}{\partial t} & (x,y\in\Omega,\ t\geq 0)\\ h(x,y,0)=h_0(x,y) & (x,y\in\Omega,\ t=0)\\ h(x,y,t)|_{\Gamma_1}=\phi(x,y,t) & (x,y\in\Gamma_1,\ t>0)\\ K_n\dfrac{\partial h}{\partial n}\bigg|_{\Gamma_2}=q(x,y,t) & (x,y\in\Gamma_2,\ t>0) \end{cases} \quad (7\text{-}46)$$

式中　Ω——渗流区域；
　　　h——含水层水位标高，m；
　　　K——渗透系数，m/d；
　　　K_n——边界法向量的渗透系数，m/d；
　　　μ_s——给水度；
　　　$\varepsilon(x,y,t)$——含水层垂向交换的水量，m/d；

$h_0(x, y)$——含水层的初始水位分布,m;
Γ_1——渗流区域的一类边界;
Γ_2——渗流区域的二类边界;
n——边界面的法线方向;
$q(x, y, t)$——二类边界的单宽流量,m³/(d·m),流入为正,流出为负,隔水边界为零。

2. 水质模型

如果不考虑污染物在含水层中的吸附、交换、挥发、生物化学反应,地下水中溶质运移的数学模型可表示为

$$n_e \frac{\partial C}{\partial t} = \frac{\partial}{\partial x_i}\left(nD_{ij}\frac{\partial C}{\partial x_j}\right) - \frac{\partial}{\partial x_i}(nCV_i) \pm C'W \tag{7-47}$$

其中

$$D_{ij} = \alpha_{ijmn}\frac{V_m V_n}{|V|} \tag{7-48}$$

式中 α_{ijmn}——含水层的弥散度;
V_m,V_n——分别为 m 和 n 方向上的速度分量;
$|V|$——速度模;
C——模拟污染质的浓度,mg/L;
n_e——有效孔隙度;
t——时间,d;
C'——模拟污染质的源汇浓度,mg/L;
W——源汇单位面积上的通量;
V_i——渗流速度,m/d。

(二)地下水监测井布设模拟软件

模拟软件采用美国 Brigham Young University 开发的 GMS 软件,GMS 是地下水模拟系统(Groundwater Modeling System)的简称,由 MODFLOW、MODPATH、MT3D、FEMWATER、PEST 等组成,是目前国内外广泛使用的地下水流模拟软件。通常选用 GMS 软件中的 MODFLOW 和 MT3D 模块模拟研究区的地下水流和溶质运移。

(三)地下水监测井布设模拟方法及步骤

1. 模拟模范确定

根据水文地质勘查结果,以站场所在的水文地质单元边界为模拟范围。

2. 初始条件

将站场所在水文地质单元内枯水期统测水位作为模型初始流场,以平水期统测水位作为模型识别流场,以丰水期统测水位作为模型的验证流场(图7-22)。

3. 网格剖分

根据具体水文地质条件确定剖分单元格大小,在污染物排放区附近可适当加密。

4. 模型的识别与验证

根据抽水实验结果,对模拟区含水层水文地质参数进行分区,通过反复调整参数,拟合识别水位和验证水位,达到建立模型与实际水文地质条件吻合的目的。

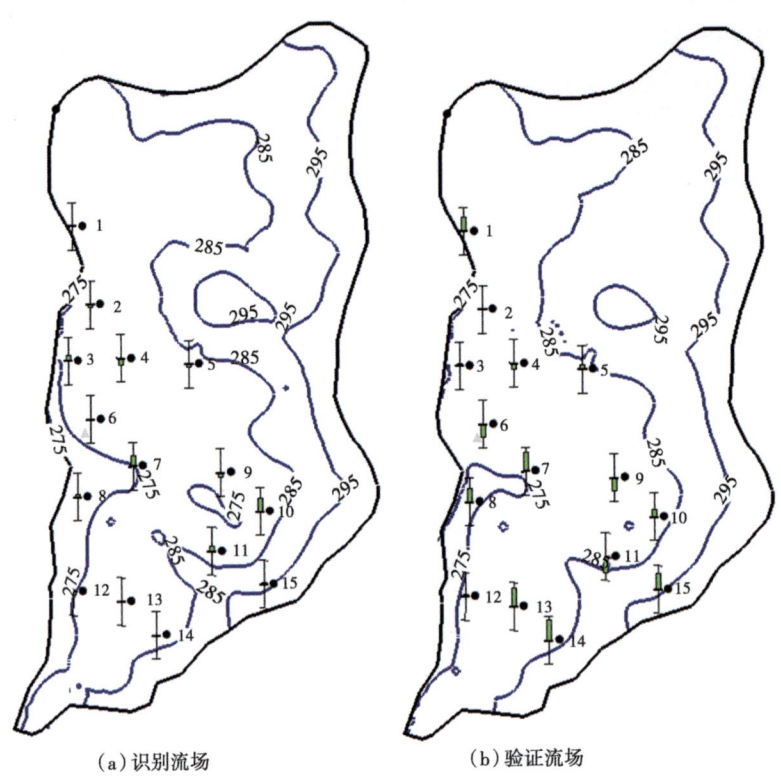

（a）识别流场　　　　　　（b）验证流场

图 7-22　识别流场与验证流场

（四）地下水监测井布设模拟结果分析及应用

正常工况下，气田水回注井不会对地下水造成污染，在事故工况下，可能由于井筒腐蚀或固井质量不佳造成气田水泄漏，假设泄漏量为回注量的5%，气田水的特征污染物氯化物取74000mg/L。模拟结果显示（图7-23、表7-17），污染物下渗1年后，地下水中污染物影响范围为1354m²，超标范围为310m²，在地下水中运移最大距离为34m；5年后，地下水中污染物影响范围为3085m²，超标范围为508m²，在地下水中运移最大距离为42m；10年后，地下水中污染物影响范围为4375m²，超标范围为537m²，在地下水中运移最大距离为51m；32年后，地下水中污染物影响范围为12318m²，无超标范围，在地下水中运移最大距离为78m。

表 7-17　污染范围预测表

预测年限	影响范围（m²）	超标范围（m²）	最大运移距离（m）
1年	1354	310	34
5年	3085	508	42
10年	4375	537	51
32年	12318	0	78

结合地下水污染物扩散模拟结果，在X回注井附近地下水上游补给区设置1口背景井，该井点位于回注井的东北侧，距回注井48m（图7-24中J1点）。在X回注井场区内布置1口污染控制监测井，该井点位于回注井场地下水流下方，距回注井21m（图7-24中J2点）；

(a) 1年污染晕分布图    (b) 5年污染晕分布图

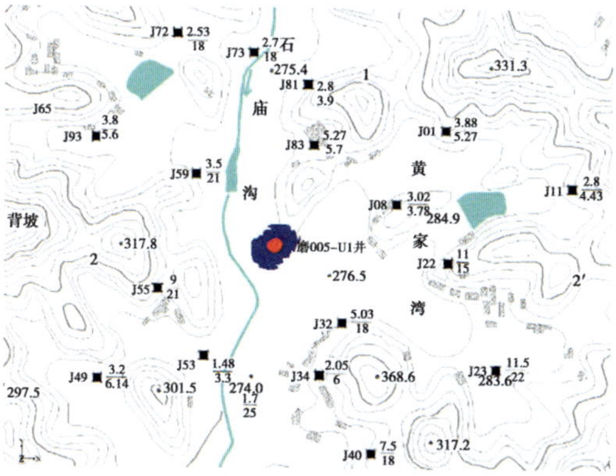

(c) 10年污染晕分布图 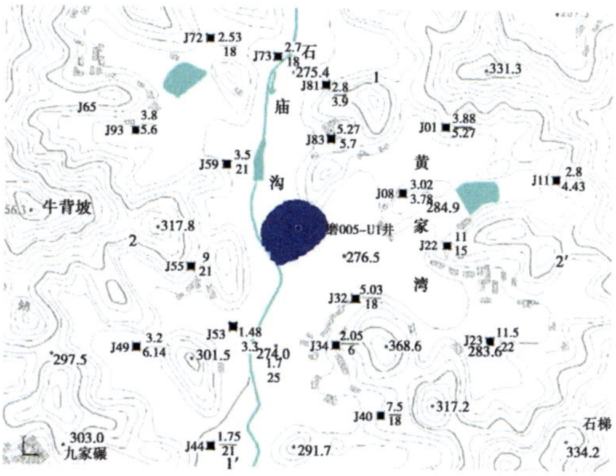   (d) 32年污染晕分布图

图 7-23 事故发生后 32 年的污染范围

在 X 注井西南侧布置 1 口监测井，距回注井 34m（图 7-24 中 J3 点）。

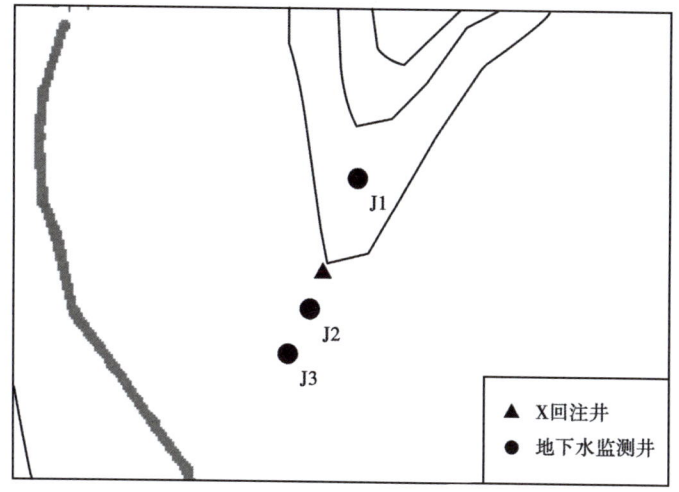

图 7-24 地下水监测井布设示意图

三、地下水样品的采集及监测技术

为监测高含硫气田开发项目对地下水是否产生影响,需从水体中采集具有代表性的水样,结合高含硫气田开发的水质特征、监测井类型、现状实际条件确定地下水样品采集仪器、地下水监测项目及监测频率。

(一)采样流程

地下水的采样流程如图7-25所示,包括前期准备工作、洗井、采样、复原。

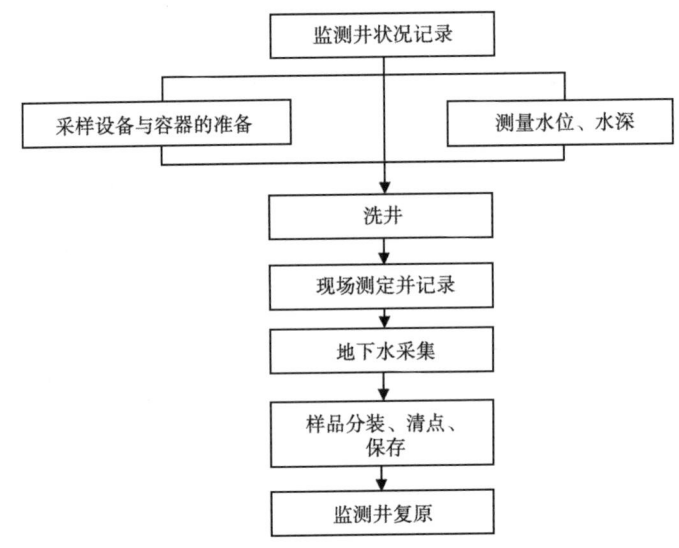

图7-25 监测井采样流程示意图

(二)采样方法

地下水样品的采集方法一般有手动和机械两种,本文主要介绍贝勒管、蠕动泵和惯性泵的应用。

1. 贝勒管

贝勒管是一种经济型便携式水质采样器(图7-26),操作简单,使用方便,性价比高,能最大限度地保证样品的真实性。能够通过延长采样绳的长度,采取任意深度的地下水。采样管直径很小,能够采取小口径的深水井水样。材质有PVC、特氟龙和不锈钢等多种材质,适用于不同种类物质的采集。

2. 蠕动泵

蠕动泵属于抽吸扬升取样泵的一种,通过产生真空把地下水抽吸到地表。在实际应用中,蠕动泵的扬程在4.6~7.6m,抽水量在0~30L/min。

取样管线一般是直径6mm的两端开口的柔韧特氟龙管线。把管线的抽吸端放入井中需要的深度,排放端放入样品容纳器。蠕动泵可直接在取样时进行样品过滤。轻便易用,流速可调节,样品不与取样泵的部件接触,耐用、可靠、相对便宜,并可用于任何监测井。其缺点在于产生的真空可能引起挥发性、敏感性气体发泡;需要动力;扬程有一定的限值,一般低于8m。

3. 惯性泵

惯性泵可以人工驱动也可以机械驱动,人工驱动最大抽取深度可达到30m,机械驱动抽

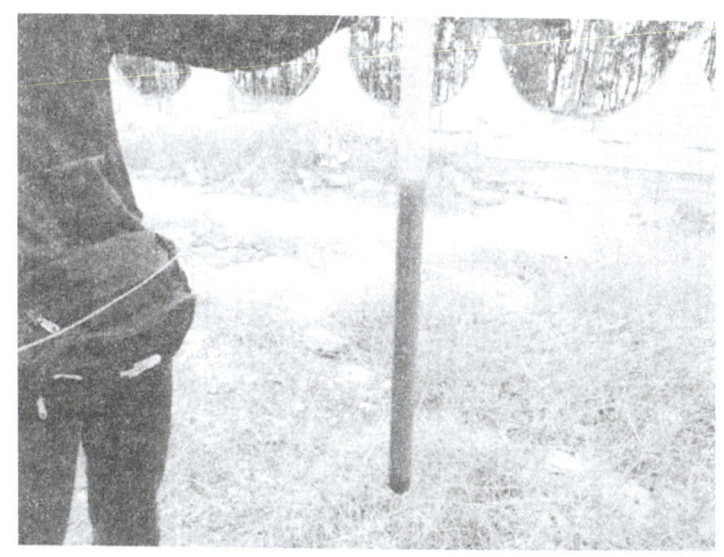

图 7-26 贝勒管取样

取深度最大可达到 90m。在惯性泵管线的底端有一个止回阀，管线下降时，阀门打开，地下水进入管线中，管线上升时底阀关闭，使用时通过往复上下运动抽出地下水（图 7-27）。

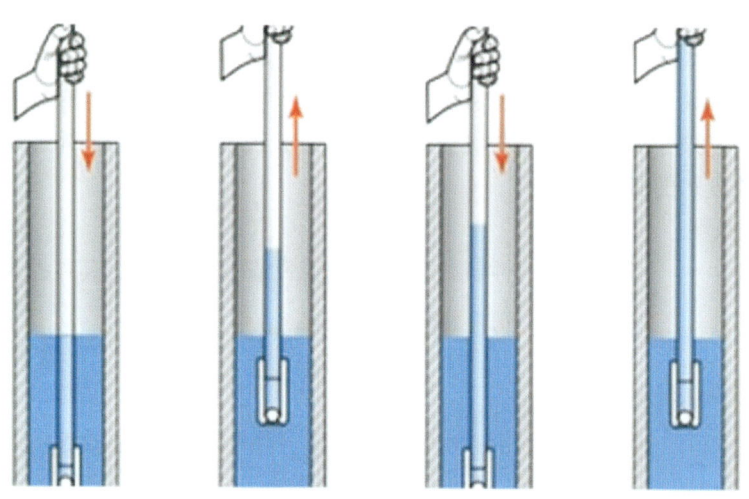

图 7-27 惯性泵取样

（三）采样频率

（1）监测井每月采样 1 次，监测特征水质因子。
（2）监测井建成后 1 年内枯、平、丰水期采样 1 次，监测基本水质因子。

（四）监测项目

（1）基本水质因子。pH 值、总硬度、溶解性总固体、硫酸盐、铁、锰、挥发酚、硝酸盐、亚硝酸盐、氨氮、六价铬、汞、砷、镉、钡、细菌总数及总大肠菌群

（2）特征水质因子。石油类、高锰酸盐指数、硫化物、氯化物。

第五节　高含硫气田水中硫化物处理实验评价技术

气田水中的硫化物，特指以负二价形态存在的硫元素。硫化物在水中会发生离解反应，当水中 pH 值≤5 时，气田水中的硫化物主要以 H_2S 形态存在；pH 值≥10 时，主要以 S^{2-} 形态存在；5<pH 值<10 时，主要以 H_2S、HS^-、S^{2-} 三种形态共存。硫化物的存在会对设备和管道造成腐蚀，并且会滋生硫酸盐还原菌的生长和繁殖，导致水质变黑发臭、成垢产物增加，进而堵塞管道和储层（梁平 等，2010），因此高含硫气田水中硫化物处理对气田开发生产具有重要意义。

依据硫化物含量的高低，将气田水的含硫状态分为三种类别。当水中硫化物浓度高于 200mg/L 时，一般采用混凝沉淀法或气提吹脱法处理，且能回收其中的硫化物；当水中硫化物的浓度低于 50mg/L 时，可采用生化法处理，处理后的污水水质能达到排放标准要求；当水中硫化物浓度介于 50~200mg/L 之间时，可采用氧化法处理（张赜 等，2010）。本节介绍三种成熟的气田水除硫实验评价技术，可有效指导生产从业者根据不同水质情况选择适宜的除硫方法，以缓解硫化物带来的不利影响。

一、混凝沉淀除硫实验评价技术

气田水中含有较多的悬浮固体、胶体与乳化物，较大颗粒的悬浮固体可直接依靠重力作用下沉去除。粒径微小的颗粒则均匀分散悬游在水中，具有一定的"稳定性"，在较长时间内难以沉淀。混凝法是用于去除悬浮态或胶体态的硫化物有效方法，在实际应用中通常使用氧化性混凝剂（如聚合铁系混凝剂），硫化物被氧化为单质硫胶体、高价硫酸盐化合物而被混凝除去。该工艺操作简便，混凝与氧化同步进行，节约了处理药剂，缩短了停留时间，比较适合中等含硫废水的脱硫处理。

（一）实验原理

铁系混凝剂中 Fe^{2+} 可以与溶解性硫化物发生脱硫反应，其原理反应方程式为

$$Fe^{2+}+H_2S \longrightarrow FeS+2H^+ \tag{7-49}$$

$$Fe^{2+}+2HS^- \longrightarrow Fe(HS)_2 \tag{7-50}$$

此外，Fe^{3+} 也可与硫化物发生沉淀氧化还原反应，生成 Fe^{2+} 和单质 S，其原理反应方程式为

$$Fe^{3+}+H_2S \longrightarrow Fe(HS)_2 \tag{7-51}$$

$$2Fe^{3+}+S^{2-} \longrightarrow 2Fe^{2+}+S \tag{7-52}$$

反应中可能会有很多副反应同时发生，如生成 Fe_2S_3、Fe_3S_4、FeS_2 等。为了提高脱硫效率，脱硫剂通常同时使用 Fe^{2+} 盐和 Fe^{3+} 盐类，其原理反应方程式为

$$Fe^{2+}+2Fe^{3+}+4HS^- \longrightarrow Fe_3S_4+4H^+ \tag{7-53}$$

混凝作为水处理领域最常用的工艺，却又是一个极为复杂的现象，其作用机理有四个方面：电中和作用、压缩双电层、吸附架桥和卷扫网捕。

（1）电中和作用。除蛋白质和淀粉等有机物之外，胶体或一些类胶体物质（如油类

在水中一般呈负电性，当将具有高密度的正离子的无机金属盐类混凝剂投入水中时，经水解作用，能提供大量正电荷离子中和胶体的双电层电荷，使ζ电位降低或消失，达到等电状态。在此状态下，布朗运动的能量大于胶体的静电斥力能量，胶体开始聚结，也是通常所说的胶粒脱稳凝聚。

（2）压缩双电层作用。胶体的ζ电位是影响胶体聚结的主要因素，如何使胶体间的ζ电位下降或消失就成为关键。要降低ζ电位，可以采用往水中投加电解质（如混凝剂）。例如，当水中有带负电荷的胶体存在时，可以向水中投加金属盐类的混凝剂，利用其产生的正电荷达到压缩胶体双电层的目的。

（3）吸附架桥作用。金属盐类和其他高分子混凝剂溶于水后，易水解成高分子的聚合物，具有线性结构。这类物质极易和微小粒径的胶体吸附，特别是具有较长的线性时，它的两端同时吸附胶体，即可以让较远距离的胶体同时吸附，使颗粒变大，成为肉眼能见的大絮体，此过程也称为絮凝。

（4）网捕卷扫作用。金属盐类的混凝剂一般都易水解而生成沉淀物。水解所形成的沉淀物在沉淀过程中会卷集、网捕水中的微小胶体。在整个微粒的凝结过程，都称为混凝，即凝集和絮凝。

（二）实验设备

六联搅拌仪、恒温水浴锅、pH酸度计、浊度仪。

配制浓度为20%的混凝剂溶液。常用混凝剂包括：聚合氯化铝（PAC-1、PAC-2）、聚合铝铁（PAFC-1、PAFC-2）、聚合硫酸铁（PFS）溶液。

配置浓度为0.1%助凝剂溶液。助凝剂为阴离子型聚丙烯酰胺（PAM）。

（三）实验方法及步骤

1. 硫化物测定方法

硫化物的方法通常有对氨基二甲基苯胺光度法和碘量法。当水样中硫化物含量小于1mg/L时，采用对氨基二甲基苯胺光度法，样品中硫化物含量大于1mg/L时，采用碘量法。

原理为硫化物与乙酸锌生成白色沉淀。将其溶于酸中，加入过量碘液，碘在酸性条件下和硫化物作用析出硫。然后用硫代硫酸钠滴定剩余的碘，计算硫化物含量。

2. pH值测定方法

采用玻璃电极法。pH值可间接地表示水的酸碱程度，是水化学中常用的和最重要的检验项目之一。由于pH值受水温影响而变化，测定时应在规定的温度下进行，或者校正温度。通常采用玻璃电极法测定pH值。比色法简便，但受色度、浊度、胶体物质、氧化剂、还原剂及盐度的干扰。玻璃电极法不受以上因素的干扰，然而，pH值在10以上时，产生"钠差"，读数偏低，需选用特制的"低钠差"玻璃电极，或使用与水样pH值相近的标准缓冲溶液对仪器进行校正。

3. 混凝剂筛选实验

选取聚合氯化铝（PAC-1、PAC-2）、聚合铝铁（PAFC-1、PAFC-2）、聚合硫酸铁（PFS），进行混凝初步筛选实验，投加量为1000mg/L。助凝剂PAM投加量为20mg/L。以气田水原水为处理对象，调节原水pH值为8，以硫化物的去除率为监测指标。

4. 混凝剂加量实验

取气田原水1000mL，调节pH值为8，选用筛选出的混凝剂，按照一定梯度改变投加量，搅拌时间设定为5min进行混凝实验。静置后，取上清液分析硫化物含量，根据实验去除率确定最佳加量。

5. pH 值筛选实验

取气田原水 4 份各 1000mL，采用氢氧化钠溶液调节原水 pH 值至 7、8、9、10，按照上述混凝剂及最佳加量筛选结果投加药剂，根据去除率确定最佳 pH 值条件。

6. 水力条件实验

水力条件包括搅拌速度梯度 G、动力梯度 GT、搅拌停留时间 T。工业污水处理中，混凝阶段停留时间一般为 1~6min，絮凝时间 10~30min，动力梯度 GT 值取在 10^4 到 10^5。

取气田水各 1000mL，在最佳混凝剂加量、pH 值、固定停留时间条件下，改变速度梯度，考察去除效率。例如，混凝时间 1min，絮凝时间 20min，混凝阶段 G 值在 600~1600s^{-1}，絮凝阶段 G 值在 30~80s^{-1}。

（四）实验结果分析及应用

1. 混凝剂投加量对混凝效果的影响

混凝剂投加量直接影响混凝处理效果。混凝剂投加量过低，不能使废水中胶体物质彻底脱稳，胶体不能产生明显的凝聚作用；混凝剂投加量过高，不但增加药剂成本，而且会造成处理体系中已破胶物质重新稳定，严重影响处理效果。

从混凝机理分析，在混凝剂低剂量的投加范围内，由于气田水中存在大量的胶体物质，随着混凝剂量的逐步增加，其水解凝聚产物也逐渐增多，胶体物质表面电荷被这些多羟基金属络合离子中和，其 ζ 电位降低，胶体脱稳，污染物质去除效果明显，去除率增长较快；当气田水中的胶体物质去除基本完全后，再增加混凝剂的量，会造成大量的多羟基金属络合离子电荷剩余，它们之间的排斥力可能使体系重新稳定，污染物的去除效果不会明显增大。

因此，为节约成本和避免过多的金属盐类引入水体，混凝剂投加量适当即可。

2. pH 值对混凝效果的影响

pH 值对混凝剂的水解过程影响很大。混凝剂的水解应消耗大量的 OH^-，会使处理体系中剩下大量 H^+，根据平衡移动原理，过多的 H^+ 存在，会使水解反应向左移动，造成水解反应不充分，这需要提供大量的 OH^- 去中和这些 H^+，才能使水解反应彻底进行。但是 pH 值过高，过剩的 OH^- 会溶解水解生成的多羟基络合离子，电中和和卷扫网捕作用不能有效发挥。另外，若加有高分子助凝剂（如聚丙烯酰胺类），pH 值过高或过低均会使得高分子链卷曲，架桥能力变弱导致助凝作用下降。所以，保证适宜的 pH 值范围，混凝效果才能很好发挥。

3. 水力条件对混凝效果的影响

适宜的水力搅拌条件才能使混凝剂发挥良好作用。整个混凝分两个阶段，第一阶段称混合；第二个阶段称絮凝。这两个阶段对水流的紊动程度有所不同。混合阶段，大约 30s~1min，要求对水进行强烈搅拌，使混凝剂迅速均匀地与水混合并进行水解和缩聚反应，此阶段微絮粒将形成。强烈搅拌不仅使水中混凝剂及 pH 值保持均匀一致，还可增加微絮粒密度，有利于后续絮凝体的沉淀；絮凝阶段，要求水流具有适宜的紊动性，以使微絮体进一步碰撞聚集，最后形成尺寸较大的絮凝体。但絮凝阶段水流的紊动程度应较弱，而且随着絮体尺寸的增大，水流紊动性应逐渐减弱，以免絮体破碎。这一过程通常需要 3~10min。

分析结果表明，在混合阶段，若搅拌速度太快，可能将已形成的微絮粒打碎，影响到了后续絮凝作用效果。若搅拌速度过慢，又不能使混凝剂与水样混合均匀，造成水解反应不彻底；在絮凝阶段，若搅拌速度过慢，会减小絮粒团凝聚碰撞概率，影响絮凝体尺寸增大过程，造成沉降缓慢。

综合以上分析，确定后续混凝实验的搅拌条件：混合搅拌速度 300r/min，搅拌时间 1min；絮凝搅拌速度 100r/min，搅拌时间 4min。

二、吹脱法除硫实验评价技术

吹脱法一般用于水量较大、浓度较高的含硫废水脱硫处理，该工艺对水量水质使用范围较广，但能耗较高，随着水中硫化物浓度的增加，该工艺的经济效益型逐渐提高。吹脱设备分为池式与塔式两类。池式吹脱设备采用鼓风曝气操作方式，适于在废水温度高，有开阔场地，不产生二次污染的条件下应用。塔式吹脱设备应用较广，采用单层填料塔或多层填料塔。通过下述实验方法，可以快速获得载气流速、pH 值等关键参数，为处理装置设计、加工提供依据。

（一）实验原理

溶液中游离的 H_2S 与 pH 值关系见表 7-18。由表中可见 H_2S 在废水中存在状态与 pH 值有密切关系。吹脱法脱除硫化物的工艺是应用 H_2S 气相浓度与液相浓度间的数量关系——气液平衡关系进行分离的。在一定 pH 值条件下，向含硫化物废水中不断吹入空气，使得气液充分接触，H_2S 在液面上分压随吹入气流稀释而大大降低，由于液面上 H_2S 的分压降低，为了保持气液平衡，水中的游离 H_2S 就不断从液相逸出而进入气相，其浓度随分压的不断降低而成比例连续下降，控制吹脱过程就可以使废水中硫化物浓度达到要求为止。

表 7-18 游离 H_2S 与 pH 值的关系

pH 值	5.0	5.5	6.0	6.5	7.0	7.5	8.0	8.5	9.0	9.5	10
游离 H_2S（占 S^{2-}）（%）	100	97	95	83	64	40	15	4	2	1	0

（二）实验设备

1. 监测仪器

浊度仪、pH 酸度计、空气压缩机

2. 吹脱工艺流程

含硫水与适当的酸经管道混合后从顶部进入吹脱塔，空气从底部进入，气液呈逆流接触，利用氢氧化钠溶液吸收尾气中的硫化氢（图 7-28）。

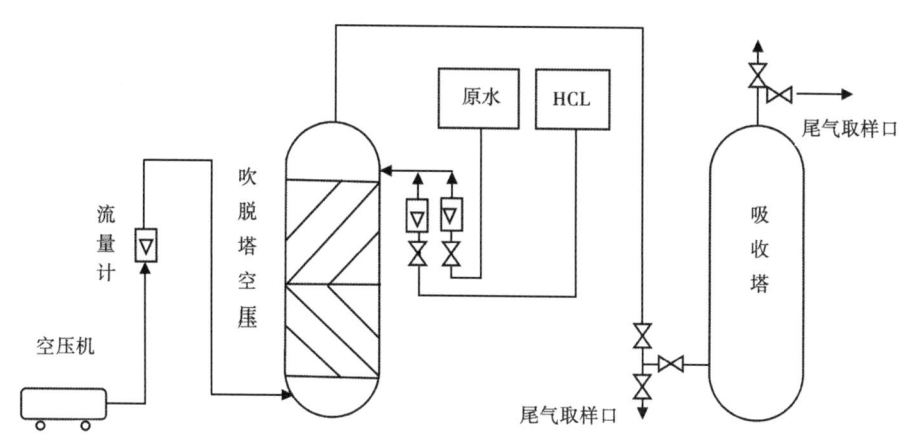

图 7-28 吹脱实验工艺流程

3. 吹脱塔设备参数

塔高 1100mm，操作液位高 700mm、填料层高 650mm、直径 55mm。碱性填料粒度 3~5 目，空隙率 0.6。瓷环填料 6mm×6mm×1mm，空隙率 0.59。混合填料：填料层上部 440mm 为瓷环，下部 210mm 为碱性填料，空隙率 0.58。

（三）实验方法及步骤

1. 实验药剂

药品：$Zn(Ac)_2$、$K_2Cr_2O_7$、KI、I_2、$Na_2S_2O_3 \cdot 5H_2O$、$NaOH$、可溶性淀粉、硫酸，上述药品均为分析纯。

2. 分析测定方法

（1）硫化物测定方法。通常有对氨基二甲基苯胺光度法和碘量法。pH 值测定采用玻璃电极法。

（2）废水硫化物的去除率计算方法。

$$硫化物的去除率 = (C_0 - C)/C_0 \times 100\%$$

式中　C_0——处理前硫化物的浓度，mg/L；
　　　C——处理后硫化物的浓度，mg/L。

3. 吹脱塔填料筛选

分别用碱性填料、瓷环、瓷环—碱性填料混合料进行连续流动态实验。原水流量为 1L/h，气水比 100，停留时间 1h，同时调节盐酸投加量从 0.2%~1.0%，考察不同填料下盐酸加入量对出水 pH 值及出水残余 S^{2-} 含量影响。

4. 停留时间考察

在加酸量、空气量一定情况下，停留时间调整为 1h、2h、3h、4h，考察出水硫化物含量，确定最经济停留时间。

5. 气液比考察

在加酸量、停留时间一定情况下，气液比为 20、50、100、200、400，考察出水硫化物含量，确定最佳气液比。

（四）实验结果分析及应用

1. pH 值的影响

硫化物在废水中的存在状态与 pH 值有密切关系，pH 值越低，水中游离态硫化氢越多，pH 值≤5 时，废水中的硫化物以 H_2S 的形式可全部被吹脱出来；pH 值≥8.5 时，被吹脱出的 H_2S 仅占 4%（摩尔分数）。但出水的 pH 值受排放标准控制，一般要求在 6~9。

另外，pH 值也影响硫化物被氧化强弱。在酸性溶液中，硫化物被氧化时各电对具有较弱的氧化能力，而在碱性溶液中，各电对具有较强的还原能力，由此可见，硫化物的氧化以碱性条件较为适宜。通常而言，pH 值为 10.5~13 时，硫化物的氧化反应速度增长较快，pH 值为 11.5 时，硫化物的氧化反应速度出现最大值。

酸性条件：

$$H_2S \longrightarrow S \longrightarrow S_2O_3^{2-} \longrightarrow H_2SO_3 \longrightarrow H_2SO_4$$

碱性条件：

$$S^{2-} \longrightarrow S \longrightarrow S_2O_3^{2-} \longrightarrow SO_3^{2-} \longrightarrow SO_4^{2-}$$

2. 尾气处理

用吹脱法处理高含硫气田水，水中硫化氢从尾气排出，直接进入大气，造成空气污染。目前，硫化氢虽然可以制硫黄、硫脲、二甲基亚砜、硫化钠等化工原料，但比较起来，生产硫化钠工艺最简单易行，不但硫化氢可被碱液吸收完全，而且无二次污染。利用25%~30%氢氧化钠溶液吸收尾气中硫化氢，使之生产硫化钠稀溶液，在常压下加热蒸去水分即得成品硫化钠。通常分析纯硫化钠产品含 $Na_2S \cdot 9H_2O$ 为96%（换算成 Na_2S 约为31.2%）含 $Na_2S \cdot 5H_2O$ 为1%。该实验中利用30%的氢氧化钠吸收尾气，当通过氢氧化钠吸收液的尾气能使铅试纸变黑时，停止吸收。直接对吸收液进行分析，通常 Na_2S 含量可达22%。

三、氧化除硫实验评价技术

氧化法是将废水中的硫化物氧化成硫单质、亚硫酸盐、硫酸盐，消除 S^{2-} 污染，是一种处理含硫废水的常规方法。国内多采用催化氧化法，即在催化剂作用下，利用空气中的氧气将硫化物氧化成硫代硫酸盐或硫酸盐。最常用的催化剂如过氧化氢、高锰酸钾、次氯酸钙等。随着硫化物含量的增加，氧化剂的用量也大为增加，成本随之上升。因此，该工艺主要应用于废水中含少量硫化物的情况。通过氧化除硫实验，可为生产方提供不同硫含量下的氧化剂筛选方案，指导选择合适的氧化剂加量、氧化时间以及相关的影响因素，提高氧化法的技术经济性。

（一）实验原理

硫化物中的 S^{2-} 化学性质不稳定，易与多种常用氧化剂反应。在不同的pH值、温度、催化剂环境下，可被常见的氧化剂氧化，生成S、$S_2O_3^{2-}$（或 SO_2）和 SO_4^{2-}，以消除或减轻硫化物的危害。常用的氧化剂主要有过氧化氢、高锰酸钾、次氯酸钙、氧气、臭氧等，主要除硫原理如以下反应式：

$$H_2S + H_2O_2 \longrightarrow S\downarrow + 2H_2O$$

$$S^{2-} + 4H_2O_2 \longrightarrow SO_4^{2-} + 4H_2O$$

$$3S^{2-} + 2MnO_4^- + 6H^- \longrightarrow 2MnO_2\downarrow + 3S\downarrow + 2OH^- + 2H_2O$$

$$5S^{2-} + 2MnO_4^- + 16H^+ \longrightarrow 5S\downarrow + 2Mn^{2+} + 8H_2O$$

$$S^{2-} + ClO^- + 2H^+ \longrightarrow S\downarrow + Cl^- + 2H_2O$$

$$2S^{2-} + O_2 + 2H_2O \xrightarrow{催化剂} 2S\downarrow + 4OH^-$$

$$2S^{2-} + 2O_2 + H_2O \xrightarrow{催化剂} S_2O_3^{2-} + 2OH^-$$

$$S_2O_3^{2-} + 2O_2 + 2OH^- \xrightarrow{催化剂} 2SO_4^{2-} + H_2O$$

$$3S^{2-} + 4O_3 \longrightarrow 3SO_4^{2-}$$

西南油气田分公司针对不同硫含量的气田水，曾开展化学氧化、空气氧化等一系列气田水氧化除硫实验和现场试验，并得到推广应用。

（二）实验设备

自制玻璃管反应器（$\phi 57mm \times 1.5mm \times 1160mm$）、$W_2B_{21}-1$ 型微量柱塞泵、721型分光光度计、PHS-2型酸度计、U7型多功能水质检测仪、GDS-3型光电式浊度仪、PHS-3D型酸度计、20CB-2型磁力泵、FCX-050-1型清毒液发生器、90型电动搅拌机、Z-0.025/6型空压机、臭氧发生器、自制空气氧化塔（φ200mm×2mm×3000mm）、AOB-25型潜水泵。

（三）实验方法及步骤

1. 实验药剂

Na_2S，H_2O_2（质量含量30%），K_2MnO_4、$Ca(ClO)_2$（活性氯含量30%）、$Al_2(SO_4)_3$、$MnSO_4$。

2. 分析测试方法

硫化物测定方法：通常有对氨基二甲基苯胺光度法和碘量法。（参见标准HJ/T 60—2000《水质硫化物的测定碘量法》、GB/T 16489—1996《水质硫化物的测定亚甲基蓝分光光度法》）。

3. 化学氧化实验

用Na_2S和自来水配制含硫水溶液，并用6N盐酸溶液调节pH值。用微量柱塞泵按约20mL/min的流量将含硫水溶液注入玻璃管反应器，在反应器入口处加入不同的氧化剂，如H_2O_2、$KMnO_4$、$Ca(ClO)_2$、$NaClO$。含硫水溶液在反应器内的停留时间约为25min。反应器内的反应温度通过缠绕在玻璃管外的电热丝加热控制，最后对进水和出水硫化物含量取样分析。

4. 化学氧化现场试验

以纳6井和纳33井现场试验为例。从井站分离器底部分离出的气田水，通过管道流入污水池（容积约1m³）。因为产水是间断的，所以采用间歇处理方式。在污水池中，当气田水存到一定量后，边进水边加入配制好的一浓度的氧化剂20L，并在水位长到规定位置前加完。关闭进水阀门，打开潜水泵进行水力搅拌3~5min，使之进一步混合均匀。静置5min后，打开污水池排污阀外排，同时对进出水取样分析。

5. 电解气田水氧化试验

该方法其实质还是用次氯酸钠进行化学氧化除硫。由于气田水中NaCl含量高达3.4%，直接利用餐具消毒液发生器将合22井气田水作为原料，电解产生次氯酸钠，再用次氯酸钠氧化气田水中的硫化物。

6. 空气催化氧化实验

在配水池中用从合10井和合22井取回的含硫气田水配制到一定试验浓度后，由磁力泵打入自制氧化塔中，塔顶加入催化剂（$MnSO_4$），塔底用空压机注入空气，反应后的气田水靠液位差自流进入混凝反应池，加入$Al_2(SO_4)_3$，反应一定时间后，流入沉淀池沉降后外排。分别取进水、氧化塔底出水和沉淀池出水分析。

7. 空气催化氧化现场试验

在室内实验的基础上，对室内流动态试验装置进行了放大设计后，在合8井开展现场试验，其工艺流程与室内实验基本相同。

含硫气田水经分离器分离后流入调配池（10m³），用泵将气田水从调配池打入氧化塔（有效容积约1m³），催化剂在泵前通过管道加入，气田水在氧化塔内反应一定时间后通过液位差流入混凝反应池（0.15m³），加入$Al_2(SO_4)_3$反应后，经沉淀池（1m³）沉降后外排。分别取调配池原水、氧化塔底出水和沉淀池出水分析。

（四）实验结果分析及应用

1. 化学氧化法除硫

根据现场试验的调查统计，约45%的气井产水硫化物小于4mg/L（实验研究的时间为

1984年至1990年，当时气田水硫化物的外排限值为4mg/L），超标的气田水中约70%的硫化物含量为4~20mg/L，只有约10%气田水中硫化物含量大于20mg/L。

根据化学氧化法除硫实验得出以下结论：一是，当硫化物含量为12~20mg/L时可采用三种氧化剂投加方案［浓度为H_2O_2（纯）15mg/L，或$KMnO_4$ 30mg/L，或$Ca(ClO)_2$ 300mg/L］，从经济性角度考虑，推荐使用$Ca(ClO)_2$（次氯酸钙或漂白粉）；二是，当硫化物含量为4~12mg/L时，氧化剂的投加量可减半或参考推荐投加量适当降低；三是，当硫化物含量大于20mg/L时，药剂的投加量需按比例加大。

2. 电解气田水氧化除硫

试验结果表明利用气田水生产次氯酸钠氧化除硫技术可行，当硫化物含量为50~138mg/L时，次氯酸钠的投加量约300~700mg/L，可将其中的硫化物脱除至小于4mg/L。

3. 空气催化氧化除硫

试验结果表明，对硫化物含量小于100mg/L时，空气催化氧化法最佳试验参数为：气水比20:1，氧化时间1.5~2.0h，混凝时间20~30min，沉降时间2~3h，$MnSO_4$和$Al_2(SO_4)_3$的投加量均为50mg/L，处理后的出水硫化物含量小于4mg/L。

当处理硫化物含量大于200mg/L时，空气催化氧化法最佳试验参数为气水比20:1，氧化时间2.0h，混凝时间30min，沉降时间3h，$MnSO_4$加量为150mg/L，$Al_2(SO_4)_3$的加量均为200mg/L，处理后的出水S^{2-}含量小于4mg/L。

空气催化氧化法除硫主要是将硫化物氧化成单质硫，氧化塔出水浊度较高，因此需辅以混凝沉淀降低水中的固体悬浮物和浊度，沉淀后将产生约5%~6%的污泥。因此对于含硫量50~200mg/L的气田水采用空气催化氧化法除硫技术可行。

参 考 文 献

董为荣，帅建，2006. 管道超声导波检测技术［J］. 管道技术与装备，（6）：21-23.

李雪辰，徐滨士，2007. 管道内壁缺陷无损检测技术［J］. 无损检测，29（10）：603-606.

李又绿，姚安林，2004. 天然气管道泄漏扩散模型研究［J］. 天然气工业，24（8）：102-104.

梁平，黎龙轩，唐柯，等，2010. 油田污水中硫及硫化物的危害与处理方法比较［J］. 钻采工艺，24（3）：74-75.

刘洪岐，2008. 基于RS和GIS的北京市生态环境评价研究［M］. 北京：中国地质大学.

刘建章，刘承磊，穆磊，等，2017. 地下水环评中水流向的确定方法探讨［J］. 中国水运，17（2）：100-101.

陆书玉，2001. 环境影响评价［M］. 北京：高等教育出版社.

单宝华，喻言，欧进萍，2004. 超声相控阵检测技术及其应用［J］. 无损检测，26（5）：235-237.

谭承军，商照荣，程喆，等，2015. 核电厂水文地质概念模型与地下水监测井布设［J］. 人民长江，46（3）：38-41.

汪永康，刘杰，2014. 石油管道内缺陷无损检测技术的研究现状［J］. 腐蚀与防护，35（9）：929-933.

王纪兵，王洁璐，2015. 压力容器在线检验［J］. 石油化工设备，44（2）：76-78.

杨礼锐，李艳霞，孔祥明，1988. 植物叶片超氧化物歧化酶与二氧化硫关系的研究［J］. 环境科学，10（5）：22-24.

张金恒，李曰鹏，2008. 利用部分生理生化指标监测SO_2对农作物急性伤害的研究［J］. 农业生物环境与能源工程，33（4）：123-129.

张赜，2010. 石油化工中对含硫污水处理的技术方法初探［J］. 中国科技博览，32（3）.

郑淑颖，2000. 二氧化硫污染对植物影响的研究进展［J］. 生态科学，19（1）：59-64.